U0234380

2024年版全国一级建造师执业资格考试专项突破

机电工程管理与实务案例分析专项突破

全国一级建造师执业资格考试专项突破编写委员会　编写

中国建筑工业出版社

图书在版编目（CIP）数据

机电工程管理与实务案例分析专项突破／全国一级建造师执业资格考试专项突破编写委员会编写．-- 北京：中国建筑工业出版社，2024.7．--（2024年版全国一级建造师执业资格考试专项突破）．-- ISBN 978-7-112-29918-8

Ⅰ．TH

中国国家版本馆CIP数据核字第2024RU0578号

本书根据考试大纲的要求，以历年实务科目实务操作和案例分析真题的考试命题规律及所涉及的重要考点为主线，收录了2014—2023年度全国一级建造师执业资格考试实务操作和案例分析真题，并针对历年实务操作和案例分析真题中的各个难点进行了细致的讲解，从而有效地帮助考生突破固定思维，启发解题思路。

同时以历年真题为基础编排了大量的典型实务操作和案例分析习题，注重关联知识点、题型、方法的再巩固与再提高，着力培养考生对"能力型、开放型、应用型和综合型"试题的解答能力，使考生在面对实务操作和案例分析考题时做到融会贯通、触类旁通，顺利通过考试。

本书可供参加全国一级建造师执业资格考试的考生作为复习指导书，也可供工程施工管理人员参考。

责任编辑：李笑然

责任校对：张　颖

2024年版全国一级建造师执业资格考试专项突破

机电工程管理与实务案例分析专项突破

全国一级建造师执业资格考试专项突破编写委员会　编写

*

中国建筑工业出版社出版、发行（北京海淀三里河路9号）

各地新华书店、建筑书店经销

北京建筑工业印刷有限公司制版

北京市密东印刷有限公司印刷

*

开本：787毫米×1092毫米　1/16　印张：$19\frac{1}{2}$　字数：472千字

2024年6月第一版　　2024年6月第一次印刷

定价：**45.00**元

ISBN 978-7-112-29918-8

（42966）

前　言

为了帮助广大考生在短时间内掌握考试重点和难点，迅速提高应试能力和答题技巧，更好地适应考试，我们组织了一批一级建造师考试培训领域的权威专家，根据考试大纲要求，以历年考试命题规律及所涉及的重要考点为主线，精心编写了这套《2024年版全国一级建造师执业资格考试专项突破》系列丛书。

本套丛书共分8册，涵盖了一级建造师执业资格考试的3个公共科目和5个专业科目，分别是：《建设工程经济重点难点专项突破》《建设工程项目管理重点难点专项突破》《建设工程法规及相关知识重点难点专项突破》《建筑工程管理与实务案例分析专项突破》《机电工程管理与实务案例分析专项突破》《市政公用工程管理与实务案例分析专项突破》《公路工程管理与实务案例分析专项突破》和《水利水电工程管理与实务案例分析专项突破》。

3个公共科目丛书具有以下优势：

一题敌多题——采用专项突破形式将重点难点知识点进行归纳总结，将考核要点的关联性充分地体现在"同一道题目"当中，该类题型的设置有利于考生对比区分记忆，该方式大大节省了考生的复习时间和精力。众多易混选项的加入，有助于考生更全面地、多角度地精准记忆，从而提高考生的复习效率。以往考生学习后未必全部掌握考试用书考点，造成在考场上答题时觉得见过，但不会解答的情况，本书一个题目可以代替其他辅导书中的3～8个题目，可以有效地解决这个问题。

真题全标记——将2014—2023年度一级建造师执业资格考试考核知识点全部标记，为考生总结命题规律提供依据，帮助考生在有限的时间里快速地掌握考核的侧重点，明确复习方向。

图表精总结——对知识点采用图表方式进行总结，易于理解，降低了考生的学习难度，并配有经典试题，用例题展现考查角度，巩固记忆知识点。

5个专业科目丛书具有以下优势：

要点突出——对每一章的要点进行归纳总结，帮助考生快速抓住重点，节约学习时间，更加有效地形成基础知识的提高与升华。

布局清晰——分别从施工技术、进度、质量、安全、成本、合同、现场、实操等方面，将历年真题进行合理划分，并配以典型习题。有助于考生抓住考核重点，各个击破。

真题全面——收录了2014—2023年度全国一级建造师执业资格考试实务操作和案例分析真题，便于考生掌握考试的命题规律和趋势，做到运筹帷幄。

一击即破——针对历年真题中的各个难点，进行细致的讲解，从而有效地帮助考生突破固态思维，茅塞顿开。

触类旁通——以历年真题为基础编排的典型习题，着力加强"能力型、开放型、应用型和综合型”试题的开发与研究，注重关联知识点、题型、方法的再巩固与再提高，帮助考生对知识点的进一步巩固，做到融会贯通、触类旁通。

由于本书编写时间仓促，书中难免存在疏漏之处，望广大读者不吝赐教。

读者如果对图书中的内容有疑问或问题，可关注微信公众号【建造师应试与执业】，与图书编辑团队直接交流。

建造师应试与执业

目　　录

全国一级建造师执业资格考试答题方法及评分说明

全国一级建造师执业资格考试设《建设工程经济》《建设工程项目管理》《建设工程法规及相关知识》三个公共必考科目和《专业工程管理与实务》十个专业选考科目（专业科目包括建筑工程、公路工程、铁路工程、民航机场工程、港口与航道工程、水利水电工程、矿业工程、机电工程、市政公用工程和通信与广电工程）。

《建设工程经济》《建设工程项目管理》《建设工程法规及相关知识》三个科目的考试试题为客观题。《专业工程管理与实务》科目的考试试题包括客观题和主观题。

一、客观题答题方法及评分说明

1. 客观题答题方法

客观题题型包括单项选择题和多项选择题。对于单项选择题来说，备选项有4个，选对得分，选错不得分也不扣分，建议考生宁可错选，不可不选。对于多项选择题来说，备选项有5个，在没有把握的情况下，建议考生宁可少选，不可多选。

在答题时，可采取下列方法：

（1）直接法。这是解常规的客观题所采用的方法，就是考生选择认为一定正确的选项。

（2）排除法。如果正确选项不能直接选出，应首先排除明显不全面、不完整或不正确的选项，正确的选项几乎是直接来自于考试用书或者法律法规，其余的干扰选项要靠命题者自己去设计，考生要尽可能多排除一些干扰选项，这样就可以提高选择出正确答案的概率。

（3）比较法。直接把各备选项加以比较，并分析它们之间的不同点，集中考虑正确答案和错误答案关键所在。仔细考虑各个备选项之间的关系。不要盲目选择那些看起来、读起来很有吸引力的错误选项，要去误求正、去伪存真。

（4）推测法。利用上下文推测词义。有些试题要从句子中的结构及语法知识推测入手，配合考生平时积累的常识来判断其义，推测出逻辑的条件和结论，以期将正确的选项准确地选出。

2. 客观题评分说明

客观题部分采用机读评卷，必须使用2B铅笔在答题卡上作答，考生在答题时要严格按照要求，在有效区域内作答，超出区域作答无效。每个单项选择题只有1个备选项最符合题意，就是4选1。每个多项选择题有2个或2个以上备选项符合题意，至少有1个错项，就是5选2～4，并且错选本题不得分，少选，所选的每个选项得0.5分。考生在涂卡时应注意答题卡上的选项是横排还是竖排，不要涂错位置。涂卡应清晰、厚实、完整，保持答题卡干净整洁，涂卡时应完整覆盖且不超出涂卡区域。修改答案时要先用橡皮擦将原涂卡处擦干净，再涂新答案，避免在机读评卷时产生干扰。

二、主观题答题方法及评分说明

1. 主观题答题方法

主观题题型是实务操作和案例分析题。实务操作和案例分析题是通过背景资料阐述一个项目在实施过程中所开展的相应工作，根据这些具体的工作提出若干小问题。

实务操作和案例分析题的提问方式及作答方法如下：

（1）补充内容型。一般应按照考试用书将背景资料中未给出的内容都回答出来。

（2）判断改错型。首先应在背景资料中找出问题并判断是否正确，然后结合考试用书、相关规范进行改正。需要注意的是，考生在答题时，有时不能按照工作中的实际做法来回答问题，因为根据实际做法作为答题依据得出的答案和标准答案之间存在很大差距，即使答了很多，得分也很低。

（3）判断分析型。这类题型不仅要求考生答出分析的结果，还需要通过分析背景资料来找出问题的突破口。需要注意的是，考生在答题时要针对问题作答。

（4）图表表达型。结合工程图及相关资料表回答图中构造名称、资料表中缺项内容。需要注意的是，关键词表述要准确，避免画蛇添足。

（5）分析计算型。充分利用相关公式、图表和考点的内容，计算题目要求的数据或结果。最好能写出关键的计算步骤，并注意计算结果是否有保留小数点的要求。

（6）简单论答型。这类题型主要考查考生记忆能力，一般情节简单、内容覆盖面较小。考生在回答这类题型时要直截了当，有什么答什么，不必展开论述。

（7）综合分析型。这类题型比较复杂，内容往往涉及不同的知识点，要求回答的问题较多，难度很大，也是考生容易失分的地方。要求考生具有一定的理论水平和实际经验，对考试用书知识点要熟练掌握。

2. 主观题评分说明

主观题部分评分是采取网上评分的方法来进行，为了防止出现评卷人的评分宽严度差异对不同考生产生的影响，每个评卷人员只评一道题的分数。每份试卷的每道题均由2位评卷人员分别独立评分，如果2人的评分结果相同或很相近（这种情况比例很大）就按2人的平均分为准。如果2人的评分差异较大，超过4～5分（出现这种情况的概率很小），就由评分专家再独立评分一次，然后以专家所评的分数和与专家评分接近的那个分数的平均分数为准。

主观题部分评分标准一般以准确性、完整性、分析步骤、计算过程、关键问题的判别方法、概念原理的运用等为判别核心。评分标准一般按要点给分，只要答出要点基本含义一般就会给分，不恰当的错误语句和文字一般不扣分，要点分值最小一般为1分。

主观题部分作答时必须使用黑色墨水笔书写作答，不得使用其他颜色的钢笔、铅笔、签字笔和圆珠笔。作答时字迹要工整、版面要清晰。因此书写不能离密封线太近，密封后评卷人不容易看到；书写的字不能太粗、太密、太乱，最好买支极细笔，字体稍微书写大点、工整点，这样看起来工整、清晰，评卷人也愿意多给分。

主观题部分作答应避免答非所问，因此考生在考试时要答对得分点，答出一个得分点就给分，说得不完全一致，也会给分，多答不会给分，只会按点给分。不明确用到什么规范的情况就用“强制性条文”或者“有关法规”代替，在回答问题时，只要有可能，就在答题的内容前加上这样一句话：根据有关法规或根据强制性条文，通常这些是得分点之一。

主观题部分作答应言简意赅，并多使用背景资料中给出的专业术语。考生在考试时应相信第一感觉，考生在涂改答案过程中，“把原来对的改成错的”这种情形有很多。在确定完全答对时，就不要展开论述，也不要写多余的话，能用尽量少的文字表达出正确的意思就好，这样评卷人看得舒服，考生自己也能省时间。如果答题时发现错误，不得使用涂改液等修改，应用笔画个框圈起来，打个“×”即可，然后再找一块干净的地方重新书写。

本科目常考的标准、规范

1.《机械设备安装工程施工及验收通用规范》GB 50231—2009

2.《建筑行业职业病危害预防控制规范》GBZ/T 211—2008

3.《中华人民共和国安全生产法（2021年修正）》

4.《中华人民共和国招标投标法（2017年修正）》

5.《中华人民共和国招标投标法实施条例（2019年修正）》

6.《必须招标的工程项目规定》

7.《工业金属管道工程施工规范》GB 50235—2010

8.《现场设备、工业管道焊接工程施工规范》GB 50236—2011

9.《电气装置安装工程 高压电器施工及验收规范》GB 50147—2010

10.《生产安全事故报告和调查处理条例》

11.《中华人民共和国特种设备安全法》

12.《锅炉安全技术规程》TSG 11—2020

13.《危险性较大的分部分项工程安全管理规定》（住房和城乡建设部令第37号）

14.《住房城乡建设部办公厅关于实施〈危险性较大的分部分项工程安全管理规定〉有关问题的通知》（建办质〔2018〕31号）

15.《特种设备安全监察条例（2009年修正）》

16.《中华人民共和国计量法（2018年修正）》

17.《中华人民共和国电力法（2018年修正）》

18.《中华人民共和国建筑法（2019年修正）》

19.《通风与空调工程施工质量验收规范》GB 50243—2016

20.《建设工程质量管理条例（2019年修正）》

21.《石油化工大型设备吊装工程规范》GB 50798—2012

22.《建设工程施工合同（示范文本）》GF—2017—0201

23.《建筑工程施工质量验收统一标准》GB 50300—2013

24.《工业安装工程施工质量验收统一标准》GB/T 50252—2018

25.《水管锅炉 第8部分：安装与运行》GB/T 16507.8—2022

26.《通风与空调工程施工规范》GB 50738—2011

27.《钢结构高强度螺栓连接技术规程》JGJ 82—2011

28.《自动喷水灭火系统设计规范》GB 50084—2017

第一章　机电工程技术案例分析专项突破

2014—2023 年度实务操作和案例分析题考点分布

考点	年份									
	2014 年	2015 年	2016 年	2017 年	2018 年	2019 年	2020 年	2021 年	2022 年	2023 年
常用金属材料的类型及应用	●									
通用设备的分类和性能		●								
工程测量的方法						●				
工程测量的要求						●				
工程测量仪器的应用							●			
吊具种类与选用要求							●		●	
吊装方法与吊装方案					●		●			
吊装稳定性要求	●					●	●			
焊接材料与焊接设备选用要求	●									
焊接方法与焊接工艺评定	●				●					
机械设备安装程序	●	●			●	●		●		●
机械设备安装方法								●		●
机械设备安装精度控制要求									●	
配电装置安装与调试技术									●	
电机安装与调试技术	●			●		●	●	●		●
输配电线路施工技术			●				●			
管道分类与施工程序					●					
管道施工技术要求		●	●	●	●		●			●
管道试压技术要求					●	●	●	●	●	●
管道吹洗技术要求							●	●		
金属储罐制作与安装技术		●		●						
金属结构制作与安装技术										●
电厂锅炉设备安装技术					●					●
汽轮发电机安装技术			●	●			●			●
自动化仪表线路及管路安装要求								●		
设备及管道防腐蚀工程施工技术要求				●	●		●			
建筑管道工程施工技术要求					●					●

续表

考点	年份									
	2014年	2015年	2016年	2017年	2018年	2019年	2020年	2021年	2022年	2023年
建筑电气工程的划分与施工程序	●					●				
建筑电气工程施工技术要求	●				●					
通风与空调工程的划分与施工程序		●		●				●		
通风与空调工程施工技术要求			●	●		●	●	●	●	●
建筑智能化工程组成及其功能						●				
建筑智能化工程施工技术要求						●			●	
电梯工程施工要求									●	
消防系统分类及其功能				●						●
消防工程施工程序与技术要求						●				

【专家指导】

机电工程管理与实务中的实务操作和案例分析题部分，除了对合同管理、成本管理、现场管理、进度管理、质量管理及安全管理等内容进行考核外，也会对施工技术的内容进行考核，上表将涉及施工技术的内容列出，以便考生掌握历年考试的考核情况，在复习时有所侧重。从上表的考点分布可以看出，考试主要考查的方向是对传统考点的考查，如起重技术、焊接技术，工业机电工程中的机械设备安装、电气装置安装、工业管道安装，建筑机电工程中的建筑电气工程施工、通风与空调工程施工、智能化系统工程施工、电梯工程施工、消防工程施工等，因此考生应对前述的内容进行重点掌握。

历 年 真 题

实务操作和案例分析题一［2023年真题］

【背景资料】

安装公司承包一商业综合办公楼机电工程，承包内容包括通风空调工程、建筑给水排水及供暖工程、建筑电气工程和消防工程等；工程设备均由安装公司采购。安装公司编制了采购文件和采购计划，对供货商供货能力和地理位置进行了调查。签订设备采购合同后，对设备进行催交、检验，保证了工程进度和施工质量。

安装工程在给水排水和通风空调的检查中，对存在的问题进行了整改：

（1）建筑给水排水工程中，给水管道直接紧贴建筑物预留孔的上部穿越抗震缝。

（2）通风空调工程的水泵设计为整体安装，安装后测得泵的纵向水平偏差为0.2‰，横向水平偏差为0.2‰；水泵与电机采用联轴器连接时，联轴器两轴芯的轴向倾斜为0.2‰，泵轴径向位移为0.1mm。

商务楼计算机房的消防工程采用七氟丙烷自动灭火系统，其管网式灭火设备构成如

图1–1所示。在七氟丙烷自动灭火系统调试合格后，安装公司对系统设备、阀门等设置了标识，便于运维人员的管理操作。竣工验收时，提交了工程质量保证书及其他文件。

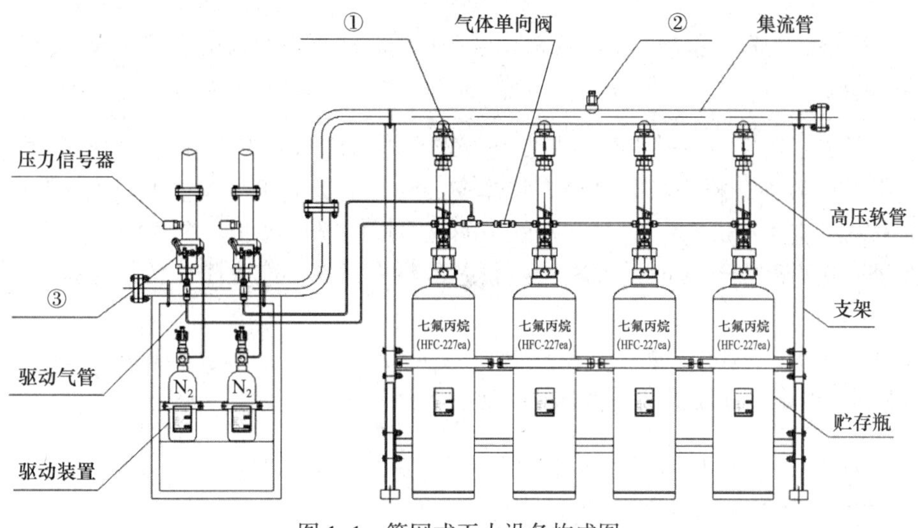

图 1–1　管网式灭火设备构成图

【问题】

1. 设备采购中，应调查供货商的哪些能力？设备采购文件由哪几个文件组成？

2. 给水管道在穿越抗震缝敷设时应如何整改？

3. 水泵有哪几项检测数据不符合规范要求？正确的规范要求是什么？

4. 图1–1中①、②、③应分别选用哪种阀门？阀门的保修期限是多少？从哪一天开始计算？

【参考答案与分析思路】

1.（1）设备采购中，应调查供货商的技术水平、生产能力、生产周期。

（2）设备采购文件由设备采购技术文件和设备采购商务文件组成。

本题考查的是对潜在供货商的要求、设备采购文件内容。本题是对于考试用书原文内容的考查，考核难度一般，考核内容均是考生需要掌握的内容。

（1）对潜在供货商的要求：

① 能力调查。调查供货商的技术水平、生产能力、生产周期。

② 地理位置调查。调查潜在供货商的分布，地理位置、交通运输对交货期的影响程度。

（2）设备采购文件内容：设备采购技术文件、设备采购商务文件。

2. 给水管道在穿越抗震缝敷设时，按下列要求整改：

（1）宜靠近建筑物的下部穿越。

（2）应在结构缝两侧采取柔性连接，在通过抗震缝处安装门形弯头或设置伸缩节。

本题考查的是高层建筑管道安装的技术措施。本题是对于考试用书原文内容的考查，考核难度一般。当给水管道必须穿越抗震缝时宜靠近建筑物的下部穿越，且应在抗震缝两边各装一个柔性管接头或在通过抗震缝处安装门形弯头或设置伸缩节。

3. 水泵检测数据不符合规范要求之处及正确的规范要求如下：

（1）不符合规范要求一：泵体纵向水平偏差0.2‰；正确的规范要求：泵体纵向水平偏差不应大于0.1‰。

（2）不符合规范要求二：泵轴径向位移为0.1mm；正确的规范要求：泵轴径向位移不应大于0.05mm。

本题考查了通风与空调工程水泵安装要求。本题属于分析改错题，根据背景材料结合考试用书内容去分析判断并改错。整体安装的泵的纵向水平偏差不应大于0.1‰，横向水平偏差不应大于0.2‰。组合安装的泵的纵、横向安装水平偏差不应大于0.05‰。水泵与电机采用联轴器连接时，联轴器两轴芯的轴向倾斜不应大于0.2‰，径向位移不应大于0.05mm。

背景资料中，不符合规范要求之处：安装后测得泵的纵向水平偏差为0.2‰、泵轴径向位移为0.1mm，正确的规范要求根据前述错误去写。

4.（1）图1-1中：①液体单向阀、②安全阀、③选择阀。

（2）阀门的保修期限为2年。

（3）保修期限从竣工验收合格之日开始计算。

本题考查了识图题及保修期限。本题考查了三个小问：

（1）第一小问以识图题的形式考查了七氟丙烷系统设备应用。管网式七氟丙烷系统原理图在考试用书中没有阐述，需考生具备施工现场知识，才可做出此题。管网式七氟丙烷系统灭火设备构成图如图1-2所示。具有自动探测火灾、自动报警及控制联动设备、自动灭火等功能。在紧急情况下，可进行电气手动和机械应急手动方式启动灭火。该系统具有功能完善、工作准确可靠、维护方便等优点。

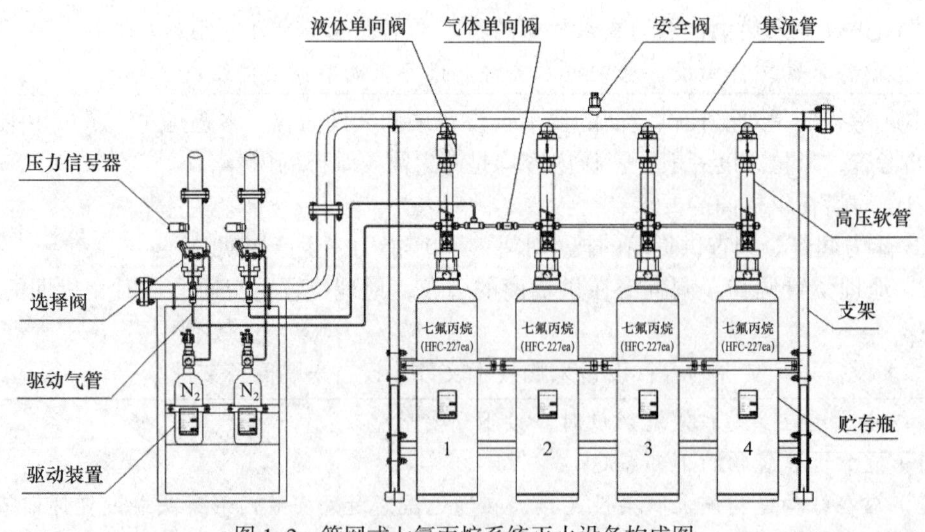

图1-2　管网式七氟丙烷系统灭火设备构成图

（2）第二、三小问考查了保修期限规定。根据《建设工程质量管理条例（2019年修订）》，在正常使用条件下，建设工程的最低保修期限为：

① 基础设施工程、房屋建筑的地基基础工程和主体结构工程，为设计文件规定的该工程的合理使用年限。

② 屋面防水工程、有防水要求的卫生间、房间和外墙面的防渗漏工程，为5年。

③ 供热与供冷系统，为2个供暖期、供冷期。

④ 电气管线、给水排水管道、设备安装和装修工程，为2年。

其他项目的保修期限由发包方与承包方约定。

建设工程的保修期，自竣工验收合格之日起计算。

因此，阀门的保修期限为2年，从竣工验收合格之日开始计算。

实务操作和案例分析题二［2023年真题］

【背景资料】

某公司中标石化厂柴油加氢装置施工承包项目，其中新氢压缩机2台，为对置式活塞机组，散件到货，现场清洗组装。机组安装采用联合基础，压缩机曲轴箱采用预埋活动地脚螺栓锚板的方式，减速箱和电动机的地脚螺栓采用预留孔方式。

在设备安装前，安装队查验了压缩机机组的基础，主要检查项目：基础的坐标位置，不同平面的标高，平面外形尺寸，凸台上平面外形尺寸，预埋活动地脚螺栓锚板的标高，预留地脚螺栓孔的中心线位置。质量工程师检查时，发现有重要项目未查，要求安装队补充完善。

压缩机曲轴箱找平找正后，安装厚壁滑动轴瓦，用涂红丹的方式检查了瓦背与轴承座孔的接触情况；将清洗干净的曲轴轴颈涂上红丹，就位在下轴瓦上；扣盖上轴瓦，在未拧紧螺栓时，检查上下轴瓦接合面。

曲轴箱固定后，以曲轴箱为基准，安装盘车器、减速箱、电动机等，设备找正固定后，开始配管工作。安装工程师就设备配管进行了专项技术交底，强调了法兰密封面检查、无应力配管的监测方法。

在定期的安全培训中，安全工程师将本项目中出现的几种违反安全规定的情况画成施工现场示意图（图1–3），要施工人员对照识别。

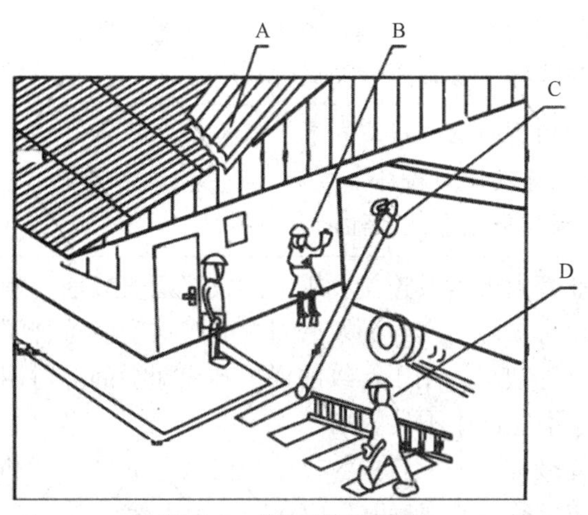

图1–3　施工现场示意图

【问题】

1. 安装队还需补充检查压缩机机组基础的哪些重要项目？

2. 检查轴瓦内孔与轴颈时，哪项内容应符合随机文件的规定？应使用何种工具检查上下轴瓦的接合面？接合面的合格标准是什么？

3. 法兰安装时的密封面不得有哪些缺陷？设备与管道法兰连接时应检验法兰的哪两个参数？应用什么测量工具在何处监测机组的位移情况？

4. 指出图1-3中A、B、C、D各点分别存在哪些安全隐患？

【参考答案与分析思路】

1. 安装队还需补充检查压缩机机组基础的重要项目如下：

平面的水平度、基础立面的铅垂度、预留地脚螺栓孔的深度和孔壁铅垂度、预埋活动地脚螺栓锚板的位置。

> 本题考查了设备基础检查验收项目。考查内容属于通用知识点，为每年都会考查的内容，考生要熟记。设备基础的位置、标高、几何尺寸测量检查主要包括基础的坐标位置，不同平面的标高，平面外形尺寸，凸台上平面外形尺寸和凹穴尺寸，平面的水平度，基础立面的铅垂度，预留孔洞的中心位置、深度和孔壁铅垂度，预埋板或其他预埋件的位置、标高等。背景资料中已告知部分设备基础检查验收项目，只需写出剩余内容即可。

2.（1）检查轴瓦内孔与轴颈时，其接触点数应符合随机文件的规定。

（2）应使用0.05mm塞尺检查上下轴瓦的接合面。

（3）接合面的合格标准是：任何部位塞入深度应不大于接合面宽度的1/3。

> 本题考查了滑动轴承装配要求。根据考试用书内容，瓦背与轴承座孔的接触要求、上下轴瓦中分面的接合情况、轴瓦内孔与轴颈的接触点数，应符合随机技术文件规定。对于厚壁轴瓦，在未拧紧螺栓时，用0.05mm塞尺从外侧检查上下轴瓦接合面，任何部位塞入深度应不大于接合面宽度的1/3；对于薄壁轴瓦，在装配后，在中分面处用0.02mm塞尺检查，不应塞入。薄壁轴瓦的接触面不宜研刮。
>
> 背景中告知“安装厚壁滑动轴瓦”，因此应当使用0.05mm塞尺从外侧检查上下轴瓦接合面，接合面的合格标准是：任何部位塞入深度应不大于接合面宽度的1/3。
>
> 回答案例问题时，一定要结合案例背景去分析回答问题，不然本题有可能回答成检查上下轴瓦的中分面的内容、安装薄壁轴瓦时检查要求。

3.（1）法兰安装时的密封面不得有划痕、锈蚀斑点等缺陷。

（2）设备与管道法兰连接时应检验法兰的两个参数为：平行度、同轴度。

（3）应用百分表在联轴节上监测机组的位移情况。

> 本题考查的是工业管道敷设及连接要求。螺纹管道安装前，螺纹部分应清洗干净，并进行外观检查，不得有缺陷。密封面及密封垫的光洁度应符合要求，不得有影响密封性能的划痕、锈蚀斑点等缺陷，用于螺纹的保护剂或润滑剂应适用于工况条件，并对输送的流体或管道材料均不应产生不良影响。
>
> 管道与机械设备连接前，应在自由状态下检验法兰的平行度和同轴度，偏差应符合规定要求。管道与机械设备最终连接时，应在联轴节上架设百分表监测机组位移。

4. 图1-3中A、B、C、D各点分别存在下列安全隐患：

（1）A点：高处物品未固定，存在高空坠物的隐患。

（2）B点：人员站立于倒行的车辆正后方，指挥倒车站位不对，工作服着装不规范，存在机械伤害的隐患。

（3）C点：吊装作业不规范，存在物体打击的隐患。

（4）D点：未设置警戒线，存在人身伤害的隐患。

本题考查了施工现场安全隐患辨识。回答本题需考生具备施工现场管理的知识，再结合背景材料去分析判断。安全隐患是指企业内存在可引起灾害或事故的风险隐患或生产管理隐患，如：工作环境不安全、设备维护不及时、操作人员专业技能不过硬等。

实务操作和案例分析题三［2023年真题］

【背景资料】

某安装公司承接一个干熄焦发电项目。工程内容：干熄焦系统、工业炉系统、热力系统、电站、电气、仪表及自动化控制系统。电站主厂房设计有1台供检修用电动双桥梁式起重机（起重量32/5t，跨距16.5m）。

干熄焦系统的动力驱动设备：电机车、焦罐台车和提升机（提升负荷87t，提升高度37.5m）。电机车负责将焦罐及焦罐台车运至提升框架正下方，提升机负责焦罐提升并横移至干熄炉炉顶，通过装入装置将焦炭装入干熄炉内。

工程中配置1套高温高压自然循环锅炉及辅助系统，同时配套发电机组及辅助系统，利用锅炉产生的高温高压蒸汽发电，高温高压自然循环锅炉参数见表1-1。

高温高压自然循环锅炉参数 **表1-1**

<table>
<tr><td rowspan="3">蒸汽压力</td><td>锅炉出口</td><td>9.50MPa</td><td colspan="2">蒸发量</td><td>95t/h</td></tr>
<tr><td>汽包</td><td>11.28MPa</td><td rowspan="2">蒸汽温度</td><td>过热器出入口</td><td>（540±5）℃</td></tr>
<tr><td>过热器出口</td><td>9.81MPa</td><td>允许最高工作温度</td><td>550℃</td></tr>
<tr><td colspan="2">锅炉入口烟气温度</td><td>800～960℃</td><td colspan="2">锅炉出口烟气温度</td><td>160～180℃</td></tr>
</table>

安装公司项目部进场后，进行各项准备工作。根据施工图纸及相关资料，对工程中可能涉及的特种设备及危险性较大的分部分项工程进行了识别，由项目经理组织相关技术人员编制了项目施工组织设计和分部分项工程专项施工方案。

提升机框架主梁上平面标高为＋60.000m，为提高施工效率、保证施工安全，在提升框架施工前，需先安装一台建筑塔式起重机（最大起重量25t）进行提升框架构件的吊装。项目部按“建筑起重机械安全监督管理规定”要求，在施工所在地建设主管部门办理了施工告知。

提升机安装在提升框架顶部主梁轨道上。提升框架主梁是钢制焊接箱形结构，框架中部设有水平支撑及剪刀撑；钢结构连接采用扭剪型高强度螺栓。

冷焦排出装置重量8.98t，安装于干熄炉底部。由于场地原因，冷焦排出装置卸车后只能放在距离干熄炉炉底中心8m的地方，无法用起重机将设备吊装就位。施工班组利用滚杠、托排、枕木及手拉葫芦等工具，完成了冷焦排出装置的水平运输工作。

【问题】

1. 本工程有哪几台设备安装需编制安全专项施工方案并进行专家论证？说明理由。

2. 项目部在建筑塔式起重机安装前，办理安装告知的做法是否正确？说明理由。

3. 高强度螺栓连接副在安装前需做哪些试验？高强度螺栓终拧合格的标志是什么？

4. 如何使用背景中的工具实施冷焦排出装置的水平运输工作？

5. 计算锅炉整体水压试验压力。锅炉水压试验时，对设置的压力表有哪些要求？

【参考答案与分析思路】

1. 本工程有下列设备安装需编制安全专项施工方案并进行专家论证：

主厂房电动双桥梁式起重机安装、提升机的安装需要编制专项施工方案并进行专家论证。

理由：电动双桥梁式起重机起重量32t＞300kN（30t）；提升机提升负荷87t＞300kN（30t）。以上均属于超过一定规模的危险性较大的分部分项工程，需要编制专项施工方案并进行专家论证。

本题实质上考查的是超过一定规模的危险性较大的分部分项工程范围的判断。根据《危险性较大的分部分项工程安全管理规定》（住房和城乡建设部令第37号），对于超过一定规模的危险性较大的分部分项工程，施工单位应当组织召开专家论证会对专项施工方案进行论证。

答题依据是《住房城乡建设部办公厅关于实施〈危险性较大的分部分项工程安全管理规定〉有关问题的通知》（建办质〔2018〕31号）、《危险性较大的分部分项工程安全管理规定》（住房和城乡建设部令第37号）。

2. 项目部在建筑塔式起重机安装前，办理安装告知的做法，不正确。

理由：建筑主管部门负责房屋建筑和市政工程工地安装、使用的起重机械的监督管理。本项目安装的建筑塔式起重机不属于建筑起重机械；项目建筑起重机械由特种设备监督管理部门实施管理，应在施工所在地设区的市级人民政府负责特种设备安全监督管理的部门办理安装告知。

本题考查的是特种设备的施工告知。特种设备安装、改造、修理的施工单位应当在施工前将拟进行的特种设备安装、改造、修理情况书面告知直辖市或者设区的市级人民政府负责特种设备安全监督管理的部门后即可施工。

3.（1）高强度螺栓连接副在安装前需做的试验：连接摩擦面的抗滑移系数试验和复验。

（2）高强度螺栓终拧合格的标志是：以拧断螺栓尾部梅花头为合格。

本题考查的是高强度螺栓连接。高强度螺栓连接处的摩擦面可根据设计抗滑移系数的要求选择处理工艺，抗滑移系数应符合设计要求。初拧（复拧）后应对螺母涂刷颜色标记。终拧以拧断螺栓尾部梅花头为合格。

4. 使用背景中的工具实施冷焦排出装置的水平运输工作的方法：运输通道地基处理；从上而下依次摆放枕木、滚杠及托排；设备固定于托排上；手拉葫芦牵引托排至安装位置。

本题考查的是利用已有建筑物吊装。在2018年真题中有一道案例与本案例类似。起重作业在近几年考试中，属于考查频次较高的内容，考生要重点掌握相关内容。

5.（1）锅炉进行整体水压试验的压力值：11.28×1.25＝14.1MPa。

（2）试验中对设置的压力表的要求：

已经校验合格并在检验周期内，其精度不得低于1.0级，压力表的刻度极限值宜为试验压力的1.5～2.0倍，压力表不得少于两块。

本题考查的是锅炉安装中的水压试验要求规定。本题考核题型与2018年真题中案例（五）第4问基本一致，考核难度一般。根据《电力建设施工技术规范 第2部分：锅炉机组》DL 5190.2—2019，锅炉受热面系统安装完成后，应进行整体水压试验，超过试验压力按制造厂规定执行，若无规定，试验压力应符合下列要求：

（1）汽包锅炉一次系统试验压力应为汽包设计压力的1.25倍。

（2）直流锅炉一次系统试验压力应为汽包设计压力的1.25倍，且不小于省煤器进口联箱设计压力的1.1倍。

锅炉进行整体水压试验的压力值：11.28×1.25＝14.1MPa。

水压试验时，锅炉上应安装不少于两块经过校验合格、精度不低于1.0级的弹簧管压力表，压力表的刻度极限值宜为试验压力的1.5～2.0倍。试验压力以汽包或过热器出口联箱处的压力表读数为准。再热器试验压力以再热器出口联箱处的压力表读数为准。

因此，回答第二小问关键词：不少于两块、校验合格、精度不低于1.0级、刻度极限值宜为试验压力的1.5～2.0倍。

实务操作和案例分析题四［2022年真题］

【背景资料】

某施工单位中标南方一高档商务楼机电工程项目，工程内容：建筑给水排水、建筑电气、通风与空调和智能系统等；工程主要设备由建设单位指定品牌，施工单位组织采购。

商务楼空调采用风机盘管加新风系统，空调水为二管制系统，机房空调系统采用进口的恒温恒湿空调机组。管道保温采用岩棉管壳，用金属丝捆扎；商务楼机电工程完工时间正值夏季，商务楼空调系统进行了带冷源的联合调试，空调系统试运行平稳可靠。施工单位组织了竣工预验收，预验收中发现以下质量问题：

（1）风机盘管机组的安装资料中，没查到水压试验记录，其安装如图1–4所示。

（2）管道保温壳的捆扎金属丝间距为400mm，且每节捆扎1道。

（3）竣工资料中的恒温恒湿空调机组无中文说明。

施工单位对预验收中存在的工程质量问题进行了整改，并整理竣工资料，将工程项目移交建设单位。

【问题】

1. 风机盘管安装前应进行哪些试验？图1–4中的风机盘管安装存在哪些错误？如何整改？

2. 管道的保温施工是否符合要求？说明理由。

3. 商务楼工程未进行带热源的系统联合试运行，是否可以进行竣工验收？

4. 恒温恒湿空调机组无中文说明是否符合验收要求？如何改正？

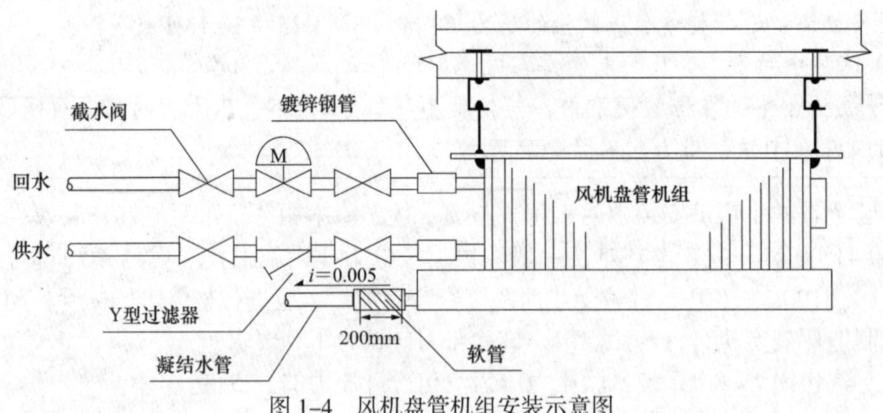

图 1-4　风机盘管机组安装示意图

【参考答案与分析思路】

1.（1）风机盘管安装前应进行：风机三速试运行、盘管水压试验。

（2）图 1-4 中的风机盘管安装存在的错误及整改：

① 风机盘管与管道连接选用镀锌钢管错误；应该采用软连接。

② Y 型过滤器安装方向错误，应该反向安装。

③ 空调冷凝水管坡度5‰太小；应按设计要求，若设计无要求，则其坡度应≥8‰，且坡向排水口。

本题考查的是风机盘管安装要求。本题考查了两个小问题，一是要求回答风机盘管安装前应进行的试验，二是识图改错类型的实操题。答出第一小问没有问题，在考试用书上都有明确内容，风机盘管安装中，机组安装前宜进行风机三速试运行及盘管水压试验。

第二小问，要求根据风机盘管机组安装示意图，查找安装存在的错误之处，还要求写出整改措施。风机盘管安装示意图中的错误之处如下：（1）风机盘管与管道连接选用镀锌钢管错误；（2）Y 型过滤器安装方向错误；（3）空调冷凝水管坡度5‰太小。整改措施针对上述错误之处写出即可。

2. 管道的保温施工不符合要求。

理由：管道保温壳的捆扎金属丝间距为400mm，不符合要求，其间距应为300～350mm；管道保温壳每节捆扎1道，不符合要求，每节至少应捆扎2道。

本题考查的是管道的保温施工。本题要求先判断管道的保温施工是否正确，再写理由。对于这种需要进行判断的题目，一定要先判断是否正确，如果没有判断，此题即使理由写正确了也不是满分。案例题答题之前一定要审题清晰、答题明确。本题根据背景资料给的信息结合考试用书内容去判断即可。

管道采用玻璃棉或岩棉管壳保温时，管壳规格与管道外径应相匹配，管壳的纵向接缝应错开，管壳应采用金属丝、粘结带等捆扎，间距应为300～350mm，且每节至少应捆扎2道。背景中告知：管道保温壳的捆扎金属丝间距为400mm，且每节捆扎1道，因此管道的保温施工不符合要求。管道保温壳的捆扎金属丝间距为300～350mm，每节至少应捆扎2道。

3. 商务楼工程未进行带热源的系统联合试运行，可以进行竣工验收。

理由：商务楼机电工程完工时间正值南方地区夏季，商务楼空调系统进行带冷源的联合调试，空调热源的试运行条件与环境条件相差较大，不适合做带热源的联合试运行，可在工程竣工验收报告中注明系统未进行带热源的试运行，待室外温度条件合适时完成。

> 本题考查的是通风与空调工程系统联合试运行。该知识点考查过选择题、案例题，考查形式比较多样，需理解记忆。本题考查了案例分析判断类型的题目，先判断再写理由。商务楼工程可以进行竣工验收，是因为：联合试运行及调试不在制冷期或供暖期时，仅做不带冷（热）源的试运行及调试，并在第一个制冷期或供暖期内补做。
>
> 这里再说明一下该知识点中几个重要的时间规定：（1）冷却塔风机与冷却水系统循环试运行不应少于2h。（2）制冷机组的试运行不应少于8h。（3）通风系统的连续试运行应不少于2h，空调系统带冷（热）源的连续试运行应不少于8h。

4. 恒温恒湿空调机组无中文说明不符合验收要求。

改正措施：进口材料与设备应提供有效的中文质量证明等文件。

> 本题考查的是进口设备的进场验收要求。本题回答的关键在于判断进口设备应提供质量文件资料是否符合验收要求。根据《通风与空调工程施工质量验收规范》GB 50243—2016，进口材料与设备应提供有效的商检合格证明、中文质量证明等文件。

实务操作和案例分析题五［2022年真题］

【背景资料】

某机电施工单位通过招标，总承包某超高层商务楼机电安装工程。承包范围：建筑给水排水、建筑电气、空调通风、消防和电梯工程等。工程所需的三联供机组、电梯和自动扶梯等主要设备已由建设单位通过招标选定制造厂家，且建设单位已与制造厂签订了三联供机组等设备的供货合同。

招标文件中，电梯和自动扶梯是由电梯制造厂负责安装及运维的。为方便现场施工协调，建设单位授权机电施工单位按照主合同的招标条件与电梯制造厂签订供货和安装合同，工期为210d，不可延误，每延误一天扣罚5万元人民币。因电梯、自动扶梯是特种设备，机电施工单位对电梯制造厂进行安装资质等内容的审核，并检查了电梯制造厂提交的安装资料。

自动扶梯等设备进场验收合格，资料齐全。安装后，某台自动扶梯试运行时，发生机械传动部分故障，经检查是某个梯级轴（图1–5）存在质量问题，影响了自动扶梯的安装精度和运行质量，损坏了中间传动环节，经制造厂提供零部件返工返修后，自动扶梯安装试运行合格，使整个工期耽误了14d，为此，建设单位扣罚了机电施工单位的延误费用，机电施工单位对扣罚的费用提出异议。

【问题】

1. 三联供机组、电梯和自动扶梯应分别由哪个单位负责监造？
2. 自动扶梯进场验收的技术资料必须提供哪些文件的复印件？随机文件有哪些内容？

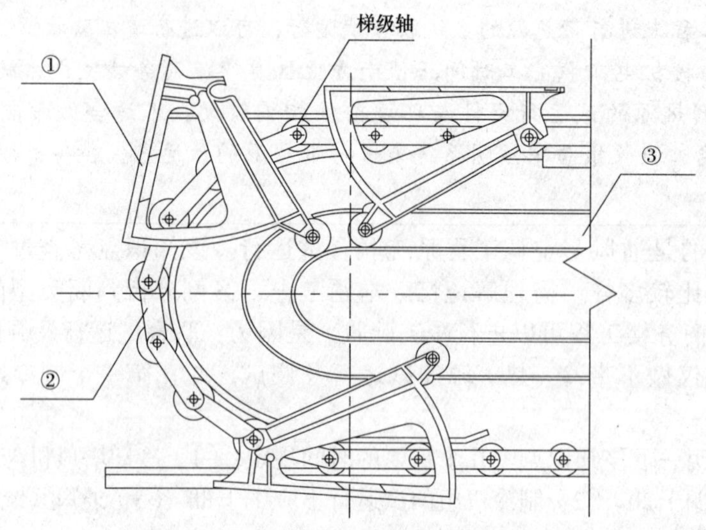

图 1-5 自动扶梯机械传动部分安装示意图

3. 自动扶梯机械传动部分安装示意图中的①、②、③分别表示什么部件？

4. 自动扶梯设备制造对安装精度的影响主要是哪几个原因？直接影响自动扶梯设备运行质量的有哪几个原因？

5. 建设单位扣罚了机电施工单位多少延误费用？是否正确？说明理由。机电施工单位应如何处理？

【参考答案与分析思路】

1.（1）三联供机组由建设单位负责监造，因为三联供机组是由建设单位与制造厂签订的供货合同。

（2）电梯和自动扶梯应由机电施工单位负责监造。因为电梯是建设单位授权机电施工单位按招标条件与制造厂签订供货和工程安装合同，其采购合同的主体是机电施工单位和制造厂家。

本题考查的是工程设备监造。本题属于送分题，谁买谁监造。

2. 自动扶梯进场验收的技术资料必须提供：

（1）梯级的型式检验报告复印件。

（2）扶手带（胶带）的断裂强度证书复印件。

随机文件有：土建布置图；产品出厂合格证；设备装箱单；安装、使用维护说明书；动力电路和安全电路的电气原理图。

本题考查的是自动扶梯设备进场验收要求。本考点内容在2020年的考试中考查了单选题，在2022年的考试中考查了案例简答题，本考点相关内容，考生要熟记。

3. 自动扶梯机械传动部分安装示意图中：① 代表梯级；② 代表梯级链（又称牵引链条或踏板链）；③ 代表导轨系统。

本题考查的是自动扶梯的构造。本题属于识图题，考生需具备施工现场知识才能做出此题。自动扶梯的构造示意图如图 1-6 所示。

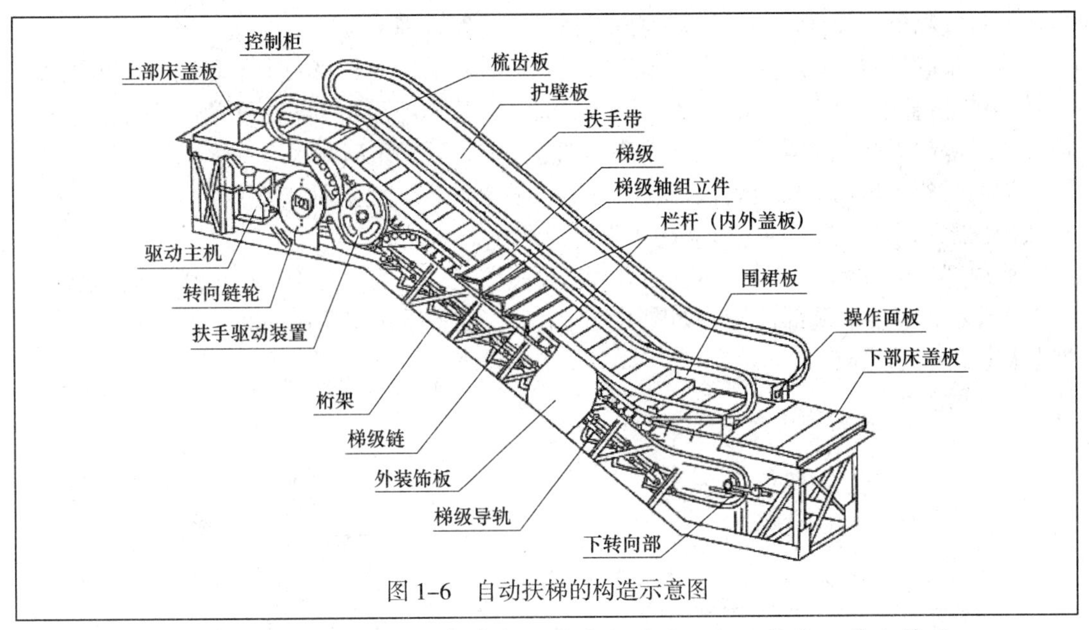

图 1-6　自动扶梯的构造示意图

4.（1）自动扶梯设备制造对安装精度的影响主要是：加工精度、装配精度。

（2）直接影响自动扶梯设备运行质量的原因有：各运动部件之间的相对运动精度、配合面之间的配合精度、配合面之间的接触质量。

本题考查的是影响设备安装精度的因素。本考点在2009年、2011年、2013年、2014年、2015年的考试中考查了选择题，在2022年的考试中考查了案例简答题，属于高频考点内容，考生要将本考点内容牢记。设备制造对安装精度的影响主要是加工精度和装配精度。解体设备的装配精度将直接影响设备的运行质量，包括各运动部件之间的相对运动精度，配合面之间的配合精度和接触质量。

5.（1）建设单位扣罚了机电施工单位的延误费用：5×14＝70万元。

（2）扣罚正确。

理由：因为招标时，建设单位授权机电施工单位按招标条件与制造厂签订电梯、自动扶梯的供货和安装合同。因此，自动扶梯签订合同的主体是机电施工单位，其延误罚款费用应由机电施工单位负责。

（3）因自动扶梯的质量故障造成工期拖延，机电施工单位应根据供货合同的相应条款，扣罚电梯制造厂的延误费用。

本题考查的是费用索赔。本题属于送分题，考生只要分清谁的责任，谁与谁有合同关系，做出本题不难。

实务操作和案例分析题六［2021年真题］

【背景资料】

某工程公司采用EPC方式承包一供热站安装工程。工程内容包括：换热器、疏水泵、管道、电气及自动化安装等。

工程公司成立采购小组，根据工程施工进度、关键工作和主要设备进场时间采购设备、材料等物资，保证设备材料采购与工程施工进度合理衔接。

疏水泵联轴器为过盈配合件，施工人员在联轴器装配时，将两个半联轴器一起转动，每转180° 测量一次，并记录2个位置的径向位移值和位于同一直径两端测点的轴向位移值。质量部门对此提出异议，认为不符合规范要求，要求重新测量。

为加强施工现场的安全管理，及时处置突发事件，工程公司升级了“生产安全事故应急救援预案”，并进行了应急预案的培训、演练。

取源部件到货后，工程公司进行取源部件的安装。压力取源部件的取压点选择范围如图1–7所示，温度取源部件安装如图1–8所示，在准备系统水压试验时，温度取源部件的安装被监理要求整改。

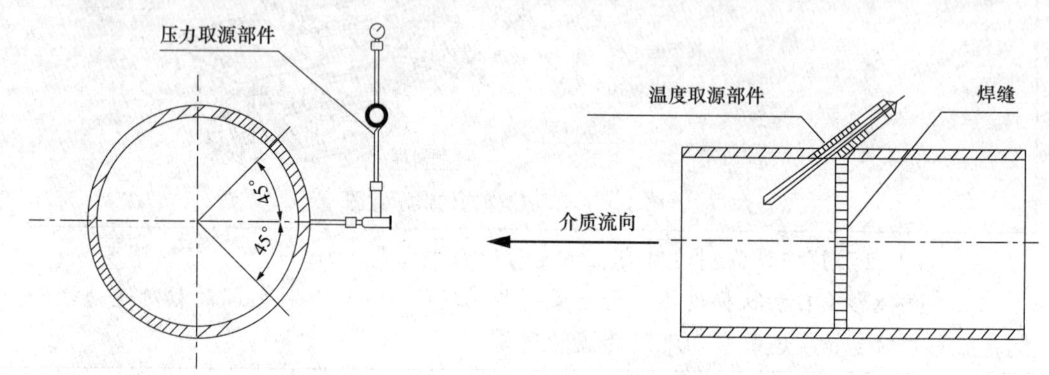

图 1–7　压力取源部件的取压点选择范围示意图　　图1–8　温度取源部件安装示意图

【问题】

1. 本工程中，工程公司应当多长时间组织一次现场处置方案演练？应急预案演练效果应由哪个单位来评估？

2. 图1–7的取压点范围适用于何种介质管道？说明温度取源部件安装被监理要求整改的理由。

3. 联轴器采用了哪种过盈装配方法？质量部门提出异议是否合理？写出正确的要求。

4. 为保证项目整体进度，应优先采购哪些设备？

【参考答案与分析思路】

1. 本工程中，工程公司应当每半年组织一次现场处置方案演练。

应急预案演练结束后，应急预案演练组织单位应当对应急预案演练效果进行评估，撰写应急预案演练评估报告，分析存在的问题，并对应急预案提出修订意见。

本题考查的是应急预案演练的内容。应急预案演练计划多长时间组织一次演练、演练效果评估均是应急预案演练中的出题点，考查难度较为简单，考生只要熟记前述内容答出本题不是问题。

2. 取压点范围适用于蒸汽介质管道。

温度取源部件安装被监理要求整改的理由：

（1）在温度取源部件安装示意图中，温度取源部件顺着物料流向安装，是不正确的。正确的做法是：温度取源部件与管道呈倾斜角度安装宜逆着物料流向，取源部件轴线应与管道轴线相交。

（2）在温度取源部件安装示意图中，温度取源部件在管道的焊缝上开孔焊接，是不正确的。正确的做法是：安装取源部件时，不应在设备或管道的焊缝及其边缘上开孔及焊接。

本题考查的是取源部件安装要求。安装的一般规定、温度取源部件安装、压力取源部件安装、流量取源部件安装是历年考试中的重点内容。

本题第一小问考查了压力取源部件安装，要求判断取压点范围适用于何种介质管道，可以根据压力取源部件的取压点选择范围示意图及相关考试用书内容去判断。在水平和倾斜的管道上安装压力取源部件时，取压点的方位应符合表1–2的要求。

取压点的方位应符合的要求 **表1–2**

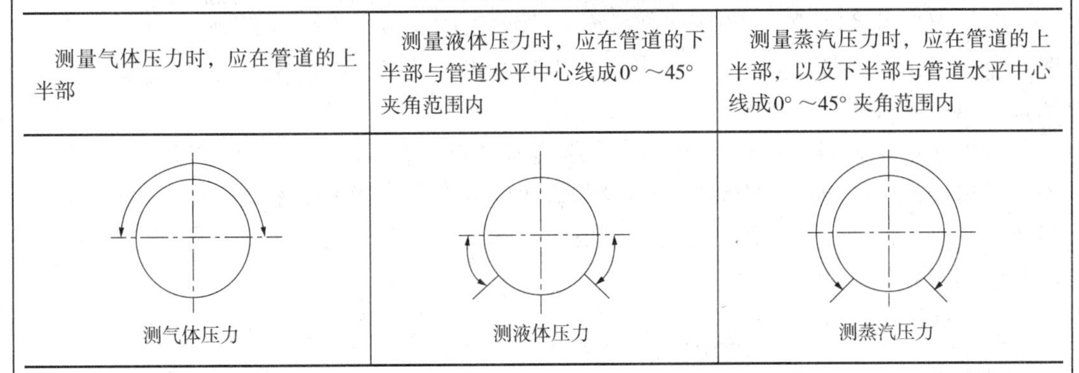

测量气体压力时，应在管道的上半部	测量液体压力时，应在管道的下半部与管道水平中心线成0°～45°夹角范围内	测量蒸汽压力时，应在管道的上半部，以及下半部与管道水平中心线成0°～45°夹角范围内
测气体压力	测液体压力	测蒸汽压力

根据上表内容，可以看出是取压点范围适用于蒸汽介质管道。

本题第二小问要求回答温度取源部件安装被监理要求整改的理由，可以从温度取源部件安装位置是否正确的角度去回答。安装位置不正确的地方：温度取源部件顺着物料流向安装、温度取源部件在管道的焊缝上开孔焊接，再写出正确做法，这样答案就更完整了。

3. 联轴器采用了加热装配法。

质量部门提出异议是合理的。

正确的要求：将两个半联轴器一起转动，应每转90° 测量一次，并记录5个位置的径向位移测量值和位于同一直径两端测点的轴向测量值。

本题考查的是机械设备典型零部件的安装要求，具体考查了其中两个要点内容，一个是过盈配合件的装配方法，一个是联轴器装配要求。过盈配合件的装配方法，一般采用压入装配、低温冷装配和加热装配法，而在安装现场，主要采用加热装配法。联轴器在安装现场主要采用加热装配法。

联轴器装配时，两轴心径向位移、两轴线倾斜和端面间隙的测量方法，应符合下列要求：

（1）将两个半联轴器暂时互相连接，应在圆周上画出对准线或装设专用工具，其可采用塞尺直接测量、塞尺和专用工具测量或百分表和专用工具测量。

（2）将两个半联轴器一起转动，应每转90° 测量一次，并记录5个位置的径向位移测量值和位于同一直径两端测点的轴向测量值。

（3）两轴心径向位移、两轴线倾斜计算值应符合《机械设备安装工程施工及验收通用规范》GB 50231—2009的规定。

（4）测量联轴器端面间隙时，应将两轴的轴向相对施加适当的推力，消除轴向窜动的间隙后，再测量其端面间隙值。

案例中提到“施工人员在联轴器装配时，将两个半联轴器一起转动，每转180°测量一次，并记录2个位置的径向位移值和位于同一直径两端测点的轴向位移值”，再根据上述第（2）项要求，这样就可以看出质量部门提出异议是合理的。

4. 为保证项目整体进度，设备主装置、需要先期施工的设备及关键线路上的设备应优先采购。

本题考查的是工程设备采购工作的要求。

（1）保证设备质量：必须严格按设计文件要求的质量标准进行采购、检查和验收。对于重型、重要设备，如大型锻压机、汽轮发电机、轧机、石油化工设备，应进行设备监造或第三方认证。

（2）保证采购进度：以项目整体进度为着眼点，综合采用监造、催交、催运等手段，严格按拟定的设备采购周期进行控制，使设备采购与施工进度合理衔接，处理好接口关系，以保证项目能按计划运行。设备主装置、需要先期施工的设备及关键线路上的设备应优先采购。

（3）保证采购价格合理。

实务操作和案例分析题七［2021年真题］

【背景资料】

某施工单位承建一安装工程，项目地处南方，正值雨季。项目部进场后，编制了施工进度计划、施工方案。施工方案中确定了施工方法、工艺要求及工序质量保证措施等，并对施工人员进行了施工方案交底。

因工期紧张，设备提前到达施工现场。施工人员在循环水泵电动机安装接线时，发现接线盒内有水珠，擦拭后进行接线（图1–9）。

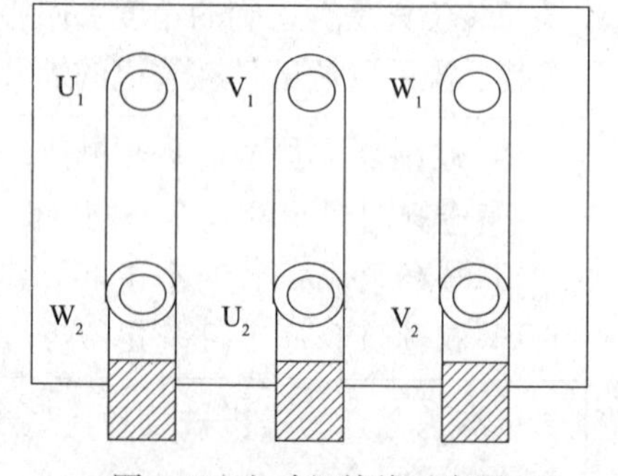

图1–9 电动机接线示意图

项目部在循环水泵单机试运行前，对电动机绝缘检查时，发现绝缘电阻不满足要求，采用电流加热干燥法对电动机进行干燥处理，用水银温度计测量温度时，被监理工程师叫停。项目部整改后，严格控制干燥温度，绝缘电阻达到规范要求。试运行中检查电动机的转向及杂声、机身及轴承温升均符合要求。试运行完成后，项目部对电动机受潮原因进行调查分析，是电动机到货后未及时办理入库、露天存放未采取防护措施所致。为防止类似事件发生，项目部加强了设备仓储管理，保证了后续施工的顺利进行。

【问题】

1. 施工方案中的工序质量保证措施主要有哪些？由谁负责向作业人员进行施工方案交底？

2. 图1–9中的电动机为何种接线方式？电动机干燥处理时为什么被监理工程师叫停？应如何整改？

3. 电动机试运行中还应检查哪些项目？如何改变电动机的转向？

4. 到达现场的设备在检查验收合格后应如何管理？只能露天保管的设备应采取哪些措施？

【参考答案与分析思路】

1. 施工方案中的工序质量保证措施主要有：制定工序控制点，明确工序质量控制方法。

工程施工前，施工方案的编制人员应向施工作业人员进行施工方案交底。

本题考查的是施工方案的编制要点、施工方案交底。本题考查了两个小问：第一个小问考查了施工方案的编制要点，属于记忆类型知识点，考生只要记住该知识点答出本题不是问题。第二个小问考查了施工方案交底的内容，对于该知识点的考查，主要考查由谁向谁交底、施工方案交底内容、危险性较大的分部分项工程专项施工方案由谁向谁交底。

2.（1）图1-9中的电动机为三角形（△）接线法。

（2）电动机干燥处理时被监理工程师叫停的原因：采用水银温度计测量温度不正确。

（3）整改：电动机干燥时应用酒精温度计、电阻温度计或温差热电偶测量温度。

本题考查的是电动机接线方式、电动机干燥注意事项。

（1）第一小问考查了电动机接线方式。电动机三相定子绕组按电源电压和电动机额定电压的不同，可接成星形（Y）或三角形（△）两种形式。三相交流电动机星形（Y）接线方法（图1–10）和三角形（△）接线方法（图1–11）如下所示：

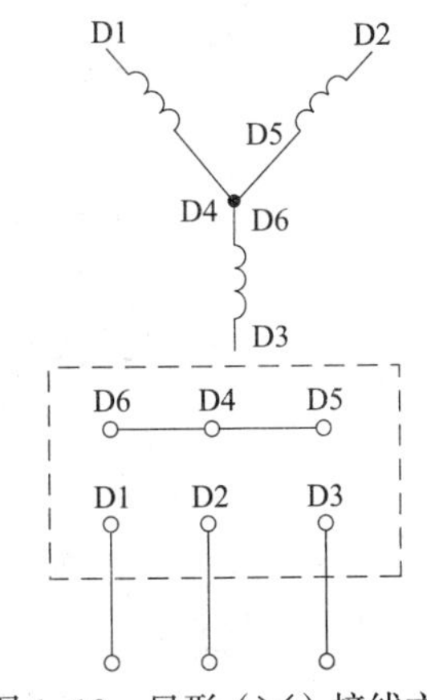

图1–10　星形（Y）接线方法

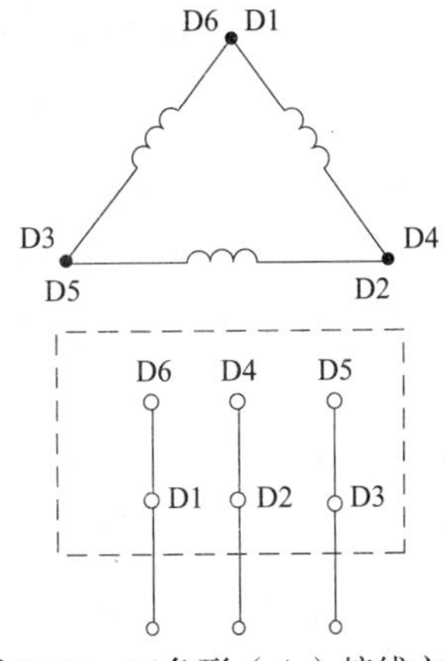

图1–11　三角形（△）接线方法

根据上图所示，可以看出图1–9中的电动机为三角形（△）接线法。

（2）第二、三小问考查了电动机干燥时的注意事项。考查的题型是分析型的问题，要求先写出原因，再整改。考生可根据考试用书知识并结合背景信息去分析。根据考试用书，电动机干燥时不允许用水银温度计测量温度，而背景资料中告知“采用电流加热干燥法对电动机进行干燥处理，用水银温度计测量温度”，因此项目部做法是不正确的，应当用酒精温度计、电阻温度计或温差热电偶去测量温度。

3.（1）电动机试运行中还应检查：

1）换向器、滑环及电刷的工作情况正常。

2）振动（双振幅值）不应大于标准规定值。

3）电动机第一次启动一般在空载情况下进行，空载运行时间为2h，并记录电动机空载电流。

（2）改变电动机的转向：在电源侧或电动机接线盒侧任意对调两根电源线即可。

本题考查的是电动机试运行的内容。本题考查了两个小问：第一个小问以补充题的形式考查了电动机试运行中的检查内容，因此考生只要补充出除了背景资料告知的内容即可。第二小问考查了电动机试运行前的检查内容，当电动机的转向不正确时，在电源侧或电动机接线盒侧任意对调两根电源线即可。

4.（1）到达现场的设备在检查验收合格后，应及时办理入库手续；对所到设备，分别储存，进行标识。

（2）只能露天保管的设备应采取的措施：

① 应经常检查，对设备进行苫盖，采取防雨、防风措施。

② 搭设防雨棚。

③ 定期保养、维护，做好防潮、防锈、防霉、防变质及保温、恒温，认真做好记录等。

本题考查的是设备仓储管理。到达现场的设备在检查验收合格后，应及时办理入库手续；对所到设备，分别储存，进行标识。对只能露天保管的设备应经常检查，对设备进行苫盖，采取防雨、防风措施；搭设防雨棚；定期保养、维护，做好防潮、防锈、防霉、防变质及保温、恒温，认真做好记录等。

实务操作和案例分析题八［2020年真题］

【背景资料】

某安装公司承包大型制药厂的机电安装工程，工程内容：设备、管道和通风空调等工程安装。安装公司对施工组织设计的前期实施，进行了监督检查：施工方案齐全，临时设施通过验收，施工人员按计划进场，技术交底满足施工要求，但材料采购因资金问题影响了施工进度。

不锈钢管道系统安装后，施工人员用洁净水（氯离子含量小于25ppm）对管道系统进行试压时（图1-12），监理工程师认为压力试验条件不符合规范规定，要求整改。

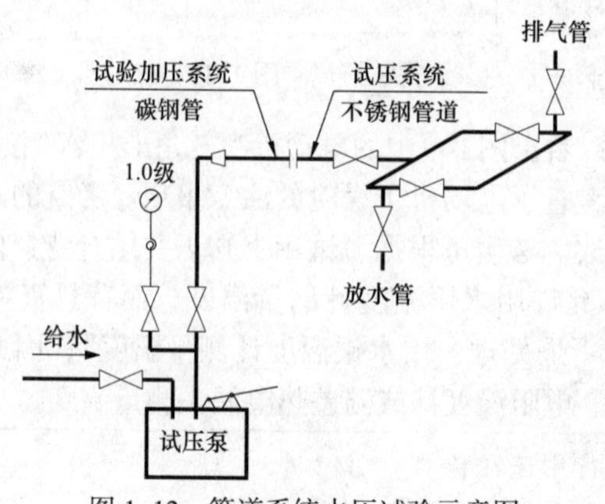

图1-12　管道系统水压试验示意图

由于现场条件限制，有部分工艺管道系统无法进行水压试验，经设计和建设单位同意，允许安装公司对管道环向对接焊缝和组成件连接焊缝采用100%无损检测，代替现场水压试验，检测后设计单位对工艺管道系统进行了分析，符合质量要求。

检查金属风管制作质量时，监理工程师对少量风管的板材拼接有十字形接缝提出整改要求。安装公司进行了返修和加固，风管加固后外形尺寸改变但仍能满足安全使用要求，验收合格。

【问题】

1. 安装公司在施工准备和资源配置计划中哪几项完成得较好？哪几项需要改进？

2. 图1-12中的水压试验有哪些不符合规范规定？写出正确的做法。

3. 背景中的工艺管道系统的焊缝应采用哪几种检测方法？设计单位对工艺管道系统应进行什么分析？

4. 监理工程师提出整改要求是否正确？说明理由。加固后的风管可按什么文件进行验收？

【参考答案与分析思路】

1. 安装公司在施工准备和资源配置计划中完成得较好的是：技术准备、现场准备、劳动力配置计划。

需要改进的是资金准备、物资配置计划。

> 本题考查的是施工组织设计编制内容。施工组织设计包括工程概况、编制依据、施工部署、施工进度计划、施工准备与资源配置计划、主要施工方法、主要施工管理计划及施工现场平面布置等基本内容。其中，施工准备包括技术准备、现场准备和资金准备；资源配置计划包括劳动力配置计划和物资配置计划。
>
> 本案例中说明：该项目施工方案齐全，临时设施通过验收，施工人员按计划进场，技术交底满足施工要求，说明该公司在施工准备时，技术准备和现场准备做得比较充分，制订配置计划时，劳动力配置计划合理。该项目在材料采购时因资金问题影响了施工进度，说明资金准备和物质配置计划不合理，需要改进。

2. 图1-12中的水压试验错误之处：

图中只安装了1块压力表，且安装位置错误。正确做法：压力表不得少于2块（增加1块），应在加压系统的第一个阀门后（始端）和系统最高点（排气阀处、末端）各安装1块压力表。

> 本题考查的是管道系统试验前应具备的条件。本题属于看图找错题，考生要写出不正确的地方，还得写出正确做法，这样才能得满分。

3. 对工艺管道系统的环向对接焊缝应采用100%射线检测和100%超声检测；组成件的连接焊缝应采用100%渗透检测或100%磁粉检测。

设计单位对工艺管道系统应进行管道系统的柔性分析。

> 本题考查的是管道压力试验的替代形式及规定。所有环向、纵向对接焊缝和螺旋缝焊缝应进行100%射线检测和100%超声检测。除环向、纵向对接焊缝和螺旋缝焊缝以外的所有焊缝（包括管道支承件与管道组成件的连接焊缝）应进行100%渗透检测或100%磁粉检测。由设计单位进行管道系统的柔性分析。

4. 监理工程师提出整改要求正确。

理由：因为相关规范要求风管板材拼接不得有十字形接缝，接缝应错开。

加固后的风管可按技术处理方案和协商文件的要求进行验收。

本题考查的是风管制作要求、建筑安装工程质量验收评定为“不合格”时工程处理的办法。本题考查了两个小问：（1）先要求判别监理工程师提出整改要求是否正确，如若不正确还得说明理由。背景中提到：检查金属风管制作质量时，监理工程师对少量风管的板材拼接有十字形接缝提出整改要求，其做法是正确的，因为相关规范要求风管板材拼接的接缝应错开，不得有十字形接缝。（2）经返修或加固处理的分项、分部工程，虽然改变外形尺寸但仍能满足安全及使用功能要求，可按技术处理方案和协商文件的要求进行验收。

实务操作和案例分析题九［2020年真题］

【背景资料】

某施工单位承接一处理500kt/a多金属矿综合回收技术改造项目。该项目的熔炼厂房内设计有1台冶金桥式起重机（额定起重量50/15t，跨度19m），方案采用直立单桅杆吊装系统进行设备就位安装。

工程中的氧气输送管道设计压力为0.8MPa，材质为20号钢、304不锈钢、321不锈钢；规格主要有ϕ377、ϕ325、ϕ159、ϕ108、ϕ89、ϕ76，制氧站到地上管网及底吹炉、阳极炉、鼓风机房界区内工艺管道共约1500m。

施工单位编制了施工组织设计和各项施工方案，经审批通过。在氧气管道安装合格并具备压力试验条件后，对管道系统进行了强度试验。用氮气作为试验介质，先缓慢升压到设计压力的50%，经检查无异常，以10%试验压力逐级升压，每次升压后稳压3min，直至试验压力。稳压10min降至设计压力，检查管道无泄漏。

为了保证富氧底吹炉内衬砌筑质量，施工单位对砌筑过程中的质量问题进行了现场调查，并统计出质量问题（表1-3）。针对质量问题分别用因果图法分析，经确认找出了主要原因。

富氧底吹炉内衬砌筑质量问题统计表　　表1-3

序号	质量问题	频数（点）	累计频数（点）	频率（%）	累计频率（%）
1	错牙	44	44	47.3	47.3
2	三角缝	31	75	33.3	80.6
3	圆周砌体的圆弧度超差	8	83	8.6	89.2
4	端墙砌体的平整度超差	5	88	5.4	94.6
5	炉膛砌体的线尺寸超差	2	90	2.2	96.8
6	膨胀缝宽度超差	1	91	1.0	97.8
7	其他	2	93	2.2	100.0
8	合计	93			

【问题】

1. 本工程的哪个设备安装应编制危险性较大的分部分项工程专项施工方案？该专项施工方案编制后必须经过哪个步骤才能实施？

2. 施工单位承接本项目应具备哪些特种设备的施工许可？

3. 影响富氧底吹炉内衬砌筑的主要质量问题有哪几个？累计频率是多少？找到质量问题的主要原因之后要做什么工作？

4. 直立单桅杆吊装系统由哪几部分组成？卷扬机走绳、拖拉绳和起重机捆绑绳扣的安全系数分别应不小于多少？

5. 氧气管道的酸洗钝化有哪些工序内容？计算氧气管道采用氮气的试验压力。

【参考答案与分析思路】

1. 本工程中，冶金桥式起重机安装应编制危险性较大的分部分项工程专项施工方案。该专项施工方案编制后必须经过专家论证通过后才能实施。

> 本题考查的是吊装方案的管理。冶金桥式起重机采用直立单桅杆吊装系统进行安装，桅杆属于非常规系统，而单件起重量明显超过了100kN，所以属于超过一定规模的危险性较大的分部分项工程。因此该专项方案编制后，应当通过施工单位审核和总监理工程师审查，再由施工单位组织召开专家论证会对专项施工方案进行论证后才能实施。

2. 施工单位承接本项目应具备特种设备的施工许可包括：压力管道安装许可和起重机械安装许可。

> 本题考查的是特种设备的施工许可。施工单位承接本项目应具备特种设备的施工许可包括：压力管道安装许可（氧气管道安装许可）、起重机械安装许可（桥式起重机安装许可、杆式起重机安装许可）。

3. 影响富氧底吹炉内衬砌筑的主要质量问题有：错牙和三角缝。累计频率是80.6%。找到质量问题的主要原因之后要做的工作是制定对策。

> 本题考查的是排列图法、因果图法。绘制排列图的目的在于从诸多的问题中寻找主要问题并以图形的方法直观地表示出来。通常把问题分为三类，A类属于主要或关键问题，累计百分比为0～80%；B类属于次要问题，累计百分比为80%～90%；C类属于一般问题，累计百分比为90%～100%。在实际应用中，切不可机械地按80%来确定主要问题。它只是根据“关键的少数、次要的多数”的原则，给予一定的划分范围。A、B、C三类应结合具体情况来选定。因此，影响富氧底吹炉内衬砌筑的主要质量问题有：错牙和三角缝。累计频率是80.6%。
>
> 因果图法应用步骤：（1）确定需要解决的质量问题（质量结果）；（2）确定问题中影响质量原因的分类方法（第一层面的原因：人、机、料、法、环）；（3）用箭线从左向右画出主干线，在右边画出“结果（问题）”矩形框；（4）在左侧把各类主要原因（第一层原因）的矩形框用60°斜箭线（支干线）连向主干线；（5）寻找下一个层次的原因（第二层原因）画在相应的支干线上；（6）继续逐层展开画出分支线（第三层面的原因）；（7）从最高层次（最末一层）的原因中找出对结果影响较大的原因（3～5个），做进一步分析研究；（8）最后制定对策表。

4. 直立单桅杆吊装系统组成：桅杆、缆风系统和提升系统。

卷扬机走绳的安全系数应不小于5，拖拉绳的安全系数应不小于3.5，起重机捆绑绳扣的安全系数应不小于6。

> 本题考查的是直立单桅杆吊装系统的组成和安全系数。
>
> 桅杆吊装系统通常由桅杆、缆风系统、提升系统、托排滚杠系统、牵引溜尾系统等组成。
>
> 根据《石油化工大型设备吊装工程规范》GB 50798—2012，钢丝绳的使用安全系数应符合下列规定：
>
> （1）作拖拉绳时，应大于或等于3.5；
>
> （2）作卷扬机走绳时，应大于或等于5；
>
> （3）作捆绑绳扣使用时，应大于或等于6；
>
> （4）作系挂绳扣时，应大于或等于5；
>
> （5）作载人吊篮时，应大于或等于14。

5. 氧气管道的酸洗钝化按照脱脂去油、酸洗、水洗、钝化、水洗、无油压缩空气吹干的工序进行。氧气管道采用氮气的试验压力为0.8×1.15＝0.92MPa。

> 本题考查的是化学清洗实施要点、管道气压试验的实施要点。
>
> 管道酸洗钝化应按脱脂去油、酸洗、水洗、钝化、水洗、无油压缩空气吹干的顺序进行。
>
> 管道气压试验实施时，承受内压钢管及有色金属管道试验压力应为设计压力的1.15倍，真空管道的试验压力应为0.2MPa。本题工程中的氧气输送管道设计压力为0.8MPa，因此氧气管道采用氮气的试验压力为0.8×1.15＝0.92MPa。

实务操作和案例分析题十［2019年真题］

【背景资料】

A公司以施工总承包方式承接了某医疗中心机电工程项目，工程内容：给水、排水、消防、电气、通风空调等设备材料采购、安装及调试工作。A公司经建设单位同意，将自动喷水灭火系统（包括消防水泵、稳压泵、报警阀、配水管道、水源和排水设施等）的安装、调试分包给B公司。

为了提高施工效率，A公司采用BIM四维（4D）模拟施工技术，并与施工组织方案结合，按进度计划完成了各项安装工作。

在自动喷水灭火系统调试阶段，B公司组织了相关人员进行了消防水泵、稳压泵和报警阀的调试，完成后交付A公司进行系统联动试验。但A公司认为B公司还有部分调试工作未完成，自动喷水灭火系统末端试水装置（图1-13）的出水方式和排水立管不符合规范规定。B公司对末端试水装置进行了返工，并完成相关的调试工作后，交付A公司完成联动试验等各项工作，系统各项性能指标均符合设计及相关规范要求，工程质量验收合格。

【问题】

1. A公司采用BIM四维（4D）模拟施工的主要作用有哪些？

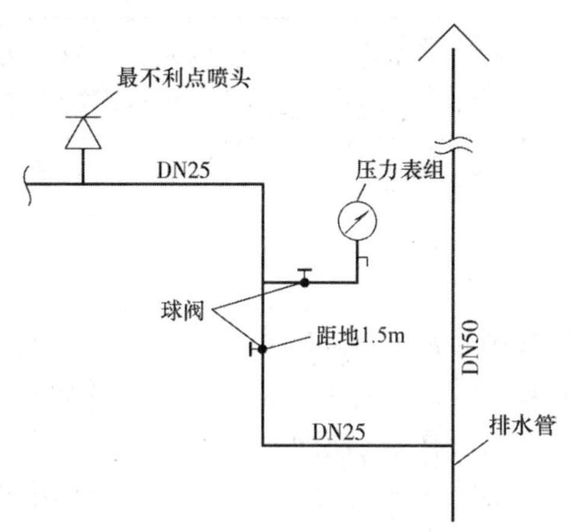

图 1-13　末端试水装置安装示意图

2. 末端试水装置（图1-13）的出水方式、排水立管存在哪些质量问题？末端试水装置漏装哪个管件？

3. B公司还有哪些调试工作未完成？

4. 联动试验除A公司外，还应有哪些单位参加？

【参考答案与分析思路】

1. A公司采用BIM四维（4D）模拟施工的主要作用有：

（1）在BIM三维模型的基础上融合时间概念，避免施工延期。

（2）施工的界面（顺序）直观，方便施工协调。

（3）使设备材料进场、劳动力配置、机械使用等各项工作安排有效、经济，节约成本；直观明确地展示施工方案（重要施工步骤）。

本题考查的是BIM四维（4D）模拟施工的主要作用。主要包括三方面作用：一是可实现四维模拟；二是可直观体现施工界面、顺序；三是与施工组织方案的结合，使得各项工作变得有效、经济。

2. 末端试水装置的出水方式、排水立管有下列质量问题：

（1）末端试水装置的出水与排水立管直接连接（出水未采用孔口出流方式）。

（2）排水立管管径50mm小于规范规定（排水立管管径应不小于75mm）。

末端试水装置漏装的管件是：试水接头。

本题考查的是末端试水装置相关要点。根据《自动喷水灭火系统设计规范》GB 50084—2017，末端试水装置应由试水阀、压力表以及试水接头组成。试水接头出水口的流量系数，应等同于同楼层或防火分区内的最小流量系数洒水喷头。末端试水装置的出水，应采取孔口出流的方式排入排水管道，排水立管宜设伸顶通气管，且管径不应小于75mm。再结合末端试水装置安装示意图，可以看出末端试水装置图的出水方式、排水立管存在的质量问题：（1）排水立管管径50mm小于规范规定，规范规定管径末端试水装置的排水立管管径不应小于75mm，因此存在安装质量问题。（2）出水未采用孔口出流方式，规范规定末端试水装置的出水，应采取孔口出流的方式排入排水管道，因此存在安装质量问题。

规范规定末端试水装置应由试水阀、压力表以及试水接头组成。但是在末端试水装置安装示意图中，没有安装试水接头，因此末端试水装置漏装试水接头这个管件。

3. B公司还有下列调试工作未完成：

（1）水源测试。

（2）排水设施调试。

本题以案例补充题的形式考查了自动喷水灭火系统调试工作内容。本题自动喷水灭火系统的调试应包括：水源测试；消防水泵调试；稳压泵调试；报警阀调试；排水设施调试；联动试验。背景中告知：在自动喷水灭火系统调试阶段，B公司组织了相关人员进行了消防水泵、稳压泵和报警阀的调试。因此只要写出剩余的自动喷水灭火系统调试工作即可。

4. 联动试验除A公司外，还应参加的单位有：建设单位、监理单位、设计单位、分包单位（B公司）。

本题考查的是联动试运行参加单位。联动试运行参加单位：建设单位、生产单位、施工单位以及总承包单位（若该工程实行总承包）、设计单位、监理单位、重要机械设备的生产厂家。

实务操作和案例分析题十一［2019年真题］

【背景资料】

某安装公司承接一大型商场的空调工程，工程内容有：空调风管、空调供回水、开式冷却水等系统的钢制管道与设备施工，管材及配件由安装公司采购。设备有2台离心式双工况冷水机组、2台螺杆式基载冷水机组、24台内融冰钢制蓄冰盘管、146台组合式新风机组，均由建设单位采购。

项目部进场后，编制了空调工程的施工技术方案，主要包括施工工艺与方法、质量技术要求和安全要求等。施工技术方案的重点是隐蔽工程施工、冷水机组吊装、空调水管的法兰焊接、空调管道的安装及试压、空调机组调试与试运行等操作要点。

质检员在巡视中发现空调供水管（图1-14）的施工质量不符合规范要求，通知施工作业人员整改。

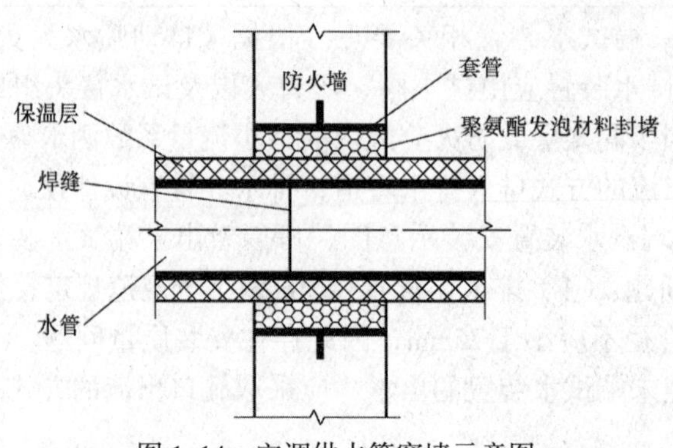

图1-14　空调供水管穿墙示意图

空调供水管及开式冷却水系统施工完成后，项目部进行了强度和严密性试验，施工图中注明空调供水管的工作压力为1.3MPa，开式冷却水系统工作压力为0.9MPa。

在试验过程中，发现空调供水管个别法兰连接处和焊缝处有渗漏现象，施工人员及时返修后，重新试验未发现渗漏。

【问题】

1. 空调工程的施工技术方案编制后应如何组织实施交底？重要项目的施工技术交底文件应由哪个施工管理人员审批？

2. 图1–14中存在的错误有哪些？如何整改？

3. 计算空调供水管和开式冷却水管的试验压力。试验压力最低不应小于多少兆帕？

4. 试验过程中，管道出现渗漏时严禁出现哪些操作？

【参考答案与分析思路】

1. 空调工程的施工技术方案编制后应按照下列程序组织实施交底：

施工技术方案编制后，组织实施交底应在开工前进行，并分层次展开，直至交底到施工操作人员，并有书面交底资料。

重要项目的施工技术交底文件应由项目技术负责人审批，并在交底时到位。

本题考查的是施工技术交底。本题考查得较为简单，属于记忆类型的知识点，考生只要熟记了相关内容，即可得分。施工技术交底应分层次展开，直至交底到施工操作人员；交底应在开工前进行，并贯穿施工全过程；施工技术交底人员应认真填写表格并签字，接受交底人也应在交底记录上签字；交底资料和记录应由交底人或资料员进行收集、整理，并妥善保存；对于重要项目的施工技术交底文件，应由项目技术负责人审核或批准。

2. 图1-14中存在的错误有：

（1）错误：空调供水管保温层与套管四周的缝隙封堵使用聚氨酯发泡材料。

整改：空调供水管保温层与套管四周的缝隙封堵应使用不燃材料。

（2）错误：穿墙套管内的管道有焊缝接口。

整改：调整管道焊缝接口位置。

本题考查的是室内给水管道施工技术要求。本题要求考生根据相关技术要求判断管道穿墙示意图的错误之处，再写出整改措施。空调供水管穿墙示意图存在两处错误：一处错误是管道焊缝布置在了套管内，整改措施：管道的接口焊缝不得设在套管内；第二处错误是缝隙填充的聚氨酯发泡材料为可燃材料，整改措施：穿墙套管与管道之间缝隙宜用阻燃密实材料填实，且端面应光滑。

3. 空调供水管的试验压力：1.3＋0.5＝1.8MPa

开式冷却水管的试验压力：0.9×1.5＝1.35MPa

试验压力最低不应小于0.6MPa。

本题考查的是水系统强度严密性试验及管道冲洗技术要求。对于冷（热）水、冷却水与蓄能（冷、热）系统的试验压力，当工作压力小于等于1.0MPa时，应为1.5倍工作压力，最低不应小于0.6MPa；当工作压力大于1.0MPa时，应为工作压力加0.5MPa。本案例中，施工图中注明空调供水管的工作压力为1.3MPa，因此空调供水管的试验压力为：

1.3＋0.5＝1.8MPa；开式冷却水系统工作压力为0.9MPa，因此开式冷却水管的试验压力为：1.5×0.9＝1.35MPa。试验压力最低不应小于0.6MPa。

4. 试验过程中，管道出现渗漏时严禁出现下列操作：

（1）严禁带压紧固螺栓；（2）严禁带压补焊；（3）严禁带压修理。

本题考查的是工业管道压力试验发现渗漏时的处理。工业管道压力试验发现渗漏时的处理程序：发现泄漏→泄压→消除缺陷→重新进行试验。严禁带压操作（严禁管道带压进行管道补焊、紧固螺栓、修补）。

实务操作和案例分析题十二［2019年真题］

【背景资料】

某项目建设单位与A公司签订了氢气压缩机厂房建筑及机电工程施工总承包合同，工程包括：设备及钢结构厂房基础、配电室建筑施工，厂房钢结构制造、安装，一台20t通用桥式起重机安装，一台活塞式氢气压缩机及配套设备、氢气管道和自动化仪表控制装置安装等。经建设单位同意，A公司将设备及钢结构厂房基础、配电室建筑施工分包给B公司。

钢结构厂房、桥式起重机、压缩机及进出口配管如图1-15所示。

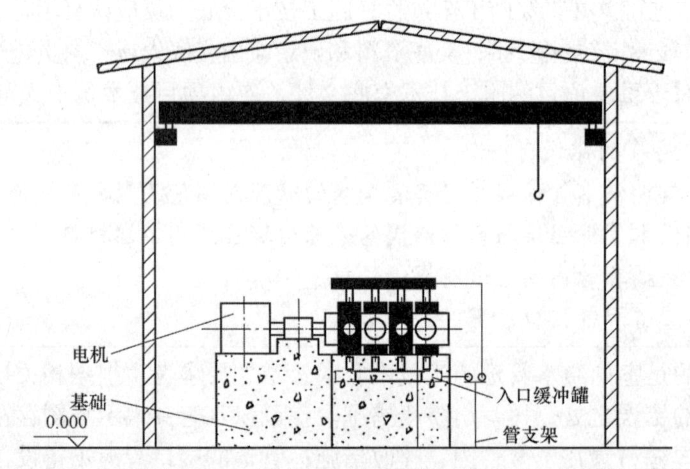

图1-15 钢结构厂房、桥式起重机、压缩机及进出口配管示意图

A公司编制的压缩机及工艺管道施工程序：压缩机临时就位→□□→压缩机固定与灌浆→□□→管道焊接→……→□□→氢气管道吹洗→□□→中间交接。

B公司首先完成压缩机基础施工，与A公司办理中间交接时，共同复核了标注在中心标板上的安装基准线和埋设在基础边缘的标高基准点。

A公司编制的起重机安装专项施工方案中，采用两根钢丝绳分别单股捆扎起重机大梁，用单台50t汽车起重机吊装就位，对吊装作业进行危险源辨识，分析其危险因素，制定了预防控制措施。

A公司依据施工质量管理策划的要求和《压力管道质量保证手册》的规定，对焊接过程的六个质量控制环节（焊工、焊接材料、焊接工艺评定、焊接工艺、焊接作业、焊接返修）设置质量控制点，对质量控制实施有效的管理。

电动机试运行前，A公司与监理单位、建设单位对电动机绕组绝缘电阻、电源开关、启动设备和控制装置等进行检查，结果符合要求。

【问题】

1. 依据A公司编制的施工程序，分别写出压缩机固定与灌浆、氢气管道吹洗的紧前和紧后工序。

2. 标注的安装基准线包括哪两个中心线？测试安装标高基准线一般采用哪种测量仪器？

3. 在焊接材料的质量控制环节中，应设置哪些控制点？

4. A公司编制的起重机安装专项施工方案中，吊索钢丝绳断脱和汽车起重机侧翻的控制措施有哪些？

5. 电动机试运行前，对电动机安装和保护接地的检查项目还有哪些？

【参考答案与分析思路】

1. 依据A公司编制的施工程序，压缩机固定与灌浆、氢气管道吹洗的紧前和紧后工序为：

（1）压缩机固定与灌浆的紧前工序是压缩机找平找正；紧后工序是压缩机连接氢气管道。

（2）氢气管道吹洗的紧前工序是氢气管道压力试验；紧后工序是压缩机空负荷试运行。

> 本题考查的是压缩机施工程序。本题涉及两个知识点，一是机械设备安装的施工程序，二是工业管道安装的施工程序，考生要将前述施工程序记住。本题中，压缩机施工程序为：压缩机临时就位→压缩机找平找正→压缩机固定与灌浆→压缩机连接氢气管道→管道焊接→……→氢气管道压力试验→氢气管道吹洗→压缩机空负荷试运行→中间交接。

2. 标注的安装基准线包括：纵向中心线、横向中心线。

测试安装标高基准线一般采用的测量仪器是水准仪。

> 本题考查的是安装基准线的设置、工程测量仪器的应用。安装基准线一般都是直线，只要定出两个基准中心点，就构成一条基准线。平面安装基准线不少于纵、横两条。水准仪的应用范围包括：（1）在设备安装工程项目施工中用于连续生产线设备测量控制网标高基准点的测设及安装过程中对设备安装标高的控制测量。（2）用于建筑工程测量控制网标高基准点的测设及厂房、大型设备基础沉降观察的测量。

3. 在焊接材料的质量控制环节中，应设置的控制点包括：焊材的采购、验收（复验）、保管、烘干及恒温存放、发放与回收。

> 本题考查的是焊接控制环节和控制点设置。焊接控制包括焊工管理、焊材管理、焊接工艺评定、焊接工艺、焊接作业、焊接返修等环节。本题考查了从焊材管理这个环节进行控制点设置。

4.（1）A公司编制的起重机安装专项施工方案中，吊索钢丝绳断脱的控制措施有：吊索钢丝绳或卸扣的安全系数满足规范要求；钢丝绳吊索捆扎起重机大梁直角处加钢制半圆护角。

（2）A公司编制的起重机安装专项施工方案中，汽车起重机侧翻的控制措施有：严禁超载（违章作业）；支腿接触地面平整，地耐力满足要求，支腿稳定性好。

本题考查的是起重吊装作业失稳的原因及预防措施。在2014年、2019年均对起重吊装作业失稳的原因及预防措施进行了考查，考生要牢记。

5. 电动机试运行前，对电动机安装和保护接地的检查项目还有：

（1）检查电动机安装是否牢固、地脚螺栓是否拧紧。

（2）检查电动机的保护接地线连接可靠，接地线（铜芯）的截面积不小于4mm^2，有防松弹簧垫片。

本题考查的是电动机试运行的检查，考生只要答出关键要点即可，如地脚螺栓、保护接地线可靠、联轴器良好、电动机转向、绕线型电动机还须检查的项目等。

实务操作和案例分析题十三［2018年真题］

【背景资料】

某项目管道工程，内容有：建筑生活给水排水系统、消防水系统和空调水系统的施工。某分包单位承接该任务后，编制了施工方案、施工进度计划（表1–4中细实线）、劳动力计划（表1–5）和材料采购计划等；施工进度计划在审批时被否定，原因是生活给水与排水系统施工的先后顺序违反了施工原则，分包单位调整了该顺序（表1–4中粗实线）。

建筑生活给水排水、消防和空调水系统施工进度计划表　　表1–4

施工内容	施工人员	3月	4月	5月	6月	7月	8月	9月	10月
生活给水系统施工	40人								
生活排水系统施工	20人								
消防水系统施工	20人								
空调水系统施工	30人								
机房设备施工	30人								
单机、联动试运行	40人								
竣工验收	30人								

建筑生活给水排水、消防和空调水系统施工劳动力计划表　　表1–5

月份	3月	4月	5月	6月	7月	8月	9月	10月
施工人员	40人	80人	140人		100人	60人	40人	30人

施工中，采购的第一批阀门（表1–6）按计划到达施工现场，施工人员对阀门开箱检查，按规范要求进行了强度和严密性试验，主干管上起切断作用的DN400、DN300阀门和

其他规格的阀门经抽查均无渗漏，验收合格。

阀门规格、数量　　表1-6

名称	公称压力	DN400	DN300	DN250	DN200	DN150	DN125	DN100
闸阀	1.6MPa	4	8	16	24			
球阀	1.6MPa					38	62	84
蝶阀	1.6MPa			16	26	12		
合计		4	8	32	50	50	62	84

在水泵施工质量验收时，监理人员指出水泵进水管接头和压力表接管的安装存在质量问题（图1-16），要求施工人员返工，返工后质量验收合格。

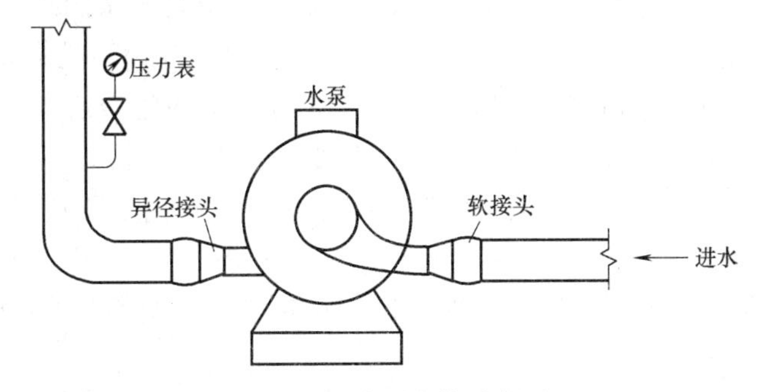

图1-16　水泵安装示意图

建筑生活给水与排水系统、消防水系统和空调水系统安装后，分包单位在单机及联动试运行中，及时与其他各专业工程施工人员协调配合，完成联动试运行，工程质量验收合格。

【问题】

1. 劳动力计划调整后，3月份和7月份的施工人员分别是多少？劳动力优化配置的依据有哪些？

2. 第一批进场阀门按规范要求最少应抽查多少个进行强度试验？其中，DN300闸阀的强度试验压力应为多少兆帕？最短试验持续时间是多少？

3. 水泵（图1-16）运行时会产生哪些不良后果？绘出合格的返工部分示意图。

4. 本工程在联动试运行中需要与哪些专业系统协调配合？

【参考答案与分析思路】

1. 劳动力计划调整后，3月份的施工人员人数是20人，7月份的施工人员人数是120人。

劳动力优化配置的依据包括：

（1）项目所需劳动力的种类及数量。

（2）项目的施工进度计划。

（3）项目的劳动力资源供应环境。

本题考查的是横道图施工进度计划调整、劳动力优化配置的依据。本题案例中，施工进度计划在审批时被否定，原因是生活给水与排水系统的先后顺序违反了施工原则，施工原则是先排水、后给水，因此排水系统在3月份开始进行施工，并且3月份只有排水系统施工，因此人员数量为20人。7月份施工的项目有生活给水系统施工、消防给水系统施工、空调水系统施工、机房设备施工，因此7月份施工总人数＝40＋20＋30＋30＝120人。本题解答的关键在于对背景资料中的信息数据进行分析，然后根据具体调整计划进行作答即可。本题较为简单，属于送分题，考生要想答出第一小问不难。劳动力优化配置的依据属于记忆类型的知识点，这里就不再赘述。

2. 第一批进场的阀门按规范要求最少应抽查44个进行强度试验。

DN300闸阀的强度试验压力应为2.4MPa。

最短试验持续时间是180s。

本题考查的是阀门的强度和严密性试验。

（1）阀门安装前，应做强度和严密性试验，试验应在每批（同牌号、同型号、同规格）数量中抽查10%，且不少于一个。对于安装在主干管上起切断作用的闭路阀门，应逐个做强度和严密性试验。因此第一批进场的阀门按规范要求最少应抽查的阀门数量为＝4＋8＋（2＋2）＋（3＋3）＋（4＋2）＋7＋9＝44个。

（2）阀门的强度和严密性试验，应符合以下规定：阀门的强度试验压力为公称压力的1.5倍；严密性试验压力为公称压力的1.1倍；试验压力在试验持续时间内应保持不变，且壳体填料及阀瓣密封面无渗漏。阀门试压的试验持续时间应不少于表1-7的规定。

根据背景资料中给出的数据，DN300闸阀的强度试验压力应为＝1.6×1.5＝2.4MPa。

（3）最短试验持续时间是180s。

阀门试验持续时间 **表1-7**

公称直径DN（mm）	最短试验持续时间（s）		
	严密性试验		强度试验
	金属密封	非金属密封	
≤50	15	15	15
65～200	30	15	60
250～450	60	30	180

3. 根据背景资料中图1-16所示情况，水泵运行时会产生的不良后果有：

（1）进水管的同心异径接头会形成气囊。

（2）压力表接管没有弯圈，压力表会受压力冲击而损坏。

合格的返工部分示意图如图1-17所示。

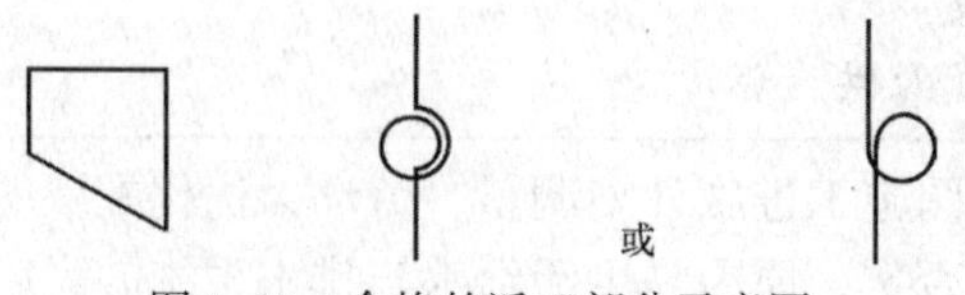

图1-17　合格的返工部分示意图

本题考查的是水泵运行时不良后果的分析及合格的返工部分示意图的绘制。本题偏向于实务操作部分，这就要求考生要理论联系实际工作，做到具体情况具体分析。

4. 本工程在联动试运行中，需要与建筑电气系统、通风空调系统、火灾自动报警（联动）系统、建筑（装饰）专业协调配合。

本题考查的是进行联动试运行相关专业的协调配合。本题实质考查的是联动试运行的主要范围，考生只要能记住考查的相关范围，本题即可得分。联动试运行的主要范围：单台设备（机组）或成套生产线及其辅助设施，包括管路系统、电气系统、润滑系统、液压系统、气动系统、冷却系统、加热系统、自动控制系统、联锁系统、报警系统等。

实务操作和案例分析题十四［2018年真题］

【背景资料】

A公司承建某2×300MW锅炉发电机组工程。锅炉为循环流化床锅炉，汽机为凝汽式汽轮机。锅炉的部分设计参数见表1-8。

锅炉的部分设计参数 **表1-8**

项目	单位	数值
蒸发量	t/h	1025
过热蒸汽出口压力	MPa	17.65
汽包设计压力	MPa	20.00

A公司持有1级锅炉安装许可证和GD1级压力管道安装许可证，施工前按规定进行了安装告知。由B监理公司承担工程监理。

A公司的1级锅炉安装许可证在2个月后到期，A公司已于许可证有效期届满前6个月，按规定向公司所在地省级质量技术监督局提交了换证申请，并已完成换证鉴定评审，发证在未来的两周内完成。但监理工程师认为，新的许可证不一定能被批准，为不影响工程的质量和正常进展，建议建设单位更换施工单位。

工程所在地的冬季气温会低至−10℃，A公司提交报审的施工组织设计中缺少冬季施工措施，监理工程师要求A公司补充。锅炉受热面的部件材质主要为合金钢和20G，在安装前，根据制造厂的出厂技术文件清点了锅炉受热面的部件数量，对合金钢部件进行了材质复验。

A公司在油系统施工完毕，准备进行油循环时，监理工程师检查发现油系统管路上的阀门门杆垂直向上布置，要求整改。A公司整改后，自查原因，是施工技术方法的控制策划失控。

锅炉安装后进行整体水压试验。

（1）水压试验时，在汽包和过热器出口联箱处各安装了一块精度为1.0级的压力表，量程符合要求；在试压泵出口也安装了一块同样精度和规格的压力表。

（2）在试验压力保持期间，压力降 $\Delta p = 0.2$MPa，压力降至汽包工作压力后全面检查：压力保持不变，在受压元件金属壁和焊缝上没有水珠和水雾，受压元件没有明显变形。

在工程竣工验收中，A公司以监理工程师未在有争议的现场费用签证单上签字为由，直至工程竣工验收50d后，才把锅炉的相关技术资料和文件移交给建设单位。

【问题】

1. 本工程中，监理工程师建议更换施工单位的要求是否符合有关规定？说明理由。

2. 锅炉安装环境温度低于多少度时应采取相应的技术措施？A公司是根据哪些技术文件清点锅炉受热面的部件数量？如何复验合金钢部件的材质？

3. 油系统管路上的阀门应怎样整改？施工技术方法的控制策划有哪些主要内容？

4. 计算锅炉一次系统（不含再热蒸汽系统）的水压试验压力。压力表的精度和数量是否满足水压试验要求？本次水压试验是否合格？

5. 在工程竣工验收中，A公司的做法是否正确？说明理由。

【参考答案与分析思路】

1. 本工程中，监理工程师建议更换施工单位的要求不符合有关规定。

理由是：A公司持有的锅炉安装许可证未过期（或在有效期内），A公司的换证程序合规（符合规定）。

> 本题考查的是锅炉安装（含改造）许可。从事规定范围内锅炉或锅炉范围内管道的安装工作的单位必须取得颁发的特种设备安装改造维修许可证，且只能从事许可证范围内的锅炉安装工作。特种设备安装改造维修许可证有效期为4年。有效期满后，拟继续从事相应施工的单位，应在特种设备安装改造维修许可证有效期满前6个月提出换证申请。本案例中A公司持有的锅炉安装许可证未过期，且换证程序符合相关规定，因此监理工程师建议更换施工单位的要求不符合有关规定。

2. 锅炉安装环境温度低于0℃时应采取相应的技术措施。

A公司是根据下列技术文件清点锅炉受热面的部件数量：

（1）供货清单。

（2）装箱单。

（3）图纸。

复验合金钢部件材质的方法：用光谱逐件分析复验合金钢零部件的材质。

> 本题考查的是锅炉安装技术规定。根据《水管锅炉 第8部分：安装与运行》GB/T 16507.8—2022规定，锅炉安装焊接施工现场应有防风、防雨雪、防潮措施。当环境温度低于0℃或者其他恶劣天气时，应有相应的技术措施。根据《电力建设施工技术规范 第2部分：锅炉机组》DL 5190.2—2019规定，锅炉钢构架和有关金属结构在安装前，应根据供货清单、装箱单和图纸清点数量，对主要部件还需做下列检查：用光谱逐件分析复验合金钢零部件的材质，外观检查钢构架及有关金属结构油漆的质量应符合技术协议要求。

3. 油系统管路上阀门的整改措施：阀门门杆应水平（或向下）布置。

施工技术方法的控制策划主要内容有：

（1）施工方案。

（2）专题措施。

（3）技术交底。

（4）作业指导书。

（5）技术复核。

本题考查的是汽轮机油系统的设计要求、对施工技术方法的控制策划。《火力发电厂与变电站设计防火标准》GB 50229—2019规定，润滑油系统应采用钢制阀门，并应按比管道设计压力高一级压力等级选用；润滑油管道阀门应选用明杆阀门，不得选用反向阀门，且开关方向应有明确标识；润滑油管道上的阀门门杆应平放或向下布置。对施工技术方法的控制策划内容包括：施工方案、专题措施、技术交底、作业指导书、设计文件、技术复核、新技术应用、竣工控制策划等。

4. 锅炉一次系统（不含再热蒸汽系统）的水压试验压力为25MPa。

根据背景资料的描述及相关规定，压力表的精度和数量满足水压试验要求。

根据背景资料的描述及相关规定，本次水压试验合格。

本题考查的是锅炉安装中的水压试验要求。根据《电力建设施工技术规范 第2部分：锅炉机组》DL 5190.2—2019的规定，锅炉受热面系统安装完成后，应进行整体水压试验，超过试验压力按制造厂规定执行，若无规定，试验压力应符合下列要求：（1）汽包锅炉一次系统试验压力应为汽包设计压力的1.25倍。（2）直流锅炉一次系统试验压力应为汽包设计压力的1.25倍，且不小于省煤器进口联箱设计压力的1.1倍。因此，该锅炉一次系统（不含再热蒸汽系统）的水压试验压力为：20×1.25＝25MPa。水压试验时，锅炉上应安装不少于两块经过校验合格、精度不低于1.0级的弹簧管压力表，压力表的刻度极限值宜为试验压力的1.5～2.0倍。试验压力以汽包或过热器出口联箱处的压力表读数为准。再热器试验压力以再热器出口联箱处的压力表读数为准。因此本案例中的压力表的精度和数量满足水压试验要求。水压试验合格的标准是：受压元件金属壁和焊缝无泄漏及湿润现象；受压元件没有明显的残余变形。因此本案例中水压试验是合格的。

5. 在工程竣工验收中，A公司的做法不正确。

理由：特种设备的安装竣工后，安装施工单位应当在验收后30日内将相关技术资料和文件移交特种设备使用单位。

本题考查的是特种设备工程竣工验收。根据《中华人民共和国特种设备安全法》第二十四条规定，特种设备安装、改造、修理竣工后，安装、改造、修理的施工单位应当在验收后30日内将相关技术资料和文件移交特种设备使用单位。特种设备使用单位应当将其存入该特种设备的安全技术档案。

实务操作和案例分析题十五［2018年真题］

【背景资料】

A公司承担某炼化项目的硫磺回收装置施工总承包任务，其中烟气脱硫系统包含的烟囱由外筒和内筒组成，外筒为钢筋混凝土筒壁，高度为145m；内筒为等直径自立式双管钢筒，高度为150m，内筒与外筒之间有8层钢结构平台，每层间由钢梯连接，钢结构平台安装标高，如图1-18所示。

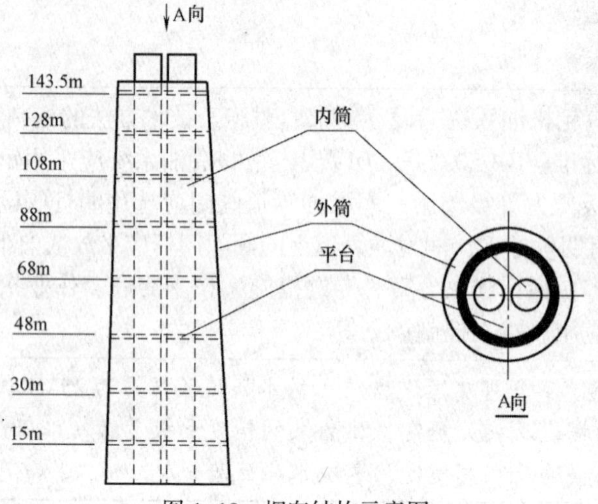

图1-18　烟囱结构示意图

钢筒制造、检验和验收按《钢制焊接常压容器》NB/T 47003.1—2009的规定进行。钢筒材质为S31603＋Q345C。钢筒外壁基层表面，除锈达到Sa2.5级进行防腐；裙座以上外保温，裙座以下设内、外防火层。

A公司与B公司签订了烟囱钢结构平台及钢梯分包合同；与C公司签订了钢筒分段现场制造及安装分包合同；与D公司签订了钢筒防腐保温绝热分包合同。

施工前，A公司依据《建筑工程施工质量验收统一标准》GB 50300—2013和《工业安装工程施工质量验收统一标准》GB/T 50252—2018的规定，对烟囱工程进行了分部、分项工程的划分，并通过了建设单位的批准。

B公司施工前，编制了钢平台和钢梯吊装专项方案，利用烟囱外筒顶部预置的两根吊装钢梁，悬挂两套滑车组，通过在地面的两台卷扬机牵引滑车组提升钢平台和钢梯。编制吊装专项方案时，通过分析不安全因素，识别出显性和潜在的危险源。

C公司首次从事钢筒所用材质的焊接任务，进行了充分的焊接前技术准备，完成焊接工作必需的焊接工艺文件，选择合格的焊工，验证施焊能力；顺利完成了钢筒制造、组对焊接和检验等。

在钢筒外壁除锈前，D公司质量员对钢筒外表面进行了检查，外表面平整，还重点检查了焊缝表面，焊缝余高均小于2mm，并平滑过渡，满足施工质量验收规范要求。

【问题】

1. 烟囱工程按验收统一标准可划分为哪几个分部工程？

2. 钢结构平台在吊装过程中，吊装设施的主要危险因素有哪些？

3. C公司在焊接前应完成哪几个焊接工艺文件？焊工应取得什么证书？

4. 钢筒外表面除锈应采取哪一种方法？在焊缝外表面的质量检查中，不允许的质量缺陷还有哪些？

【参考答案与分析思路】

1. 烟囱工程按验收统一标准可划分的分部工程有：

（1）平台及梯子钢结构安装分部工程。

（2）烟囱内筒设备安装分部工程。

（3）内筒外壁防腐蚀分部工程。

（4）内筒绝热分部工程。

本题考查的是烟囱工程按验收统一标准划分分部工程。在进行烟囱工程的分部工程划分时，应根据《建筑工程施工质量验收统一标准》GB 50300—2013附录B、《工业安装工程施工质量验收统一标准》GB/T 50252—2018及案例背景资料中所述内容进行细分划分。

2. 钢结构平台在吊装过程中，吊装设施的主要危险因素有：

（1）烟囱外筒顶端支撑钢结构吊装梁的混凝土强度不能满足承载能力。

（2）钢结构吊装梁强度及稳定性不够。

（3）钢丝绳安全系数不够。

（4）起重机具（或卷扬机、滑车组）不能满足使用要求。

本题考查的是钢结构吊装。钢结构工程常遇到的风险主要有如下几个方面：（1）吊装风险；（2）高处坠落；（3）物体打击；（4）触电危害。其中，吊装风险是在钢结构施工中最常遇见的，因为吊装是钢结构施工最主要的施工手段。其存在的风险主要有：（1）吊装设备的技术性能不能可靠地满足吊装要求，其负载能力没有足够的安全备量；（2）吊装设备与吊点布置不能完全确保吊装的安全要求；（3）缆风绳和地锚的设置不安全可靠；（4）牵拉就位和吊装措施不安全有效；（5）共同作业中多种设备在性能和动作配合上存在不协调的问题；（6）施工组织、指挥和信息系统不完备，存在薄弱环节；（7）构件或设备的加固措施有缺陷；（8）吊装作业架子和设施不完备，不能为工人提供安全可靠的作业条件；（9）吊装作业场地狭窄或有影响吊装作业安全的障碍物；（10）结构拼装质量存在问题。本题要求回答的是钢结构平台在吊装过程中，吊装设施的主要危险因素，因此考生根据前述内容进行分析并回答即可。

3. C公司在焊接前应完成的焊接工艺文件：

（1）与焊接所匹配的焊接工艺评定报告（或PQR）。

（2）焊接工艺规程（或WPS）。

焊工应取得相应的特种设备作业人员证。

本题考查的是焊接工艺评定、焊接作业人员要求。焊接工艺评定是指为验证所拟定的焊接工艺正确性而进行的试验过程及结果评价。记载验证性的试验及其结果，对拟定的预焊接工艺规程进行评价的报告称为焊接工艺评定报告（PQR），为焊接工艺评定所拟定的焊接工艺文件，称为预焊接工艺规程（pWPS）。从事特种设备制造、安装、改造、维修的焊工，应取得特种设备作业人员证（承压焊或结构焊）。

4. 钢筒外表面除锈应采取的方法及焊缝外表面不允许的质量缺陷如下：

（1）钢筒外表面除锈应采取喷射除锈（或抛射除锈）的方法。

（2）在焊缝外表面的检查中，不允许的质量缺陷还有：气孔、焊瘤和夹渣。

本题考查的是设备表面处理技术要求、设备防腐蚀工程施工中焊缝的要求和处理。

目前，设备及管道表面处理的常用方法有工具除锈、喷射或抛射除锈。具体采用哪种除锈方法结合背景材料中所述内容进行选择。对接焊缝表面应平整，并应无气孔、焊瘤和夹渣；焊缝高度应小于或等于2mm，并平滑过渡。

实务操作和案例分析题十六［2017年真题］

【背景资料】

某厂的机电安装工程由A安装公司承包施工，土建工程由B建筑公司承包施工，A安装公司、B建筑公司均按照《建设工程施工合同（承包文本）》与建设单位签订了施工合同，合同约定：A安装公司负责工程设备和材料的采购，合同工期为214d（3月1日到9月30日），工程提前1d奖励2万元，延误1d罚款2万元。合同签订后，A安装公司项目部编制了施工方案、施工进度计划和采购计划等，并经建设单位批准。

合同实施过程中发生如下事件：

事件1：A安装公司项目部进场后，因B建筑公司的原因，土建工程延期10d交付给安装公司项目部，使得A安装公司项目部的开工时间延后了10d。

事件2：因供货厂家原因，订购的不锈钢阀门延期15d送达施工现场，A安装公司项目部对阀门进行了外观检查，阀体完好，开启灵活，准备用于工程管道安装，被监理工程师叫停，要求对不锈钢阀门进行试验，项目部对不锈钢阀门进行了试验，试验全部合格。

事件3：监理工程师发现：A安装公司项目部已经开始进行压力管道安装，但未向本市特种设备安全监督管理部门书面告知。监理工程师发出停工整改指令。项目部进行了整改，并向本市特种设备安全监督部门书面告知。

因以上事件造成安装工期延误，A安装公司项目部及时向建设单位提出工期索赔，要求增加工期25d。项目部采取了技术措施，施工人员加班加点赶工期，使得机电安装工程在10月4日完成。

该机电安装工程完工后，建设单位在10月4日未经工程验收就擅自投入使用，在使用3d后发现不锈钢管道焊缝渗漏严重。建设单位要求项目部进行返工抢修，项目部抢修后，经再次试运行检验合格，在10月11日后重新投用。

【问题】

1. 送达施工现场的不锈钢阀门应进行哪些试验？给出不锈钢阀门试验介质的要求。

2. 施工单位在压力管道安装前未履行“书面告知”手续，可受到哪些行政处罚？

3. A安装公司项目部应得到工期提前奖励还是工期延误罚款？金额是多少万元？说明理由。

4. 该工程的保修期从何日起算？写出工程保修的工作程序。

【参考答案与分析思路】

1. 送达施工现场的不锈钢阀门应进行的试验包括：阀门壳体压力试验、密封试验。

不锈钢阀门试验介质要求：以洁净水为试验介质，水中的氯离子含量不得超过25ppm。

本题考查的是工业金属管道安装前的检验，需要考生重点掌握的是阀门检验，考查过选择题、案例简答题、案例分析改错题，其中相关数值规定需牢记。阀门检验：（1）阀门外观检查。阀门应完好，开启机构应灵活，阀门应无歪斜、变形、卡涩现象，标牌应齐全。（2）阀门应进行壳体压力试验和密封试验：阀门壳体压力试验和密封试验应以洁净水为试验介质，不锈钢阀门试验时，水中的氯离子含量不得超过25ppm。

2. 特种设备安装、改造、修理的施工单位在施工前未书面告知负责特种设备安全监督管理的部门即行施工的，责令限期改正；逾期未改正的，处1万元以上10万元以下罚款。

本题考查的是施工单位在施工前未履行“书面告知”手续的行政处罚。答题依据是《中华人民共和国特种设备安全法》的规定。

3.（1）A安装公司项目部应得到工期提前奖励。

（2）奖励金额是12万元。

理由：因本工程最初签订的合同工期是214d，由于B建筑公司的原因致使开工时间延迟，不是A安装公司的责任，可索赔工期10d，合同工期应调整为224d，实际工期是218d，工期提前224－218＝6d，项目部应得到的奖励金额＝6×2＝12万元。

本题考查的是施工索赔的应用。对于施工索赔的判断，首先要仔细阅读背景资料，然后分清是谁的责任导致工期延误或者费用损失，就可以判断是否需要进行工期索赔或者费用索赔了。

4.（1）根据《建设工程质量管理条例》规定，建设工程的保修期应从竣工验收合格之日起开始计算；在建设工程未经竣工验收的情况下，发包人擅自使用的，以建设工程转移占有之日为竣工日期；所以保修期从10月4日起算。

（2）工程保修的工作程序：

① 在工程竣工验收的同时，由施工单位向建设单位发送机电安装工程保修证书。

② 检查修理。

③ 验收记录。

本题考查的是保修的职责。根据《建设工程质量管理条例》规定，建设工程的保修期自竣工验收合格之日起计算。工程保修的工作程序：（1）在工程竣工验收的同时，由施工单位向建设单位发送机电安装工程保修证书。（2）检查修理。（3）保修验收。

实务操作和案例分析题十七［2017年真题］

【背景资料】

某机电工程公司承接北方某城市一高档办公楼机电安装工程，建筑面积为16万m^2，地下3层，地上24层。内容包括：通风空调工程、给水排水及消防工程、电气工程。

本工程空调系统设置的类型：

（1）首层大堂采用全空气定风量可变新风比空调系统。

（2）裙楼二层、三层报告厅区域采用风机盘管与处理新风系统。

（3）三层以上办公区采用变风量VAV空调系统。

（4）网络机房、UPS室等采用精密空调系统。

在地下室出入口区域、计算机房和资料室区域设置消防预作用灭火系统，系统通过自动控制的空压机保持管网系统正常的气体压力，在火灾自动报警系统报警后，开启电磁阀组使管网充水，变成湿式系统。

工程采用独立换气功能的内吸收式玻璃幕墙系统，通过幕墙风机使幕墙空气腔形成负压，将室内空气经过风道直接排出室外，以增加室内新风，并对外墙玻璃降温。系统由内外双层玻璃幕墙、幕墙管道风机、风道、静压箱、回风口及排风口六部分组成。回风口为带过滤器的木质单层百叶，安装在装饰地板上，风道为用镀锌钢板制作的小管径圆形风管，管道直径为DN100～DN250。安装完成后，试运行时发现呼吸式幕墙风管系统运行噪声非常大，自检发现噪声大的主要原因是：

（1）风管与排风机的连接不正确。

（2）风管静压箱未单独安装支吊架。

项目部组织整改后，噪声问题得到解决。

在项目施工阶段，项目参加全国建筑业绿色施工示范工程的过程检查。专家对机电工程采用BIM技术优化管线排布、风管采用工厂化加工、现场用水用电控制管理等方面给予表扬，检查得92分，综合评价等级为优良。

机电工程全部安装完成后，项目部编制了机电工程系统调试方案，经监理审批后实施。制冷机组、离心冷冻冷却水泵、冷却塔、风机等设备单机试运行的运行时间和检测项目均符合规范和设计要求，项目部及时进行了记录。

【问题】

1. 本工程空调系统设置类型选用除考虑建筑的用途、规模外，还应主要考虑哪些因素？按空调系统的不同分类方式，风机盘管与新风系统属于何种类别的空调系统？

2. 预作用消防系统一般适用于有哪些要求的建筑场所？预作用阀之后的管道充气压力最大应为多少？

3. 风口安装与装饰交叉施工应注意哪些事项？指出风管与排风机连接处有何技术要求？

4. 绿色施工评价指标按其重要性和难易程度分为哪三类？单位工程施工阶段的绿色施工评价应由哪个单位负责组织？

5. 离心水泵单机试运行的目的何在？应主要检测哪些项目？

【参考答案与分析思路】

1.（1）本工程空调系统设置类型选用除考虑建筑的用途、规模外，还应主要考虑的因素：使用特点、热湿负荷变化情况、参数及温湿度调节和控制的要求，以及工程所在地区气象条件、能源状况及空调机房的面积和位置、初投资和运行维修费用等。

（2）风机盘管与新风系统按空气处理设备的设置分是半集中式系统，按承担室内空调负荷的介质分是空气－水系统。

> 本题考查的是通风与空调系统类型的选用、空调系统的类别。通风与空调系统类型的选用需要考虑的因素：建筑物的用途、规模、使用特点、热湿负荷变化情况、参数及温湿度调节和控制的要求，以及工程所在地区气象条件、能源状况及空调机房的面积和

位置、初投资和运行维修费用等。空调系统的分类依据包括空气处理设备的设置、承担室内空调负荷所用的介质、集中系统处理的空气来源、风管中空气流速等，空调系统的类别可依据其分类依据进行记忆。

2. 预作用消防系统一般适用于建筑装饰要求较高，不允许有水渍损失，灭火要求及时的建筑场所。

预作用阀之后的管道充气压力最大应为0.03MPa。

本题考查的是自动喷水灭火系统的应用。自动喷水灭火系统的组成、分类及其功能都是需要考生掌握的内容。

3.（1）风口安装与装饰交叉施工应注意的事项：

① 注意风口与装饰工程结合处的处理形式要正确。

② 对装饰装修工程的成品保护要到位。

（2）风管与排风机连接处的技术要求：

① 风管与设备连接处应设置长度为150～250mm的柔性短管。

② 柔性短管松紧适度，不扭曲，并不宜作为找平找正的异径连接管。

本题考查的是风管与配件及部件安装的技术要求。考生只要熟悉了风管与配件及部件安装的技术要求，再去结合背景资料的内容，正确解答此题不是问题。

4.（1）绿色施工评价指标按其重要性和难易程度分为控制项、一般项、优选项三类。

（2）单位工程施工阶段的绿色施工评价应由监理单位组织，建设单位和项目部参加。

本题考查的是绿色施工评价。绿色施工评价中需要考生掌握的是评价要素、评价指标、评价等级、评价频次、评价组织、评价程序等内容。

5. 离心水泵单机试运行的目的：主要考核单台设备的机械性能，检验设备的制造、安装质量和设备性能等是否符合规范和设计要求。

应主要检测的项目包括：机械密封的泄漏量、填料密封的泄漏量、温升、泵的振动值。

本题考查的是单机试运行。在历年考试中，单机试运行属于高频考点的内容。考核的相关内容大都出自于考试用书，最主要的还是需要考生熟悉单机试运行这部分内容。

实务操作和案例分析题十八［2016年真题］

【背景资料】

安装公司承接某商务楼的机电安装工程，工程主要内容是通风与空调、建筑给水排水、建筑电器和消防等工程。

安装公司项目部进场后，依据合同和设计要求，编制了施工组织设计，内容有：各专业工程主要工作量、施工进度总计划、项目成本控制措施和项目信息管理措施等。项目部编制施工组织设计并报安装公司审批，安装公司以施工组织设计中的项目成本控制措施不够完善为由，要求项目部修改后重新报送。施工组织设计修改后得到安装公司批准。

通风空调风管采用工厂化预制，在风管批量制作之前，项目部检验了风管的制作工艺，对风管进行了严密性试验；风管系统安装完成后，项目部对主、干风管分段进行了漏光试验。项目部报监理验收时，监理认为项目部对风管试验与检测项目不全，要求项目部完善试验与检测项目。

通风空调的风管和配件，监理工程师在检查中，发现风管及配件安装（图1–19）不符合规范要求，要求项目部整改。

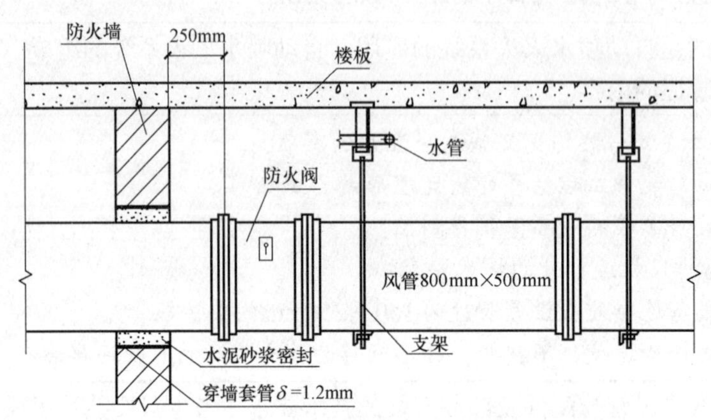

图1–19　风管安装立面示意图

通风空调工程安装、试验调整合格，在试运行验收中部分房间的风机盘管有滴水现象，经检查是冷凝水管道的坡度不够，造成风机盘管道的冷凝水溢出。经返工，通风空调工程试运行验收合格。

【问题】

1. 在施工组织设计中，项目成本控制主要包括哪些措施？

2. 项目部在风管批量制作前及风管安装完成后还应进行哪些试验与检测？

3. 指出图1–19中的风管及配件安装不符合规范要求之处，写出正确的规范要求。

4. 在通风空调工程试运行验收中，需返工的是哪个分项工程？写出其合格的技术要求。

【参考答案与分析思路】

1. 在施工组织设计中，项目成本控制主要包括的措施有：建立成本管理责任体系、成本指标高低的分析及评价、施工成本控制措施等。

> 本题考查的是项目成本控制的措施。项目成本控制措施包括：建立成本管理责任体系、成本指标高低的分析及评价、施工成本控制措施等。该题较为简单，只要认真看题，知道考核的是项目成本控制措施，即可轻松解答。

2. 项目部在风管批量制作前及风管安装完成后还应进行的试验与检测：

（1）风管批量制作前，除了进行严密性试验外还应对风管的强度进行试验。

（2）风管系统安装完成后，除了对主、干风管进行漏光试验，还应对主、干风管进行漏风量检测。

> 本题考查的是通风与空调系统的检测与试验。风管批量制作前，对风管制作工艺进行验证时，应进行风管强度与严密性试验。风管系统安装完成后，应对安装后的主、干

风管分段进行严密性试验，包括漏光试验与漏风量检测。针对题目中给出的条件，把这些条件排除即为正确答案。

3. 图1-19中的风管及配件安装不符合规范要求之处及正确的规范要求如下：

（1）不符合规范要求之处：穿墙套管厚度为1.2mm不符合规范要求。

正确的规范要求：当风管穿过需要封闭的防火防爆楼板或墙体时，应设钢板厚度不小于1.6mm的预埋管或防护套管。

（2）不符合规范要求之处：风管与套管之间水泥砂浆密封不符合规范要求。

正确的规范要求：风管与防护套管之间应采用不燃且对人体无害的柔性材料封堵。

（3）不符合规范要求之处：防火阀支架设置不符合规范要求。

正确的规范要求：边长或直径大于等于630mm的防火阀应设置独立支吊架。

（4）不符合规范要求之处：防火阀距防火墙表面距离为250mm不符合规范要求。

正确的规范要求：防火分区隔墙两侧的防火阀，距墙表面应不大于200mm。

本题考查的是风管与配件及部件安装的技术要求。边长或直径大于等于630mm的防火阀、消声器、消声弯头、静压箱和三通等应设置独立的支吊架。风管穿过需要封闭的防火防爆楼板或墙体时，应设钢板厚度不小于1.6mm的预埋管或防护套管，风管与防护套管之间采用不燃且对人体无害的柔性材料封堵。另外还需要掌握防烟排烟系统施工要求，防火分区隔墙两侧的防火阀，距墙表面应不大于200mm。

4. 在通风空调工程试运行验收中，需返工的分项工程是冷凝水分项安装工程。

合格的技术要求：干管坡度不宜小于0.8%，支管坡度不宜小于1%。

本题考查的是冷凝水管道坡度安装要求。根据《通风与空调工程施工规范》GB 50738—2011，冷凝水管道安装应符合下列规定：

（1）冷凝水管道的坡度应满足设计要求，当设计无要求时，干管坡度不宜小于0.8%，支管坡度不宜小于1%。

（2）冷凝水管道与机组连接应按设计要求安装存水弯。采用的软管应牢固可靠、顺直，无扭曲，软管连接长度不宜大于150mm。

（3）冷凝水管道严禁直接接入生活污水管道，且不应接入雨水管道。

实务操作和案例分析题十九［2015年真题］

【背景资料】

某钢厂炼钢技改项目内容包括钢结构、工艺设备、工业管道、电气安装等，为节能减排，新增氧气制取、煤气回收和余热发电配套设施。炼钢车间起重机梁轨顶标高为27.800m，为多跨单层全钢结构（塔楼部分多层）。炼钢工艺采用顶底复合吹炼，转炉吹氧由球罐氧气干管（$D426\times9$，$P=2.5$MPa）经加料跨屋面输送至氧舱阀门室。

该项目由具有承包资质的A公司施工总承包。在分包单位通过资格预审后，经业主同意，A公司将氧气站、煤气站和余热发电站机电安装工程分包给具有相应专业资格和技术资格的安装单位。

A公司项目部进场后，根据图纸、合同、施工组织设计大纲、装备技术水平及现场施工条件进行施工组织总设计编制，塔楼钢结构和工艺设备采用3000t·m塔式起重机主吊方案经批准通过。项目实施过程中，项目部在安全和质量管理方面采取如下措施：

措施1：针对工程特点，塔楼施工现场存在危险源较多，项目部仅对临时用电触电危险、构件加工机械伤害危险、交叉作业物体打击危险以及压力试验、冲洗、试运行等危险源进行辨识和评价，经公司审定，补充完善后，制定了相应安全措施和应急预案，健全现场安全管理体系。

措施2：针对氧气管道管口错边量超标，内壁存在油脂、锈蚀、铁屑等原因易引起燃烧爆炸事故，项目部编制施工方案时，制定了包括材料检验、管道试验等关键工序为内容的施工工艺流程，经批准后严格执行。

措施3：氧气站球罐的球壳板和零部件进场后，A公司项目部及时组织检查和验收，确保分包单位按计划现场组焊。

【问题】

1. A公司审查分包单位专业资格包括哪些内容？氧气站分包单位必须取得哪几种技术资格？

2. A公司编制的施工组织总设计包括哪几个机电安装单位工程？

3. 措施1中，塔楼作业区域还有哪些危险源因素？

4. 措施2中，氧气管道施工还应包括哪几道关键工序？

5. 措施3中，球壳板制造质量现场应如何检查？

【参考答案与分析思路】

1.（1）A公司审查分包单位专业资格的内容包括：类似工程业绩；人员状况；履行合同任务而配备的施工装备；财务状况。

（2）氧气站分包单位必须取得的技术资格：GC2级以上压力管道安装许可资质；球形罐现场组焊或球壳板制造许可资格（A3）。

本题考查的是资格预审、特种设备安装资质。资格预审内容属于重点内容，需要考生记忆。专业资格审查主要内容包括：类似工程业绩；人员状况；履行合同任务而配备的施工装备；财务状况。本题中，背景资料中表述的管道是氧气管道，属于可燃气体，但压力只有2.5MPa（＜4.0MPa），故属于GC2类别管道；球壳板现场组焊单位的资质必须是A3级以上制造资质。

2. A公司编制的施工组织总设计包括的单位工程有：炼钢技改项目、氧气站、煤气站和余热发电站。

本题考查的是工业安装施工质量验收中单位工程的划分。单位工程按工业厂房、车间（工号）或区域进行划分，较大的单位工程可划分为若干个子单位工程。有关单位工程、分部工程、分项工程的划分在考查时，往往结合背景资料让考生分析判断相关工程的划分，因此考生要重点理解记忆。

3. 塔楼作业区域的危险源因素还包括起重吊装、高处坠落、动火作业、氧气煤气易燃爆、探伤辐射、煤气中毒。

本题考查的是危险源的识别。本题属于补充型的问题，考生只需答出还包括的危险源因素即可。

4. 氧气管道施工还应包括的关键工序有：焊前坡口处理、管口组对、管道焊接、焊缝检验、酸洗脱脂、管道吹扫。

> 本题考查的是工业管道施工程序。本题属于补充题型，考生只要记住了工业管道相关程序，答出本题不难。管道的施工程序属于高频考点，还可能会以改错的题型出现，考生要注意。

5. 措施3中，球壳板制造质量现场应做如下检查：全数检查，用样板进行曲率和几何尺寸检查，应符合规定。

> 本题考查的是球壳和零部件的检查和验收。球壳板外形尺寸检查，逐张进行成型和尺寸检查，检查内容包括球壳板曲率检查、球壳板几何尺寸检查。

实务操作和案例分析题二十［2014年真题］

【背景资料】

某安装公司承包一商场的建筑电气施工。工程内容有变电所、供电干线、室内配线和电气照明。主要设备有电力变压器、配电柜、插接式母线槽（供电干线）、照明电器（灯具、开关、插座和照明配电箱）。合同约定设备、材料均由安装公司采购。

安装公司项目部进场后，编制了建筑电气工程的施工方案、施工进度及劳动力计划（表1–9）。

施工进度及劳动力计划 **表1–9**

施工内容	施工人数	5月			6月			7月			8月		
		1	11	21	1	11	21	1	11	21	1	11	21
施工准备	10人	——											
变电所施工	20人		——	——	——	——	——						
供电干线施工	30人					——	——	——	——				
变电所及供电干线送电验收	10人									——			
室内配线施工	40人					——	——	——	——	——			
照明灯具安装	30人							——	——	——	——		
开关、插座安装	20人									——	——		
照明系统送电调试	20人											——	
竣工验收	10人												——

采购的变压器、配电柜及插接式母线槽在5月11日送达施工现场，经二次搬运到安装位置，施工人员依据施工方案制定的施工程序进行安装，项目部对施工项目动态控制，及时调整施工进度计划，使工程按合同要求完成。

在施工过程中发生了以下2个事件：

事件1：堆放在施工现场的插接式母线槽，因保管措施不当，插接式母线槽受潮，安装前绝缘测试不合格，返回厂家干燥处理，耽误了工期，直到7月31日才完成供电干线的施工。项目部调整施工进度计划及施工人数，变电所及供电干线的送电验收调整到8月1日开始。

事件2：因商业广告需要，在商场某区域增加了40套广告灯箱（荧光灯40W×3），施工人员把40套灯箱接到就近的射灯照明N4回路上（图1-20），在照明通电调试时，N4回路开关跳闸，施工人员又将额定电流为16A的开关调换为32A开关，被监理检查发现，后经整改才通过验收。

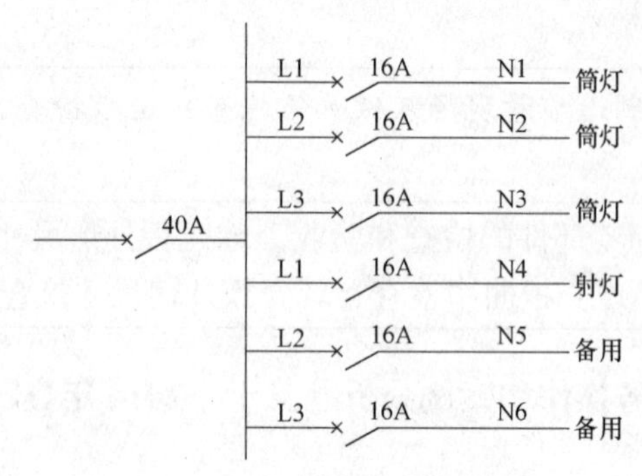

图1-20　某照明配电箱系统图

【问题】

1. 配电柜在6月30日前应完成哪些安装工序？

2. 事件1的发生是否影响施工进度？说明理由。写出施工进度计划调整的内容。

3. 写出针对事件1的插接式母线槽施工技术要求。采购的插接式母线槽在哪天进场比较合理？

4. 施工进度计划调整后7月下旬每天安排有多少施工人员？施工人员配置的依据有哪些？

5. 针对事件2，写出照明配电箱的施工技术要求。应如何整改？

【参考答案与分析思路】

1. 配电柜6月30日前应完成的安装工序有：开箱检查、二次搬运、安装固定、母线安装、二次回路连接、试验调整。

本题考查的是成套配电柜的安装顺序。成套配电柜的安装顺序：开箱检查→二次搬运→安装固定→母线安装→二次回路连接→试验调整→送电运行验收。从背景资料中给出的施工进度及劳动力计划可以看出"变电所及供电干线送电验收在7月21日开始"，因此，6月30日前，配电柜需要完成除"送电运行验收"外的工作，配电柜的送电运行验收应在变电所及供电干线送电验收前进行。

2.（1）事件1的发生延误了工期。

理由：由施工进度计划和材料背景可知，7月31日完成供电干线施工，变电所及供电干线送电验收要8月1日开工，变电所及供电干线施工持续时间为11d，即至8月11日才能完工，造成照明系统送电调试只能在8月12日开始，比计划晚1d，进而影响整体竣工验收1d，因此延误了工期。

（2）施工进度计划调整的内容：施工内容、工程量、起止时间、持续时间、工作关系、资源供应等。

本题考查的是施工进度管理。由背景材料和施工进度计划可知，母线槽返厂干燥耽误了干线施工，使干线施工直到7月31日才完成，而按原先的施工进度计划，是应该在7月20日完成的，这样就会影响后续的变电所及供电干线送电验收的起止时间（即从原来的7月21日—31日，改为8月1日—11日），迫使照明系统通电调试时间段往后挪移1d，使得原来的计划不能如期完成。若要按施工原进度计划完成工程，只能在送电验收、照明系统通电调试和竣工验收几个工序上进行压缩。

对于施工进度计划调整的内容，以案例简答题的形式进行了考查，此题作答没有难度，属于直接考查考试用书上的内容，记住即可。

3. 针对事件1，插接式母线槽施工技术要求及采购的母线槽进场时间的判断如下：

（1）事件1中，插接式母线槽受潮，经干燥后，每节插接式母线槽的绝缘电阻不得小于20MΩ。测试不合格不得安装。母线槽安装中必须随时做好防水渗漏措施，安装完毕后要认真检查，确保完好正确。

（2）插接式母线槽位于供电干线上，应安排在供电干线施工前，即在6月11日（10日）进场。

本题考查的是插接式母线槽施工技术要求。插接式母线槽安装中必须随时做好防水渗漏措施，安装完毕后要认真检查，确保完好正确。穿过楼板、墙板的母线槽要做防火处理；每节插接式母线槽的绝缘电阻不得小于20MΩ。测试不合格者不得安装。必要时做耐压试验。

4. 施工进度计划调整后7月下旬每天安排有：供电干线施工（30人）、室内配电施工（40人）、照明灯具安装（30人）和开关、插座安装（20人）的工作人员在现场施工，因此共有施工人员：30＋40＋30＋20＝120人。

施工人员配置的依据包括：项目所需劳动力的种类及数量；项目的进度计划；项目的劳动力资源供应环境。

本题考查的是施工进度计划调整、劳动管理。7月下旬施工人数是调整后的，因此调整后，7月下旬仍进行作业的工作有：供电干线施工，室内配电施工，照明灯具安装，开关、插座安装，因此需将这些作业人员数量相加即可。此题最大的易错点是按照原施工进度计划的施工情况计算施工人数。

对于劳动力优化配置的依据，回答的关键词包括：劳动力的种类及数量、项目的进度计划、项目的劳动力资源供应环境。

5. 事件2中，照明配电箱的施工技术要求及整改措施如下：

（1）针对事件2，40套灯箱接到就近的射灯照明N4回路上，额定电流为16A的开关调换为32A开关不符合有关规定。照明配电箱的施工技术要求：照明配电箱内每一单相分支回路的电流不宜超过16A，灯具数量不宜超过25个。

（2）整改措施：将40套广告灯箱分装在两个回路N5、N6上，每个回路20套灯具，两个回路开关仍采用原设计额定电流16A。

本题考查的是电气照明装置施工技术要求中照明配电箱安装技术要求。照明配电箱内每一单相分支回路的电流不宜超过16A，灯具数量不宜超过25个。大型建筑组合灯具每一单相回路电流不宜超过25A，光源数量不宜超过60个。本题做题的关键是考生需要明白“40套广告灯箱（荧光灯40W×3）”中广告灯箱属于一般照明灯具，故按照每一单相分支回路的电流不宜超过16A，灯具数量不宜超过25个来进行设置，题目中每个广告灯箱40W×3，则电流为40W÷220V×3÷0.9（功率因素）＝0.61A，40套即0.61×40＝24.4A，超过最大限额16A和数量25个的限制，故可将40套广告灯箱分为两个回路，每个回路20套（将一个灯箱视为一套灯具），将会使电流（12.2A）和数量（20个）符合要求。

实务操作和案例分析题二十一［2014年真题］

【背景资料】

某机电工程公司施工总承包了一项大型气体处理装置安装工程。气体压缩机厂房主体结构为钢结构。厂房及厂房内的2台额定吊装重量为35t的桥式起重机安装分包给专业安装公司。气体压缩机是气体处理装置的核心设备，分体到货。机电工程公司项目部计划在厂房内桥式起重机安装完成后，用桥式起重机进行气体压缩机的吊装，超过30t的压缩机大部件用2台桥式起重机抬吊的吊装方法，其余较小部件采用1台桥式起重机吊装，针对吊装作业失稳的风险采取了相应的预防措施。

施工过程中发生了如下事件：

事件1：专业安装公司对桥式起重机安装十分重视。施工前编制了专项方案，组织了专家论证，上报了项目总监理工程师。总监理工程师审查方案时，要求桥式起重机安装实施监督检验程序。

事件2：专业安装公司承担的压缩机钢结构厂房先期完工，专业安装公司向机电工程公司提出工程质量验收评定申请。在厂房钢结构分部工程验收中，由项目总监理工程师组织建设单位、监理单位、机电工程公司、专业安装公司、设计单位的规定人员进行验收，工程质量验收评定为合格。

事件3：工程进行到试运行阶段，机电公司拟进行气体压缩机的单机试运行。在对试运行条件进行检查时，专业监理工程师提出存在2项问题：（1）气体压缩机基础二次灌浆未达到规定的养护时间，灌浆层强度达不到要求；（2）原料气系统未完工，不能确保原料气连续稳定供应。因此，监理工程师认为气体压缩机未达到试运行条件。

【问题】

1. 根据背景，指出压缩机吊装可能出现哪些方面的吊装作业失稳。

2. 35t桥式起重机安装为何要实施监督检验程序？检验检测机构应如何实施监督检验？

3. 写出压缩机钢结构厂房工程质量验收合格的规定。

4. 分别说明事件3中专业监理工程师提出的气体压缩机未达到试运行条件的问题是否正确及理由。

【参考答案与分析思路】

1. 压缩机吊装可能出现以下几方面的吊装作业失稳：

（1）起重机械失稳：桥式起重机超载、支腿不稳定、机械故障、桅杆偏心过大等。

（2）吊装系统的失稳：2台桥式起重机吊装的不同步；多动作、多岗位指挥协调失误；桅杆系统缆风绳、地锚失稳。

（3）吊装设备或构件的失稳：由于设计与吊装时受力不一致、设备或构件的刚度偏小。

本题考查的是吊装作业失稳的原因。起重吊装作业失稳的原因主要包括起重机械失稳、吊装系统的失稳、吊装设备或构件的失稳三个方面。起重机械失稳的主要原因是超载、不稳定、故障；吊装系统的失稳原因是多机不同步、荷载分配不均；吊装设备或构件的失稳原因是设计与吊装时受力不一致。

2. 35t桥式起重机属于起重机械类特种设备，按照起重机械的监督检验规定，应实施安装监督检验。检验检测机构到施工现场实施监督检验，按照相应安全技术规范要求等实施。

本题考查的是起重机械的监督检验。实施安装监督检验的起重机械包括：桥式起重机、门式起重机、塔式起重机、门座式起重机、升降机、机械式停车设备。从事起重机械安装的单位首先向检验检测机构申请监督检验。检验检测机构应当到施工现场实施监督检验，监督检验按照相应安全技术规范等要求执行。

3. 本工程气体压缩机主体结构为钢结构，因此按分部工程竣工验收。压缩机钢结构厂房工程质量验收合格的规定：

（1）所包含的分项工程的质量均应验收合格。

（2）质量控制资料完整。

（3）地基与基础、主体结构和设备安装等分部工程中有关安全及功能的检验和抽样检测结果符合有关规定。

（4）观感质量验收符合要求。

本题考查的是钢结构厂房工程质量验收合格的规定。分部工程（子分部）工程质量验收评定合格的标准：分项工程的质量应合格；质量控制资料应完整；观感质量验收应符合要求；有关安全及功能等的检验和抽样检测结果应符合规定。

4. 专业监理工程师提出的气体压缩机未达到试运行条件的问题（1）正确。

理由：单机试运行条件之一是试运行范围内的工程已按设计文件的内容和有关规范的质量标准全部完成。气体压缩机基础二次灌浆未达到规定的养护时间，灌浆层强度达不到要求，表明气体压缩机基础未达到有关规范的质量标准而不得进行单机试运行。

专业监理工程师提出的气体压缩机未达到试运行条件的问题（2）不正确。

理由：单机试运行是指现场安装的驱动装置、传动装置按规定时间单独空负荷运行或单台设备（机组）以水、空气等替代设计的工作（生产）介质（原料气）按规定时间进行的模拟试运行。原料气系统未完工，不能确保原料气的连续稳定供应，可以用空气代替原料气进行单机试运行。

本题考查的是单机试运行管理要求。对于问题（2）主要是和单机试运行的概念进行比对，即可发现该问题不正确。对于问题（1）主要是和单机试运行的范围和条件进行比对即可发现该问题正确。

典 型 习 题

实务操作和案例分析题一

【背景资料】

某工厂因厂区搬迁需要建设一临时性的生产厂房，待新厂区建成后再拆除临时厂房。临时厂房机电工程由某安装公司中标。合同内容：整体设备安装、解体设备安装、电气设备安装、管道安装等。

安装公司进场后，针对本工程设备安装多、交叉作业频繁、设备安装精细等的特点及难点编制了专项施工方案。报技术负责人审批时，被要求在保证质量和安全的情况下，对施工组织的作业形式进行优化后通过审批。

安装公司在某设备进行轴承间隙检测后，采用百分表对该轴承径向进行测量（图1–21），记录百分表的最大读数与最小读数之差。

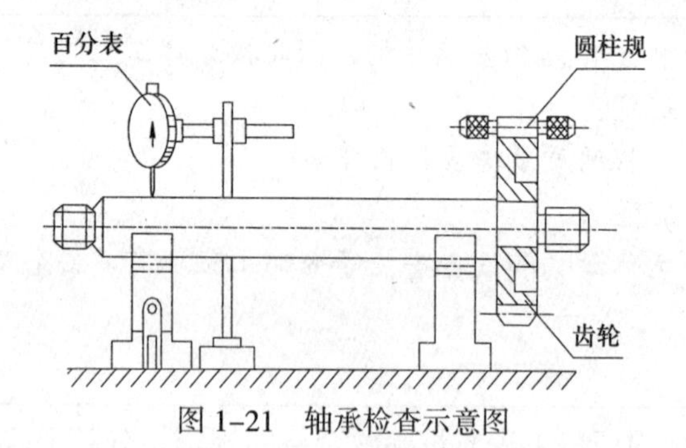

图 1–21　轴承检查示意图

专业监理工程师对某设备的渐开线圆柱齿轮检查接触精度时，发现接触斑点如图 1–22 所示，专业监理工程师认为该齿轮安装有误差，造成该齿轮接触不良，要求安装公司整改。安装公司整改后，用该设备的集中润滑系统对其进行润滑，再次检查时该齿轮运转正常。

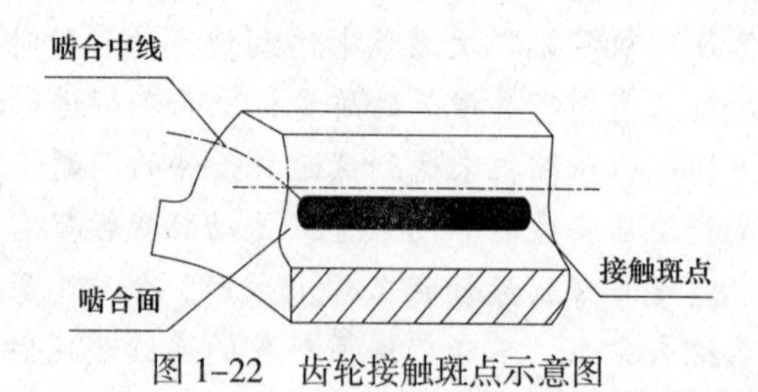

图 1–22　齿轮接触斑点示意图

工程竣工后，安装公司按单位工程进行竣工资料组卷，移交给档案室。档案室根据临时性厂房9年后拆除的特点，按规定设置相应的保管期限后做归档处理。

【问题】

1. 施工方案优化的目的是什么？施工作业有哪几种形式？

2. 轴承应检测哪些间隙？图 1–21 中的百分表主要是测量轴承径向的什么量值？

3. 安装时的哪种误差会造成图1–22中齿轮接触斑点？集中润滑系统由哪些部分组成？

4. 档案的保管期限有哪几种？本工程属于哪种档案保管期限？

【参考答案】

1. 施工方案优化的目的：保证质量和安全的情况下提高效率（加快进度、缩短工期、降低成本、降低消耗）。

施工作业的形式：顺序作业（工序作业、流水作业）、平行作业（交叉作业）。

2. 轴承应检测的间隙：顶间隙、侧间隙、轴向间隙。

图1-21中的百分表主要是测量轴承径向的跳动量（位移）。

3. 齿轮安装时的中心距过小（误差）会造成图1-22中齿轮接触斑点。

集中润滑系统的组成：润滑站、管路、附件。

本题考查的是柱齿轮接触斑点接触状况的判断、集中润滑系统的组成。此处考查了两个小问，第一个知识点的内容在考试用书无原文，此时考查的就是考生平时施工现场知识理论的积累，是很典型的识图类型的案例实操题。根据表1–10，可以判断出图1–22接触斑点的接触状况是偏齿根接触，原因是两齿轮中心距过小。

柱齿轮接触斑点及调整方法　　表1–10

接触斑点	接触状况及原因	调整方法	接触斑点	接触状况及原因	调整方法
	正常接触	—		偏齿根接触，两齿轮中心距过小	在中心距公差范围内，刮削轴瓦或调整轴承座
	单向角接触，两齿轮轴线不平行	在中心距公差范围内，刮削轴瓦或调整轴承座		一面接触正常，一面接触不好。两面齿向不统一	调换齿轮或对齿轮进行研齿
	对角接触，两齿轮轴线歪斜	在中心距公差范围内，刮削轴瓦或调整轴承座		分散接触齿面有波纹、毛刺	去毛刺、硬点，对齿轮进行刮研或电火花跑合
	偏齿顶接触，两齿轮中心距过大	在中心距公差范围内，刮削轴瓦或调整轴承座	在整个齿圈上接触区由一边逐渐移至另一边	沿齿向游离接触，齿轮端面与回转轴线不垂直	检查、校正齿轮端面与回转轴线的垂直度

集中润滑通常由润滑站、管路及附件组成润滑系统，通过管道输送定量的有压力的润滑剂到各润滑点。

4. 档案的保管期限有永久保管、长期保管、短期保管。

本工程档案的保管期限属于短期保管。

实务操作和案例分析题二

【背景资料】

某安装公司总承包某氮氢压缩分厂全部机电安装工程，其中氮氢压缩机为多段活塞式，工作压力为32MPa，电机与压缩机本体分两件进场，现场用齿式联轴器连接。压缩机系统的管道随机组订货，现场组装试验。

开工前，安装公司决定压缩机系统的机械设备、电气自动化、管道等主体工程由本单位自行安装，防腐保温及其他非主体工程分包给具有相应资质的分包单位承担。安装公司对分包工程从技术、质量、安全、进度、工程款支付等进行施工全过程的管理。

施工前，施工方案编制人员向施工作业人员做了分项、专项工程的施工方案交底，由于交底内容全面、重点突出、可操作性强，故施工中效果明显，工程进展顺利。

试运行阶段，一台压缩机振动较大，经复查土建无施工质量问题，基础无下沉；设备制造质量全部合格；复查安装记录：垫铁设置合理且按规定定位焊接，一、二次灌浆均符合质量要求，测量仪器精度合格，各种环境因素对安装无影响。建设单位要求安装公司进一步认真复查并处理。

【问题】

1. 压缩机系统的管道，按压力分应属于哪一类？应进行哪些试验？

2. 安装公司还应从哪些方面对分包工程进行全过程管理？

3. 施工方案交底主要包括哪些内容？

4. 根据背景资料分析可能引起压缩机振动大的原因，应由哪个单位承担责任？

【参考答案】

1. 本案例压缩机系统的管道，按压力分属于高压管道。

应进行压力试验、泄漏性试验。

2. 安装公司还应从施工准备、进场施工、工序交验、竣工验收、工程保修等方面对分包工程进行全过程管理。

3. 施工方案交底的内容主要包括：施工程序和顺序、施工工艺、操作方法、要领、质量控制、安全措施、环境保护措施等。

4. 压缩机振动大的原因有：

（1）安装（操作）误差（或联轴器找正偏差）超过规定要求。

（2）地脚螺栓紧固力不均或未紧固到位，地脚螺栓不垂直。

（3）混凝土浇筑时产生偏移而不垂直。

属于安装原因，应由安装公司（施工单位）承担责任，并予以处理。

实务操作和案例分析题三

【背景资料】

某安装公司承建一高层商务楼的机电工程建设项目，该高层建筑处于闹市中心，地上30层、地下3层，工程改建的主要项目有变压器、成套配电柜的安装调试；母线安装、主干电缆敷设；给水主管、热水管道的安装；空调机组和风管的安装；冷水机组、水泵、冷却塔和空调水主管的安装。变压器、成套配电柜、冷水机组和水泵安装在地下2层，需从建筑物原吊装孔吊入，冷却塔安装在顶层。

安装公司项目部进场后，编制了施工组织设计、施工方案和施工进度计划，根据有限的施工场地设计了施工总平面图，并经建设单位和监理单位审核通过。

安装公司项目部将变压器、冷水机组及冷却塔等设备的吊装分包给专业吊装公司，吊装合同签订后，专业吊装公司编制了设备吊装方案和安全技术措施，因改建项目周界已建满高层建筑，无法采用汽车起重机进行吊装，论证后，采用桅杆起重机吊装，通过风险识别评估，确定了风险防范措施。

改建项目完工后，按施工方案进行检查和水压试验，其中因热水管道的水压试验压力设计未注明，项目部按施工验收规范进行水压试验，并验收合格。

【问题】

1. 项目部编制施工进度计划时，哪些改建项目应安排在设备吊装完成后施工？

2. 临时施工平面图设计要点有哪几项内容？

3. 在设备吊装施工中存在哪些风险？

4. 热水管道水压试验的压力要求有哪些？

【参考答案】

1. 项目部编制施工进度计划时，母线安装、主干电缆敷设，给水主管、热水管道的安装，空调机组和风管的安装，空调水主管的安装改建项目，应安排在设备吊装完成后施工。

2. 临时施工平面图设计要点：起重机械的布置；设备组合、加工及堆放场地的布置；交通运输平面布置；办公、生活等临时设施的布置；供水、供电、供热的布置；经济指标。

3. 在设备吊装施工中存在的风险有：高层建筑周围环境和当地气象对设备吊装的风险；桅杆式起重机、缆风绳、受力锚点的风险；预计采用的施工安全措施风险；施工机具应用成败的风险等。

4. 热水管道水压试验的压力要求：试验压力应符合设计要求。当设计未注明时，热水供应系统水压试验压力应为系统顶点的工作压力加0.1MPa，同时在系统顶点的试验压力不小于0.3MPa。

实务操作和案例分析题四

【背景资料】

A公司从承包方B分包某汽车厂涂装车间机电安装工程，合同约定：A公司施工范围为给水排水系统、照明系统、动力配电系统、变压器等工程；工期5个月不变。A公司按承包方的进度计划编制了单位工程进度计划和施工作业进度计划，经批准后实施。

变压器施工前，A公司编制了油浸电力变压器的施工方案。变压器施工中，施工人员按下列工序进行工作：开箱检查→二次搬运→试备就位→附件安装→注油→送电前检查→送电试运行。在送电过程中，变压器烧毁。经查，是电气施工人员未严格按施工方案要求的安装工序实施，少做了几道工序。A公司更换变压器后，严格按变压器施工方案中制定的安装程序实施。

在变压器高压试验时，加强了安全措施，并对变压器高压试验采取了专门的安全技术措施，试验合格后送电运行验收。

在施工全部完成后，A公司整理了施工过程形成的施工技术资料、施工物资资料、工程管理和验收施工资料，移交给承包方B，承包方B以未提供主要施工资料为由拒绝接收。

【问题】

1. A公司可按什么为单元编制作业进度计划？A公司应编制哪几项工程的作业进度计划？

2. 在变压器安装过程中，A公司少做了哪几道工序？

3. 在变压器高压试验过程中，A公司应采取哪些安全措施？

4. A公司还应移交施工过程中形成的哪些主要施工资料？

【参考答案】

1. A公司可按分项工程或子分部工程为单元编制作业进度计划。

A公司应编制给水排水系统、照明系统、动力配电系统、变压器安装的作业进度计划。

2. 在变压器安装过程中，A公司少做了吊芯检查、滤油、交接试验等工序。

3. 在变压器高压试验过程中，A公司应采取的安全措施有：

（1）在高压试验设备和高电压引线周围，均应装设遮拦并悬挂警示牌。

（2）操作人员与高电压回路间应具有足够的安全距离。

（3）高压试验结束后，应对直流试验设备及大电容的被测试设备多次放电，放电时间至少1min以上。

4. A公司还应移交施工过程中形成的施工测量记录、施工记录、施工试验记录、施工质量验收记录。

实务操作和案例分析题五

【背景资料】

某建筑空调工程中的冷热源主要设备由某施工单位吊装就位，设备需吊装到地下一层（−7.500m），再牵引至冷冻机房和锅炉房就位。施工单位依据吊装设备一览表（表1-11）及施工现场条件（混凝土地坪）等技术参数进行分析、比较，制定了设备吊装施工方案，方案中选用KMK6200汽车起重机，起重机在工作半径19m、吊杆伸长44.2m时，允许载荷为21.5t，满足设备的吊装要求。锅炉房的泄爆口尺寸为9000mm×4000mm，大于所有设备外形尺寸，设置锅炉房泄爆口为设备的吊装口，所有设备经该吊装口吊入，冷水机组和蓄冰槽需用卷扬机牵引到冷冻机房就位。

吊装设备一览表　　表1-11

设备名称	数量（台）	外形尺寸（mm）	重量（t/台）	安装位置	到货日期
冷水机组	2	3490×1830×2920	11.5	冷冻机房	3月6日
双工况冷水机组	2	3490×1830×2920	12.4	冷冻机房	3月6日
蓄冰槽	10	6250×3150×3750	17.5	冷冻机房	3月8日
锅炉	2	4200×2190×2500	7.3	锅炉房	3月8日

在吊装方案中，绘制了吊装施工平面图，设置吊装区，制定安全技术措施，编制了设备吊装进度计划（表1–12）。施工单位按吊装的工程量及进度计划配置足够的施工作业人员。

设备吊装进度计划 **表1–12**

序号	工作	3月											
		1	2	3	4	5	6	7	8	9	10	11	12
1	施工准备	——	——	——	——	——							
2	冷水机组吊装就位						——	——					
3	锅炉吊装就位								——				
4	蓄冰槽吊装就位									——	——	——	
5	收尾												——

【问题】

1. 设备吊装工程中应配置哪些主要施工作业人员？

2. 起重机站立位置的地基应如何处理？

3. 指出进度计划中设备吊装顺序不合理之处，说明理由并纠正。

4. 在设备的试吊中，应关注哪几个重要步骤？

【参考答案】

1. 设备吊装工程中应配置的主要施工作业人员：信号指挥人员、司索人员和起重工。

2. 起重机在吊装前必须对起重机站立位置的地基进行平整和压实，按规定进行沉降预压试验。在复杂地基上吊装重型设备，应请专业人员对基础进行专门设计，验收时同样要进行沉降预压试验。

3. 进度计划中设备吊装顺序不合理之处：锅炉吊装就位后进行蓄冰槽吊装就位。

理由：锅炉房泄爆口为设备的吊装口，所有设备经该吊装口吊入。

纠正：应该调整吊装顺序，锅炉应在蓄冰槽之后吊装。

4. 在设备的试吊中，应关注的几个重要步骤为：吊起设备的高度、停留时间、检查部位、是否合格的判断标准、调整的方法和要求等。

实务操作和案例分析题六

【背景资料】

A安装公司承包某通风空调工程的施工，合同约定：冷水机组、冷却塔、水泵和风机盘管等设备由建设单位采购，其他材料及配件由A安装公司采购，工程质量达到通风空调工程施工质量验收规范要求。

A安装公司进场后，因建设单位采购的设备晚于风管制作安装的开工时间，A安装公司及时联络空调设备供应商，了解设备的各类参数及到场时间并与B建筑公司协调交叉配合施工的时间与节点，编制了空调工程施工进度计划（表1–13），并根据施工进度计划，制订了能体现合理施工顺序的作业进度计划。为保证安装质量，A安装公司将冷水机组找正等施工工序设置为质量控制点。

空调工程施工进度计划　　表1-13

施工内容	3月			4月			5月			6月		
	1	11	21	1	11	21	1	11	21	1	11	21
施工准备												
机房设备安装												
空调风管制作安装												
空调水管制作安装												
楼层风机盘管安装												
单机试运行调试												
联合运行调试												

在风管系统安装过程中，A安装公司在设备安装前重点检查了静压消声装置的质量。在冷水机组和其他设备单机试运行全部合格后，进行了通风与空调系统无生产负荷下的联合试运行，对系统进行了风量、空调水系统、室内空气参数及防排烟系统的测定和调试。

【问题】

1. 空调工程施工进度计划中空调机房设备安装开始时间晚于水管制作安装多少天？制订作业进度计划时，怎样体现施工基本顺序要求的合理性？

2. 按照质量控制点分级要求，冷水机组找正应属于哪级控制点？应由哪几方质检人员共同检查确认并签证？

3. 在通风空调系统无生产负荷的联合试运行及调试中，通风系统的连续试运行时间和空调系统带冷（热）源的连续试运行时间分别为多少？防排烟系统应测定哪些内容？

【参考答案】

1. 空调工程施工进度计划中，空调设备安装开始时间晚于水管制作安装时间11d。

在制订作业进度计划时，施工基本顺序要求的合理性：满足工艺流程要求，各作业（工序）合理搭接，施工资源不闲置，能保证工期（质量、安全）。

2. 按照质量控制点分级要求，冷水机组找正属于A级控制点。

A级控制点应当由施工单位、监理单位、业主三方质检人员共同检查确认并签证。

冷水机组找正判断为A级控制点的理由：空调设备安装的下道工序是水管连接，找正差几厘米对水管连接没什么影响，水管能连上，但是对冷水机组的运行稳定性和运行噪声影响很大，冷水机组是空调系统最重要的设备，重量大，出了问题停机才能解决，考试用书提到停机才能解决的是A类控制点。

3. 在通风空调系统无生产负荷的联合试运行及调试中，通风系统连续试运行应不少于2h，空调系统带冷（热）源的连续试运行应不少于8h。防排烟系统测定的内容有：风量、风压及疏散楼梯间的静压差。

实务操作和案例分析题七

【背景资料】

A安装公司承包某高层建筑的通风空调、给水排水和建筑电气工程的施工。合同约定：空调设备由业主采购，其他设备、材料由A安装公司采购。高层建筑的一次结构已完工；二次结构和装饰工程由B建筑公司承包施工，变配电室由当地供电所的电力公司承包施工。

A安装公司项目部在8月1日进场后，依据B建筑公司的施工进度、空调设备的到场时间及供电所的送电时间等资料，编制了通风空调、给水排水和建筑电气工程的施工进度计划（表1–14），该施工进度计划在送审时，被总工程师否定，经项目部修改后通过审批。

通风空调、给水排水和建筑电气工程的施工进度计划 **表1–14**

施工内容	8月			9月			10月			11月			12月		
	1	11	21	1	11	21	1	11	21	1	11	21	1	11	21
施工准备	—														
通风空调系统施工		—	—	—	—	—	—	—	—						
建筑给水系统施工			—	—	—	—	—	—							
建筑排水系统施工				—	—	—	—	—	—						
楼层配电系统施工		—	—	—	—	—	—	—	—	—					
电气照明系统施工					—	—	—	—	—	—					
各专业系统送电调试											—	—			
系统联动调试、调整													—	—	
竣工验收															—

在工程施工中，曾经发生了2个施工质量问题：

问题1：因空调设备没有按合同约定送达施工现场，耽误了风管的施工进度，为了赶进度，室内主风管安装连接后，没有检测风管的严密性就开始进行风管的保温作业，被监理工程师叫停，后经检验合格才交付下道工序。

问题2：在灯具通电调试时，发现个别灯具外壳带电，经检查是螺口灯头的接线错误，同时还发现嵌入式吸顶灯（质量为3.5kg）用螺钉固定在石膏板吊顶上，整改后通过验收。

A安装公司项目部与B建筑公司、电力公司配合协调，进行系统联动调试、调整，共同对建筑装饰、通风空调、给水排水和建筑电气工程进行竣工验收，使工程按合同要求完工。

【问题】

1. 说明施工进度计划被总工程师否定的原因？变配电室最迟应在哪天完成送电？

2. 问题1中，应检查风管哪些部位的严密性？

3. 问题2中，灯具的安装质量应如何调整？

4. A安装公司项目部与B建筑公司协调与配合的主要内容有哪些？

【参考答案】

1.（1）施工进度计划被总工程师否定的原因有：施工进度计划中先建筑给水、后建筑排水的施工程序不正确（或施工应是先排水、后给水）。排水管道系统和给水管道系统应进行调整。

（2）变配电室最迟应在11月10日（或11日前）完成送电。

2. 问题1中，风管系统安装后，必须进行严密性检验，主要检验风管、部件制作加工后的咬口缝、铆接孔、风管的法兰翻边、风管管段之间的连接严密性，检验以主、干管为主，检验合格后方能交付下道工序。

3. 问题2中，螺口灯头的相线应接在中心触点端子上，零线应接在螺纹端子上；嵌入式吸顶灯（质量大于3kg）应采取预埋吊钩（或膨胀螺栓）固定在混凝土楼板上。

4. A安装公司项目部与B建筑公司协调与配合的主要内容有：施工进度的协调与配合，交叉施工的协调与配合，吊装（运输）机具的使用与协调，设备基础（或预埋件、预留孔）的检查与协调。

实务操作和案例分析题八

【背景资料】

建设单位通过招标与施工单位签订了某工业项目的施工合同，主要工作内容包括设备基础、钢架基础、设备钢架制作安装、工艺设备、工艺管道、电气和仪表设备安装等。开工前施工单位按照合同约定向建设单位提交了施工进度计划（图1–23，单位：d）。

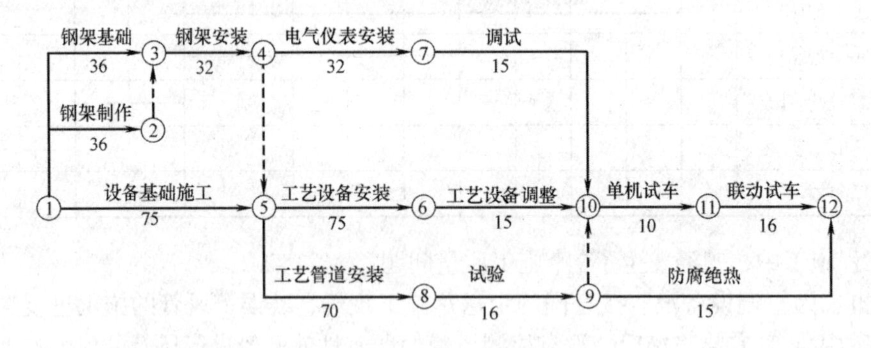

图1–23　施工进度计划

施工单位在组织土方开挖、余土外运时，开挖现场、厂外临时堆土及运输道路上经常是尘土飞扬，运送土方的汽车也存在漏土现象。

在使用250t履带起重机进行大型工艺设备吊装作业时，250t履带起重机的车身突然发生倾斜，起重指挥人员立即停止了吊装作业，经检查发现履带起重机的右侧履带前部的地面出现了下陷，施工单位立即组织人员进行了妥善处理。

在蒸汽主管道上安装流量取源部件时，施工单位发现图纸所示的安装位置的直管段长度不符合设计要求，立即通知了建设单位，建设单位通过设计变更修改了流量取源部件的安装位置，使该部件的安装工作顺利进行。

【问题】

1. 用节点代号表示施工进度计划的关键线路。该施工进度计划的总工期是多少？
2. 在土方开挖施工过程中，需要采取哪些环境保护措施？
3. 250t履带起重机进行大型工艺设备吊装作业时，吊车的工作位置地面有哪些要求？
4. 安装流量取源部件的管道直管段应符合哪些要求？

【参考答案】

1.（1）用节点代号表示施工进度计划的关键线路：①→⑤→⑥→⑩→⑪→⑫。

（2）该施工进度计划的总工期为75＋75＋15＋10＋16＝191d。

2. 在土方开挖施工过程中，需要采取如下环境保护措施：

（1）土方开挖施工时应采取洒水、覆盖、围挡等措施。

（2）土方开挖施工时，运送土方的车辆必须采取封闭严密的措施，施工现场进出口设洗车装置，保证开出施工现场的车辆清洁。

3. 250t履带起重机进行大型工艺设备吊装作业时，吊车的工作位置地面有如下要求：

吊车工作位置的地面应进行硬化处理，吊车工作位置地面应做耐压力测试，地面耐压力应满足地基对吊车的要求。

4. 安装流量取源部件的管道直管段应符合如下要求：

（1）流量取源部件上、下游的直管段最小长度应符合设计文件的规定。

（2）直管段内表面应清洁，无凹坑和突出物。

实务操作和案例分析题九

【背景资料】

某超高层项目，建筑面积约为18万m^2，高度为260m，考虑到超高层施工垂直降效严重的问题，建设单位（国企）将核心筒中4个主要管井内立管的安装，由常规施工方法改为模块化的装配式建造方法，具有一定的技术复杂性。建设单位还要求F1～F7层的商业部分提前投入运营，须提前组织消防验收。

经建设单位同意，施工总承包单位将核心筒管井的机电工程公开招标。管井内的管道主要包括空调冷冻水、冷却水、热水、消火栓及自动喷淋系统。该机电工程招标控制价为2000万元，招标文件中明确要求投标人提交60万元投标保证金。某分包单位中标该工程，并与总承包单位签订了专业分包合同。

施工过程中，鉴于模块化管井立管的吊装属于超过一定规模的危险性较大的专项工程，分包单位编制安全专项施工方案，通过专家论证后，分包单位组织了实施。

该工程管井内的空调水立管上设置补偿器，分包单位按设计要求的结构形式及位置安装支架。在管道系统投入使用前，及时调整了补偿器。

F1～F7层商业工程竣工后，建设单位申请消防验收，递交的技术资料如下：

（1）消防验收申请表。

（2）工程竣工验收报告。

经消防部门审查资料不全，被要求补充。

【问题】

1. 该机电工程可否采用邀请招标方式？说明理由。投标保证金的金额要求是否符合规定？说明理由。

2. 该工程的安全专项施工方案专家论证会应由哪个单位组织召开？论证前需由哪几个单位人员审核？参加论证会的专家中，符合专业要求的人数应不少于多少名？

3. 补偿器两侧的空调水立管上应安装何种形式的支架？补偿器应如何调整？使其处于何种状态？

4. 建设单位提出的F1～F7层商业局部消防验收的申请是否可以？建设单位还应补充哪些消防验收资料？

【参考答案】

1. 该机电工程可以采用邀请招标方式。

理由：根据《中华人民共和国招标投标法实施条例（2019年修订）》的规定，该机电工程是全部采用国有投资的项目（或技术复杂的工程）。

投标保证金的金额要求不符合规定。

理由：根据《中华人民共和国招标投标法实施条例（2019年修订）》的规定，招标人在招标文件中要求投标人提交投标保证金的，投标保证金不得超过招标项目估算价的2%。本案例中的该机电工程招标控制价为2000万元，因此只需提交2000×2%＝40万元的投标保证金。但是在本案例的招标文件中明确要求投标人提交60万元投标保证金，因此投标保证金的金额要求不符合规定。

> 此处对第一小问进行说明：根据《中华人民共和国招标投标法实施条例（2019年修订）》的规定，国有资金占控股或者主导地位的依法必须进行招标的项目，应当公开招标；但有下列情形之一的，可以邀请招标：
>
> （1）技术复杂、有特殊要求或者受自然环境限制，只有少量潜在投标人可供选择。
>
> （2）采用公开招标方式的费用占项目合同金额的比例过大。
>
> 背景资料中告知“建设单位（国企）将核心筒中4个主要管井内立管的安装，由常规施工方法改为模块化的装配式建造方法”。模块化的装配式建造方法是反传统的施工方法，属于推广应用，这个工艺能做的投标人不多，潜在的投标人比较少，又具有一定的技术复杂性，并且该机电工程是全部采用国有投资的项目，因此，该机电工程可以采用邀请招标方式。

2. 该工程的安全专项施工方案专家论证会应由施工总承包单位组织召开。

论证前需由分包单位和施工总承包单位技术负责人（总工程师）及总监理工程师审核。参加论证会的专家中，符合专业要求的人数应不少于5名。

3. 补偿器两侧的空调水立管上应安装固定支架和导向（滑动）支架。管道系统投入使用前，应将补偿器调整螺杆的螺母松开，使其处于自由（放松、松弛）状态。补偿器还应调整到与管道同轴，箭头方向代表介质流动的方向，不得装反。固定支架受力很大，安装时必须牢固。两个固定支架的中间应设导向支架，导向支架应保证使管子沿着规定的方向做自由伸缩。

4. 建设单位提出的F1～F7层商业局部消防验收的申请可以。

建设单位还应补充的消防验收资料：涉及消防的建设工程竣工图纸。

实务操作和案例分析题十

【背景资料】

某水泥厂新建一条日产5000t新型干法水泥生产线，其中机电安装工程通过公开招标，最终选择A公司中标。工程包括生产线的主要设备（破碎机、煤磨机、球磨机、选粉器、预热器、回转窑、熟料磨等）安装、配套发电设备安装等。

球磨机的安装分包给B专业安装公司。球磨机、减速箱、电动机通过联轴器连接。为保证传动良好，安装人员在安装过程中不断测量、调整，最终使球磨机、减速箱、电动机三者轴心同轴度满足要求。在联轴器固定前安装人员在联轴器自由状态下测量了联轴器对称两点的径向位移。

回转窑属于水泥生产的核心设备，项目部在砌筑前认真准备，对回转窑筒体进行分段划线。从回转窑的热端向冷端分段砌筑，砌筑时采用顶杆法，即每环砖由底部开始向两侧同时砌筑到半圆时，用顶杆压紧已砌好的耐火砖，然后旋转180°，砌筑剩余部分。后经分段进行修砖、锁砖，膨胀缝预留与填充，完成了回转窑的砌筑。但在试运行时发现回转窑振动较大，超出设计要求，后经查找原因，非砌筑原因，属于筒体安装同轴度未达到设计要求。进行返工后再次试运行，达到要求。

项目总工程师组织编写了联动试运行方案，报建设单位进行了审批，按照联动试运行方案，安装工程公司项目部组织了联动试运行。

【问题】

1. 球磨机标高应通过什么调整？它还有哪些作用？

2. 联轴器安装时还应测量哪些数据？背景中联轴器的测量是否正确？

3. 背景中回转窑采用顶杆法砌筑是否存在问题？应如何砌筑？

4. 回转窑在砌筑后因安装问题返工的原因是什么？

5. 项目部组织联动试运行是否正确？并说明理由。

【参考答案】

1. 球磨机标高应通过垫铁调整。

设置垫铁的作用：一是找正调平机械设备，通过调整垫铁的厚度，可使设备安装达到设计或规范要求的标高和水平度；二是能把设备重量、工作载荷和拧紧地脚螺栓产生的预紧力通过垫铁均匀地传递到基础。

2. 联轴器应测量两轴心径向位移、两轴线倾斜和端面间隙。

背景中联轴器的测量不正确。

原因：（1）联轴器测量应将两个半联轴器一起转动，每转90°测量一次，并记录5个位置的径向位移测量值和位于同一直径两端测点的轴向测量值。（2）测量联轴器端面间隙时，应将两轴的轴向相对施加适当的推力，消除轴向窜动的间隙后，再测量其端面间隙值。

3. 背景中回转窑采用顶杆法砌筑有问题。正确做法：每环砖由底部开始向两侧同时砌筑到半圆时，用顶杆压紧已砌好的耐火砖，然后旋转筒体90°后继续砌筑，再用顶杆压紧后，再次旋转筒体90°后继续砌筑，直至本环锁砖完成，本段砌筑结束。

4. 动态炉窑砌筑必须在炉窑单机无负荷试运行合格并验收后方可进行。背景中回转窑砌筑后返工主要是因为项目部未进行无负荷单机试运行。

5. 安装工程公司项目部组织联动试运行，不妥。

理由：联动试运行应由建设单位组织、指挥。施工单位负责岗位操作的监护，处理试运行过程中出现的问题并进行技术指导。联动试运行还应有设计单位、监理单位、生产单位、重要机械生产设备的生产厂家参与。

实务操作和案例分析题十一

【背景资料】

某企业承建某小区供暖系统安装工程。该工程包含80t锅炉两台，热水管道系统、冷水管道系统、给水系统、回水过滤装置等。项目计划工期180d。项目如期开工，施工单位按照原计划需要将锅炉在锅炉房外组装，然后利用滑轨推入锅炉房。而经过现场勘验和测量，原土建单位所预留的锅炉房门尺寸不够。经过施工单位验证，决定将锅炉组件分别从天窗吊入锅炉房，锅炉在室内组装完成。项目部对临时材料堆放场做检查时发现，材料场的设施不完善，措施不完整，部分型钢、钢管直接堆在土地上，且下部钢材已经生锈，附近地面有积水，且钢材堆积混乱，遂进行了清理，并做出整改。管道工程全部结束后，施工单位编制了试压方案。分段分系统对整个热、冷水管道系统与给水、回水系统进行了试验，并试压合格。管道及设备保温由施工单位分包给了具有资质的专业分包单位。施工过程中，施工单位对分包单位进行了技术指导，工程竣工结算时，分包单位为尽早拿到工程款，直接找建设单位索要竣工款，被建设单位拒绝。

【问题】

1. 简述锅炉受热面组件吊装原则。

2. 现场施工材料库存管理要求包括哪些?

3. 分别说明金属、非金属给水管道试压要求和试验方法、合格要求。

4. 分包单位竣工结算的做法是否正确?

5. 施工单位竣工验收的准备工作都有哪些?

【参考答案】

1. 锅炉板梁施工验收合格后，即可进行锅炉受热面组件的吊装。锅炉受热面组件吊装的一般原则是：先上后下，先两侧后中间；先中心再逐渐向炉前、炉后、炉左、炉右进行。

2. 现场施工材料库存管理要求包括：

（1）专人管理。实现对库房的专人管理，明确责任。

（2）建立台账。进库的材料要建立台账，账、物、卡、金额要相符。

（3）标识清楚。施工现场材料的放置要按平面布置图实施，做到标识清楚、摆放有序、码放合理，符合堆放保管制度；库区安全设施应完好，不存在安全隐患；库区环境应清洁、干燥、通风。

（4）安全防护。对于易燃、易爆、有毒、有害危险品储存要远离人员密集区的专门库房存放，并设专人管理，制定安全操作规程并详细说明该物质的性质、使用注意事项、可能发生的伤害及应采取的救护措施，严格出、入库管理。针对不同要求的材料库房要有防雨、防洪、防碰、防火、防腐、防热、防潮、防冻、防爆、防有害气体泄漏的技术措施。对危险品存放的专用库，应有明显的标示，并配备相应的安全及消防设施和应急器材。

（5）分类存放。根据库存材料的物理化学性能进行科学分类，并分库或分区存放。库房内应设物资合格区、待验区、不合格区。

（6）定期盘点。仓库管理员对库存物资要定期盘点，根据盘点内容，做好盘点记录；库存物资应无超储积压、损坏变质，保证库存物资的完好。

3. 金属及复合管给水管道系统在试验压力下观测10min，压力降不应大于0.02MPa，然后降到工作压力进行检查，应不渗、不漏为合格；塑料给水管道系统应在试验压力下稳压1h，压力降不得超过0.05MPa，然后在工作压力的1.15倍下稳压2h，压力降不得超过0.03MPa，同时检查各连接处不得渗漏为合格。

4. 分包单位竣工结算的做法不正确。

分包单位只与施工单位有合同关系，而与建设单位没有合同关系，所以分包单位只能向施工单位索要竣工款。

5. 施工单位竣工验收的准备工作包括：

（1）做好施工项目竣工验收前的收尾工作。

（2）组织技术人员整理竣工资料、绘制竣工图，整理各项需向建设单位移交的工程档案资料，编制过程档案移交清单。

（3）组织相关人员编制竣工结算。

（4）准备工程竣工通知书、工程竣工报告、工程竣工验收证明书、工程保修证书。

（5）组织好工程自检，报请本单位主管部门组织进行竣工验收检查，对检查出的问题及时进行整改完善。

（6）准备好质量评定的各项资料，按机电专业对各个施工阶段所有的质量检查资料进行系统的整理，为评定工程质量提供依据，为技术档案移交归档做好准备。

实务操作和案例分析题十二

【背景资料】

A公司承包某大楼空调设备监控系统的施工，主要监控设备有：现场控制器、电动调节阀、风阀驱动器、温度传感器（铂电阻型）等。大楼的空调工程由B公司施工。合同约定：全部监控设备由A公司采购，其中电动调节阀、风阀驱动器由B公司安装，A公司检查接线，最后由两家公司实施对空调系统的联动试运行调试。

A公司项目部进场后，依据B公司提供的空调工程施工方案，空调工程施工进度计划见表1-15，设计单位提供的空调机组监控方案如图1-24所示，编制了监控系统施工方案、监控系统施工进度计划和监控设备采购计划。因施工场地狭小，为减少仓储保管，A公司项目部在制定监控设备采购计划中，采取集中采购、分批到货，使设备采购进度与施工进度合理搭接。在监控系统的施工过程中，A公司及时与B公司协调，使监控系统施工进度符合空调工程的施工进度，监控系统和空调工程安装完成后，A、B公司进行了空调系统的联动试运行调试，空调工程和监控系统按合同要求竣工。

空调工程施工进度计划　　　　表1-15

工序	4月						5月					
	1	6	11	16	21	26	1	6	11	16	21	26
施工准备	—											
设备开箱检查	—											
空调机组安装		—	—									
风管制作安装、保温			—	—	—	—	—					
风口安装										—		
冷热水管安装			—	—	—	—						
水系统试压清洗保温							—	—	—			
试运行、调试											—	
验收竣工												—

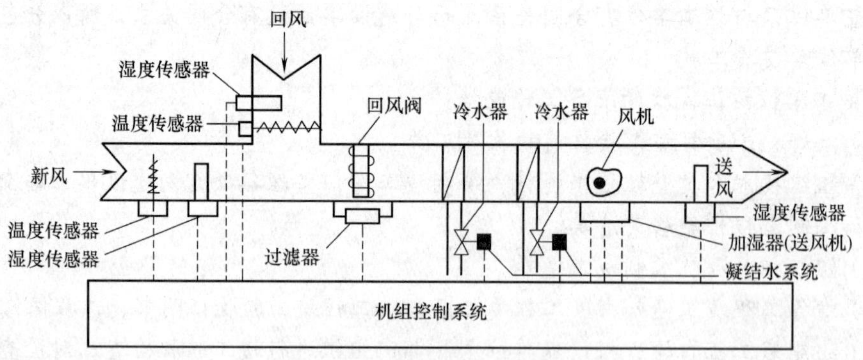

图 1–24　空调机组监控方案

【问题】

1. A公司项目部在编制监控设备采购计划时应考虑哪些市场现状？

2. A公司项目部在实施监控系统施工进度计划过程中会受到哪些因素制约？

3. A公司采购的电动调节阀最迟的到货时间是哪天？安装前应检验哪几项内容？

4. 依据空调工程施工进度计划，指出温度传感器可以安装的起止时间，说明温度传感器的接线电阻的要求。

5. 空调机组联动试运行应由哪个安装公司为主实施？试运行中主要检测哪几个参数？

【参考答案】

1. A公司项目部在编制监控设备采购计划时应考虑的市场现状：注意供货商的供货能力和设备制造商的生产周期，确定采购批量或供货的最佳时机。考虑货物运距及运输方法和时间，使货物供给与施工进度安排有恰当的时间提前量，以减少仓储保管费用。

2. A公司项目部在实施监控系统施工进度计划过程中会受到的制约因素：

（1）空调工程施工进度计划的变化。

（2）空调工程施工现场的实体现状、空调设备、监控设备的安装工艺规律、设备材料进场时机、施工机具和作业人员配备。

3. A公司采购的电动调节阀最迟的到货时间是4月11日（上班时间）。

安装前应检验的内容：安装前根据说明书和技术要求，测量线圈和阀体间电阻，进行模拟动作试验和试压试验。

4. 依据空调工程施工进度计划，温度传感器可以安装的起止时间为5月6日至5月15日。

温度传感器的接线电阻的要求：温度传感器（铂电阻型）的接线电阻应小于1Ω。

5. 空调机组联动试运行应由B公司为主实施。

试运行中主要检测的参数：空调系统的新风量、送风量的大小及送风温度（回风温度）的设定值；过滤网的压差开关信号、风机故障报警信号。

实务操作和案例分析题十三

【背景资料】

某机电设备安装公司承包了一台带换热段的分离塔和附属容器、工艺管道的安装工程。合同约定，分离塔由安装公司制造或订货，建设单位提供制造图纸。由于该塔属于压力容器，安装公司不具备压力容器制造和现场组焊资格，故向某具备资格的容器制造厂订货。安装公司为了抢工期，未办理任何手续，在分离塔运抵现场卸车后，直接吊装就位，并进行后续的配管工程。

在工程实施过程中，出现了以下事件：

事件1：管道系统压力试验中，塔进、出口管道上的多个阀门发生泄漏。检查施工记录，该批由建设单位供货的阀门在安装前未进行试验。安装公司拆卸阀门并处理完后重新试压合格，工期比原计划延误6d。安装公司就工期延误造成的损失向建设单位索赔，遭到建设单位拒绝。

事件2：在联动试运行中，分离塔换热段管板与接管连接的多处焊缝泄漏，联动试运行中止。安装公司对塔泄漏处进行了补焊处理后，再次启动联动试运行，而塔的原漏点泄漏更加严重，不得不再次停止试运行。分析事故原因，确定是由分离塔质量问题引起，但未查到分离塔的出厂质量证明文件和现场交接记录。由于分离塔待修停工，使该项目推迟竣工投产2个月。为此，建设单位要求安装公司承担质量责任并赔偿全部经济损失。

【问题】

1. 阀门安装前应由哪个单位进行何种试验？该管道使用阀门的检验数量是多少？

2. 说明建设单位拒绝安装公司对事件1提出索赔的理由。

3. 安装公司在分离塔安装前应根据什么规定、申办何种手续？安装公司对分离塔进行补焊作业有什么不妥？

4. 事件2中，安装公司和容器制造厂的质量职责是什么？对事故各自应负什么质量和经济责任？说明理由。

【参考答案】

1. 阀门安装前应由安装单位进行壳体压力试验和密封试验。根据《工业金属管道工程施工质量验收规范》GB 50184—2011规定，该管道使用阀门的检验数量应符合下列规定：

（1）用于GC1级管道和设计压力大于或等于10MPa的C类流体管道的阀门，应进行100%检验。

（2）用于GC2级管道和设计压力小于10MPa的所有C类流体管道的阀门，应每个检验批抽查10%，且不得少于1个。

（3）用于GC3级管道和D类流体管道的阀门，应每个检验批抽查5%，且不得少于1个。

2. 建设单位拒绝安装公司对事件1提出索赔的理由是：阀门经重新试压合格，其泄漏原因属于安装质量问题。

3. 安装公司在分离塔安装前应根据《特种设备安全监察条例》的规定，向压力容器使用登记所在地的安全监察机构申报，办理报装手续。

安装公司对分离塔进行补焊作业的不妥之处是：安装单位不具备压力容器制造和现场组焊资格。

4. 事件2中，安装公司和容器制造厂的质量职责是确保制造和安装质量符合设计要求和相关规定。安装公司对事故应负制造缺陷的质量和经济责任，因为容器是安装公司负责采购的，安装公司对建设单位承担质量和经济责任后，可以向制造单位追偿，因为事故原因确定是由分离塔质量问题引起；同时，安装公司对安装施工缺陷承担质量和经济责任，因为安装公司采购的分离塔进入现场时，未查到分离塔的出厂质量证明文件和现场交接记录，安装公司不具备压力容器制造和现场组焊资格而进行了焊接。

实务操作和案例分析题十四

【背景资料】

某施工单位承担1台大型压缩机和1台配套的燃气轮机的吊装任务，压缩机单重为82t，燃气轮机单重为37.41t，整体到货。在施工现场可提供200t、170t的大型汽车起重机各1台。200t、170t汽车起重机吊索具重量均为2t。由于现场条件限制，两台汽车起重机的最佳使用工况见表1–16。

两台汽车起重机的最佳使用工况　　表1–16

汽车起重机（t）	起重机臂长（m）	作业半径（m）	额定负荷（t）
200	24.4	9	71
170	22.7	7	75.5

注：如果用抬吊时，不均衡荷载系数取1.1。

项目技术负责人组织编制了吊装方案并经项目经理审核、批准。

【问题】

1. 选择现场合适的汽车起重机完成压缩机的吊装任务，并做荷载核算。

2. 选择现场合适的汽车起重机完成燃气轮机的吊装任务，并做荷载核算。

3. 吊装方案除项目经理审批外，还需报谁审批？在吊装方案实施前还应征求谁的意见？

【参考答案】

1. 由于现场的任何一单台汽车起重机均无法吊起82t的压缩机，故压缩机的吊装应考虑采用两台汽车起重机进行抬吊。

根据$Q_j = k_1 k_2 Q$，取$k_1 = 1.1$、$k_2 = 1.1$。

$Q = 82 + 4 = 86t$

$Q_j = 1.1 \times 1.1 \times 86 = 104t$

两台汽车起重机分别承受的荷载：

$Q_1 = Q_2 = 104/2 = 52t$

200t汽车起重机臂杆长为24.4m、作业半径为9m的情况下，最大起重量为71t，大于52t。170t汽车起重机臂杆长为22.7m、作业半径为7m的情况下，最大起重量为75.5t，大于52t。故1台200t和1台170t汽车起重机抬吊作业可以满足压缩机吊装的要求。

2. 对燃气轮机，由于$Q_j = 1.1 \times (37.41 + 2) = 43t$

故采用1台170t或1台200t汽车起重机均可以满足起吊燃气轮机的要求。

3. 还需报监理工程师（业主）审批。在吊装方案实施前还应征求汽车起重机司机的意见。

实务操作和案例分析题十五

【背景资料】

某安装公司承接一条生产线的机电安装工程，范围包括工艺线设备、管道、电气安装和一座35kV变电站施工（含室外电缆敷设）。合同明确工艺设备、钢材、电缆由业主提供。

工程开工后，由于多个项目同时抢工，施工人员和机具紧张，安装公司项目部将工程按工艺线设备、管道、电气专业分包给三个有一定经验的施工队伍。

施工过程中，项目部根据进料计划、送货清单和质量保证书，按质量验收规范对业主送至现场的镀锌管材仅进行了数量和质量检查，发现有一批管材的型号、规格、镀锌层厚度与进料计划不符。

监理工程师组织分项工程质量验收时，发现35kV变电站接地体的接地电阻值大于设计要求。经查实，接地体的镀锌扁钢有一处损伤、两处对接虚焊，造成接地电阻不合格，分析原因有：

（1）项目部虽然建立了现场技术交底制度，明确了责任人员和交底内容，但施工作业前仅对分包责任人进行了一次口头交底。

（2）接地体的连接不符合规范要求。

（3）室外电缆施工中，施工人员对接地体的损坏没有做任何处理和报告。

【问题】

1. 安装公司将工程分包应经谁同意？工程的哪些部分不允许分包？

2. 对业主提供的镀锌管材还应做好哪些进场验收工作？

3. 写出本工程接地体连接的技术要求。

4. 指出项目部在施工技术交底要求上存在的问题。

【参考答案】

1. 安装公司将工程分包应经建设单位同意。

工艺线设备安装工程不允许分包。

2. 对业主提供的镀锌管材还应做好的进场验收工作：验收工作按质量验收规范和计量检测规定进行；验收内容包括品种、规格、型号、质量、数量、证件等；验收要做好记录、办理验收手续；要求复检的材料应有取样送检证明报告；对不符合计划要求或质量不合格的材料应拒绝接收。

3. 本工程接地体连接的技术要求：接地体的连接应牢固可靠，应用搭接焊接，接地体采用扁钢时，其搭接长度为扁钢宽度的2倍，并有3个邻边施焊；若采用圆钢，其搭接长度为圆钢直径的6倍，并在两面施焊。接地体连接的焊接处焊缝应饱满并有足够的机械强度，不得有夹渣、咬肉、裂纹、虚焊、气孔等缺陷，焊缝处的药皮敲净后，应做防腐处理，接地体连接完毕后，应测试接地电阻，接地电阻应符合规范标准要求。

4. 项目部在施工技术交底要求上存在的问题：

（1）交底人员不妥。项目部专业管理部门、专业工程师或相关专业管理人员应随时、随地进行施工技术交底。

（2）未完成施工技术交底记录。施工技术交底记录是履行职责的凭据，应及时完成。参加施工技术交底人员（交底人和被交底人）必须签字。施工技术交底记录应妥善保存，竣工后作为竣工资料进行归档。

（3）未确定施工技术交底次数。一般情况下，工程施工仅做一次施工技术交底是不适宜的，应根据工程实际情况确定交底次数。当技术人员认为不交底难以保证施工的正常进展时应及时交底。对于施工工期较长的施工项目除开工前交底外，宜至少每月再交底一次。

实务操作和案例分析题十六

【背景资料】

某安装公司承接了商场（地上5层，地下2层，每层垂直净高5.0m）的自动扶梯安装工程。工程有自动扶梯36台，规格：0.65m/s，梯级宽1000mm，驱动功率10kW。合同签订后，安装公司编制了自动扶梯施工组织与技术方案、作业进度计划等，将拟安装的自动扶梯工程安装告知书提交给工程所在地的特种设备安全监督管理部门。

在自动扶梯安装前，施工人员熟悉自动扶梯安装图纸、技术文件和安装要求等。依据自动扶梯安装工艺流程（施工图交底→设备进场验收→土建交接检验→桁架吊装就位→电器安装→扶手带安装→梯级安装→试运行调试→竣工验收）进行施工。

自动扶梯设备进场时，安装公司会同建设单位、监理和制造厂共同开箱验收，核对设备、部件、材料的合格证明书和技术资料（包括复印件）等是否合格齐全。

在土建交接检验中，检查了建筑结构的预留孔、垂直净空高度、基准线设置（图1–25）等，均符合自动扶梯安装要求。

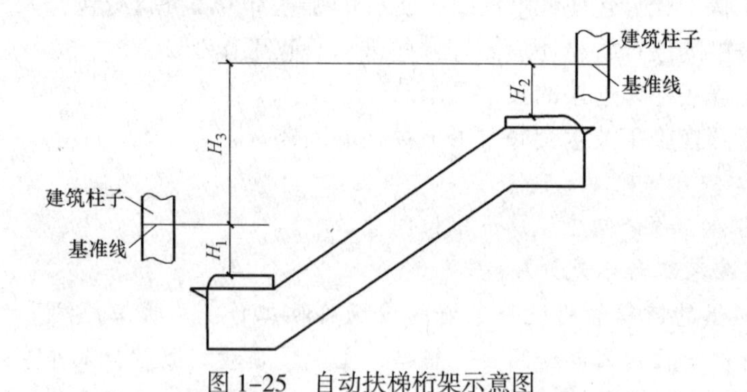

图 1–25　自动扶梯桁架示意图

在自动扶梯制造厂的指导和监控下，安装公司将桁架吊装到位，自动扶梯的电器、扶手带、梯级等部件的安装完成后，各分项工程验收合格。自动扶梯校验、调试及试运行验收合格。

【问题】

1. 安装公司在提交安装告知书时还应提交哪些材料？

2. 自动扶梯技术资料中必须提供哪几个文件复印件？

3. 在土建交接检验中，有哪几项检查内容直接关系到桁架能否正确安装使用？

4. 本工程有哪几个分项工程质量验收？由哪个单位对校验和调试的结果负责？

【参考答案】

1. 安装公司在提交安装告知书时还应提交的材料包括：施工单位及人员资格证件；施工组织与技术方案（包括项目相关责任人员任命、责任人员到岗质控点位图）；工程合同；安装改造维修监督检验约请书；机电类特种设备制造单位的资质证件。

2. 自动扶梯技术资料中必须提供的文件复印件包括：梯级或踏板的型式试验报告复印件；胶带的断裂强度证明文件复印件；扶手带的断裂强度证书复印件。

3. 在土建交接检验中，直接关系到桁架能否正确安装使用的检查内容是：

（1）自动扶梯的梯级或自动人行道的踏板或胶带上空，垂直净高度严禁小于2.3m。

（2）在安装之前，井道周围必须设有保证安全的栏杆或屏障，其高度严禁小于1.2m。

（3）根据产品供应商的要求应提供设备进场所需的通道和搬运空间。

（4）在安装之前，土建施工单位应提供明显的水平基准线标志。

4. 本工程有设备进场验收、土建交接检验、整机安装验收等分项工程质量验收。

由自动扶梯制造单位对校验和调试结果负责。

实务操作和案例分析题十七

【背景资料】

某施工单位承建一项建筑机电工程，施工单位组建项目部具体实施；项目部电气施工班组负责建筑电气和智能化分部工程的施工。

施工前，电气工长根据施工图编制了“电缆需用计划”“电缆用量统计表”，作为施工图预算、成本分析和材料采购的依据；电缆盘运到现场并具备敷设条件后，电工班组按照“电缆需用计划”组织实施了电缆敷设及电缆接头制作。

施工中，建设单位要求增加几台小功率排污泵，向项目部下达施工指令，项目部以无设计变更为由拒绝执行。

在电缆敷设后的检查中，动力照明电缆和智能化电缆进行分层独立桥架敷设，发现两种电缆桥架内，都有中间接头，并列敷设的电缆中间接头位置相同。

电气施工班组按照电缆敷设的施工程序完工并经检查合格后，在各回路电缆装设标志牌，进行了质量验收。

【问题】

1. 电工班组按照“电缆需用计划”实施电缆敷设的做法是否正确？合理减少电缆接头的措施有哪些？

2. 建设单位要求增加排污泵被项目部拒绝执行是否正确？指出设计变更的程序。

3. 指出电缆中间接头位置有哪些错误，如何整改？

4. 电缆敷设分项工程质量验收合格的规定有哪些？

【参考答案】

1. 电工班组按照“电缆需用计划”实施电缆敷设的做法错误。

合理减少电缆接头的措施包括：电缆敷设前应按实际敷设路径计算每根电缆的长度，订货时合理安排每盘电缆长度，先敷设长电缆，后敷设短电缆。

2. 建设单位要求增加排污泵，项目部拒绝执行是正确的。

设计变更的程序如下：

建设单位向设计单位提出设计变更，设计单位进行设计变更，设计变更由设计单位发至监理单位，监理单位将设计变更发至施工单位进行施工。

3. 电缆中间接头位置错误之处及整改：

（1）动力照明电缆：并列敷设的电缆中间接头位置相同。整改：将电缆中间接头的位置错开，电缆接头处用绝缘隔板分开。

（2）智能化电缆：在电缆桥架内有中间接头。整改：电缆中间接头应在分线箱（或接线盒）内。

4. 电缆敷设分项工程质量验收合格的规定有：

（1）分项工程所含的检验项目（检验批）质量均应验收合格。

（2）分项工程所含检验批的质量验收记录应完整。

实务操作和案例分析题十八

【背景资料】

A公司承包了一商务楼的机电安装工程项目，工程内容包括：通风空调、给水排水、建筑电气和消防工程等。A公司签订合同后，经业主同意，将消防工程分包给B公司。在开工前，A公司组织有关工程技术管理人员，依据施工组织、设计文件、施工合同和设备说明书等资料，对相关人员进行项目总体交底。

A公司项目部进场后，依据施工验收规范和施工图纸制定了金属风管的安装程序：测量放线→支吊架安装→风管检查→组合连接→风管调整→风管绝热→漏风量测试→质量检查。

风管制作材料有1.0mm、1.2mm厚镀锌钢板、角钢等。施工后，风管板材拼接、风管制作、风管法兰连接等检查均符合质量要求，但防火阀安装和风管穿墙（图1–26）存在质量问题，监理工程师要求项目部返工。

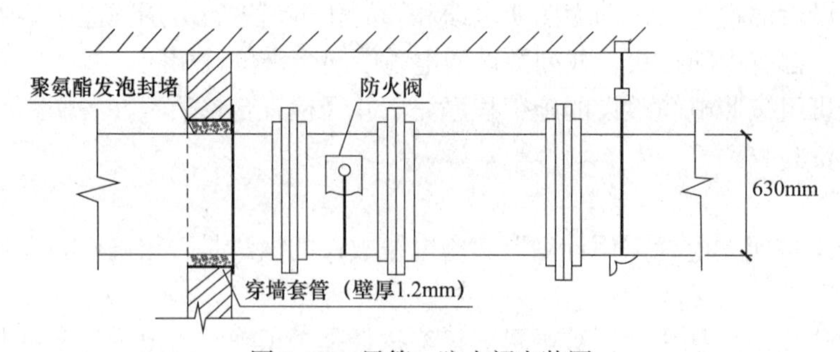

图1–26　风管、防火阀安装图

项目部组织施工人员返工后，工程质量验收合格。

【问题】

1. 开工前，需要对哪些相关人员进行项目总体交底？

2. 项目部制定的金属风管安装程序存在什么问题？会造成什么后果？

3. 本工程的风管板材拼接应采用哪种方法？风管与风管的连接可采用哪几种连接方式？

4. 图1–26中有哪些不符合规范要求？写出正确的做法。

【参考答案】

1. 开工前，需要对项目部职能部门、专业技术负责人和主要施工负责人及分包单位有关人员进行项目总体交底。

2. 项目部制定的金属风管安装程序存在的问题：先进行风管的绝热再进行漏风量测试。

造成的后果：先绝热后进行漏风量测试会导致漏风量测试不符合要求，并需要对管道进行返工或返修，安装好的绝热层也会遭到破坏。

3. 本工程的风管板材拼接应采用咬口连接。

风管与风管的连接可采用法兰连接、薄钢板法兰连接等。

4. 图1-26中不符合规范要求之处及正确做法：

（1）“穿墙套管壁厚1.2mm”不符合规范要求。

正确做法：套管壁厚不应小于1.6mm。

（2）“风管与防护套管之间采用聚氨酯发泡封堵”不符合规范要求。

正确做法：风管与防护套管之间应采用不燃柔性材料封堵。

（3）“边长（直径）大于等于630mm的防火阀没有独立支吊架”不符合规范要求。

正确做法：边长（直径）大于等于630mm的防火阀应设置独立支吊架。

实务操作和案例分析题十九

【背景资料】

某新建工业项目的循环冷却水泵站由某安装公司承建，泵站为半地下式钢筋混凝土结构，水泵泵组设计为三用一备。设计的一套2t×6m单梁桥式起重机用于泵组设备的检修吊装。该泵站为全厂提供循环冷却水。其中，鼓风机房冷却水管道系统主要材料见表1–17。冷却水系统工程设计对管道冲洗无特别要求。

鼓风机房冷却水管道系统主要材料表　　表1–17

序号	名称	型号	规格	数量	备注
1	焊接钢管		DN100/DN50/DN40	120/150/90（m）	
2	截止阀	J41T–16	DN100/DN50/DN40	2/6/12（个）	
3	Y型过滤器	GL41–16	DN40	3（个）	
4	平焊法兰	PN1.6	DN100/DN50/DN40	4/12/30（副）	
5	六角螺栓		M16×70/M16×65	（略）	
6	法兰垫片		DN100/DN50/DN4	（略）	
7	压制弯头		DN100/DN50/DN40	（略）	
8	异径管		DN100×50/DN100×40	（略）	
9	三通		DN100×50/DN100×40	（略）	
10	管道组合支吊架		组合件	（略）	
11	压力表	Y100，1.6级	0～1.6MPa	3（块）	

在泵房阀门、材料进场开箱验收时，所有阀门的合格证等质量证明文件齐全，但有一台DN300电动蝶阀的手动与电动转换开关无法动作，安装公司施工人员认为该问题不影响阀门与管道的连接，遂将该阀门运至安装现场准备安装。

安装公司在起重机安装完成，验收合格后，整理起重机竣工资料向监理工程师申请报验时，监理工程师认为竣工资料中缺少特种设备安装告知及监督监验等资料，要求安装公司补齐。

鼓风机房冷却水管道系统试压试验合格后，进行管道冲洗，冲洗压力和冲洗最小流量满足要求，冲洗后验收合格。

【问题】

1. 表1–17中除焊接钢管、截止阀、平焊法兰、异径管、三通，还有哪几种材料属于管道组成件？

2. 安装公司施工人员在开箱验收时的做法是否正确？应如何处置？

3. 在起重机竣工资料报验时，监理工程师的做法是否正确？说明理由。

4. 鼓风机房冷却水管道冲洗的合格标准是什么？系统冲洗的最低流速为多少？系统冲洗所需最小流量的计算应根据哪个规格的管道？

【参考答案】

1. 管道组成件还有法兰垫片、压制弯头、Y型过滤器、六角螺栓、压力表。

2. 安装公司施工人员在开箱验收时的做法不正确。

应当这样处置：设备开箱验收时，设备的出厂合格证等质量证明文件虽然齐全，但设备实际存在问题或缺陷，应视为不合格产品，不得安装。采购方应按照有关法规及采购合同等合法文件对不合格产品拒绝接收。

3. 在起重机竣工资料报验时，监理工程师的做法不正确。

理由：根据相关规定，额定起重量不小于3t且提升高度不小于2m的起重机才属于特种设备的法定范围，此桥式起重机的额定起重量仅为2t，不在法定范围内，该起重机不属于特种设备，不需要进行监督检验和书面告知。

4. 鼓风机房冷却水管道冲洗的合格标准是：以排出口的水色和透明度与入口水目测一致为合格。

系统冲洗流速不得低于1.5m/s。

系统冲洗所需最小流量必须满足工程中最大直径钢管的最低流速要求，系统冲洗所需最小流量应根据DN100管道进行计算。

实务操作和案例分析题二十

【背景资料】

北方某公共建筑机电安装工程由A、B两区域组成，A区功能为高档酒店，B区为办公楼。A、B两区机电工程业主单独招标，分别由两个施工单位公司1和公司2承接，两区机电工程独立设置各自系统。

机电安装工程均包括通风空调、给水排水、消防、电气、建筑智能化工程项目。通风空调工程采用冰蓄冷制冷技术，办公楼空调系统采用VAV变风量系统，酒店空调采用风机盘管加新风系统，卫生间给水排水采用同层排水系统，工程设直饮水系统，消防工程设置气体灭火系统、消防喷洒系统、消火栓系统等，建筑物大堂设置地板辐射供暖系统，埋地管材采用PE-RT耐热增强聚乙烯管，网络服务机房采用开放式网格桥架，网络服务机房设置德国原装进口的恒温恒湿空调机组。机电工程施工工期均为2年，酒店项目先开工3个月时间，项目完工时间为2018年12月份，该楼供暖系统已经运行。

工程组织竣工验收，要求竣工验收必备文件必须具备齐全。

验收人员检查中发现了以下几个问题：

（1）公司1完成了酒店工程项目，公司2承接的办公楼工程目前还未完工。

（2）公司1承接的酒店工程的地下洗衣房的蒸汽管道工程，因业主采购的设备延期到场，故施工单位也未按约定的时间将蒸汽管道连接到位，业主方对施工单位进行罚款。

（3）酒店工程未进行带冷源的系统联合调试。

（4）进口的恒温恒湿空调机组的说明书没有中文标示。

（5）酒店大堂的地板辐射供暖系统的PE-RT耐热增强聚乙烯管道只提供了一次压力试验的记录。

【问题】

1. 业主是否应该对公司1承接的酒店地下洗衣房蒸汽管道未按期完成进行罚款?

2. 酒店工程进行了带热源的联合试运行，并已供暖，但未进行带冷源的联合试运行，是否可以进行竣工验收?

3. 竣工资料中进口的恒温恒湿空调机组的产品说明书没有中文标示，是否符合要求?应如何处理?

4. 酒店大堂的地板辐射供暖系统的PE-RT耐热增强聚乙烯管道只提供了一次压力试验的记录，是否符合要求？说明理由。

【参考答案】

1. 业主不应对公司1承接的酒店地下洗衣房蒸汽管道未按期完成而对其进行罚款，因为洗衣房的洗衣设备是业主采购的，由于业主采购延期，造成施工单位未将管道连接到位，故业主方对施工单位进行罚款不合理。

2. 酒店工程竣工时是12月份，正值北方地区冬季，工程只进行了带热源的联合试运行，空调冷源的试运行条件与设计制冷条件相差较大，故可仅做不带冷源的试运行，冬季时只做带热源的试运行即符合要求，工程可以进行竣工验收，在竣工验收报告中说明系统未进行带冷源的试运行，待室外温度条件合适时完成。

3. 竣工资料提供的进口的恒温恒湿空调机组的产品说明书没有中文标示，不符合要求，应有中文说明书，应要求施工单位与设备供应商联系，获得中文说明书，以便移交业主，保证物业今后的运行。

4. 酒店大堂的地板辐射供暖系统的PE-RT耐热增强聚乙烯管道只提供了一次压力试验的记录不符合塑料埋地管道技术规范的要求。

理由：（1）供暖系统采用地板辐射供暖方式时，埋地的塑料管必须进行二次试压。

（2）第一次试压是在埋地管安装完成后、土建垫层施工前进行，第二次试压是在土建完成垫层施工后进行，确保埋地管道不渗不漏，并做好记录。

实务操作和案例分析题二十一

【背景资料】

某电网工程公司承接的2标段500kV超高压直流输电线路建设工程，线路长度为63km，铁塔133基，沿线海拔1000～2000m，属于覆冰区。经过一年的紧张施工，隐蔽工程的验收，按基础工程、杆塔组立、架线工程、接地工程实施中间验收合格后，工程进入竣工验收。输电线路避雷线的设置如图1-27所示。

竣工验收过程中，由国网直流公司等单位专家组成验收组，分成三个现场组及一个资料组，涵盖测量、通道、铁塔、走线等相关专业，严格按照竣工验收实施细则要求，对2标段进行检查，现场共抽查了3个耐张段，全面细致检查实测了9基铁塔的基础、铁塔、架线、接地、线防等相关内容。

通过检查，验收组一致认为，由该公司承建的该2标段施工质量工艺美观，工程资料档案符合要求，现场实物抽检项目及数据符合设计要求，工程质量优良，满足验收规范要求。

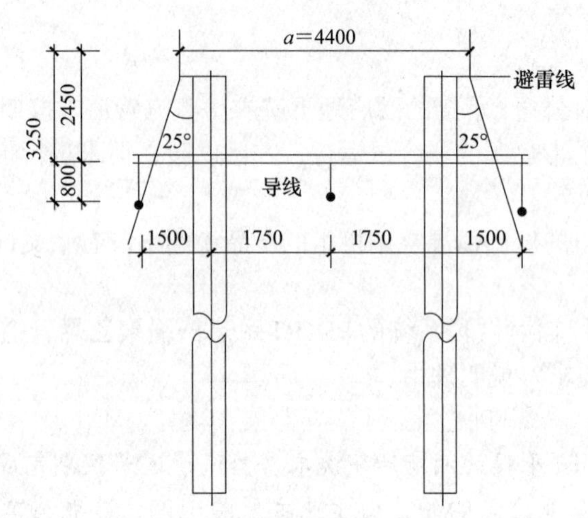

图 1–27 输电线路避雷线的设置（单位：mm）

【问题】

1. 简述架空线路施工的一般程序。

2. 简述保护区内取土规定。

3. 图1–27中输电线路避雷线的设置是否正确？并说明理由。

4. 竣工验收后要做好哪些后续工作？

5. 按照施工生产划分，输电线路架设过程中可能的突发事件有哪些？

【参考答案】

1. 架空线路施工的一般程序：线路测量→基础施工→杆塔组立→放线架线→导线连接→线路试验→竣工验收检查。

2. 保护区内取土规定：

（1）取土范围规定。杆塔周围禁止取土的范围是：500kV的范围为8m。

（2）取土坡度规定。一般不得大于45°。特殊情况由县以上地方电力主管部门另定。

（3）预留通道规定。取土时必须预留巡视、检修线路的人员、车辆通行的通道。

3. 图1-27中输电线路避雷线的设置不正确。

理由：500kV及以上送电线路，应全线装设双接闪线，且输电线路越高，保护角越小（有时小于20°）。在山区高雷区，甚至可以采用负保护角。

4. 竣工验收后要做好各类相关资料的整理工作，并编制项目建设决算，按规定向建设档案管理部门移交工程建设档案。

5. 输电线路架设过程中可能的突发事件有：塔基坑的坍塌事件、高空物体打击事件、高处坠落事件、缺氧和冻伤环境事件等。

实务操作和案例分析题二十二

【背景资料】

某安装公司中标了10台5000m^{3}拱顶罐、5台10000m^{3}球罐的安装工程，拱顶罐和球罐的制作材料都是16MnR，球罐采用的是7带球罐，壁厚为50mm。项目部建立了质量和安全监督体系，编制了施工方案，储罐采用倒装法施工。

在储罐的焊接过程中，施工单位按照以下顺序进行罐底的焊接：① 边缘板对接焊缝靠外侧的300mm→② 边缘板剩余焊缝→③ 底圈罐壁与罐底的角焊缝→④ 中幅板焊接→⑤ 边缘板与中幅板之间的收缩缝。在中幅板焊接时，施工单位按照图1–28所示顺序进行了焊接，出现了严重变形。

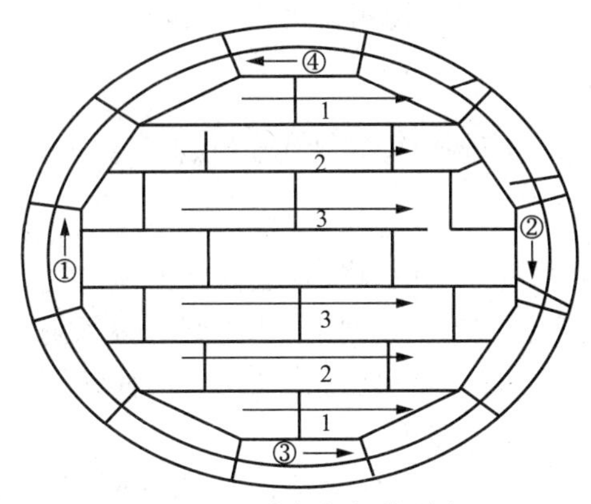

图1–28　中幅板焊接顺序

在球罐焊接完成后，施工单位即进行了球罐的外观检查、超声波探伤、热处理，却在球罐水压试验的时候，发现了大量裂纹。

【问题】

1. 写出储罐罐底正确的焊接顺序（以序号表示）。

2. 写出中幅板焊接时的正确顺序及预防中幅板焊接变形的工艺措施。

3. 分析球罐产生裂纹的主要原因。并列举预防此类型裂纹的主要措施。

4. 球罐热处理前应具备哪些条件？热处理过程中应控制哪些参数？

5. 该球罐无损探伤选择超声波探伤是否合理？说明理由。

【参考答案】

1. 储罐罐底正确的焊接顺序：④→①→③→②→⑤。

2. 中幅板正确的焊接顺序是：由罐中心向四周对称焊。

预防中幅板焊接变形的工艺措施有：先焊短焊缝，后焊长焊缝；分段退焊；分段跳焊。

3. 球罐产生裂纹的主要原因是：（1）焊前未进行焊条焊丝的扩散氢复验；（2）无损检测时间不正确。因为16MnR是一种容易产生延迟裂纹的材料，所以应在焊完之后至少36h进行无损检测。

预防延迟裂纹的主要措施有：焊条烘干、减少应力、焊前预热、焊后热处理、焊后热消氢处理、打磨焊缝余高。

4. 球罐热处理前应具备的条件：

（1）热处理方案已经批准。

（2）各项无损检测工作全部完成并合格。

（3）加热系统已调试合格。

（4）已办理工序交接手续。

热处理过程中应控制的参数：热处理温度、升降温速度、温差。

5. 该球罐无损探伤选择超声波探伤合理。

理由：（1）该球罐壁厚为50mm，超声波探伤对厚板的检出率高，而射线探伤只适用于38mm以下的厚度。

（2）该球罐主要缺陷为裂纹，裂纹属于平面型缺陷，超声波探伤对平面型缺陷的检出率高，而射线探伤对体积型缺陷的检出率高，对面积型缺陷容易漏检。

除此之外，超声波探伤成本低，检测速度快，对人体和环境无伤害，所以用超声波探伤合理。

实务操作和案例分析题二十三

【背景资料】

A单位中标某煤化工程气化车间的氧气管道安装工程，气化车间的氧气管线是将空分系统来的高压氧气，进入气化炉的燃烧室内与水煤浆进行氧化反应。因氧气的性质，其管道安装具有特殊性，因而在施工中有一定的高要求，为保证氧气管道的施工质量，在管道安装前特编制专项施工方案指导现场施工。

氧气管道内壁质量要求严格，必须保持内壁光滑清洁，特别是里口焊缝要求无焊瘤、焊渣、油脂等，为保证氧气管道安装的特殊要求，A单位施工作业组在对口及焊接中高度重视，质检员在第一批氧气管道焊缝检查中，发现质量问题，项目部遂采用排列图法对制作中出现的质量问题进行了统计分类，并建立了焊接质量不合格点数数据表（表1-18），予以纠正处理，经检查分析，质量问题主要是因为氧气管道布置在比较高的平台上，高空风大，给焊接带来困难，项目经理决定搭设防风棚，其后焊接质量得到改进。

焊接质量不合格点数数据表 **表1-18**

代号	检查项目	不合格点数	频率（%）
1	表面气孔	6	10
2	表面夹渣	20	33.3
3	咬边	16	26.7
4	根部收缩	4	6.7
5	余高	14	23.3
合计		60	100

管道调节阀组多，设计要求将对代号OB管设置流量和温度取源部件，拟将套管直径2.8mm温度计安装在节流件的上游，两者之间管段间距为0.48m，遭到了监理单位的质疑。

氧气管道及与氧气管道相连的氮气管道所有连接部件在安装前必须进行脱脂处理，对法兰短节连接的管段，焊后无损探伤合格后脱脂，对直管（长度大于7m）脱脂后再安装。氧气管道技术参数见表1-19。

施工作业人高度重视氧气管道的施工质量，在施工过程中严格按氧气管道具体施工要求去做，确保施工质量，保证了今后氧气管道的安全投入运行。

氧气管道技术参数表 **表1-19**

管道等级	物料名称	材质	设计压力（MPa）	外径（mm）	壁厚（mm）	管代号
C3E	氧气	0Cr18Ni9	8.18～9.93	100	6	OB
F3E	氧气	Inconel625	13.9	150	8	OA
F2E	氧气	0Cr18Ni9	13.9	150	8	OA
A5E	氧气	0Cr18Ni9	1.57～1.9	50	4.5	OC

【问题】

1. A单位在开工前应向什么部门告知？

2. 对表1-18中的质量问题进行ABC分类。

3. 监理单位的质疑是否合理？说明理由。温度取源部件安装与物料流向的关系是什么？

4. 脱脂处理可用的脱脂溶剂有哪些？简述脱脂合格的检验方法。

【参考答案】

1. A单位应书面告知直辖市或者设区的市级人民政府负责特种设备安全监督管理的部门。告知后即可施工。

2. 焊接质量不合格统计表，见表1-20。

焊接质量不合格统计表 **表1-20**

代号	检查项目	不合格点数	频率（%）	累计频率（%）
1	表面夹渣	20	33.3	33.3
2	咬边	16	26.7	60
3	余高	14	23.3	83.3
4	表面气孔	6	10	93.3
5	根部收缩	4	6.7	100
合计		60	100	

所以，表面夹渣、咬边属于A类问题；余高属于B类问题；表面气孔、根部收缩属于C类问题。

3. 监理单位的质疑合理。

内径＝外径－2×壁厚，可得OB管内径$D=100-2\times6=88$mm。$0.03D=2.64$mm，$0.13D=11.44$mm。套管直径2.8mm介于$0.03D$和$0.13D$之间，故直管段距离不应小于$20D$。$20D=1760$mm，0.48m＝480mm，不符合要求。

温度取源部件与管道垂直安装时，取源部件轴线应与管道轴线相垂直；与管道呈倾斜角度安装时，宜逆着物料流向，取源部件轴线应与管道轴线相交；在管道的拐弯处安装时，宜逆着物料流向，取源部件轴线应与管道轴线相重合。

4. 脱脂处理可用的脱脂溶剂有工业用二氯乙烷、四氯乙烯、三氯乙烯。

脱脂合格的检验方法：

（1）当用清洁干燥的白滤纸擦洗脱脂件表面时，纸上应无油迹。

（2）当用紫外线灯照射脱脂表面时，应无紫蓝荧光。

（3）当用蒸汽吹洗脱脂件时，应将颗粒度小于1mm的数粒纯樟脑放入蒸汽冷凝液内，樟脑在冷凝液表面应不停旋转。

实务操作和案例分析题二十四

【背景资料】

某办公楼需要重新装修，A公司承接办公楼（地上30层、地下2层）的电梯安装工程，工程有32层32站曳引式电梯8台，工期为90d，开工时间为3月18日，其中6台客梯需智能群控，2台消防电梯需在4月30日交付使用，并通过消防验收，在工程后期作为施工电梯使用。

B公司承接此办公楼的给水管道安装工程，包括自来水管道、中水管道、热水管道等（图1–29）。图中浴室和卫生间位于地下一层，监理工程师在检查时发现现场诸多问题，要求施工单位限期整改。

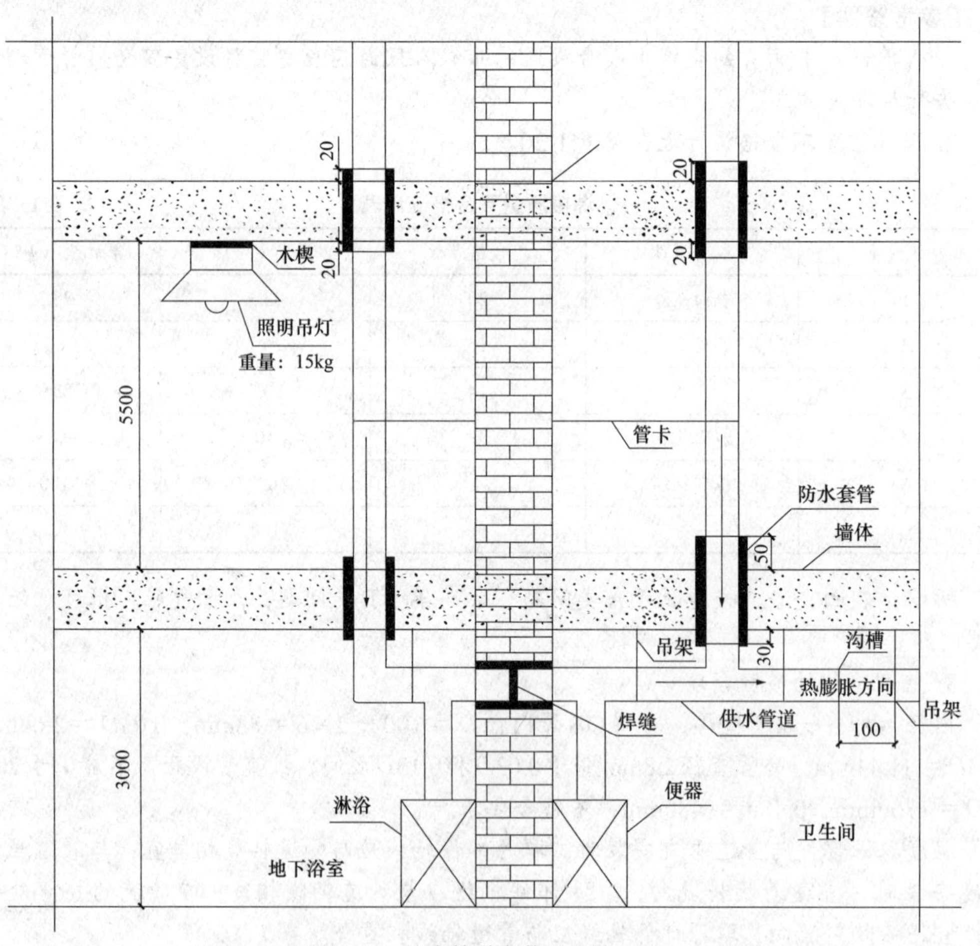

图1–29　给水管道安装工程施工图

【问题】

指出室内装饰装修详图中的不妥之处，并写出正确做法。

【参考答案】

室内装饰装修详图中不妥之处及正确做法如下：

（1）供水管道安装在楼板内的套管顶部，与装饰地面平齐，不妥。

正确做法：供水管道安装在楼板内的套管，其顶部高出装饰地面20mm。

（2）供水管道安装在卫生间楼板内的套管底部伸出楼板底面30mm，不妥。

正确做法：安装在卫生间的套管底部应与楼板底面相平。

（3）穿过楼板的套管与管道之间的缝隙，用防水套管密封，不妥。

正确做法：穿过楼板的套管与管道之间的缝隙，用阻燃密实材料和防水油膏填实，端面光滑。

（4）供水管道吊架垂直安装，不妥。

正确做法：供水管道的吊架，吊杆应向热膨胀的反方向偏移安装。

（5）焊缝设置在穿墙套管内，不妥。

正确做法：管道焊缝不应设置在套管内。

（6）支吊架与沟槽式接头的净间距为100mm，不妥。

正确做法：沟槽式连接水平钢管支吊架应设置在管接头两侧和三通、四通、弯头、异径管等管件上下游连接接头的两侧，支吊架与接头的净间距不宜小于150mm，且不宜大于300mm。

（7）立管管卡数量，不妥。

正确做法：地下室层高为3m，至少要设置1个管卡来固定立管。大厅层高大于5m，应设置不少于2个管卡来固定立管。

（8）照明吊灯用木楔固定，不妥。

正确做法：照明吊灯严禁采用木楔固定，应采用预埋吊钩或螺栓固定。其固定螺栓或螺钉不应少于2个，灯具应紧贴饰面。

实务操作和案例分析题二十五

【背景资料】

某安装公司中标某公租房供配电工程，施工内容有：成套配电装置安装、变压器安装、电缆线路敷设、接地等，成套配电装置到达现场后进行了开箱检查，其中高压开关柜、GIS组合开关没有合格证，只提供了产品制造许可证的复印件，安装公司提出后补。柜体安装完成后，高压开关柜、低压开关柜、变压器柜等并列放置在一排，安装班组考虑柜体都是紧靠在一起，就只把高压开关柜与基础型钢做接地，高压开关柜采用的是手车式开关柜。高压试验由安装公司自行完成，用兆欧表测试二次回路的绝缘电阻为0.4MΩ，安装公司准备申请送电验收，被监理工程师制止，要求安装公司整改到位后再申请送电验收。安装公司检查、整改后符合送电条件，经空载运行12h，无异常现象，办理验收手续，交建设单位使用。

【问题】

1. 成套配电装置到场后开箱检查时只提供产品制造许可证复印件的做法是否正确？说明理由。

2. 只把高压开关柜与基础型钢做接地的做法是否正确？说明理由。

3. 监理工程师制止安装公司的做法是否正确？说明理由。

4. 送电验收后空载运行的做法是否正确？说明理由。

【参考答案】

1. 成套配电装置到场后开箱检查时只提供产品制造许可证复印件的做法，不正确。

理由：所有的电气设备和元件均应有合格证，关键或贵重部件应有产品制造许可证的复印件，其证号应清晰。

2. 只把高压开关柜与基础型钢做接地的做法，不正确。

理由：柜体安装完毕后，应使每台柜均单独与基础型钢做接地（PE）或接零（PEN）连接。

3. 监理工程师制止安装公司的做法，正确。

理由：高压试验应由当地供电部门许可的试验单位进行，不能由安装公司自行完成；用兆欧表测试二次回路的绝缘电阻，必须大于0.5MΩ。

4. 送电验收后空载运行的做法，不正确。

理由：送电验收后空载运行24h，无异常为合格。

实务操作和案例分析题二十六

【背景资料】

某安装公司中标某商场电气安装工程，工程内容包括：电气动力、电气照明、供电干线、室内配电线路、防雷及接地工程。起重供电干线采用母线槽施工，避雷网采用镀锌扁钢焊接，建筑接地体利用自然接地体。

施工过程中，监理工程师在现场巡视时发现：商场中厅50kg装饰灯具的悬吊装置按150kg做了强度试验，持续时间为10min，并记录为合格。接地体施工结束后，用接地电阻测量仪测得共用接地体的接地电阻为1.5Ω。监理工程师要求项目部加强现场质量检查，整改不合格项。

【问题】

1. 写出防雷、接地装置的施工程序。

2. 本工程中防雷及接地系统中可能用到的接闪器有哪些？

3. 指出灯具安装的错误之处，并简述正确做法。

4. 接地电阻是否符合规范要求？说明理由及补救措施。

【参考答案】

1. 防雷、接地装置的施工程序：接地体安装→接地干线安装→引下线敷设→均压环安装→接闪带（接闪杆、接闪网）安装。

2. 本工程中防雷及接地系统中可能用到的接闪器有：接闪杆、接闪带、接闪网、均压环、接闪线。

3. 灯具安装的错误之处：商场中厅50kg装饰灯具的悬吊装置按150kg做强度试验，持续时间为10min。

正确做法：按灯具重量5倍恒定均布载荷做强度试验，持续时间不少于15min。

4. 接地电阻不符合规范要求。

理由：独立接地体的接地电阻应小于4Ω，共用接地体的接地电阻应小于1Ω。

补救措施：可采用降阻剂、换土、接地模块来降低接地电阻。

实务操作和案例分析题二十七

【背景资料】

某工程主要包括：消防和空调的施工。A公司承接该任务后，将施工内容进行分解，并编制了施工方案，其内容包括测量放线、材料、设备验收、设备安装、管道焊接、管道试压冲洗、系统的调试及试运行。A公司在管线施工中应用了BIM技术，对走廊吊顶内工作压力为300Pa、采用橡塑保温的风管进行了模拟施工，无问题后，应用于实体施工。由于在施工中，业主对相关的施工内容进行变更，影响了工期，但业主要求A公司按原计划完工，因此A公司补充人员加班加点抢工期，因此留下了一些质量问题，其中之一是风机和风管的连接，如图1-30所示。

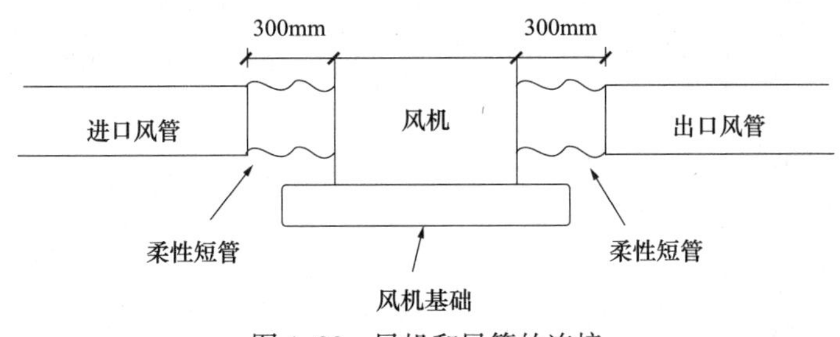

图1-30　风机和风管的连接

为此A公司积极组织人力对工程质量问题进行调查，制定整改措施，保证工程质量合格。

【问题】

1. 本工程中，施工技术交底的重点有哪些？

2. 基于BIM的管线综合技术有哪些优点？

3. 吊顶中风管安装，应进行哪些检验、试验和验收？

4. 风机和风管连接的错误有哪些？

5. 质量问题调查的内容有哪些？

【参考答案】

1. 本工程中，施工技术交底的重点有：管道焊接、隐蔽工程、管道的试压冲洗、系统的调试和试运行。

2. 基于BIM的管线综合技术的优点有：

（1）实现深化设计优化，多专业有效协调。

（2）实现现场平面布置合理、高效，现场布置优化。

（3）进度优化，实现对项目进度的控制。

3. 吊顶中风管安装，应进行严密性试验、橡塑耐火等级检验、保温前的隐蔽验收、吊顶前的隐蔽验收。

4. 风机和风管连接的错误有：

（1）风机和风管之间的柔性短管过长。

（2）风机出口的风管没有设置独立的支架。

（3）风机没有设置减振装置。

5. 质量问题调查的内容有：质量问题发生的范围、部位、性质、影响程度、施工人员等。

实务操作和案例分析题二十八

【背景资料】

某总承包工程项目，总承包单位项目采购部门按照采购进度计划将采购的两台解体安装的大型压缩机运至现场，依据设备采购合同，组织了包括监理单位代表和本项目部有关部门人员参加的设备施工现场验收。

在进行设备验收的核对验证时，进行了以下工作：

（1）核对设备的型号、规格、生产厂家、数量等。

（2）检查设备整机、各单元设备及部件出厂时所带附件、备件的种类、数量等与制造商出厂文件的规定和订购时的特殊要求的符合性；对关键原材料和元器件质量及文件进行复核。

（3）检查变更的技术方案是否落实。

（4）查阅设备出厂的质量检验书面文件与设备采购合同要求的符合性。

（5）查阅制造商证明和说明出厂设备符合规定和要求所必需的文件和记录。

在对设备关键元件、配件和附件的质量检查中，发现运抵现场的压缩机随机附属合金钢管道的化学成分与设计要求不符，部分焊道存在内部超标缺陷。

因为压缩机要在1个月后安装，项目部采购部门在压缩机设备验收后将其运到安装施工队的露天临时设备、材料存放场地，交与施工队管理，设备存放场地用铁丝网隔离，没有围墙；无专人管理，人员可随便出入。

施工队在机组设备下方铺垫道木，上面用彩条布遮盖，零、配件木箱放置在机组旁边。项目部采购部门与安装施工队交接时未进行设备配件的进出库清点、验收。

【问题】

1. 设备施工现场验收应由谁负责？设备施工现场验收还应有哪些单位的人员或代表参加？

2. 背景中设备施工现场验收的依据还应有哪些？

3. 背景中设备验收的核对验证工作存在哪些缺项？

4. 检查合金钢管道的化学成分与焊道内部有无缺陷宜分别采用哪些方法？针对钢管存在的问题，项目部应如何处理？

5. 压缩机在存放管理和设施上存在哪些问题？应如何进行管理？

【参考答案】

1. 设备施工现场验收应由建设单位负责。

设备施工现场验收还应有建设单位、监理单位、生产厂商、总承包方有关代表参加。

2. 设备施工现场验收的依据还应有：

（1）设备采购合同：① 与设备有关的全部参数、型号、数量、性能和其他要求。② 供货时间、备品备件数量。③ 相关服务的要求，如安装、使用、维护服务及施工过程的现场服务。

（2）设备相关的技术文件、标准：① 设计单位的设备技术规格书、图纸和材料清册。

② 国家标准、法规。

（3）监造大纲：设备采买单位制定的监造大纲。

3. 设备验收的核对验证工作存在下列缺项：

（1）检查关键原材料和元器件质量及质量证明文件复核，包括关键原材料、协作件、配套元器件的质量及质保书。检查设备复验报告中的数据与设计要求的一致性。检查关键零部件和组件的检验、试验报告和试验记录以及关键的工艺试验报告与检验、试验记录的复核。

（2）验证产品与制造商按规定程序审批的产品图样、技术文件及相关标准的规定和要求的符合性。设备与重要设计图纸、文件与技术协议书要求的差异复核，主要制造工艺与设计技术要求的差异复核。

（3）购置协议的相关要求是否兑现。变更的技术方案是否落实，查阅设备出厂试验的质量检验的书面文件，应符合设备采购合同的要求，验证监造资料，查阅制造商证明和说明出厂设备符合规定和要求所必需的文件和记录。

4. 检查合金钢管道的化学成分宜采用光谱分析的检查方法，检查焊道内部缺陷宜采用超声波检测或采用射线检测。

对钢管存在的问题，总承包项目部采购部门应向制造厂家提出交涉，要求更换或返工，并协商解决造成的损失的赔偿问题，也可以根据设备采购合同提出索赔。

5. 压缩机在存放管理和设施上存在下列问题：（1）存放场地为露天场地，没有围墙和隔离措施，人员随便出入；（2）机组设备铺垫、遮盖、放置存在问题；（3）未进行交接、清点、验收，无专人管理等；（4）达不到合理存放、妥善保管和防护的要求。

项目部应按下列要求进行管理：（1）配备设备保管人员对库房进行管理；（2）设备交接验收，做到质量合格、数量准确、资料齐全并做出完整、齐全的交接记录；（3）选择合适的存放场地和库房，合理存放，挂牌标识并防止变形、损坏、锈蚀、错乱或丢失。

实务操作和案例分析题二十九

【背景资料】

某安装公司总承包了一大型压缩机组设备安装工程，合同约定：安装公司负责大型压缩机组设备采购、施工和试运行工作，合同总额为5000万元，工期为12个月。

在压缩机组设备采购之前，业主要求安装公司按其指定的供货商进行采购，被安装公司拒绝，安装公司按照市场公平竞争和优选厂商的原则，就压缩机组的型号、规格、技术标准、到货地点、质量保证、产品价格与供货商签订了设备供货合同。

安装公司项目部进场后，对设备基础的强度、沉降和抗振性能进行检验，符合安装要求。压缩机组运达施工现场后，项目部人员对设备进行了开箱检查，验收合格。

安装人员按照施工进度计划的安排和设备安装程序进行了安装就位、找正调平，设备安装精度达到设计要求。在联动试运行前，由设计单位编制了联动试运行方案，安装公司项目部建立联动试运行小组，联动试运行所需要人员、技术、物资及环境等条件已准备齐全。在准备开始联动试运行时，被监理工程师制止，后经改正，顺利进行了联动试运行，达到设计要求。

【问题】

1. 压缩机组的主要性能参数有哪些？

2. 分析该压缩机组应采用哪种采购方式？

3. 安装公司拒绝业主指定供货商的做法是否正确？说明理由。

4. 设备基础检验中，哪些内容达不到要求会影响设备的安装精度？

5. 分析监理工程师否定安装公司设备联动试运行的理由。

【参考答案】

1. 压缩机组的主要性能参数包括容积、流量、吸气压力、排气压力、工作效率、输入功率、输出功率、性能系数等。

2. 该压缩机组应采用公开招标的方式。对于市场通用产品、没有特殊技术要求、标的金额较大、市场竞争激烈的大宗设备、永久设备应采用公开招标的方式。

3. 安装公司拒绝业主指定供货商的做法，正确。

理由：根据《建设工程施工合同（示范文本）》GF—2017—0201条款，由承包人负责采购的工程设备，发包人不得指定供货商，发包人违反约定指定供货商的，承包人有权拒绝。

4. 设备基础检验中，设备基础的强度不够、沉降不均匀和抗振性能不足会影响设备的安装精度。基础若强度不够，或继续沉降，安装偏差会发生变化，影响设备安装精度。设备基础抗振性能不足，也会影响设备安装精度。

5. 监理工程师否定安装公司设备联动试运行的理由：设备联动试运行方案不应由设计单位编制，联动试运行不应由安装公司组织。设备联动试运行应由建设单位组织编制联动试运行方案，建设单位组织设备联动试运行。

实务操作和案例分析题三十

【背景资料】

某科技公司的数据中心机电采购及安装分包工程采用电子招标，邀请行业内有类似工程经验的A、B、C、D、E五家单位投标。工程采用固定总价合同，在合同专用条款中约定：镀锌钢板的价格随市场变动时，风管（镀锌钢板）制作安装的工程量清单综合单价中，调整期价格与基期价格之比涨幅率在±5%以内不予调整；超过±5%时，只对超出部分进行调整。工程预付款为100万元，工程质量保修金为90万元。

投标过程中，E单位在投标截止前一个小时，突然提交总价降低5%的修改标书。最终经公开评审，B单位中标，合同价为3000万元（含甲供设备暂估价200万元），其中风管（镀锌钢板）制作安装的工程量清单综合单价为600元/m^2，工程量为10000m^2。

建设单位按约定支付了工程预付款，施工开始后，镀锌钢板的市场价格上涨，其风管制作安装的工程量清单调整期综合单价为648元/m^2，该项合同价款予以调整，设计变更调整价款为50万元。

施工过程中，消防排烟系统设计工作压力为750Pa，排烟风管采用角钢法兰连接，现场排烟防火阀及风管安装如图1-31所示，监理单位在工程质量验评时，对排烟防火阀的安装和排烟风管法兰连接工艺提出整改要求。

数据中心F2层变配电室的某一段金属梯架全长45m，并敷设一条扁钢接地保护导体，监理单位对金属梯架与接地保护导体的连接部位进行了重点检查，以确保金属梯架的可靠接地。

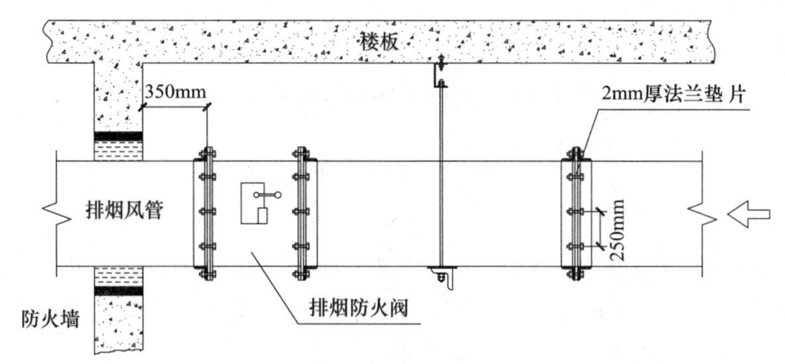

图 1–31　排烟防火阀及风管安装示意图

工程竣工后，B单位按期提交了工程竣工结算书。

【问题】

1. E单位突然降价的投标做法是否违规？请说明理由。

2. 请写出图1–31中排烟防火阀安装和排烟风管法兰连接的不妥之处及正确做法。

3. 变配电室的金属梯架应至少设置多少个与接地保护导体的连接点？分别写出连接点的位置。

4. 请计算说明风管制作安装工程的合同价款予以调整的理由。该合同价款调整金额是多少？如不考虑其他合同价款的变化，请计算本工程竣工结算价款是多少？

【参考答案】

1. E单位突然降价的投标做法没有违规。

理由：E单位是在投标截止时间前采取的突然降价法，属于正常的投标策略，所以不违规。

2. 图1-31中排烟防火阀安装和排烟风管法兰连接的正确要求：

（1）不妥之处：排烟防火阀距离隔墙太远。

正确做法：防火墙两侧的防火阀，距墙表面应不大于200mm。

（2）不妥之处：排烟防火阀没有设置独立支吊架。

正确做法：排烟防火阀应设置独立支吊架。

（3）不妥之处：风管法兰连接的垫片厚度为2mm。

正确做法：根据《建筑防烟排烟系统技术标准》GB 51251—2017，风管接口的连接应严密、牢固，垫片厚度不应小于3mm，不应凸入管内和法兰外；排烟风管法兰垫片应为不燃材料。

（4）不妥之处：法兰连接处的螺栓孔间距为250mm。

正确做法：本题中排烟管道为中压，中、低压系统矩形风管法兰螺栓及铆钉间距应小于等于150mm。

3. 根据背景资料，金属梯架全长45m，应至少设置3个接地保护导体的连接点。

连接点的位置分别设置在起始端、中间端、终点端。

4. 根据背景资料，风管（镀锌钢板）制作安装的工程量清单综合单价为600元/m^2，施工开始后，镀锌钢板的市场价格上涨，其风管制作安装的工程量清单调整期综合单价为 648元/m^2，因此变动涨幅率为：（648－600）/600＝8%，超出涨幅5%，所以风管制作安装工程的合同价款应予以调整。

合同价款调整金额：［648－600×（1＋5%）］×10000＝18万元

竣工结算价款：3000＋18＋50－200－100－90＝2678万元

实务操作和案例分析题三十一

【背景资料】

某安装公司承接一商务楼（地上30层、地下2层）的电梯安装工程，工程有32层32站曳引式电梯8台，工期为90d，开工时间为3月18日，其中6台客梯需智能群控，2台消防电梯需在4月30日交付使用，并通过消防验收，在工程后期作为施工电梯使用。电梯井道的脚手架、机房及层门预留孔的安全技术措施由建筑公司实施。

安装公司项目部进场后，将拟安装的电梯工程，书面告知了电梯安装工程所在地的特种设备安全监督部门，并按合同要求编制了电梯施工方案和电梯施工进度计划（表1–21）。电梯安装前，项目部对机房的设备基础、井道的建筑结构进行检测，土建施工质量均符合电梯安装要求：曳引电机、轿厢、层门等部件外观检查合格，并采用建筑塔式起重机及升降机将部件搬运到位。安装中，项目部重点关注了层门等部件的安全技术要求，消防电梯按施工进度计划完成，并验收合格。

电梯施工进度计划　　表1–21

工序	工序时间（d）	4月						5月					
		1	6	11	16	21	26	1	6	11	16	21	26
导轨安装	20												
机房设备安装	2＋6												
井道配管配线	3＋9												
轿厢、对重安装	3＋9												
层门安装	6＋18												
电器及附件安装	4＋12												
单机试运行调试	2＋6												
消防电梯验收	1												
群控试运行调试	4												
竣工验收交付业主	3												

施工进行到客梯单机试运行调试时，有一台客梯轿厢晃动厉害，经检查审核，导轨的安装精度没达到技术要求，安装人员对导轨重新校正固定，单机试运行合格，但导轨的校正固定，使单机试运行比原工序多用了3d，其后面的工序（群控试运行调试、竣工验收）均按工序时间实施，电梯安装工程比合同工期提前完工，交付业主。

【问题】

1. 电梯安装前，项目部应提供哪些安装资料？

2. 项目部在机房和井道的检查中，应关注哪几项安全技术措施？

3. 消防电梯从开工到验收合格用了多少天？电梯安装工程合同比合同工期提前了多少天？

4. 影响导轨安装精度的因素有几个？

5. 电梯完工后应向哪个机构申请消防验收？写出电梯层门的验收要求。

【参考答案】

1. 电梯安装前，项目部应提供的安装资料：所施工电梯的安装许可证，告知直辖市或设区的市的安装告知书，审批手续齐全的电梯安装施工方案，作业人员持有的特种设备操作证。

2. 项目部在机房和井道的安全检查中，应关注的安全技术措施有：层门洞设置高度不小于1.2m的栏杆，有临时盖板封堵机房预留孔，井道内脚手架有防火措施。

3. 电梯工程开工时间为3月18日，电梯安装准备工作、机房和井道的检测、电梯设备进场检查、基准线安装等工作用了14d，在4月1日开始电梯导轨安装，到4月21日消防电梯竣工验收，14＋21＝35d，故消防电梯从开工到验收合格用了35d。

由于题目已知单机试运行比原工序时间多用了3d，所以其紧后工序群控试运行调试就推迟了3d开始，导致最后竣工验收比原工序时间推迟了3d，所以电梯安装工程实际的结束时间是6月2日。

实际施工时间：14＋30＋31＋2＝77d

故电梯安装工程合同比合同工期提前：90－77＝13d

4. 影响导轨安装精度的因素有：井道结构的施工质量，基准线的设置，测量器具的选择，导轨的制造质量，电梯安装人员的技术水平。

5. 电梯完工后应向本行政区域内地方人民政府住房和城乡建设主管部门申请消防验收。电梯层门的验收要求：每层层门必须能够用三角钥匙才能手动打开，当任何一个层门打开时，电梯严禁启动运行。

实务操作和案例分析题三十二

【背景资料】

某商业综合体机电安装工程位于城市核心区域，工期8个月。某施工单位中标该工程，承包范围包括建筑给水排水、通风与空调、建筑电气和建筑智能化工程，工程采用固定总价合同，签约合同价为3000万元。在合同中约定：

（1）预付款为合同总价的8%，在工程的第3个月开始扣除，2个月扣完。

（2）工程进度款按月支付80%，且自第一个月起，按进度款3%的比例扣留质量保修金。

（3）工期提前10d以上，一次性奖励30万元。

进场后，因施工场地狭小，管道及设备安装采用装配式施工技术，B2层冷冻站的一组冷冻泵模块如图1-32所示。

施工第5个月，排烟系统镀锌钢板风管制作安装的工程量完成了2000m^2，清单综合单价为600元/m^2，并对排烟主干风管分段进行了严密性试验，风管允许漏风量计算公式如下：

低压风管：　　$Q_{l} \leqslant 0.1056P^{0.65}$　　（1–1）

中压风管：　　$Q_{m} \leqslant 0.0352P^{0.65}$　　（1–2）

高压风管：　　$Q_{h} \leqslant 0.0117P^{0.65}$　　（1–3）

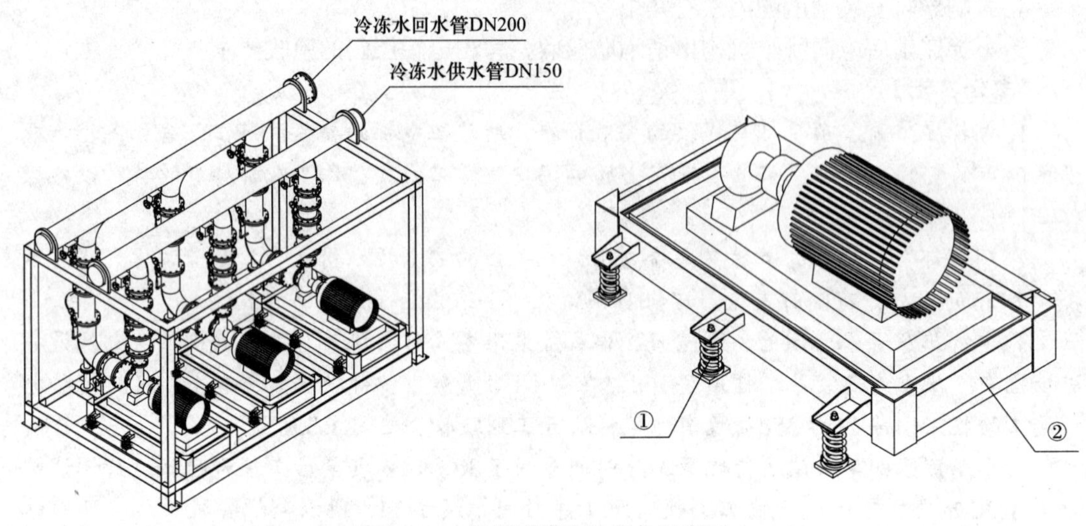

图 1–32　冷冻泵模块的深化示意图

工程竣工后，因采用装配式施工技术，提高了施工效率，施工工期提前12d，冷冻泵模块化造成型钢消耗量增加，施工单位向建设单位提出工期奖励30万元、补偿型钢增加费用10万元的要求。施工单位按期提交了工程竣工结算书。

【问题】

1. 写出图1–32中部件①、②的名称，以及冷冻水管道现场装配常用的连接方式。

2. 不考虑其他费用，试计算第5个月排烟系统风管（镀锌钢板）制作安装应支付的进度款。

3. 排烟主干风管严密性试验的试验压力如何确定？允许漏风量的计算公式应选哪一个？写出风管严密性检验的主要部位。

4. 施工单位提出的工期奖励费和型钢补偿费是否合理？说明理由。

【参考答案】

1. 图1-32中部件①、②的名称：

（1）部件①的名称是：弹簧（减振器）。

（2）部件②的名称是：水泵减振台座（基础框架）。

冷冻水管道现场装配常用的连接方式：法兰连接（螺栓连接）、焊接。

2. 第5个月排烟系统风管（镀锌钢板）制作安装应支付的进度款是：

2000×600×（80%－3%）＝92.4万元

3. 排烟主干风管严密性试验的试验压力应为风管系统的工作压力，选用的公式是：式（1-2）。

严密性检验的主要部位有风管的咬口缝、铆接孔、法兰翻边、管段连接处。

4. 施工单位提出的工期奖励费和型钢补偿费是否合理的判断及理由：

（1）工期奖励费合理；理由：工期提前12d，合同明确承包单位工期提前10d以上，一次性奖励30万元，故提出工期奖励费合理。

（2）型钢补偿费不合理；理由：本工程是固定总价合同，冷冻站房采用模块化装配式施工技术增加的费用已包含在合同总价中，故提出型钢补偿费不合理。

第二章　机电工程施工招标投标及合同管理案例分析专项突破

2014—2023年度实务操作和案例分析题考点分布

考点	年份									
	2014年	2015年	2016年	2017年	2018年	2019年	2020年	2021年	2022年	2023年
机电工程项目的类型及建设程序	●					●				
施工阶段项目管理的任务						●				
试运行及验收阶段项目管理的任务			●							
施工招标投标管理要求		●		●						
施工合同履约及风险防范				●		●				
总包与分包合同的实施				●				●		
施工索赔的类型与实施	●		●	●	●			●	●	

【专家指导】

关于机电工程合同管理部分，考查最多的是机电工程项目索赔，属于高频考点，其相关理论知识考生要熟练掌握。考试时往往会把合同变更、索赔及进度管理、成本管理等内容结合在一起进行考查，因此考生要在熟悉相关理论性内容的基础上，多进行案例的演练，才能做到融会贯通。

历 年 真 题

实务操作和案例分析题一［2021年真题］

【背景资料】

A公司中标某工业改建工程，合同内容包含厂区所有的设备、工艺管线安装等施工总承包。A公司进场后，根据工程特点，对工程合同进行分析管理，将其中亏损风险较大的部分埋地工艺管道（设计压力为0.2MPa）施工分包给具有资质的B公司。

A公司对B公司进行合同交底后，A公司派出代表对B公司从施工准备、进场施工、工序交验、工程保修及技术方面进行了管理。

B公司进场后，由于建设单位无法提供原厂区埋地管线图，B公司在施工时挖断供水管道。造成A公司65万元材料浸水无法使用，机械停滞总费用43万元，每天人员窝工费用4.8万元，工期延误25d；B公司机械停滞费18万元。管沟开挖完成后，当地发生疫情，导致所有员工被集中隔离，产生总隔离费用54万元。为此A公司向建设单位提交了工期及费用索赔文件。

B公司在埋地钢管道施工完成后，编制了该部分的液压清洗方案，方案因工艺管道的埋地部分设计未明确试验压力，拟采用0.3MPa的试验压力进行试验，管道油清洗后采取保护措施，该方案被A公司否定。

A公司在卫生器具安装完成后，对某层卫生器具（检验批）的水平度及垂直度进行现场检验，共测量20点，测量数据见表2-1。

卫生器具测量数据表 **表2-1**

名称	允许偏差（mm）	测量值（mm）									
卫生器具水平度	2	1.5	2	2.4	3.5	2	1.8	2	1.5	1.4	1.8
卫生器具垂直度	3	2.5	3	2	1.6	3.1	2	1.5	1.8	2.8	2

A公司在质量巡查中，发现工艺管道安装（图2-1）中的膨胀节内套焊缝、法兰及管道对口部位不符合规范要求，要求整改。

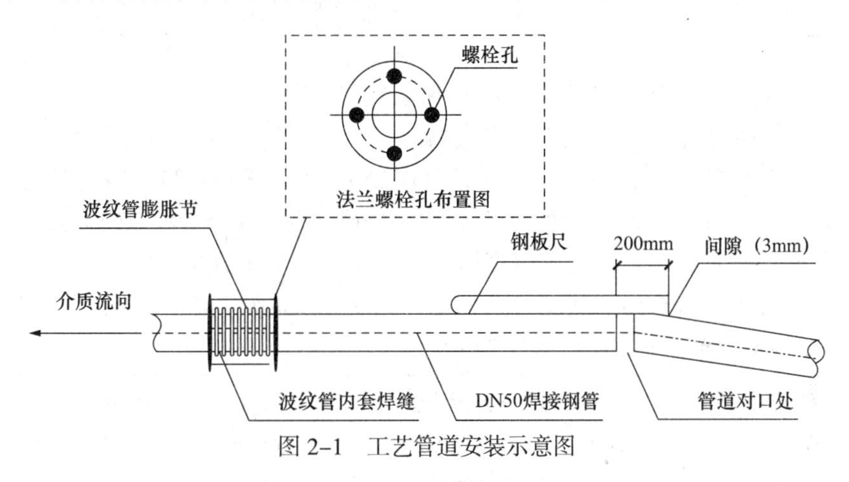

图2-1 工艺管道安装示意图

【问题】

1. A公司还应从哪些方面对B公司进行全过程管理？

2. 计算A公司可索赔的费用。索赔成立的前提条件是什么？

3. 该工程的埋地钢管道试验压力应为多少兆帕？对清洗合格后的管道应采取哪种保护措施？

4. 卫生器具安装是否合格？说明理由。

5. 说明A公司要求工艺管道安装（图2-1）整改的原因。

【参考答案与分析思路】

1. A公司还应从竣工验收、质量、安全、进度、工程款支付等方面对B公司进行全过程管理。

> 本题以补充题的形式考查了总承包单位对分包单位的全过程管理。总承包单位对分包单位及分包工程的施工管理，应从施工准备、进场施工、工序交验、竣工验收、工程保修以及技术、质量、安全、进度、工程款支付等进行全过程的管理。背景中告知“A

公司派出代表对B公司从施工准备、进场交验、工序交验、工程保修及技术方面进行了管理"，因此只要补充：竣工验收、质量、安全、进度、工程款支付等内容即可。

2. A公司可索赔的费用：65＋43＋4.8×25＋18＝246万元

索赔成立的前提条件是：

（1）与合同对照，事件已造成了承包人工程项目成本的额外支出，或直接工期损失。

（2）造成费用增加或工期损失的原因，按合同约定不属于承包人的行为责任或风险责任。

（3）承包人按合同规定的程序和时间提交索赔意向通知和索赔报告。

本题考查的是承包人向发包人提起的索赔。本题考查了两个小问：一是可索赔的费用的计算，二是索赔成立的前提条件。索赔成立的前提条件是直接问的，考试用书上有原文内容，考生只要记住该内容，默写出即可。下面重点说一下第一小问可索赔的费用计算，首先考生熟悉一下哪些是承包商可以提起索赔的事件，再判断哪些费用可以索赔。

本案例中，由于建设单位无法提供原厂区埋地管线图，B公司在施工时挖断供水管道。

（1）造成A公司65万元材料浸水无法使用，可以索赔。

（2）机械停滞总费用43万元，可以索赔。

（3）每天人员窝工费用4.8万元，工期延误25d，可以索赔4.8×25＝120万元。

（4）B公司机械停滞费18万元，B公司向A公司索赔，A公司可以向建设单位追偿。

（5）管沟开挖完成后，当地发生疫情，导致所有员工被集中隔离，产生总隔离费用54万元，疫情属于不可抗力，费用各自承担，工期可以延误，不可索赔。

索赔费用：65＋43＋120＋18＝246万元

3. 埋地钢管道的试验压力应为设计压力的1.5倍，且不得低于0.4MPa。

根据题意：1.5×0.2＝0.3MPa＜0.4MPa，故该工程的埋地钢管道试验压力应为0.4MPa。

油清洗合格后的管道，应采取封闭或充氮保护措施。

本题考查的是工业管道液压试验的实施要点、油清洗实施要点。本题考查了两个小问，下面就分别进行说明：

（1）第一小问要求计算埋地管道试验压力。一般的常温介质管道常用的试验压力可按照：承受内压的地上钢管道及有色金属管道试验压力应为设计压力的1.5倍，埋地钢管道的试验压力应为设计压力的1.5倍，且不得低于0.4MPa。

背景中告知埋地工艺管道设计压力为0.2MPa，埋地钢管道的试验压力为：1.5×0.2＝0.3MPa＜0.4MPa，故试验压力为0.4MPa。

（2）第二小问考查了油清洗实施要点，属于记忆类型的考点，考生记住该考点就能得分。

4. 卫生器具安装不合格。

理由：超出允许偏差值的检查点有3个，但没有超过20%检查点的规定；有1个点的偏差值达到175%，超过了最大允许偏差值150%的规定；所以不合格。

本题考查的是建筑安装工程检验批验收要求。建筑安装工程检验批验收中，一般项目包括的主要内容有：允许有一定偏差的项目，最多不超过20%的检查点可以超过允许偏差值，但不能超过允许值的150%。

本题中，超出允许偏差值的检查点有3个，但没有超过20%检查点的规定；有1个点的偏差值达到175%，超过了最大允许偏差值150%的规定，所以卫生器具安装不合格。

5. A公司要求工艺管道安装整改的原因：（1）波纹管内套焊缝朝向介质流向相反（内套焊缝朝向错误）。

（2）法兰螺栓孔中心线与管道铅垂线重合，与管道水平中心线重合。

（3）管道对口偏差为3mm，超过2mm。

本题考查的是水系统管道安装施工技术要求。本题属于识图找错类型的题目，需要考生结合工艺管道节点安装示意图及考试用书相关内容进行回答。工艺管道安装整改的原因有：

（1）波纹管内套焊缝朝向错误。因为波纹管膨胀节或补偿器内套有焊缝的一端，水平管路上应安装在水流的流入端，垂直管路上应安装在上端。

（2）法兰螺栓孔中心线与管道铅垂线重合，与管道水平中心线重合，错误。因为如果法兰螺栓孔中心线与管子的铅垂或水平中心线重合将会降低法兰在铅垂或水平面上的强度。

（3）管道对口偏差3mm超过规范规定错误。因为《工业金属管道工程施工规范》GB 50235—2010规定，法兰连接应与钢制管道同心，螺栓应能自由穿入。法兰螺栓孔应跨中布置。法兰平面之间应保持平行，其偏差不得大于法兰外径的0.15%，且不得大于2mm。法兰接头的歪斜不得用强紧螺栓的方法消除。

实务操作和案例分析题二［2018年真题］

【背景资料】

某施工单位中标某大型商业广场（地下3层为车库、1～6层为商业用房、7～28层为办公用房），中标价为2.2亿元，工期为300d，工程内容为配电、照明、通风空调、管道、设备安装等。主要设备：冷水机组、配电柜、水泵、阀门均为建设单位指定产品，施工单位采购，其余设备、材料由施工单位自行采购。

施工单位项目部进场后，编制了施工组织设计和各专项方案。因设备布置在主楼三层设备间，采用了设备先垂直提升到三楼，再水平运输至设备间的运输方案。设备水平运输时，使用混凝土结构柱做牵引受力点，并绘制了设备水平运输示意图（图2-2），报监理工程师及建设单位后被否定。

施工现场临时用电计量的电能表，经地级市授权的计量检定机构检定合格，供电部门检查后，提出电能表不准使用，要求重新检定。

在设备制造合同签订后，项目部根据监造大纲，编制了设备监造周报和月报，安排了专业技术人员驻厂监造，并设置了监督点。设备制造完成后，因运输问题导致设备延期5d运达施工现场。

施工期间，当地发生地震，造成工期延误20d，项目部应建设单位要求，为防止损失扩大，直接投入抢险费用50万元；外用工因待遇低而怠工，造成工期延误3d；在调试时，因运营单位技术人员误操作，造成冷水机组的冷凝器损坏，回厂修复，直接经济损失20万元，工期延误40d。

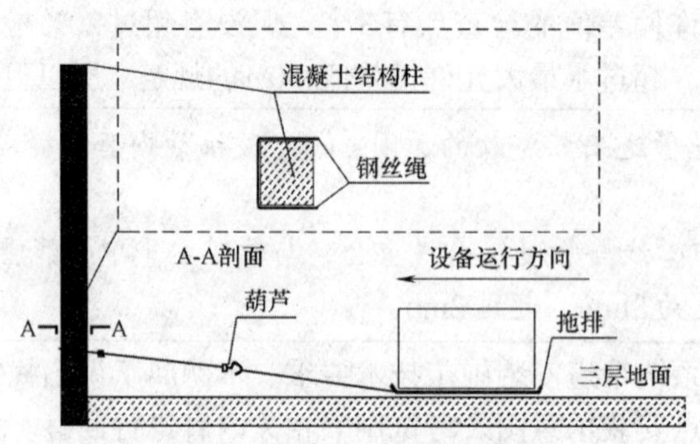

图 2-2　设备水平运输示意图

项目部在给水系统试压后，仍用试压用水（氯离子含量为30ppm）对不锈钢管道进行冲洗；在系统试运行正常后，工程于2015年9月竣工验收。2017年4月给水系统的部分阀门漏水，施工单位以阀门是建设单位指定的产品为由拒绝维修，但被建设单位否定，施工单位派出人员对阀门进行了维修。

【问题】

1. 设备运输方案被监理工程师和建设单位否定的原因何在？如何改正？

2. 检定合格的电能表为什么不能使用？项目部编制的设备监造周报和月报有哪些主要内容？

3. 计算本工程可以索赔的工期及费用。

4. 项目部采用的试压及冲洗用水是否合格？说明理由。说明建设单位否定施工单位拒绝阀门维修的理由。

【参考答案与分析思路】

1. 设备运输方案被监理工程师和建设单位否定的原因和改正措施如下：

（1）设备的牵引绳不能直接绑扎在混凝土结构柱上，应在混凝土柱四角使用木方（或钢板）保护。

（2）牵引绳采用结构柱为受力点，须报原设计单位校验同意后实施。

> 本题考查的是大型设备吊装的运输方案。特殊作业场所、大型或超大型设备的吊装运输应编制专项施工方案，方案拟利用建筑结构作为起吊、搬运设备承力点时，应对建筑结构的承载能力进行核算，并经设计单位或建设单位同意方可利用。

2. 检定合格的电能表不能使用的理由：电能表属于强制检定范畴，必须经省级计量行政主管部门授权的检定机构进行检定，合格后才准使用。

项目部编制的设备监造周报和月报主要内容有：

（1）设备制造进度情况。

（2）质量检查的内容。

（3）发现的问题及处理方式。

（4）前次发现问题处理情况的复查。

（5）监造人、时间等其他相关信息。

本题考查的是强制检定的范畴及设备监造周报和月报的内容。用电计量装置（电能表）属强制检定范畴，由省级计量行政主管部门依法授权的检定机构进行检定合格，方为有效。“监造周报”和“监造月报”内容属于记忆类型考点，考生需要记忆。

3. 本工程可以索赔的工期及费用计算如下：

（1）本工程可以索赔的工期＝20＋40＝60d

（2）本工程可以索赔的费用＝50＋20＝70万元

本题考查的是施工索赔的类型与实施。根据《建设工程施工合同（示范文本）》GF—2017—0201，因不可抗力影响承包人履行合同约定的义务，已经引起或将引起工期延误的，应当顺延工期，由此导致承包人停工的费用损失由发包人和承包人合理分担，停工期间必须支付的工人工资由发包人承担。因此不可抗力造成的工期延误的20d可以索赔。承包人在停工期间按照发包人要求照管、清理和修复工程的费用由发包人承担。因此，项目部应建设单位要求，为防止损失扩大，直接投入抢险费用50万元的费用可以索赔。因冷水机组的冷凝器损坏属于运营单位技术人员误操作造成的工期延误与费用损失，都可以索赔。

4. 项目部采用的试压及冲洗用水是否合格的判断及理由如下：

判断：项目部采用的试压及冲洗用水不合格。

理由：不锈钢管道的试压及冲洗用水的氯离子含量不得超过25ppm。

建设单位否定施工单位拒绝阀门维修的理由：

（1）阀门虽为建设单位指定产品，但阀门合同的签订及采购是施工单位（质量责任主体）。

（2）工程还处于质保期内，施工单位应该无条件维修。

本题考查的是管道液压试验的实施要点、工程保修的职责与程序。液压试验的实施要点属于记忆类型考点，尤其是其中一些数字类规定，考生要牢记。按照《建设工程质量管理条例》的规定，建设工程在保修范围和保修期限内发生质量问题时，施工单位应当履行保修义务，并对造成的损失承担施工方责任的赔偿。对保修期和保修范围内发生的质量问题，应先由建设单位组织设计、施工等单位分析质量问题的原因，确定保修方案，由施工单位负责保修。对质量问题的原因分析应实事求是，科学分析，分清责任，由责任方承担相应的经济赔偿。

实务操作和案例分析题三［2016年真题］

【背景资料】

A单位中标某厂新建机修车间的机电工程，除两台20t桥式起重机安装工作分包给具有专业资质的B单位外，余下的工作均自行完成。B单位将起重机安装工作分包给C劳务单位。

在机器设备就位后，A单位的专业质检员发现设备安装的垫铁组有20组不合格，统计表见表2-2。

不合格垫铁组统计表　　表2-2

序号	不合格原因	不合格数量	频率（%）
1	垫铁组超厚	10	50
2	垫铁组距超标	7	35
3	垫铁组超薄	2	10
4	垫铁翘曲	1	5

A单位项目部分析了垫铁组超标成因并进行了整改，达到了规范要求。

B单位检查了桥式起重机安装有关的安装精度和隐蔽工程记录等资料，编写了桥式起重机试运行方案，经获批准后，由C单位组织进行桥式起重机满负荷重载行走试验。桥式起重机在满负荷重载行走试验中，由于大车的限位开关失灵，大车在碰撞车挡后停止，剧烈的甩动造成试验配重脱落，砸坏了停在下方的一辆叉车，造成8万元的经济损失。

经查，行程开关失灵的原因是其控制线路虚接。之后按规范接线及测试，达到合格要求。该事故致使项目工期超过合同约定3d后才交工。

建设单位根据与A单位的合同约定，对A单位处3万元的延迟交工罚款。A单位向C单位要求11万元的索赔，C单位予以拒绝。A单位按规定的程序进行了索赔，并获得了经济补偿。

【问题】

1. 从施工技术管理和质量管理的角度分析垫铁组安装不符合规范的主要原因。

2. 将统计表中不合格的垫铁组按累计频率分为A类、B类、C类。

3. 从桥式起重机发生的事故分析，试运行工作中存在哪些主要问题？

4. A单位向C单位索赔11万元是否合理？说明原因。A单位应如何索赔？

【参考答案与分析思路】

1. 垫铁组安装不符合规范的主要原因是：工序间交接不严，对设备基础检验不到位；技术交底不符合要求（施工人员未按技术交底要求施工），材料检查验收失误。

本题考查的是垫铁组的设置要求。施工技术管理的角度：垫铁放置方法未严格按规定进行；每个地脚螺栓旁至少放置一组垫铁，并放置在主要受力部位下方；相邻垫铁组间距宜为500～1000mm；每组垫铁的块数不宜超过5块，平垫铁厚的宜放在下面，薄的宜放在中间，厚度不宜小于2mm；除铸铁垫铁外，设备调整完后各垫铁互相间应用定位焊焊牢。

质量管理的角度：对于垫铁设置重要的工序未严格执行三检制，即自检、互检、专检。对垫铁设置控制点未进行详细的技术交底。

2. 垫铁组质量不合格点数统计表数据见表2-3。

垫铁组质量不合格点数统计表　　表2-3

序号	不合格原因	不合格数量	频数	频率（%）	累计频率（%）
1	垫铁组超厚	10	10	50	50
2	垫铁组距超标	7	7	35	85
3	垫铁组超薄	2	2	10	95

续表

序号	不合格原因	不合格数量	频数	频率（%）	累计频率（%）
4	垫铁翘曲	1	1	5	100
合计		20	20	100	

根据上表数据绘制的垫铁组质量不合格点数排列图，如图2-3所示。

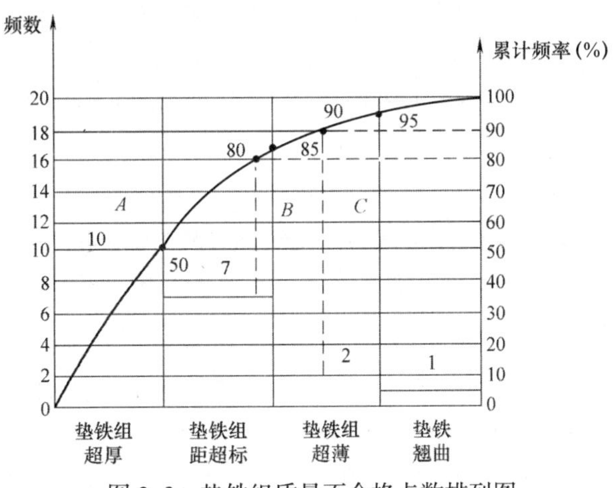

图2–3　垫铁组质量不合格点数排列图

A类为①（垫铁组超厚）。

B类为②（垫铁组距超标）。

C类为③、④（垫铁组超薄、垫铁翘曲）。

> 本题考查的是排列图法的应用。关于排列图法的考查，一般是主要根据排列图中的质量问题或影响因素进行分类。排列图法的应用步骤：首先要建立不合格点数统计表，选择要进行质量分析的项目和用于分析的质量单位；然后确定质量分析数据的时间间隔，根据统计表的数据按量值递减的顺序从左到右在横坐标上列出项目，将量值最小的一个或几个项目合并为“其他”项，放在最右端。在横坐标两端按度量单位画出两个纵坐标，左侧纵坐标的高度与项目量值的和相等，右侧纵坐标的高度与左侧一致，并按0～100%进行标定。在每个项目上画长方形，其高度表示量值。从左到右依次累加每个项目的量值，画出累计频数曲线。确定质量改进最重要的项目。影响质量的因素或项目按累计频率划分为主要因素A类（0～80%）、次要因素B类（80%～90%）和一般因素C类（90%～100%）三类。

3. 从桥式起重机发生的事故分析，试运行工作中存在的主要问题如下：

（1）桥式起重机试运行前未对相关的电气元件进行检查。

（2）未将与试运行无关的、可移动的设备移出警戒区。

（3）未进行空载试运行。

> 本题考查的是试运行的条件及试运行前应完成的主要工作。该知识点属于试运行中的重要考点，在真题中多次出现，本题应结合背景资料，对照试运行的条件及试运行前应完成的主要工作进行作答，写出主要的问题即可。

4. A单位向C单位索赔11万元不合理。

理由：由于C单位和B单位具有直接合同关系，而与A单位并无直接合同关系。所以A单位不能直接向C单位进行索赔。

A单位索赔途径：A单位向与之有合同关系的B单位进行索赔，B单位赔偿A单位损失后，由B单位向C单位追偿。

> 本题考查的是施工索赔、专业工程分包人的主要责任和义务。除合同条款另有约定，分包人应履行并承担总包合同中与分包工程有关的施工承包单位的所有义务与责任。未经施工承包单位允许，分包人不得以任何理由与发包人或监理工程师发生直接工作联系。

实务操作和案例分析题四［2014年真题］

【背景资料】

为响应国家“节能减排”“上大改小”的环保要求，某水泥厂把原有的一条日生产1000t的湿法生产线，在部分设备不变动的基础上，改成日产1000t的干法生产线，同时将前几年因资金困难中途停建的一条日产4000t干法生产线恢复建设；另外征用土地，再独立建设一条日产8000t干法生产线。建设单位实施三项工程各自独立核算，分别管理，以PC承包形式分别进行招标投标。最终A、B、C公司分别承担了三种不同类型的工程，C公司还同时承担了全厂110kV变电工程。工程以固定综合单价计价，工程量按实调整，并明确施工场地、施工道路、100t以上大型起重机及其操作司机由建设单位提供。施工过程中发生了下列事件：

事件1：A公司在设备采购时，在性价比方面对制造厂商进行了咨询，从中选择了备选厂商，进行了邀请招标。然而在制造过程中仍出现个别厂商因交通运输不便或生产任务过于饱和拖延了交货期；个别厂商因加工能力不足或管理不善满足不了质量要求。

事件2：B公司在施工过程中，因设备延期交付，延误工期5d，并发生窝工费及其他费用5万元；150t起重机在吊装过程中因司机操作失误致使起重机零部件部分损坏造成停工4d，发生窝工费2万元；因大暴雨成灾停工3d；设备安装工程量经核实增加费用4万元；因材料涨价，增加费用20万元；非标准件制作安装因设计变更增加费用16万元。

事件3：C公司完成110kV变电站的施工后，编制了变压器送电试运行方案，变压器空载试运行12h，记录了变压器的空载电流和一次电压，在验收时没有通过。

事件4：在球磨机基础验收时，未能对地脚螺栓孔认真检查验收，致使球磨机的地脚螺栓无法正常安装。

【问题】

1. 按照机电工程项目建设的性质划分，本案例包括哪几类工程？

2. 针对事件1，在选择制造厂商时主要考虑哪几方面的因素？

3. 分别计算事件2中B公司可向建设单位索赔的费用和工期。

4. 事件3中，变压器空载试运行应达到多少个小时？试运行中还应记录哪些技术参数？

5. 事件4中，地脚螺栓孔应检查验收哪些内容？

【参考答案与分析思路】

1. 按照机电工程项目建设的性质划分，本案例包括：

改建项目：原有的一条日生产1000t的湿法生产线，改成日产1000t的干法生产线。

复建项目：因资金困难中途停建的一条日产4000t干法生产线恢复建设。

新建项目：另外征用土地，再独立建设一条日产8000t干法生产线。

> 本题考查的是机电工程建设项目的分类。先掌握机电工程以项目建设的性质划分为新建项目、扩建项目、改建项目、复建项目和迁建项目。然后再结合案例，写出包括的工程项目。

2. 针对事件1，在选择制造厂商时主要考虑以下几个方面的因素：

（1）供货商的地理位置（交通情况）。以能方便地取得原材料、方便地进行成品运输为关注点，一般以距建设现场或集货港口比较近为宜。

（2）技术能力、生产能力。力求与拟采购设备的要求相匹配。

（3）生产任务的饱满性（交货期）。一定要考虑供货商的生产安排能否与项目的进度要求协调。

（4）供货商的信誉（管理水平）。通过走访、调查、交流等手段，对潜在供货商的企业信誉做充分了解。

> 本题考查的是选择制造厂商时主要考虑的因素。选择制造厂商时主要考虑的因素包括：地理位置，技术、生产能力，生产任务，信誉。

3. 事件2中B公司可向建设单位索赔的费用和工期的计算：

（1）设备延期交付，延误工期5d，并发生窝工费及其他费用5万元不能索赔。原因是合同是PC合同，施工单位负责设备的采购。

（2）150t起重机在吊装过程中因司机操作失误致使起重机零部件部分损坏造成停工4d，发生窝工费2万元可以索赔工期和费用。原因是100t以上大型起重机及其操作司机由建设单位提供。

（3）因大暴雨成灾停工3d属于不可抗力，工期可顺延3d。

（4）设备安装工程量经核实增加费用4万元可以索赔。

（5）因材料涨价，增加费用20万元不可以索赔。

（6）非标准件制作安装因设计变更增加费用16万元可以索赔。

可索赔的费用＝2＋4＋16＝22万元

可索赔的工期＝4＋3＝7d

> 本题考查的是索赔费用和工期的计算。索赔费用的计算：（1）总费用法：索赔金额＝实际总费用－投标报价估算总费用。（2）修正的总费用法：索赔金额＝某项工作调整后的实际总费用－该项工作的报价费用。工期索赔的计算方法：（1）如果某干扰事件直接发生在关键线路上，造成总工期的延误，可以直接将该干扰事件的实际干扰时间（延误时间）作为工期索赔值。（2）如果某干扰事件仅仅影响某单项工程、单位工程或分部分项工程的工期，要分析其对总工期的影响，可以采用比例分析法。（3）网络分析法。

4. 事件3中，变压器空载试运行应达到24h。

试运行中还应记录的技术参数：冲击电流、二次电压、温度。

> 本题考查的是变压器送电试运行。变压器试运行要注意冲击电流、空载电流、一、二次电压、温度，并做好试运行记录。变压器空载运行24h，无异常情况，方可投入负荷运行。

5. 事件4中，地脚螺栓孔应检查验收的内容：预埋地脚螺栓孔的中心位置、几何尺寸、深度和孔壁垂直度，孔中油污、碎石、泥土、积水等应清除干净，孔内应无露筋、凹凸等缺陷，孔壁应垂直。

> 本题考查的是地脚螺栓的验收要求。地脚螺栓的验收包括对地脚螺栓的螺母和垫圈配套、T形头地脚螺栓、安装胀锚地脚螺栓的要求。该题需要掌握的是地脚螺栓孔检查验收的内容，注意区分记忆。

典 型 习 题

实务操作和案例分析题一

【背景资料】

某机电安装工程公司通过公开招标，承接了一小区机电工程总承包项目，中标价为8000万元，工期为270d。承包范围包括设备和材料采购、安装、试运行。招标文件规定，为满足设计工艺要求，建设单位建议安装公司将该工程机械设备和电气设备分别由A、B制造单位供货并签订合同，设备暂估价为4200万元，在工程竣工后，以实际供货价结算。合同约定：总工期为277d，双方每延误工期1d，罚款5000元，提前1d奖励5000元；预付款按中标价25%支付，预付款延期付款利率按每天1‰计算。

施工过程发生了以下事件：

事件1：预付款延期支付30d，致使工程实际开工拖延5d。

事件2：因大型施工机械进场推迟3d，进场后又出现故障，延误工期4d，费用损失3万元。

事件3：由于锅炉房蒸汽出口处设计变更，造成安装公司返工，返工费2万元，延误工期2d；因蒸汽输送架空管道待图延期5d。

事件4：在自动化仪表安装时，发现电动执行机构的转臂不在同一平面内动作，且传动部分动作不灵活，有空行程和卡阻现象。经查，是制造单位供货质量问题，安装公司要求B制造单位到现场进行修理、更换，耽误工期2d。

事件5：锅炉试运行时，监理工程师发现，安装公司未按技术规程要求进行调试，只有10%的安全阀进行了严密性试验，存在较大的质量、安全隐患，随即签发了工程暂停令，要求安装公司整改。安装公司整改后被指令复工。

事件6：室外直埋电缆敷设隐蔽前，监理工程师进行例行检查。重点检查了直线段每隔50～100m处等关键点，在检查时发现现场诸多问题（图2-4、图2-5），要求施工单位限期整改。

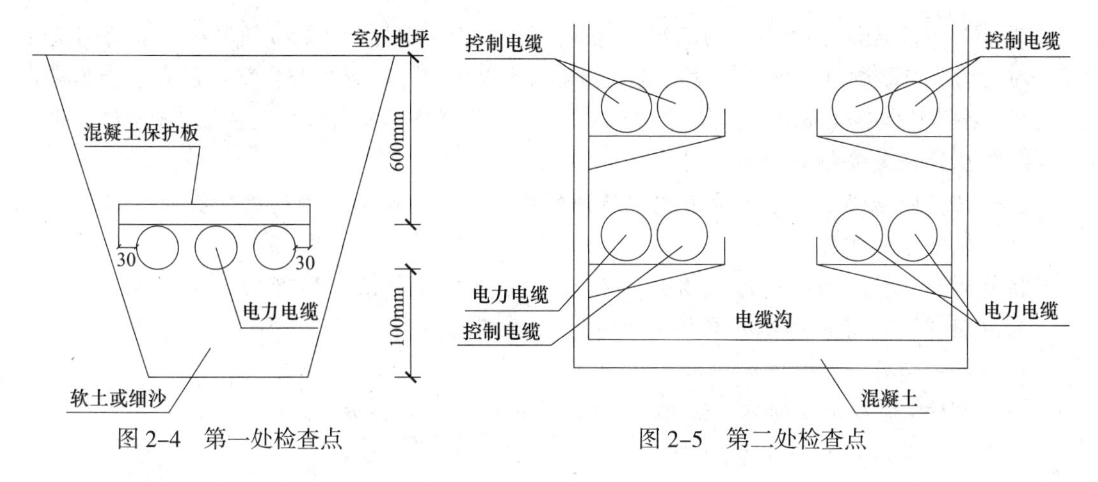

图 2-4　第一处检查点　　　　图 2-5　第二处检查点

【问题】

1. 该工程项目目标工期应为多少天？说明理由。

2. 事件1～事件4发生后，安装公司可否向建设单位提出索赔？分别说明理由。

3. 纠正锅炉安全阀严密性试验的不妥之处。

4. 安装公司进行设备采购时，重点应考虑哪几方面问题？

5. 计算建设单位实际应补偿安装公司的费用，按事件分别写出计算步骤。

6. 分别指出施工单位在两处检查点中不符合要求之处，并说明理由。

【参考答案】

1. 该工程项目目标工期应为277d。

理由：按照合同文件的解释顺序，合同条款与招标文件在内容上有矛盾时，应以合同条款为准。

2. 事件1发生后，安装公司可以向建设单位提出索赔。

理由：工期预付款延期支付，合同约定属于建设单位责任，建设单位应向安装公司支付延期付款利息，同时赔偿工期损失。

事件2发生后，安装公司不可以向建设单位提出索赔。

理由：大型机械推迟进场，施工机械出现故障，是安装公司自身责任。

事件3发生后，安装公司可以向建设单位提出索赔。

理由：是建设单位原因造成的，可以提出相应的工期和费用索赔。

事件4发生后，安装公司不可以向建设单位提出索赔。

理由：虽是建设单位建议由B制造单位供货，但是安装公司与B制造单位签订的合同。

3. 纠正：锅炉安全阀按规定应100%进行严密性试验，锅筒和过热器的安全阀在锅炉蒸气进行严密性试验后，必须进行整定压力调试。调整检验合格后应做记录、铅封，并出具检验报告。

4. 安装公司进行设备采购时，重点应考虑的问题是：

（1）供货商的地理位置：

供货商的地理位置以能方便地取得原材料、方便地进行成品运输为关注点，一般以距建设现场或集货港口比较近为宜。关注是否有方便的陆上交通或水路航道。

（2）技术生产能力：

力求与拟采购设备的要求相匹配。例如，特种设备的生产单位必须取得相应的制造许可；超大的反应器制造，制造厂没有与之相适应的大型整体热处理炉，就要厂家澄清其将如何进行设备的整体热处理工序，若无可行的方案，则该厂将不能进入本设备采办的后续流程。

（3）生产任务安排与项目的进度协调：

生产任务的饱满性。一定要考虑供货商的生产安排能否与项目的进度要求协调。

（4）供货商的信誉：

供货商的信誉。通过走访、调查、交流等手段，了解潜在供货商的企业信誉。

5. 建设单位实际应补偿安装公司的费用为65万元。

按事件分别计算：

（1）事件1延期付款利息：8000×25%×1‰×30＝60万元

工期赔偿费用：0.5×5＝2.5万元

（2）事件2罚款：0.5×4＝2万元

（3）事件3返工费：2万元

工期赔偿费：0.5×（2＋5）＝3.5万元

（4）事件4罚款：0.5×2＝1万元

故：安装公司应得到补偿费用：60＋2.5－2＋2＋3.5－1＝65万元

6. 施工单位在两处检查点中不符合要求之处及理由：

（1）第一处检查点：

① 混凝土保护板与电缆紧贴不符合要求。

理由：电缆敷设后，上面要铺100mm厚的软土或细沙，再盖上混凝土保护板。

② 混凝土保护板覆盖电缆两侧宽度各30mm不符合要求。

理由：混凝土保护板覆盖宽度应超过电缆两侧以外各50mm。

③ 未设置方位标志或标桩不符合要求。

理由：直埋电缆在直线段每隔50～100m处、电缆接头处、转弯处、进入建筑物等处应设置明显的方位标志或标桩。

④ 直埋电缆的埋深为0.6m不符合要求。

理由：直埋电缆的埋深应不小于0.7m。

（2）第二处检查点：

① 电力电缆和控制电缆配置在同一层支架上不符合要求。

理由：电力电缆和控制电缆不应配置在同一层支架上。

② 电缆敷设完毕后未盖上盖板不符合要求。

理由：电缆敷设完毕后，应及时清除杂物，盖好盖板。必要时还应将盖板缝隙密封。

③ 电力电缆布置在控制电缆下不符合要求。

理由：高低压电力电缆、强电与弱电控制电缆应按顺序分层配置，一般情况宜由上而下配置。

实务操作和案例分析题二

【背景资料】

某中型机电安装工程项目，由政府和一家民营企业共同投资兴建，并组建了建设班子

（以下称建设单位），建设单位拟把安装工程直接交于A公司承建，上级主管部门予以否定。之后，建设单位公开招标，选择安装单位。招标文件明确规定，投标人必须具备机电工程总承包二级施工资质。工程报价采用综合单价报价。经资格预审后，共有A、B、C、D、E五家公司参与了投标。投标过程中，A公司提前一天递交了投标书；B公司在前一天递交投标书后，在截止投标前10min，又递交了修改报价的资料；D公司在标书密封时未按要求加盖法定代表人印章；E公司未按招标文件要求的格式报价。经评标委员会评定，建设单位确定，最终C公司中标，按合同范本与建设单位签订了施工合同。施工过程中发生了下列事件：

事件1：开工后因建设单位采购的设备整体晚到，致使C公司延误工期10d，并造成窝工费及其他经济损失共计15万元；C公司租赁的大型起重机因维修延误工期3d，经济损失3万元；因非标准件和钢结构制作及安装工程量变更，增加费用30万元；施工过程中遇台风暴雨，C公司延误工期5d，并发生窝工费5万元，施工机具维修费5万元。

事件2：非标件制作过程中，C公司对成品按要求做外观检查，检查时质检人员发现非标件焊缝表面存在缺陷，并及时进行了修复。

【问题】

1. 分析上级主管部门否定建设单位指定A公司承包该工程的理由。

2. 招标投标中，哪些单位的投标书属于无效标书？此次招标投标工作是否有效？说明理由。

3. 列式计算事件1中C公司可向建设单位索赔的工期和费用。

4. 焊缝表面不允许存在哪些缺陷？

【参考答案】

1. 上级主管部门否定建设单位指定A公司承包该工程的理由：全部或者部分使用国有资金投资或国家融资的项目必须进行招标。

2. D公司的投标书属于无效投标书。理由：未按规定加盖法定代表人印章。

E公司的投标书属于无效投标书。理由：未实质上响应招标文件。

此次招标投标工作有效。理由：投标人未少于3家，也未发生违规违法行为。

3. 事件1中C公司可向建设单位索赔的工期＝10＋5＝15d

事件1中C公司可向建设单位索赔的费用＝15＋30＝45万元

4. 焊缝表面不允许存在的缺陷包括：裂纹、未焊透、未熔合、表面气孔、外露夹渣、未焊满。

实务操作和案例分析题三

【背景资料】

A公司承接某油田设备安装工程，其中压缩厂房的工程内容包括：往复式天然气压缩机组安装、工艺管道及20/5t桥式起重机安装。压缩机组大件重量见表2-4。A公司进场后组建了项目部，并按要求配备了专职安全生产管理人员，完成了施工组织设计及各施工方案的编制，并对项目中涉及的特种设备进行了识别。按照大件设备运输方案，在厂房封闭前，用300t、75t汽车起重机将桥式起重机大梁、压缩机主机和电机等大件设备采用“空投”方式预存在起重机轨道及设备基础上，待厂房封闭后再进行安装。

压缩机组大件重量　　表2-4

部件名称	主机	电机	最大检修部件
重量（t）	65.0	53	16.1（一级气缸）

桥式起重机到货后，项目部及时进行吊装就位。项目部就压缩机进场及厂房封闭与建设单位进行沟通时被告知：由于压缩机制造的原因，设备进场时间推后3个月；1个月内完成厂房封闭；要求A公司对原大件设备运输方案进行修订。方案修订为利用倒链、托排、滚杠配合完成设备的水平运输，再用自制吊装门架配合卷扬机、滑轮组进行设备的垂直运输。

桥式起重机在安装前已进行了施工告知，设备安装完成、自检及试运行合格后，经建设单位和监理单位验收合格，安装及验收资料完整。施工人员在使用桥式起重机进行压缩机辅机设备吊装就位时，被市场监督管理部门特种设备安全监察人员责令停止使用，经整改后完成了压缩机辅机设备吊装就位工作。

在压缩机负荷试运行中，压缩机的振动和温升超标，经拆检发现：3只一级排气阀损坏；中体与气缸的3条连接螺栓断裂。相关方启动质量事故处理程序，立即报告并对事故现场进行保护。事故发生后，经分析，因进气中富含的凝析油和水蒸气在压缩过程中析出造成液击所致。建设单位随后指令施工单位在压缩机进气管路上加装凝析油捕集器和丙烷制冷干燥装置，问题得到解决。A公司项目经理安排合同管理人员准备后续索赔工作。

【问题】

1. A公司项目部确定专职安全生产管理人员人数的依据是什么？编制的哪个方案需要组织专家论证？说明理由。

2. 桥式起重机被市场监督管理部门特种设备安全监察人员责令停止使用的原因是什么？应该怎样整改？

3. 压缩机负荷试运行应由哪个单位组织实施？根据本次质量事故处理程序，还需完成哪些过程？

4. 索赔成立的三个必要条件是什么？

【参考答案】

1. A公司项目部确定专职安全生产管理人员人数的依据是：施工规模。

编制的大件设备运输方案中的自制吊装门架配合卷扬机、滑轮组进行设备的垂直运输方案需要进行专家论证。

理由：采用非常规起重设备、方法，且单件起吊重量在100kN（10t）及以上的起重吊装工程属于超过一定规模的危险性较大的分部分项工程，需要组织专家论证。

2. 原因：桥式起重机安装完成由建设和监理单位验收后就开始使用不符合规定。

整改：桥式起重机属于特种设备，自检合格后应履行报检程序，特种设备安装、改造及重大修理过程中及竣工后，应当经相关检验机构监督检查，未经检验或检验不合格者，不得交付使用。

3. 压缩机负荷试运行由建设单位组织实施。

根据本次质量事故处理程序，还需完成事故调查、撰写质量事故调查报告、事故处理报告这三个过程。

4. 索赔成立的三个必要条件是：

（1）与合同对照，事件已造成了承包商工程项目成本的额外支出，或直接工期损失。

（2）造成费用增加或工期损失的原因，按合同约定不属于承包商的行为责任或风险责任。

（3）承包商按合同规定的程序和时间提交索赔意向通知和索赔报告。

实务操作和案例分析题四

【背景资料】

某机电安装工程项目，业主通过公开招标方式选择了某机电安装企业，双方签订了机电安装工程施工总承包合同，施工总承包企业又选择了一家劳务分包企业，将某分部工程的劳务作业分包给该劳务分包企业。在施工过程中发生如下事件：

事件1：由于业主供应的工程材料延误，使劳务分包企业停工待料，劳务分包企业直接向业主提出延长工期的要求。

事件2：施工过程中，业主要求增加工程量，经项目经理同意后，双方签订变更合同。

事件3：某分项工程，总监理工程师指令变更合同，因此变更涉及工程价格的变化，机电安装企业在变更后的第20天向总监理工程师提出变更价格的报告。

事件4：该机电安装企业为了预防合同风险，向当地保险公司投保了工程一切险。

【问题】

1. 事件1中，劳务分包企业是否可以向业主提出工期延长的要求？说明理由。

2. 事件2中，施工合同变更的程序是否正确？如不正确，请说明正确的做法。

3. 事件3中，总监理工程师是否会批准变更价格报告？并说明理由。

4. 合同风险类型主要有哪些？风险防范对策主要有哪些方面？事件4中是运用哪方面来预防风险的？

【参考答案】

1. 事件1中，劳务分包企业不可以向业主提出工期延长的要求。

理由：劳务分包企业就此事件应该提出工期延长的要求，但只能向施工总承包单位提出（劳务分包企业与施工总承包企业有合同关系），施工总承包单位再以自己的名义向业主提出工期延长的要求。

2. 事件2中，施工合同变更的程序不正确。

正确做法：业主提出的合同变更要求，经监理工程师审查同意，由监理工程师向承包方提出合同变更指令。

3. 总监理工程师不会批准该变更价格报告。

理由：该变更价格报告提出的时间超出了规定的时限，应该是在变更发生后的14d内提出。

4. 合同风险类型主要有项目外界环境风险、项目组织成员资料和能力风险、管理风险。

合同风险的防范对策主要包括：风险规避、风险自留、风险转移、风险减轻。

事件4中该机电安装企业运用的是风险转移的方法来预防风险的。

实务操作和案例分析题五

【背景资料】

××大型长输天然气管道工程建设项目由天然气管道、场站组成，天然气干线全长1150km，管径为1016mm，设计压力为6.4MPa，沿线设首站1座、中间站4座、末站1座，阀室30座。

某施工总承包企业中标并承担该项管道建设项目的施工任务。按照工程建设程序，施工单位按照规定的时限，向监理人报送了施工组织设计。施工组织设计内容如下：

（1）工程概况。

（2）编制依据。

（3）施工进度计划。

（4）施工准备与资源配置计划。

（5）主要施工方法。

监理机构审核后认为：该施工组织设计根据工程规模、结构特点、技术复杂程度和施工条件进行了编制，但是按照国家现行的施工规范的内容不完全符合要求，退回施工单位要求重新完善。经重新修改后的施工组织设计达到了规范标准，监理机构上报业主批准予以实施。在输气管道通过的地区，沿管道中心线两侧各220m范围内，有聚集居民住户77户，管道分段试压，采用气压试验，施工单位为了保证管道试压安全和工作质量，对试压准备工作进行了全面检查，检查内容包括试压方案报批、试压人员、试压设备、计量仪表（如压力表）以及质量安全保证措施落实情况，对升压过程进行了严密的监控。

【问题】

1. 机电工程注册建造师执业的机电安装工程包括哪些？

2. 施工组织设计至少还应有哪些内容？

3. 机电工程建设项目以项目建设的性质划分包括哪些？

4. 机电工程项目建设有哪些特征？

5. 机电工程项目实施阶段的主要工作包括哪些？

【参考答案】

1. 机电工程注册建造师执业的机电安装工程包括：一般工业、民用、公用建设工程的机电安装工程，净化工程，动力站安装工程，起重设备安装工程，轻纺工业建设工程，工业炉窑安装工程，电子工程，环保工程，体育场馆工程，机械、汽车制造工程，森林工业建设工程及其他相关专业机电安装工程。

2. 施工组织设计的内容至少还应有：

（1）施工部署。

（2）主要施工管理措施。

（3）施工现场平面布置。

3. 机电工程建设项目以项目建设的性质划分包括：新建项目、扩建项目、改建项目、复建项目、迁建项目。

4. 机电工程项目建设的特征：设备制造的继续，模块化、工厂化，特有的长途沿线作业。

5. 机电工程项目实施阶段的主要工作包括：勘察设计、建设准备、项目施工、竣工验收、投入使用等。

实务操作和案例分析题六

【背景资料】

A安装公司中标承建某生产线设备的安装，双方按规定签订了设备安装承包合同，设备的采购和运输由建设单位负责，设备的技术标准为设备制造厂企业标准，合同约定工期为6个月，定于8月1日开工。生产线的土建工程由B建筑公司承包施工，工程开工后发生了如下事件：

事件1：生产线设备由国外引进，在运输过程中遇到台风，延迟了3d到达施工现场。

事件2：A公司进场后，在基础检测中，发现土建施工的基础与设计图纸不符，造成设备基础返工，影响了施工进度。

事件3：施工人员在生产线设备安装中，A公司按国家标准进行施工验收。

事件4：施工开始后，建设单位提出要在12月30日完工试生产，要求A公司赶工。

【问题】

1. 生产线设备晚到了3d，A公司说影响了开工日期，是否正确？说明理由。

2. 基础与设计图纸不符，A公司能否向B公司提出索赔？说明理由。

3. A公司按国家标准进行施工验收是否妥当?

4. 建设单位要求在年底完工，A公司可以提出哪些索赔?

【参考答案】

1. 生产线设备晚到了3d，A公司说影响了开工日期，不正确。可能会影响施工进度。

理由：因A公司进场后的工序是施工准备和基础检测，生产线设备晚3d到达施工现场，不会影响开工日期。

2. 基础与设计图纸不符，A公司不能向B公司提出索赔。

理由：因为A公司与B公司没有合同关系。A公司可向建设单位提出索赔。

3. A公司按国家标准进行施工验收是不妥当的，应按合同规定的企业技术标准进行施工验收。

4. 建设单位要求在年底完工，A公司可以提出的索赔：因合同变更，提出赶工索赔；因工程变更造成的时间、费用的损失，提出加速索赔。

实务操作和案例分析题七

【背景资料】

某公司中标承担一项大型铝冶炼厂建设总承包管理，项目部为了提高管理质量，确保履行总承包合同的各项承诺，在开工前对全体管理人员进行了培训和考试测评。培训中明确提出各项管理要求，包括施工进度计划实施应建立的机制等，各个环节要闭口，各种指令发出，经过实施要有反馈，对反馈要有处理意见，实行闭环控制。对质量监督管理人员指明了质量监督管理工作的路径。

在工程建设中发生了下列两个事件：

事件1：分包单位将承包工程中的真空泵房单机无负荷试运行方案报总承包单位审查

批准后，为抢进度，当即要求作业人员上岗通电开机，被总承包单位技术、安全管理部门制止，要求纠正。

事件2：工程中需使用大量各种类型的紧固件，总价相对不大，总承包单位物资供应部门打算采用直接采购方式进行采购，被项目经理制止，要求改正。

【问题】

1. 以安全管理为例，说明总、分包之间的闭口管理流程。

2. 为提高工程建设质量，改善质量监督管理工作，项目部提出什么样的路径？

3. 总承包单位技术、安全部门为什么制止分包单位实施真空泵房单机无负荷试运行？

4. 项目经理为什么要求改正紧固件的采购方式？

5. 单机试运行前必须具备的条件包括哪些？

【参考答案】

1. 以安全管理为例，总、分包之间的闭口管理流程：总承包单位负责安全总体策划→制定全场性安全管理制度→分包单位在合同中承诺执行→明确分包单位的安全管理职责→分包单位依据工程特点制定相应的安全措施→分包单位报总承包单位审核批准后执行。

2. 提出的路径：总承包单位工程质量监督管理部门要定期对施工过程的质量控制绩效进行分析和评价，明确改进目标和方向，保持质量管理工作的持续改进。

3. 分包单位的真空泵房单机无负荷试运行方案报总承包单位审查批准，为开展后续工作提供了条件，但是尚未向有关操作人员进行技术、安全交底，以及未完成试运行前的各项检查工作，只有做完这些事项并确认符合要求，才能进行试运行。

4. 项目经理认为紧固件采购属标准件采购，供应商较多，虽总价不高，但是数量大，不宜用直接采购方式，应采用询价采购方式，在报价基础上择优选择供应商，降低工程费用支出，达到"货比三家"的目的。

5. 单机试运行前必须具备的条件包括：

（1）单机试运行责任已明确。

（2）有关分项工程验收合格。动设备及其附属装置、管线已按设计文件的内容和有关规范的质量标准全部安装完毕，并经检验合格。

（3）施工过程资料齐全，主要包括：各种产品的合格证书或复验报告，施工记录、隐蔽工程记录和各种检验、试验合格文件，与单机试运行相关的电气和仪表调校合格资料。

（4）资源条件已满足。试运行所需要的动力、介质、材料、机具、检测仪器等符合试运行的要求并确有保证。

① 润滑、液压、冷却、水、气（汽）和电气等系统符合系统单独调试和主机联合调试的要求。

② 对人身或机械设备可能造成损伤的部位，相应的安全实施和安全防护装置设置完善。

③ 试运行方案已经批准。

④ 试运行组织已经建立，操作人员经培训、考试合格，熟悉试运行方案和操作规程，能正确操作。记录表格齐全。

⑤ 试运行机械设备周围的环境清扫干净，不应有粉尘和较大的噪声。

实务操作和案例分析题八

【背景资料】

某建设单位新建传媒大厦项目，对其中的消防工程公开招标，由于该大厦属于超高层建筑，且其中的变配电房和网络机房消防要求特殊，招标文件对投标单位专业资格提出了详细的要求。招标人于3月1日发出招标文件，定于3月20日开标。

投标单位收到招标文件后，其中有三家单位发现设计图中防火分区划分不合理，提出质疑。招标人经设计单位确认并修改后，3月10日向提出质疑的三家单位发出了澄清。

3月20日，招标人在专家库中随机抽取了3个技术经济专家和2个业主代表一起组成评标委员会，准备按计划组织开标。被招标监督机构制止，并指出其招标过程中的错误，招标人修正错误后进行了开标。.

A单位递交的投标文件中，其施工方案按照消防系统的构成对消火栓灭火系统、自动喷水灭火系统、干粉灭火系统、泡沫灭火系统和火灾报警系统进行了详细阐述。评标专家认为不够全面，评分较低。

经详细评审，由资格过硬、报价合理、施工方案考虑周详的B单位中标。B单位在完成了消防工程的全部内容后，请专业检测单位进行检测并取得了合格资料。建设单位向住房和城乡建设主管部门提交了包括消防验收申请表、工程竣工报告等资料，要求消防验收。住房和城乡建设主管部门审查后要求补齐资料后重新申请消防验收。

【问题】

1. 投标单位专业资格审查包括哪几个方面?

2. 指出招标人在招标过程中的错误。

3. A单位阐述的施工方案中还缺少哪些系统?

4. 建设单位还需要补齐哪些材料才能重新申请消防验收?

5. 评标委员会应当否决其投标的情形包括哪些?

【参考答案】

1. 投标单位专业资格审查内容包括:

(1) 类似工程业绩。

(2) 人员状况，包括承担本项目所配备的管理人员和主要人员的名单和简历。

(3) 履行合同任务而配备的施工装备。

(4) 财务状况，包括申请人的资产负债表、现金流量表等。

2. 招标人在招标过程中的错误如下:

(1) 错误之处: 3月10日向提出质疑的三家单位发出了澄清。

理由: 招标人对已发出的招标文件进行必要的澄清或者修改的，应当在招标文件要求提交投标文件截止时间至少15日前，以书面形式通知所有招标文件收受人。

(2) 错误之处: 3月20日，招标人在专家库中随机抽取了3个技术经济专家和2个业主代表一起组成评标委员会，准备按计划组织开标。

理由: 评标委员会一般由招标人代表和技术、经济等方面的专家组成，其成员人数为5人以上单数。其中技术、经济等方面的专家不得少于成员总数的2/3。故此专家抽取数目不符合法律文件的要求。

3. A单位阐述的施工方案中还应包括的系统有：气体灭火系统、防排烟系统、应急疏散系统、消防通信系统、消防广播系统、防火分隔（或卷帘门）设施等。

4. 建设单位还需要补齐涉及消防的建设工程竣工图纸才能重新申请消防验收。

5. 评标委员会应当否决其投标的情形包括：

（1）投标文件没有对招标文件的实质性要求和条件做出响应。

（2）投标文件中部分内容需经投标单位盖章和单位负责人签字的而未按要求完成及投标文件未按要求密封。

（3）弄虚作假、串通投标及行贿等违法行为。

（4）低于成本的报价或高于招标文件设定的最高投标限价。

（5）投标人不符合国家或者招标文件规定的资格条件。

（6）同一投标人提交两个以上不同的投标文件或者投标报价（但招标文件要求提交备选投标的除外）。

实务操作和案例分析题九

【背景资料】

某石化厂生产线安装工程，工程内容包括反应器安装、油气工艺管道安装、压缩机组安装调试以及土建工程、电气工程、自动化仪表工程等，合同签订后，在征得业主同意后，机电安装公司将部分非主体工程分包给具有相应资质的分包商甲和乙。在合同执行过程中发生了下列事件：

事件1：甲分包商在一车间施工时，把与设备连接的压缩空气管道与给水排水管道一起施工至车间外墙，机电安装公司施工管理人员由于刚到工地情况不明，在多余施工的管道工程量追加单上予以签字确认。

事件2：机电安装公司在进行质量检查时，发现乙分包商自身因质量把关不严有三处质量不合格现象。

事件3：乙分包商的两处质量问题经及时处理，达到质量要求，一处因已无法达到质量要求，经机电安装公司和业主同意，做让步处理。

【问题】

1. 从合同实施管理角度分析事件1产生的原因。应如何处理？

2. 针对事件2的发生，指出乙分包商在合同实施管理工作上的失误。

3. 机电安装公司和业主对乙分包商质量问题的处理是否正确？说明理由。

4. 机电安装公司应从哪些方面对分包商进行全过程管理？

【参考答案】

1. 事件1产生的原因：安装公司对新来的施工管理人员以及甲分包商对自己的施工人员均未进行合同交底，导致对自己的工作范围不清楚，双方均有责任。

处理方法：首先应将甲分包商已施工部分纳入安装公司工作范围，与业主另签补充协议；然后安装公司与甲分包商签补充协议，将已施工部分纳入甲分包商的分包范围。

2. 乙分包商在合同实施管理工作上的失误：在合同交底上，乙分包商有缺陷，在质量要求方面，未向自己施工人员进行重点交底；在合同控制中，也未进行质量方面的合同实施监督和合同跟踪；也存在管理人员自身素质问题，对合同管理不重视，对合同条文未理解透，责任心不强等。

3. 机电安装公司和业主对乙分包商质量问题的处理不正确。

理由：对质量问题必须由设计单位认可后，才能做出处理。

4. 机电安装公司对分包商及分包工程施工，应从施工准备、进场施工、工序交验、竣工验收、工程保修以及技术、质量、安全、进度、工程款支付等进行全过程的管理。

实务操作和案例分析题十

【背景资料】

某市体育馆配套安装工程项目经过业主施工招标，选定A安装公司为中标单位。在施工合同中双方约定，A安装公司将设备安装、空调洁净和智能化工程的安装分包给了B、C和D三家专业工程公司，设备由业主负责采购。

该工程在施工招标和合同履行过程中发现了下述事件：

事件1：施工招标过程中共有6家安装公司竞标。其中F安装公司的投标文件在招标文件提交投标文件的截止时间后30min送达；G安装公司的投标文件未密封。

事件2：设备保温工程施工完毕，并以按国家有关规定和合同约定做了检测验收。尽管这样，监理工程师对某处的保温施工有怀疑，建议B专业公司做进一步的检测，B专业公司不配合，监理工程师要求A安装公司给予配合，A公司以保温工程是B公司施工为由拒绝配合。

事件3：如果监理工程师怀疑处的保温施工在进一步检验后合格的话，A公司要求监理公司承担由此发生的全部费用，赔偿其窝工损失，并顺延影响的工期。

事件4：业主采购的配套工程设备提前进场，A公司派人参加开箱清点，因此增加了设备保管支出。

【问题】

1. F、G安装公司的投标文件是否会得到评标委员会的评审？为什么？

2. 针对事件2，A公司的做法是否妥当？请说明理由。

3. 针对事件3，A公司的要求是否合理？请说明理由。

4. 针对事件4，A公司可否向业主申请增加的设备保管费？请说明理由。

【参考答案】

1. 对F安装公司的投标文件不评审，按照《中华人民共和国招标投标法》，对逾期送达的投标文件是作为废标。对G安装公司的投标文件不评审，按照《中华人民共和国招标投标法》，对未密封的投标文件是作为废标。

2. A公司的做法不妥。

理由：因为A公司与B公司是总分包关系，A公司对B公司的施工质量问题承担连带责任，故A公司有责任配合做进一步检验。

3. A公司的要求不合理。

理由：不合理之处在于由此发生的全部费用应由业主承担，而非由监理公司承担；顺延工期的要求合理。

4. A公司可以向业主申请增加的设备保管费。

理由：因为业主供应的设备提前进场，导致保管费用增加，属于业主责任，由业主承担发生的保管费用。

实务操作和案例分析题十一

【背景资料】

某机电安装公司承接了一平板玻璃厂的施工总承包工程，合同执行过程中发生了如下事件：

事件1：由于设计原因，设计图纸对主生产工艺线进行了修改；设备基础按图施工时，发现基础下有一溶洞，而业主提供的工程地质资料未显示，需采用桩基处理；政府对项目环境保护等级提出新的要求；施工单位采用新工艺、新技术以提高工程质量；工程环境发生变化。施工单位提出需变更合同。

事件2：施工过程中，因设计更改了主机设备标高、基线和位置尺寸，而相关联设备施工单位也要求设计院出设计变更，设计院只口头答复其他关联设备以主机设备为准即可，因而造成了部分已安装的设备返工和工期延误。施工单位向业主提出费用和工期索赔。

事件3：施工过程中，施工单位为节约成本，直接向业主提交了一份既能保证质量又能节约原材料的工程变更，得到了业主认可，并直接将工程变更单下发到施工单位。

事件4：一台离心式风机试运行时振动较大，经查验施工记录，发现垫铁未按规范施工。建设单位要求返工。

【问题】

1. 事件1施工单位提出的几项合同变更要求中，哪些是合理的？哪些不应进行合同变更？并分别阐明理由。

2. 除专用合同条款另有约定外，合同履行过程中发生哪些情形，应进行变更？

3. 事件2中，施工单位向设计单位提出相关联设备设计变更要求是否合理？为什么？

4. 事件2中，施工单位向业主提出费用和工期索赔是否合理？为什么？应怎样解决？

5. 事件3中，施工单位和业主的做法有何不妥？应怎样处理？

6. 事件4中，风机安装的垫铁如何按规定施工？

【参考答案】

1. 事件1施工单位提出的几项合同变更要求中，合理的有：

（1）设计图纸修改，属于设计原因，可能影响工期及费用的增加。

（2）溶洞，属于业主原因，未提前告知，溶洞处理势必增加工程量，加大费用，延误工期。

（3）环境保护等级提升，属于政府原因，增加费用由业主解决，工期应调整。

（4）工程环境发生变化，属于不可预见或不可抗力，并可能增加投资、延误工期。

不应进行合同变更的是：施工单位采取新技术、新工艺。

理由：施工单位自己采取的技术措施，其费用已包含在技术措施费中，不属另增加费用之列。

2. 除专用合同条款另有约定外，合同履行过程中发生下列情形的，应进行变更：

（1）增加或减少合同中任何工作，或追加额外的工作。

（2）取消合同中任何工作，但转由他人实施的工作除外。

（3）改变合同中任何工作的质量标准或其他特性。

（4）改变工程的基线、标高、位置和尺寸。

3. 事件2中，从合同变更范围和影响分析，施工单位向设计单位提出相关联设备设计变更要求合理。

理由：（1）相关联设备也存在标高、基线、位置和尺寸，这是施工的主要依据，也是设计变更的核心内容，故合情合理。

（2）部分设备已安装就位，重新调整势必增加人工、材料、机械费用并延误工期，有设计变更，就有了文字依据。

4. 事件2中，施工单位向业主提出费用和工期索赔均不合理。

理由：没有任何工程变更的文字依据。

解决办法：

（1）施工单位向设计单位索要相关设备设计变更单。

（2）根据设计变更单和施工过程记录（主要是重新调整安装记录）、费用计算及工期变化的工程变更单交监理工程师审批后交业主审批。

5. 事件3中，施工单位和业主均越过监理工程师进行工程变更不妥。

正确处理方法：由施工单位提出的变更，首先应交监理工程师审查批准，然后再交业主。

由业主提出的变更，一般是通过监理工程师提出变更。

6. 事件4中，风机安装的垫铁按以下规定进行施工：

（1）每组垫铁的面积符合现行国家标准的规定。

（2）垫铁与设备基础之间的接触良好。

（3）每个地脚螺栓旁边至少应有一组垫铁，并设置在靠近地脚螺栓和底座主要受力部位下方。

（4）设备底座有接缝处的两侧，各设置一组垫铁。

（5）每组垫铁的块数不宜超过5块，放置平垫铁时，厚的宜放在下面，薄的宜放在中间，垫铁的厚度不宜小于2mm。

（6）每组垫铁应放置整齐平稳，并接触良好。设备调平后，每组垫铁均应压紧，一般用手锤逐组轻击听音检查。

（7）设备调平后，垫铁端面应露出设备底面外缘，平垫铁宜露出10～30mm，斜垫铁宜露出10～50mm，垫铁组伸入设备底座底面的长度应超过设备地脚螺栓的中心。

（8）除铸铁垫铁外，设备调整完毕后各垫铁相互间用定位焊焊牢。

实务操作和案例分析题十二

【背景资料】

某机电安装工程公司总承包一大型制药厂设备安装工程。合同约定，工程设备和主材由业主采购提供。

管道工程安装时，因业主提供的水泵迟迟不能到货而影响工期，项目部为保证施工进度自行采购部分水泵并进行安装，安装后被监理工程师发现，下令停工。经与业主协商，同意采用项目部购买的水泵。在试压时，发现项目部购买的水泵密封部位泄漏。

地下管网施工中，因设计图纸修改，增加了施工内容和工程量，业主仍坚持合同工期不变。为此项目部提出合同变更和索赔的申请。

该工程施工环境不确定因素较多，工期紧、任务重，项目部在施工准备阶段制定了人力资源储备预案，因施工范围扩大超过预期，该预案仍不能满足工程进度需要。

为赶工期，项目部将制药厂合成工段的压缩机安装分包给具备施工资质的施工单位。项目部编制了该工程施工组织设计，并编制了压缩机施工方案，向分包单位进行交底，然后由分包单位组织施工。

【问题】

1. 项目部可否自行采购水泵？若自行采购水泵应履行何种程序？

2. 项目部在设备采购管理中可能存在哪些失控而使所购水泵不能满足要求？

3. 人力资源储备预案不能满足施工范围扩大的要求，项目部还应采取哪些人力资源管理措施，以保证施工正常进行，如期完成合同工期？

4. 项目部将压缩机安装进行分包的做法是否正确？说明理由。如果业主同意分包部分附属工程，项目部编制施工组织设计、施工方案后，即向分包单位交底的做法是否正确？分别说明理由。

【参考答案】

1. 合同约定，工程设备和主材由业主提供，项目部自行采购是不允许的。

自行采购水泵应履行的程序：在采购前要经业主同意并在进场时填报验收单，报监理单位认可后才能安装。

2. 项目部在设备采购管理中可能有以下方面的失控：

（1）订立合同前供应商选择。

（2）设备监造。

（3）设备包装运输。

（4）设备交付验收。

3. 人力资源储备预案不能满足施工范围扩大的要求，项目部还应采取如下人力资源管理措施，以保证施工正常进行，如期完成合同工期：

（1）根据工程量进行劳动力内部协调和补充。

（2）项目部向公司申请增加劳动力。

（3）如公司无力调入所需劳动力，则可提出将部分工程分包给其他施工企业。

4.（1）项目部将压缩机安装进行分包的做法不正确。

理由：合成工段压缩机安装属于主要设备的安装，按规定不可以分包。

（2）如果业主同意分包部分附属工程，项目部编制施工组织设计、施工方案后，即向分包单位交底的做法不正确。

理由：① 项目部编制的施工组织设计应报监理单位批准后，才能向分包单位交底。

② 施工方案应由分包单位制定，并报总承包单位项目部批准后，才能组织施工。

实务操作和案例分析题十三

【背景资料】

某特种设备安装工程项目，业主与施工总承包企业签订了施工总承包合同，由于该企业的施工设备不能到位，便将企业专业性很强的非主体、非关键工程分包给具有相应资质条件的专业承包企业，并签订了专业承包合同。专业承包企业将脚手架、模板作业又分包给某劳务分包企业，并签订了劳务分包合同。

施工总承包企业为了选择一家合格的物资供应商，进行大批量的市场通用产品采购时采用“询价—报价”方式选择了一家供应商，双方签订了物资采购合同。某次物资供应商供应的物资规格不符合合同规定，双方发生争执。

【问题】

1. 该工程项目中的专业承包合同是否有效?

2. 专业承包企业是否可以将脚手架、模板作业分包给某劳务分包企业?该劳务分包合同双方当事人是谁?劳务分包合同的签订原则有哪些?

3. 施工总承包企业选择物资供应商的方式是否妥当?如不妥，应采取什么方式选择?

4. 供应商提供的物资规格不符合合同规定时，采购方应如何处理?

【参考答案】

1. 该工程项目中的专业承包合同无效。

2. 专业承包企业可以将脚手架、模板作业分包给某劳务分包企业。该劳务分包合同双方当事人是专业承包企业和劳务分包企业。劳务分包合同的签订原则是平等、自愿、公平和诚实信用原则。

3. 施工总承包企业选择物资供应商的方式不妥。业主应采取公开招标方式来选择物资供应商。

4. 供应商提供的物资规格不符合合同规定时，采购方应在到货后10日内向供应商提出书面异议。

实务操作和案例分析题十四

【背景资料】

某煤炭企业，为充分利用自己的资源优势，经合法的报批程序，在自己一大型煤矿附近拟建设一座大型火力发电厂，用施工总承包的方式进行邀请招标投标。由于涉及电力行业，业主邀请A、B等五家具有电力一级施工总承包资质的企业参加投标。因为设计施工图纸尚未提交业主，招标报价是按初步设计估算的各专业工程量和各投标商自报的单价计算投标工程总价，单价和总价同时列表填报。工程结算以实际发生工程量乘以中标单价进行。

A单位购得招标文件后经分析，煤粉制备车间钢结构厂房设计估算偏大，发电车间混凝土量设计估算偏小。A单位以施工火力发电厂为主，尤其对发电机组的施工有独特的优势，业绩丰厚，近三年曾获两项类似工程鲁班奖，因而投标书编制比较顺利。

B单位虽有资格，但除煤粉制备车间业绩较好外，其他业绩均不如其他单位，经分析对手，估计报价总价相差不多。为确保中标，在临投标前半小时，B单位突然降价，比其他单位低出许多，但仍在成本范围内。

投标后经评委对技术标、商务标综合评分，A单位中标。

合同签订后，A单位经业主同意，将煤粉制备车间的钢结构制安和机电设备安装工程以A单位投标时的报价单价并以单价包干形式收取5%管理费分包给了B单位，并签订了分包合同。B单位在磨煤球磨机安装时，在未进行设备基础验收的情况下，即依照土建所划的纵横中心线进行设备安装。

【问题】

1. 本案例中A单位在标书编制和报价时宜采用哪些策略?

2. B单位采取的报价策略是否妥当?简述理由。

3. A单位把煤粉制备车间的钢结构制安及机电设备安装工程分包给B单位是否合理?为什么?

4. 请对B单位安装球磨机的程序和方法予以纠正。

【参考答案】

1. A单位在标书编制时，除响应招标文件的要求外，还应重点突出以下几点：突出本单位在发电机组施工中独特的技术优势；突出业绩丰厚的施工经验优势；突出近三年曾两次获得鲁班奖的工程质量优势；突出施工方案对质量、工期、安全及环境保护的描述。

在商务报价中应采取：煤粉制备车间钢结构厂房宜采用低报价，发电车间单价宜适当偏高，一些辅助车间及打算分包的次要工程，单价可适当降低。采取以上不平衡报价方法，总价不会显得偏高，可赢得评委和业主好感，且自己经济利益不受损失。

2. B单位采取突然降价法报价是正确的。

理由：在投标截止时间前，投标人修改自己的投标报价是法律允许的。B单位在业内业绩单薄，想要在业内站住脚，取得较好业绩，只有在价格上占绝对优势才有可能中标。

3. A单位把煤粉制备车间的钢结构制安及机电设备安装工程分包给B单位是合理的。

理由：B单位资质满足要求，且有这项工作的业绩；是经业主同意的；非主体工程；价格对A单位也有利。

4. 对B单位安装球磨机的程序和方法的纠正：(1)未进行设备基础验收即进行设备安装显然不符合程序，基础验收合格后才能进行设备安装。

(2)依照土建所划的纵横中心线进行设备安装不符合规定，应按工艺布置图并依据相关建筑物轴线、边缘线、标高线，划定设备安装的基准线和基准点。

实务操作和案例分析题十五

【背景资料】

某机电安装公司中标位于海南岛沿海码头附近一个炼化工程的PC项目，工程范围包括大量钢结构、超大型塔器(直径4.8m、长度78m、重量360t)的采购工作。机电安装公司成立了项目部，负责项目的运行。项目部成立设备、材料采购部，组织工程材料的采办工作。根据技术文件的要求，超大型塔器需热处理完毕后，整体到货安装。经业主批准的塔器采购名单中A公司位于张家港，B公司位于无锡，C公司位于西安，D公司位于武汉，E公司位于贵阳。项目部拟采用邀请招标的形式优选制造厂。采办合同要求施工现场交货。期间发生了以下事件：

事件1：对于关键的塔器设备，项目部派出监造工程师驻场监造。监造工程师依据制造厂的技术文件，编制了监造大纲，并采用巡检、停检、周会的形式履行监造职责。

事件2：塔器到达现场后，机电安装公司组织项目技术部、采购部、业主工程师对到场的塔器进行检测验收。发现塔器的进料法兰有一条深约2mm的贯穿密封面的划痕、塔器裙座的角焊缝焊渣未清理就涂防腐油漆。

【问题】

1. 塔器是否可以采用邀请招标采购？请分析塔器潜在供货商情况，选择合适的采购方略。

2. 塔器的现场验收工作有什么不足？

3. 关于塔器的缺陷，制造厂和监造工程师应负什么责任？

4. 监造大纲编制的依据是否正确？监造大纲的编制依据包括哪些？

5. 监造工程师的监造活动还应有哪些？

【参考答案】

1. 塔器数量少，其制造又高度专业化，可以采用邀请招标的方式，但是需经批准。因为工程位于海南沿海码头附近，所以在潜在供应商的选择中，在考虑了供应商是否具备技术水平和生产能力，以及其生产任务的饱和情况、履约信誉，还需要考虑供货商的地理位置情况。西安、贵阳位于内陆，铁路公路运输成本大、道路桥梁多有障碍。而A、B、D公司水运发达、交通便利，项目应在这三家中进行邀请招标。

2. 塔器的现场验收工作有以下不足：

（1）参加单位不符合要求，除项目技术部、采购部、业主工程师参加外，监理工程师、供货方代表、施工技术人员也应参加。

（2）验收内容不符合要求，除了外观检查外，还应核对塔器（含主要部件）的型号、规格、生产厂家、数量及部件出厂时所带附件、备件的种类、数量等应符合制造商出厂文件的规定和定购时的特殊要求。要进行关键原材料和元器件质量及文件复核等，重要试验报告的接收，随机文件的验收等。

3. 塔器制造质量问题的主要责任单位是设备制造厂，应承担该缺陷的整改责任。驻厂监造工程师监造失职，有过错，应承担管理责任。

4. 监造大纲编制的依据不正确。

设备监造大纲的编制依据包括：设备供货合同；国家有关法规、规章、技术标准；设备设计（制造）图纸、规格书、技术协议；《设备监理管理暂行办法》（国质检质联〔2002〕174号）；设备制造相关的质量规范和工艺文件。

5. 监造工程师的监造活动还应有：监造会议、现场见证（W）点监督、文件见证（R）点监督、质量会议、月例会、监造日记、监造周报及月报、监造总结等。

实务操作和案例分析题十六

【背景资料】

某安装公司承包了某医院住院大楼的机电安装工程，包括给水排水、电气、通风空调、智能化等工程。采用工程量清单计价，固定单价合同，签约合同价为5000万元，其中含暂列金额500万元。合同于6月16日签订，合同约定：工程的设备、材料由业主指定品牌，安装公司组织采购，预付款比例为20%，业主在收到预付款支付申请后按规定时间支付，计划开工日期为7月1日。安装公司在合同签订当天向业主提交了预付款支付申请，业主一直未提出异议。项目部如约开工，但直到7月7日业主也未支付预付款，其间安装公司曾多次催告业主。由于资金未及时到位，造成材料不能及时到达施工现场，影响了工程的施工。7月8日项目部被迫停止施工，业主于7月10日向安装公司支付预付款。安装公司于7月11日重新组织施工。停工期间，安装公司50人窝工，一批机械设备停置，人工工资为150元/工日，设备租赁费用为2000元/d。施工期间，发生了如下事件：

事件1：安装公司就进场后的停工向业主提出了费用和工期索赔。

事件2：喷淋管道安装完，在试压时有一个楼层发生了管道卡箍爆裂，导致石膏板吊顶等一部分装饰材料损坏。

事件3：由于前期施工耽误了工期，在门诊楼竣工后还没来得及验收。应业主要求安装公司将门诊楼提前移交投入使用。安装公司向业主提交了竣工结算文件，业主以大楼没有验收且局部存在质量问题为由，拒绝办理竣工结算。

【问题】

1. 安装公司项目部开工后，没有收到预付款是否可以停止施工？

2. 订立合同后业主支付的预付款应该是多少？

3. 事件1中，只考虑直接损失，不考虑利润，安装公司应得到的索赔费用和工期分别是多少？

4. 事件2中，安装公司的做法有何错误？

5. 事件3中，业主拒绝办理竣工结算是否合理？说明理由。

【参考答案】

1. 按照《建设工程工程量清单计价规范》GB 50500—2013的规定，发包人应在规定的期限内向承包人支付预付款，在合理的付款限期后，发包人仍未履行付款义务的，承包人有权停工，并主张合理索赔。安装公司项目部开工后，没有收到预付款是可以停止施工的，因为当承包人向发包人提交预付款支付申请，发包人应在收到支付申请的7d内进行核实，向承包人发出预付款支付证书，并在签发支付证书的7d内向承包人支付预付款。发包人在预付款支付期满后的7d内仍未支付的，承包人可以暂停施工。业主在6月16日收到预付款支付申请后直到7月7日都没有支付，已达21d。从7月8日起安装公司可以暂停施工。发包人应承担由此增加的费用和延误的工期，并向承包人支付合理利润。

2. 预付款的支付额度应该在合同中明确，本案例合同约定预付款比例为20%。作为包工包料的工程，预付款额度应该是扣除暂列金额后合同价的20%，即（签约合同价5000万元－暂列金额500万元）×20%＝900万元

3. 事件1中，只考虑直接损失，不考虑利润：

停工时间为7月8—10日，安装公司应得到的工期索赔共3d。

安装公司应得到的费用索赔＝（150×50＋2000）×3＝2.85万元

4. 事件2中，安装公司的管道试压应该在装饰工程施工前完成。

5. 事件3中，业主拒绝办理竣工结算是不合理的。

理由：按照《建设工程工程量清单计价规范》GB 50500—2013关于竣工结算的规定，竣工未验收但实际投入使用的工程，其质量争议应按工程保修合同执行，竣工结算应按合同约定办理。

实务操作和案例分析题十七

【背景资料】

A公司中标某厂生产线的机电设备安装工程。合同工期为10个月，工程价款以实际工程量乘以工程单价及现场实际发生的变更签证结算。项目部组建后，积极进行施工前的准备工作，精心编制主要设备的施工方案。施工过程中发生了下列事件：

事件1：项目部将主体工艺线上的一主机设备分包给由机电工程一级建造师担任项目经理的B公司，将400万元产值的防腐保温工程分包给由机电工程二级建造师担任项目经理的C公司，上报A公司总部后，均遭到总部的否定。

事件2：在一单件重量50t的设备部件吊装时，原双机抬吊方案因故改为一台大型起重机吊装方案，根据起重机实际站位和性能，起重机最佳位置可起吊55t，索吊具由原方案3t减少至2t。

事件3：施工后，因业主提供的主要设备晚到，延误工期5d，A公司人工、机具等直接经济损失5万元；因遭遇大暴雨引起洪水灾害，延误工期10d；设备吊装时，因吊装方案变更延误工期2d，A公司增加费用2万元；因土建基础及设计变更等原因A公司增加费用40万元，延误工期4d（以上工期延误均发生在施工关键线路上）。

【问题】

1. A公司项目部编制的施工方案应包括哪些基本内容？

2. 分别说明事件1中A公司总部否定主机设备和防腐保温工程分包的理由。

3. 验算事件2中吊装方案，并说明是否可行。

4. 根据事件3，计算A公司可向业主索赔的费用和工期。

【参考答案】

1. A公司项目部编制的施工方案应包括的基本内容：工程概况、编制依据、施工安排、施工进度计划、施工准备与资源配置计划、施工方法及工艺要求、质量安全保证措施等。

2. 事件1中A公司总部否定主机设备工程分包的理由：主体工程禁止分包。

事件1中A公司总部否定防腐保温工程分包的理由：400万元产值的防腐保温工程属于大型工程，应由机电工程一级建造师担任项目经理的公司分包。

3. 事件2中吊装方案的计算载荷＝1.1×（50＋2）＝57.2t

55t＜57.2t，故吊装方案不可行。

4. A公司可向业主索赔的费用＝5＋40＝45万元

A公司可向业主索赔的工期＝5＋10＋4＝19d

实务操作和案例分析题十八

【背景资料】

A公司以EPC交钥匙总承包模式中标非洲北部某国一机电工程项目，中标价为2.5亿美元。合同约定，总工期为36个月，支付币种为美元。全套设备由中国制造，所有技术标准、规范全部执行中国标准和规范。工程进度款每月10日前按上月实际完成量支付，竣工验收后全部付清。工程进度款支付每拖欠1d，业主需支付双倍利息给A公司。工程价格不因各种费率、汇率、税率变化及各种设备、材料、人工等价格变化而做调整。施工过程中发生下列事件。

事件1：A公司因（1）当地发生短期局部战乱，造成工期延误30d，直接经济损失30万美元；（2）原材料涨价，增加费用150万美元；（3）所在国劳务工因工资待遇罢工，工期延误5d，共计增加劳务工工资50万美元；（4）美元贬值，损失人民币1200万元；（5）进度款多次拖延支付，影响工期5d，经济损失（含利息）40万美元；（6）所在国税率提高，税款比原来增加50万美元；（7）遭遇百年一遇大洪水，直接经济损失20万美元，工期拖延10d。

事件2：中央控制室接地极施工时，A公司以镀锌角钢作为接地极，遭到业主制止，要求用铜棒作接地极，双方发生分歧。

事件3：负荷试运行时，出现短暂停机，粉尘排放浓度和个别设备噪声超标，经修复、改造和反复测试，各项技术指标均达到设计要求，业主及时签发竣工证书并予以结算。

【问题】

1. A公司中标的工程项目包含哪些承包内容？

2. 从事件1分析中，国际机电工程总承包除项目实施自身风险外，还有哪些风险？

3. 事件1中，A公司可向业主索赔的工期和费用金额分别是多少？

4. 事件2中，业主的做法是否合理，简述理由。双方协调后，可怎样处理？

5. 负荷试运行应达到的标准有哪些？

【参考答案】

1. A公司中标的工程项目包含的承包内容：全部设计、设备及材料采购、土建及安装施工、试运行直至投产运行。

2. 还存在的风险是项目所处的环境风险，即：政治风险、市场和收益风险、财经风险、法律风险、不可抗力风险。

3. A公司可向业主索赔的工期：30＋5＋10＝45d

A公司可向业主索赔的费用金额：40万美元。

4. 业主的做法不合理。

理由：合同计价方式为EPC，且合同规定所有标准规范执行中国标准，A公司用镀锌角钢作为接地极符合中国标准的规范要求，业主提出的质量标准高于合同标准。

双方协调后的处理方式有：

（1）向业主说明情况，按合同规定，继续施工。

（2）可以通过合同变更，按业主要求进行变更。涉及影响工期时，工期顺延；导致费用增加的，由业主承担。

5. 负荷试运行应达到的标准有：

（1）生产装置连续运行，生产出合格产品。

（2）负荷试运行的主要控制点正点到达，装置运行平稳、可靠。

（3）不发生重大设备、操作、人身事故，不发生火灾和爆炸事故。

（4）环保设施做到“三同时”，不污染环境。

（5）负荷试运行不得超过试车预算，达到预期的经济效益指标。

实务操作和案例分析题十九

【背景资料】

某市财政拨款建设一综合性三甲医院，其中通风空调工程采用电子方式公开招标。某外省施工单位在电子招标投标交易平台注册登记，当下载招标文件时，被告知外省施工单位需提前报名、审核通过后方可参与投标。

最终该施工单位中标，签订了施工承包合同，采用固定总价合同，签约合同价3000万元（含暂列金额100万元）。合同约定：工程的主要设备由建设单位限定品牌，施工单位组织采购，预付款比例为20%；工程价款结算总额的3%作为质量保修金。

500台同厂家的风机盘管机组进入施工现场后，按不考虑产品节能认证等情况，施工单位抽取了一定数量的风机盘管机组进行了现场节能复验，复验的性能参数包括机组的供冷量、供热量和水阻力等。

排烟风机进场报验后，安装就位于屋顶的混凝土基础上，风机与基础之间安装橡胶减振垫，设备与排烟风管之间采用长度200mm的普通帆布短管连接（图2-6）。监理单位在验收过程中，发现排烟风机的上述做法不合格，要求施工单位整改。

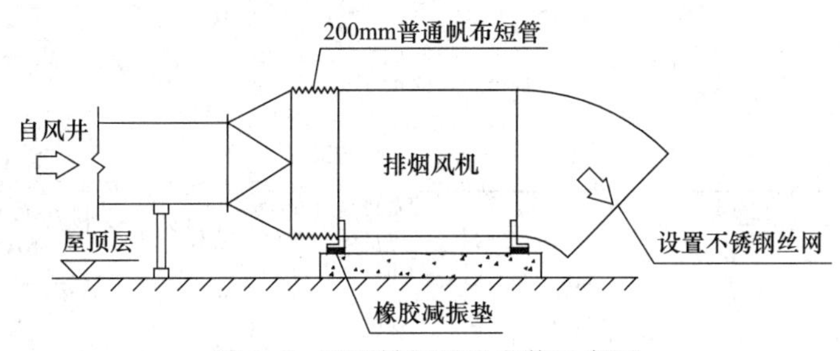

图2-6 屋顶排烟风机安装示意图

工程竣工结算时，经审核预付款已全部抵扣完成，设计变更增加费用80万元，暂列金额无其他使用。

【问题】

1. 要求外省施工单位需提前审核通过后方可参与投标是否合理？说明理由。

2. 风机盘管机组的现场节能复验应在什么时点进行？还应复验哪些性能参数？复验数量最少选取多少台？

3. 指出图2-6所示屋顶排烟风机安装的不合格项。应怎么纠正？

4. 计算本工程质量保修金的金额。本工程进度价款的结算方式可以有哪几种方式？

【参考答案】

1. 要求外省施工单位需提前审核通过后方可参与投标，不合理。理由：任何单位和个人不得在电子招标投标活动中设置前置条件（投标报名、审核通过）限制投标人下载招标文件。

2. 风机盘管机组应在进场时（安装前）进行现场节能复验，还应对其风量、功率及噪声等性能参数进行复验，复验数量最少选取：500×2%＝10台

3. 图2-6所示屋顶排烟风机安装的不合格项及纠正：

（1）不合格项：不应设置橡胶减振垫（减振装置）；纠正：取消橡胶减振垫（减振装

置，或设置弹簧减振器）。

（2）不合格项：排烟风机与风管之间不能采用普通的帆布短管连接；纠正：排烟风机与风管采用直接连接（或不燃柔性短管连接）。

4. 本工程质量保修金的金额计算：

工程价款结算总额＝合同价款＋施工过程中合同价款调整数额＝（3000－100）＋80＝2980万元

工程质量保修金＝2980×3%＝89.4万元

本工程进度价款的结算方式主要有：定期结算（按月结算）、分段结算、竣工后一次性结算、目标结算、约定结算方式。

实务操作和案例分析题二十

【背景资料】

某城市规划在郊区新建一座车用燃气加气总站（压缩天然气CNG），工艺流程如图2–7所示。

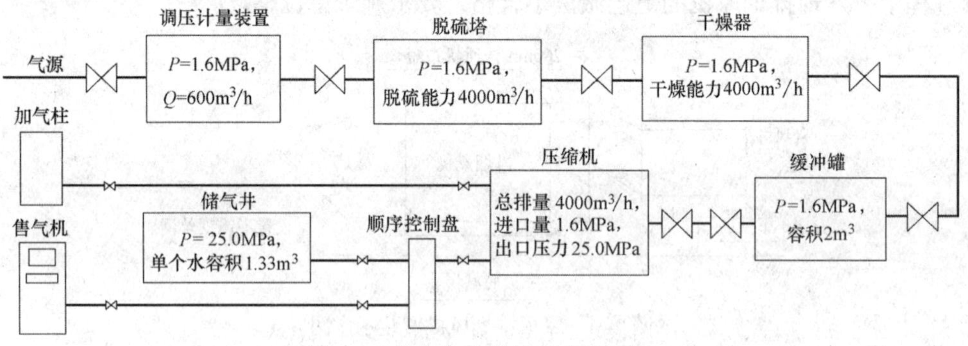

图2–7　燃气加气总站工艺流程图

气源由$D325\times8$mm埋地无缝钢管，从距离总站420m的天然气管网接驳，管网压力为1.0MPa。主要设备工艺参数如图2–7所示，P表示工作压力，Q表示流量。

项目报建审批手续完善，采取土建和安装工程施工总承包模式。建设单位通过相关媒体发布公开招标信息，按招标投标管理要求选定具备相应资质的A施工单位。

签订施工合同前，建设单位指定B专业公司分包储气井施工。A单位将土建工程的劳务作业分包给C劳务分包单位。工程实施过程中，A单位及时检查、审核分包单位提交的分包工程施工组织设计、质量保证体系及措施、安全保证体系及措施、施工进度统计报表、工程款支付申请、竣工交验报告等文件资料，并指派专人负责对分包单位进行全过程管理。

消防设施检测单位对采用公用接地装置的消防控制室主机进行技术测试时，在柜体处实测接地电阻值为12Ω，在基础槽钢处实测接地电阻值为0.4Ω。由于测试有不合格项，为此向A单位提出整改要求，项目部认真分析原因，并及时整改，顺利通过消防部门验收。

【问题】

1. 签订合同前，A施工单位应审核B专业公司哪些证明文件？工程实施过程中，还需审核分包单位哪些施工资料？

2. 根据流程图，工艺管道试压宜采用什么介质？应采取哪些主要技术措施？

3. 埋地管道D325×8mm施工中，有哪些关键工序？

4. 分析检测单位提出不合格项整改要求的原因，接地电阻测量可采用哪些方法？

【参考答案】

1. 签订合同前，A施工单位应审核B专业公司的企业资质等级和从事特种设备安装相应的许可资格。工程实施过程中，还需审核分包单位提交的施工技术方案、施工进度计划、隐蔽工程验收记录。

2. 根据流程图，工艺管道试压宜采用的介质是干燥洁净的空气。

应采取的主要技术措施包括以下内容：

（1）根据管道工作压力采取分段试压措施。

（2）将不参与试压的系统、设备等隔离（设置盲板与旁通管路）。

（3）试压管道划区，设置明显标记。

3. 埋地管道D325×8mm施工中的关键工序：材料检验，管道焊接，管道系统试验。

4. 检测单位提出不合格项整改要求的原因：柜体接地电阻值12Ω超过基础槽钢接地电阻值0.4Ω较多，柜体与基础槽钢接地连接不可靠或未做接地连接。

接地电阻测量可采用的方法有：电流表与电压表和接地电阻测量仪测量法。

实务操作和案例分析题二十一

【背景资料】

A单位承包了某机电安装工程，A单位将防腐蚀工程和脚手架安装工程分包给B单位。其中脚手架的搭设高度为55m，B单位将防腐蚀工程再次分包给C单位。施工过程中发生了如下事件：

事件1：轮胎式起重机首检日期为2017年5月8日，2018年6月20日B单位让轮胎式起重机进场施工，遭到了监理工程师的拒绝。

事件2：针对脚手架安装工程，B单位编制了专项方案，B单位的技术部门组织本单位施工、技术、质量、安全的技术人员审查后，经B单位技术负责人签字后实施。

事件3：为保证库区原有拱顶罐检修施工安全，单位制定了蒸馏塔内作业安全措施，主要内容包括：

（1）关闭所有与蒸馏塔相连的可燃、有害介质管道的阀门，并在作业前进行检查。

（2）蒸馏塔的出、入口畅通。

（3）采取自然通风，必要时采取强制通风。

（4）配备足够数量的防毒面具等。

【问题】

1. 背景中的两次分包是否合法？说明理由。

2. 事件1中监理工程师的做法是否合理？说明理由。起重机吊装工艺计算书包括哪些内容？

3. 脚手架安装工程专项方案的审批流程是否合理？说明理由。

4. 指出事件3中，蒸馏塔内的作业安全措施还缺少哪些内容？

【参考答案】

1.（1）A单位将防腐蚀工程和脚手架安装工程分包给B单位的做法合法，因为防腐蚀工程和脚手架安装工程不属于主体工程，可以分包给具有相应资质的单位。

（2）B单位将防腐蚀工程再次分包给C单位的做法不合法，因为其做法属于违法转包。

2.（1）事件1中监理工程师的做法合理；理由：轮胎式起重机属于流动式起重机，首检合格后，每年应进行一次周期检验，2017年5月8日至2018年6月20日已经超过一年未检验。

（2）起重机吊装工艺计算书包括：主起重机和辅助起重机受力分配计算；吊装安全距离核算；吊耳强度核算；吊索、吊具安全系数核算。

3.（1）脚手架安装工程专项方案的审批流程不合理。

（2）理由：① 该项目实行工程总承包，专项方案还应该有A单位技术负责人的签字；② 脚手架的搭设高度为55m，属于超过一定规模的危险性较大的分部分项工程，需要由A单位组织专家论证；③ 施工单位应当根据论证报告修改完善专项方案，并经A单位技术负责人、B单位技术负责人、项目总监理工程师、建设单位项目负责人签字后，方可组织实施。

4.（1）背景中所述的第（1）条作业安全措施不仅要关闭相应的阀门，还必须用盲板使其与受限空间隔绝，且盲板应挂牌标示。

（2）执行“受限空间作业票”进入的相关要求。

（3）执行对受限空间容积内的气体取样分析的相关要求。

（4）严格执行监护制度。

第三章　机电工程施工进度管理案例分析专项突破

2014—2023 年度实务操作和案例分析题考点分布

考点	年份									
	2014 年	2015 年	2016 年	2017 年	2018 年	2019 年	2020 年	2021 年	2022 年	2023 年
工程设备采购工作程序				●				●	●	●
工程设备采购询价与评审	●		●	●						
工程设备监造大纲与监造工作要求					●				●	
施工组织设计的编制要求			●				●			
施工方案的编制要求		●	●					●		●
人力资源管理要求	●				●		●		●	●
工程材料管理要求		●			●	●				
工程设备管理要求						●		●		
施工机械管理要求									●	
施工技术与信息化管理要求		●				●				
施工现场内部协调管理			●				●			
施工进度计划类型与编制	●	●	●	●		●				●
施工进度控制措施				●						
施工进度计划调整	●		●		●		●			
工程费用 - 进度偏差分析与控制	●	●		●			●		●	

【专家指导】

关于机电工程施工进度管理的相关内容，属于高频考点，近几年几乎是每年必考，考生要对相关内容重点掌握。其中，考生要对工程设备采购询价与评审、人力资源管理要求、工程材料管理要求、施工现场内部协调管理、施工进度计划类型与编制、施工进度控制措施、施工进度计划调整、工程费用 - 进度偏差分析与控制等进行重点掌握。考生要对这部分内容的理论知识进行熟悉并理解，并结合实际案例进行演练，才能达到事半功倍的效果。

历 年 真 题

实务操作和案例分析题一［2023年真题］

【背景资料】

某安装公司承包一商务楼（地上20层，地下2层，地上1～5层为商场）的变配电安装工程。工程主要设备三相干式电力变压器（10/0.4kV）、配电柜（开关柜）由业主采购，已运抵施工现场。其他设备、材料由安装公司采购。因1～5层的商场要提前开业，变配电工程需配合送电。

安装公司项目部进场后，依据合同、施工图纸及施工总进度计划，编制了变配电工程的施工方案、施工进度计划（图3–1），报建设单位审批时被否定，要求优化施工进度计划，缩短工期，并承诺赶工费由建设单位承担。

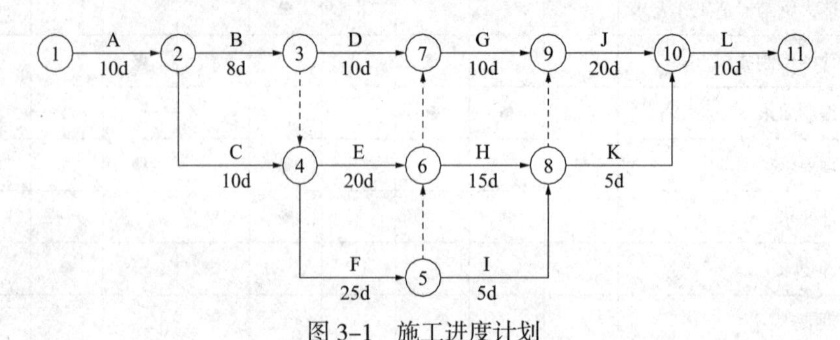

图 3–1　施工进度计划

项目部依据公司及项目所在地的资源情况，优化施工资源配置，列出进度计划可压缩时间及费用增加表（表3–1）。

进度计划可压缩时间及费用增加表　　表3–1

代号	工作内容	持续时间（d）	可压缩时间（d）	增加费用（万元）
A	施工准备	10	—	—
B	基础框架安装	8	3	0.5
C	接地施工	10	4	0.5
D	桥架安装	10	3	1
E	变压器安装	20	4	1.5
F	开关箱、配电柜安装	25	6	1.5
G	电缆敷设	10	4	2
H	母线交接	15	5	1
I	二次线路敷设连接	5	—	—
J	试验调整	20	5	1
K	计量仪表安装	5	—	—
L	试运行验收	10	4	1

项目部施工准备充分，落实资源配置，依据施工方案要求向作业人员进行技术交底，明确变压器、配电柜等主要分项工程的施工程序，明确各工序之间的逻辑关系、技术要求、操作要点和质量标准；变压器施工中的某工序示意图如图3–2所示。

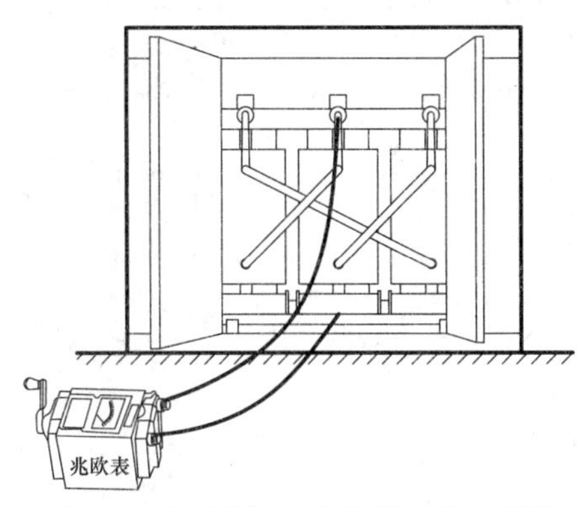

图3–2　变压器施工中的某工序示意图

变配电工程完工后，供电部门检查合格后送电，经过验电、校相无误。分别合高、低压开关，空载运行24h，无异常，办理验收手续，交建设单位使用；同时整理技术资料，准备在商务楼竣工验收时归档。

【问题】

1. 项目部编制的施工进度计划（图3–1）的工期为多少天？最多可压缩工期多少天？需增加多少费用？

2. 作业人员优化配置的依据是什么？项目部应根据哪些内容的变化对劳动力进行动态管理？

3. 项目部的施工准备包括哪几个方面？应落实哪些资源配置？

4. 图3–2是变压器施工程序中的哪个工序？图中的兆欧表电压等级应选择多少伏？各工序之间的逻辑关系主要有哪几个？

5. 变配电装置空载运行时间是否满足验收要求？项目部整理的技术资料应包括哪些内容？

【参考答案与分析思路】

1. 项目部编制的施工进度计划的工期为：90d。

最多可压缩工期：24d。

压缩费用＝4×0.5＋6×1.5＋5×1＋5×1＋4×1＋2×0.5＋1×1.5＝27.5万元，因此需增加费用27.5万元。

> 本题考查的是计算工期、压缩工期、压缩费用的计算。施工进度计划的计算工期如图3–3所示。
>
> 因此，关键线路是A→C→F→H→J→L，计算工期是10＋10＋25＋15＋20＋10＝90d。
>
> 压缩工期必须先确定项目的关键工序，只有压缩关键工序的工期才能达到缩短总工期的目的。关键线路上的工作均是关键工作，因此可以压缩工作A、C、F、H、J、L。可压缩工期如下：A（可压缩时间0d）＋C（可压缩时间4d）＋F（可压缩时间6d）＋H

（可压缩时间5d）＋J（可压缩时间5d）＋L（可压缩时间4d）＝24d。

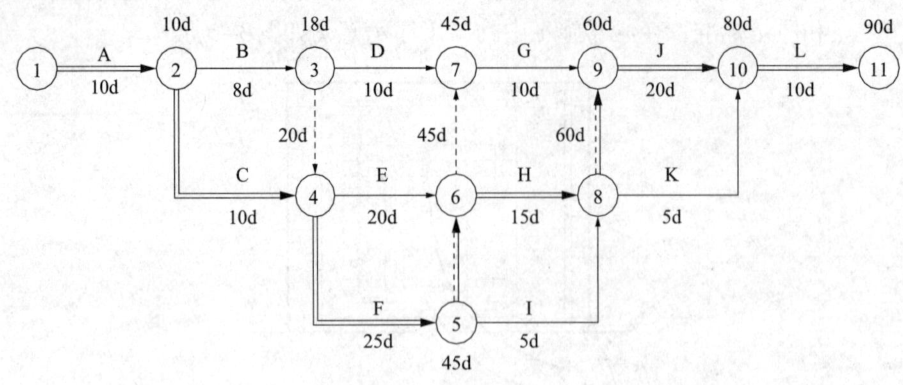

图 3-3　施工进度计划

工作B和E也需要压缩，否则关键线路就会发生改变，工作B压缩2d，工作E压缩1d。因此，压缩费用＝4×0.5＋6×1.5＋5×1＋5×1＋4×1［工作C、F、H、J、L压缩费用］＋2×0.5＋1×1.5［工作B和E的压缩费用］＝27.5万元。

2.（1）作业人员优化配置的依据是：劳动力的种类及数量，项目的进度计划，项目的劳动力供给市场状况。

（2）项目部应根据生产任务和施工条件的变化对劳动力进行动态管理。

本题考查的是劳动管理的内容。优化配置劳动力的依据在2014年、2018年、2023年的考试中以简答题的形式进行了考查，考生需熟记。劳动力的动态管理在2022年、2023年的考试中以简答题的形式进行了考查，考生需熟记。

3.（1）项目部的施工准备包括：技术准备，现场准备，资金准备。

（2）应落实劳动力、物资资源配置。

本题以简答题的形式考查了施工方案的编制要点。施工方案的编制内容主要包括：工程概况、编制依据、施工安排、施工进度计划、施工准备与资源配置计划、施工方法及工艺要求、质量安全环境保证措施等，各项内容的要点考生应熟悉。

4.（1）图3-2所示变压器施工程序中的工序是：交接试验。

（2）图中的兆欧表电压等级应选择2500V。

（3）各工序之间的逻辑关系有先后顺序、平行、交叉。

本题是识图题，考查变压器交接试验、施工方案的编制要点。变压器施工程序中的工序示意图的识读，需要考生对变压器的交接试验的内容进行理解，在理解的基础上结合背景中的示意图去分析。

用2500V摇表测量各相高压绕组对外壳的绝缘电阻值，用500V摇表测量低压各相绕组对外壳的绝缘电阻值。

施工方案中的施工方法及工艺要求：应明确分部（分项）工程或专项工程施工方法并进行必要的技术核算；明确主要分项工程（工序）施工工艺要求；明确各工序之间的顺序、平行、交叉等逻辑关系；明确工序操作要点、机具选择、检查方法和要求；明确针对性的技术要求和质量标准；对易发生质量通病、易出现安全问题、施工难度大、技术含量高的分项工程（工序）等做出重点说明；对开发和应用的新技术、新工艺以及采用的新材料、新设备通过必要的试验或论证并制订计划；对季节性施工提出具体要求。

5.（1）变配电装置空载运行时间满足验收要求。

（2）项目部整理的技术资料应包括：施工图纸、施工记录、产品合格证说明书、试验报告单。

本题考查的是配电装置送电运行验收，是考试用书原文内容：配电装置空载运行24h，无异常现象，办理验收手续，交建设单位使用。同时提交施工图纸、施工记录、产品合格证说明书、试验报告单等技术资料。

背景中告知“空载运行24h”，因此，变配电装置空载运行时间满足验收要求。

实务操作和案例分析题二［2022年真题］

【背景资料】

某工程使用3台热管蒸汽发生器提供蒸汽，产生的蒸汽经集气缸汇集后，由一条蒸汽管道输送至用汽车间。热管蒸汽发生器部分数据见表3-2。

热管蒸汽发生器部分数据 **表3-2**

额定蒸发量（t/h）	1.0	额定蒸汽压力（MPa）	1.0
锅内水容积（L）	27	额定蒸汽温度（℃）	190
NO_x排放（mg/m^3）	＜30	机组重量（kg）	2980

蒸汽管道采用无缝钢管，材质为20号钢；蒸汽管道设计压力为1.0MPa，设计温度为190℃，属于GC2级压力管道；管道连接方式为氩电联焊，焊缝按照设计要求进行射线检测；管道阀门采用法兰连接；管道需保温。蒸汽集汽缸数据见表3-3。

蒸汽集汽缸数据 **表3-3**

产品名称	集汽缸				TS
产品编号		压力容器类型	Ⅱ类	制造日期	
设计压力	1.6MPa	耐压试验压力	2.2MPa	最高允许工作压力	—
设计温度	203℃	容器净重	296kg	主体材料	Q345R
容积	$0.28m^3$	工作介质	水蒸气	产品标准	
制造许可级别	D	制造许可证编号			

工程所有设备、工艺管道、电气系统及自控系统等安装由A安装公司承担，B工程咨询公司担任工程监理。

工程开工后，A公司根据特种设备的有关法规向特种设备安全部门提交了蒸汽管道和集气缸的施工告知书，监理工程师认为蒸汽发生器是整个系统压力和温度最高的设备，也应按特种设备的要求办理施工告知。

【问题】

1. 监理工程师要求蒸汽发生器也按特种设备的要求办理施工告知是否正确？说明理由。

2. 管道安装中，哪些人员需持证上岗？

3. 计算蒸汽管道的水压试验压力。蒸汽集汽缸能否与管道作为一个系统按管道试验压力进行试验？说明理由。

4. 本工程施工需要哪些主要施工机械及工具？

【参考答案与分析思路】

1. 监理工程师要求蒸汽发生器也按特种设备的要求办理施工告知不正确。

理由：虽然蒸汽发生器的额定蒸汽压力为1.0MPa，但是蒸汽发生器的容积为27L，不足30L，不属于特种设备的规定范围，而施工告知是特种设备的管理要求。

本题考查的是特种设备的分类。特种设备安装的施工单位应当在施工前将拟进行的特种设备安装情况书面告知直辖市或者设区的市级人民政府负责特种设备安全监督管理的部门后即可施工。本题考查的实质是对特种设备的判别，特种设备目录中特种设备的种类包括锅炉。设计正常水位容积大于或者等于30L，且额定蒸汽压力大于或者等于0.1MPa（表压）的承压蒸汽锅炉为特种设备范围，背景中告知：额定蒸汽压力为1.0MPa，锅内水容积为27L，没有达到特种设备范围，因此监理工程师要求蒸汽发生器也按特种设备的要求办理施工告知不正确。

2. 蒸汽管道属于压力管道（特种设备）。管道安装中，焊工及无损检测人员需持特种设备安全管理及作业人员操作证上岗。

本题考查的是特种作业人员要求。特种作业人员必须持证上岗。涉及的特种作业范围通常有：电工作业、金属焊接切割作业、起重机械（含电梯）作业、企业内机动车辆驾驶（轮机驾驶）作业、登高架设作业、锅炉作业（含水质化验）、压力容器操作、爆破作业、放射线作业等。

3.（1）蒸汽管道的水压试验压力＝1.5×1.0＝1.5MPa

（2）蒸汽集汽缸能与管道作为一个系统按管道试验压力进行试验。

理由：蒸汽集汽缸的试验压力为2.2MPa，管道的试验压力小于设备的试验压力，可以按管道的试验压力进行试验。

本题考查的是液压试验的实施要点。本题考查了两个小问：

一是要求计算蒸汽管道的水压试验压力。一般的常温介质管道常用的试验压力可按照：承受内压的地上钢管道及有色金属管道试验压力应为设计压力的1.5倍，埋地钢管道的试验压力应为设计压力的1.5倍，且不得低于0.4MPa。因此蒸汽管道的水压试验压力＝1.5×1.0＝1.5MPa。

二是需要判断蒸汽集汽缸能否与管道作为一个系统按管道试验压力进行试验，再说明理由。当管道与设备作为一个系统进行试验时，当管道的试验压力等于或小于设备的试验压力时，应按管道的试验压力进行试验。本题中，蒸汽集汽缸能与管道作为一个系统按管道试验压力进行试验。蒸汽管道的水压试验压力1.5MPa＜蒸汽集汽缸的耐压试验压力2.2MPa，因此应按管道的试验压力进行试验。

4. 本工程施工需要的主要施工机械及工具：汽车起重机，电焊机，试压泵，管道切割机（或火焰切割工具），小型起重工具（如手拉环链葫芦）等。

本题考查的是施工机械管理要求。本题属于开放式题目，在2021年的机电科目考试中也出现了一个类似题目，本题考法也属于典型的市政考法，是今后机电考试的方向，回答本题时，考生根据背景中给出的信息，再结合实际，把能想到的均写上即可。

实务操作和案例分析题三［2020年真题］

【背景资料】

A公司承包某商务园区电气工程，工程内容：10/0.4kV变电所、供电线路、室内电气等。主要设备（三相电力变压器、开关柜等）由建设单位采购，设备已运抵施工现场。其他设备、材料由A公司采购，A公司依据施工图和资源配置计划编制了10/0.4kV变电所安装工作的逻辑关系及持续时间（表3–4）。

10/0.4kV变电所安装工作的逻辑关系及持续时间 表3–4

代号	工作内容	紧前工作	持续时间（d）	可压缩时间（d）
A	基础框架安装	—	10	3
B	接地干线安装	—	10	2
C	桥架安装	A	8	3
D	变压器安装	A、B	10	2
E	开关柜、配电柜安装	A、B	15	3
F	电缆敷设	C、D、E	8	2
G	母线安装	D、E	11	2
H	二次线路敷设	E	4	1
I	试验、调整	F、G、H	20	3
J	计量仪表安装	G、H	2	—
K	试运行验收	I、J	2	—

A公司将3000m电缆排管施工分包给B公司，预算单价为130元/m，工期为30d。B公司签订合同后的第15天结束前，A公司检查电缆排管施工进度，B公司只完成电缆排管1000m，但支付给B公司的工程进度款累计已达20万元，A公司对B公司提出了警告，要求加快施工进度。

A公司对B公司进行施工质量管理协调，编制的质量检验计划与电缆排管施工进度计划一致。A公司检查电缆型号及规格、绝缘电阻和绝缘试验均符合要求，在电缆排管检查合格后，按施工图进行电缆敷设，供电线路按设计要求完成。

变电所设备安装后，变压器及高压电器进行了交接试验，在额定电压下对变压器进行冲击合闸试验3次，每次间隔时间为3min，无异常现象，A公司认为交接试验合格，被监理工程师提出异议，要求重新进行冲击合闸试验。

建设单位要求变电所单独验收，给商务园区供电。A公司整理变电所工程验收资料，在试运行验收中，有一台变压器运行噪声较大，经有关部门检验分析及A公司提供的施工文件证明，不属于安装质量问题，后经变压器厂家调整处理通过试运行验收。

【问题】

1. 按表3-4计算变电所安装的计划工期。如果每项工作都按表3-4压缩天数，其工期能压缩到多少天？

2. 计算电缆排管施工的费用绩效指数*CPI*和进度绩效指数*SPI*。判断B公司电缆排管施工进度是提前还是落后？

3. 电缆排管施工中的质量管理协调有哪些同步性作用？10kV电力电缆敷设前应做哪些试验？

4. 变压器高、低压绕组的绝缘电阻测量应分别用多少伏的兆欧表？监理工程师为什么提出异议？写出正确的冲击合闸试验要求。

5. 变电所工程是否可以单独验收？试运行验收中发生的问题，A公司可提供哪些施工文件来证明不是安装质量问题？

【参考答案与分析思路】

1. 变电所安装的计划工期是58d。

如果每项工作都按表3-4压缩天数，其工期能压缩到48d。

本题考查的是计划工期、工期压缩。当计算工期不能满足计划工期时，可设法通过压缩关键工作的持续时间，以满足计划工期要求。因此可以压缩关键工作A、B、E、G、I、K即可。根据逻辑关系及持续时间表，网络图如图3-4所示。

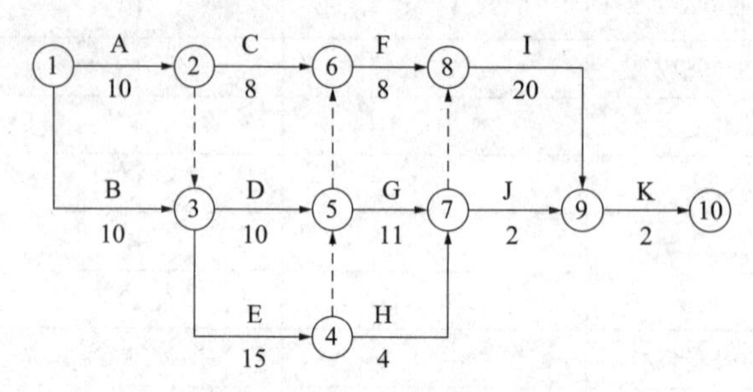

图3-4　网络图（单位：d）

关键线路：B→E→G→I→K或A→E→G→I→K。

计划工期＝计算工期＝10＋15＋11＋20＋2＝58d。

当计算工期不能满足计划工期时，可设法通过压缩关键工作的持续时间，以满足计划工期要求。因此可以压缩A、B、E、G、I、K。从网络图中可以看出关键工作A、B为平行工作，只能同时压缩2d。因此压缩后的工期＝（10－2）＋（15－3）＋（11－2）＋（20－3）＋2＝48d。

2. 电缆排管施工的费用绩效指数*CPI*和进度绩效指数*SPI*计算：

已完工程预算费用*BCWP*＝1000×130＝130000元

计划工程预算费用*BCWS*＝100×15×130＝195000元

费用绩效指数*CPI*＝*BCWP*/*ACWP*＝130000/200000＝0.65

进度绩效指数*SPI*＝*BCWP*/*BCWS*＝130000/195000＝0.67

因为*CPI*和*SPI*都＜1，B公司电缆排管施工进度已落后。

本题考查的是赢得值法。费用绩效指数$CPI = BCWP/ACWP$，当费用绩效指数$CPI < 1$时，表示超支，即实际费用高于预算费用。当费用绩效指数$CPI > 1$时，表示节支，即实际费用低于预算费用。当费用绩效指数$CPI = 1$时，表示实际费用与预算费用吻合，表明项目费用按计划进行。

进度绩效指数$SPI = BCWP/BCWS$，当进度绩效指数$SPI < 1$时，表示进度延误，即实际进度比计划进度拖后。当进度绩效指数$SPI > 1$时，表示进度提前，即实际进度比计划进度快。当进度绩效指数$SPI = 1$时，表示实际进度等于计划进度。

本题带入数值计算即可，注意数值计算的正确性。

3. 电缆排管施工中的质量管理协调，作用于质量检查或验收记录的形成与施工实体进度形成的同步性。

10kV电力电缆敷设前应做交流耐压试验和直流泄漏试验。

本题考查的是施工质量管理协调的作用、电力电缆试验内容。质量管理协调主要作用于质量检查、检验计划编制与施工进度计划要求的一致性，作用于质量检查或验收记录的形成与施工实体进度形成的同步性，作用于不同专业施工工序交接间的及时性，作用于发生质量问题后处理的各专业间作业人员的协同性。电缆线路应做绝缘电阻测量和耐压试验。

4. 变压器高、低压绕组的绝缘电阻测量应分别用2500V和500V兆欧表。

提出异议的原因是：变压器在额定电压的冲击合闸试验不符合要求。

正确的冲击合闸试验要求：应在额定电压下对变压器进行冲击合闸试验5次，每次间隔时间为5min，无异常现象，冲击合闸试验合格。

本题考查的是变压器的交接试验。进行测量绕组连同套管的绝缘电阻时，用2500V摇表测量各相高压绕组对外壳的绝缘电阻值，用500V摇表测量低压各相绕组对外壳的绝缘电阻值。进行额定电压下的冲击合闸试验时，进行5次，每次间隔时间宜为5min，应无异常现象，冲击合闸试验合格。

5. 变电所工程可以单独验收。

试运行验收中发生的问题，A公司可提供工程合同、设计文件、变压器安装说明书、施工记录等施工文件来证明不是安装质量问题。

本题考查的是工程建设中形成的依据。工程建设中形成的依据：（1）上级主管部门批准的可行性研究报告、初步设计、调整概算及其他有关设计文件。（2）施工图纸、设备技术资料、设计说明书、设计变更单及有关技术文件。（3）工程建设项目的勘察、设计、施工、监理以及重要设备、材料招标投标文件及其合同。（4）引进或进口和合资的相关文件资料。

实务操作和案例分析题四［2019年真题］

【背景资料】

某安装公司承接一商业中心的建筑智能化工程的施工。工程包括：建筑设备监控系统、安全技术防范系统、公共广播系统、防雷与接地和机房工程。

安装公司项目部进场后，了解商业中心建筑的基本情况、建筑设备安装位置、控制方式和技术要求等，依据监控产品进行深化设计。再依据商业中心工程的施工总进度计划，编制了建筑智能化工程施工进度计划（表3–5）；该进度计划在报安装公司审批时被否定，要求重新编制。

建筑智能化工程施工进度计划　　　　表3–5

序号	工作内容	5月			6月			7月			8月			9月		
		1	11	21	1	11	21	1	11	21	1	11	21	1	11	21
1	建筑设备监控系统施工	——	——	——	——	——	——	——	——	——	——					
2	安全技术防范系统施工				——	——	——	——	——	——	——					
3	公共广播系统施工						——	——	——	——	——					
4	机房工程施工								——	——	——					
5	系统检测											——	——			
6	系统试运行调试													——	——	
7	验收移交															——

项目部根据施工图纸和施工进度编制了设备、材料供应计划。在材料送达施工现场时，施工人员按验收工作的规定，对设备、材料进行验收，还对重要的监控器件进行复检，均符合设计要求。

项目部依据工程技术文件和智能建筑工程质量验收规范，编制建筑智能化系统检测方案，该检测方案经建设单位批准后实施，分项工程、子分部工程的检测结果均符合规范规定，检测记录的填写及签字确认符合要求。

在工程的质量验收中，发现机房和弱电井的接地干线搭接不符合施工质量验收规范要求，监理工程师对−40×4镀锌扁钢的焊接搭接（图3–5）提出整改要求，项目部返工后，通过验收。

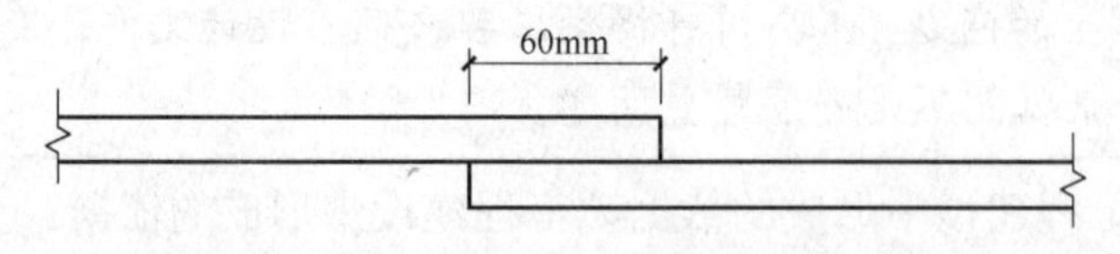

图3–5　−40×4镀锌扁钢焊接搭接示意图

【问题】

1. 写出建筑设备监控系统深化设计的紧前工序。深化设计应具有哪些基本的要求？

2. 项目部编制的施工进度计划为什么被安装公司否定？这种表示方式的施工进度计划有哪些欠缺？

3. 材料进场验收及复检有哪些要求？验收工作应按哪些规定进行？

4. 绘出正确的扁钢焊接搭接示意图。扁钢与扁钢搭接至少几面施焊？

5. 本工程系统检测合格后，需填写几个子分部工程检测记录？检测记录应由谁来做出检测结论和签字确认？

【参考答案与分析思路】

1. 建筑设备监控系统深化设计的紧前工序是：建筑监控设备供应商确定。

深化设计应具有下列基本的要求：

深化设计应具有开放结构，协议和接口都应标准化。

> 本题考查的是建筑设备监控工程的实施程序、建筑设备监控工程的深化设计的要求。本题考查了两个小问，第一小问考查了建筑设备监控工程的实施程序，属于记忆类型的考点，考生只要复习时记住了该实施程序，答出第一小问没有问题；第二小问考查了建筑设备监控工程的深化设计的要求，从开放结构、协议和接口标准化与协调这两方面进行回答即可。

2. 项目部编制的施工进度计划中缺少防雷与接地的工作内容，施工程序有错（系统检测应在系统试运行调试合格后进行），因此被安装公司否定。

横道图施工进度计划这种表示方式有下列欠缺：

（1）横道图施工进度计划不能反映工作所具有的机动时间，不能反映影响工期的关键工作（关键线路），也就无法反映整个施工过程的关键所在，因而不便于施工进度控制人员抓住主要矛盾，不利于施工进度的动态控制。

（2）工程项目规模大、工艺关系复杂时，横道图施工进度计划就很难充分暴露施工中的矛盾。

> 本题考查的是建筑智能化系统检测的条件、横道图缺点。本题考查了两个小问，第一个是要求回答项目部编制的建筑智能化工程施工进度计划被安装公司否定的理由，考生只要对背景资料中提供的相关信息进行分析，即可回答出来，理由是：建筑智能化系统检测应在系统试运行调试合格之后进行；第二小问要求回答横道图的缺点，考查的是记忆类型考点，考生只要熟记即可。

3. 材料进场验收及复检包括下列要求：

（1）必须根据进料计划、送料凭证、质量保证书（或产品合格证）进行材料的验收。

（2）要求复检的材料应有取样送检证明报告。

验收工作应按质量验收规范和计量检测规定进行。

> 本题考查的是设备、材料验收要求及设备验收管理。本题的第一小问属于经常考查的要点，考生要熟练记忆。第二小问考查设备验收工作的规定，包括三项内容，一是业主组织验收工作、设备管理人员必须掌握的内容、开箱检验的依据等。

4. 正确的扁钢焊接搭接示意图如图3-6所示：

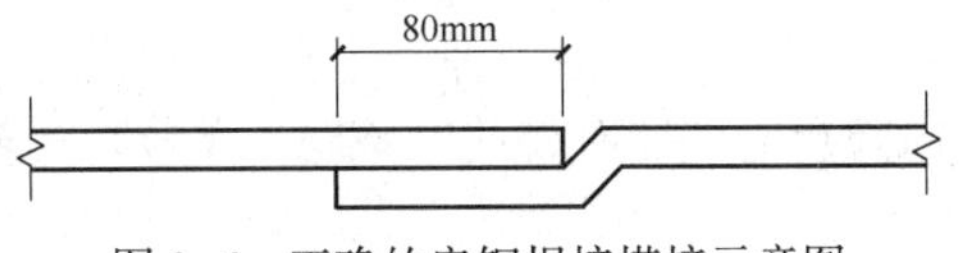

图3-6　正确的扁钢焊接搭接示意图

扁钢与扁钢搭接至少三面施焊。

本题考查的是接地装置的搭接要求。该知识点需要注意的几组数字：扁钢与扁钢搭接、2倍、三面施焊；圆钢与角钢搭接、6倍、双面施焊；圆钢与扁钢搭接、6倍、双面施焊。对于该知识点的考查，均在于前述内容的数值规定中。

5. 本工程系统检测合格后，需填写5个子分部工程检测记录。

检测记录应由检测负责人做出检测结论，由监理工程师（项目专业技术负责人）签字确认。

本题考查的是建筑智能化系统调试检测的实施。依据工程技术文件和规范规定的检测项目、检测数量及检测方法编制系统检测方案，检测方案经建设单位或项目监理批准后实施。按系统检测方案所列检测项目进行检测，系统检测的主控项目和一般项目应符合规范规定。系统检测程序：分项工程→子分部工程→分部工程。系统检测合格后，填写分项工程检测记录、子分部工程检测记录和分部工程检测汇总记录。分项工程检测记录、子分部工程检测记录和分部工程检测汇总记录由检测小组填写，检测负责人做出检测结论，监理（建设）单位的监理工程师（项目专业技术负责人）签字确认。

实务操作和案例分析题五［2017年真题］

【背景资料】

某施工单位以EPC总承包模式中标一大型火电工程项目，总承包范围包括工程勘察设计、设备材料采购、土建安装工程施工，直至验收交付生产。

按合同规定，该施工单位投保建筑安装工程一切险和第三者责任险，保险费由该施工单位承担。为了控制风险，施工单位组织了风险识别、风险评估，对主要风险采取风险规避等风险防范对策。根据风险控制要求，由于工期紧，正值雨期，采购设备数量多，价值高，施工单位对采购本合同工程的设备材料，根据海运、陆运、水运和空运等运输方式，投保运输一切险。在签订采购合同时明确由供应商负责购买并承担保费，按设备材料价格投保，保险区段为供应商仓库到现场交货为止。

施工单位成立了采购小组，组织编写了设备采购文件，开展设备招标，组织专家按照《中华人民共和国招标投标法》的规定，进行设备采购评审，选择设备供应商，并签订供货合同。

220kV变压器安装完成后，电气试验人员按照交接试验标准规定，进行了变压器绝缘电阻测试、变压器极性和接线组别测试、变压器绕组连同套管直流电阻测量、直流耐压和泄漏电流测试等电气试验，监理检查认为变压器电气试验项目不够，应补充试验。

发电机定子到场后，施工单位按照施工作业文件要求，采用液压提升装置将定子吊装就位。发电机转子到场后，根据施工作业文件及厂家技术文件要求，进行了发电机转子穿装前的气密性试验，重点检查了转子密封情况，试验合格后，采用滑道式方法将转子穿装就位。

【问题】

1. 风险防范对策除了风险规避外还有哪些？该施工单位将运输一切险交由供货商负责属于何种风险防范对策？

2. 设备采购文件的内容由哪些组成？设备采购评审包括哪几部分？

3. 按照电气设备交接试验标准的规定，220kV变压器的电气试验项目还有哪些？

4. 发电机转子穿装前气密性试验重点检查内容有哪些？发电机转子穿装常用方法还有哪些？

【参考答案与分析思路】

1. 风险防范对策除了风险规避外还有：风险自留、风险转移、风险减轻。

该施工单位将运输一切险交由供货商负责属于风险防范对策中的风险转移。

本题考查的是风险防范对策。常用的质量风险对策包括风险规避、减轻、转移、自留及其组合等策略。本题是在背景资料中给出相应的质量风险对策，然后再让考生对该对策判别属于何种风险防范对策。考生只要对风险对策的相关概念在理解的基础上进行记忆，这样就能很好判别了。

2. 设备采购文件由设备采购技术文件和设备采购商务文件组成。

设备采购评审包括技术评审、商务评审和综合评审。

本题考查的是设备采购文件的内容和设备采购评审。本题属于记忆性类型的知识点，只要考生对相关知识点掌握了，回答本题不是问题。

3. 按照电气设备交接试验标准的规定，220kV变压器的电气试验项目还有：

（1）绝缘油试验或SF_6气体试验。

（2）检查所有分接的电压比。

（3）测量绕组连同套管的绝缘电阻、吸收比。

（4）绕组连同套管的交流耐压试验。

（5）额定电压下的冲击合闸试验。

（6）检查相位。

本题考查的是变压器的交接试验。变压器的交接试验内容属于案例常考点，会以简答题、补充题的形式进行考查，考生需要重点掌握。

4. 发电机转子穿装前气密性试验重点检查内容有集电环下导电螺钉、中心孔堵板的密封状况。

发电机转子穿装常用方法还有接轴的方法、用后轴承座作平衡重量的方法、用两台跑车的方法等。

本题考查的是发电机转子安装技术要求。需要考生掌握的是发电机转子穿装前单独气密性试验中重点检查的内容、发电机转子穿装工作要求、发电机转子穿装常用方法。

实务操作和案例分析题六［2017年真题］

【背景资料】

某机电工程公司通过招标投标承包了一台660MW火电机组安装工程。工程开工前，施工单位向监理工程师递交了工程安装主要施工进度计划（如图3-7所示，单位：d），满足合同工期的要求并获业主批准。

在施工进度计划中，因为工作E和G需吊装载荷基本相同，所以租赁了同一台塔式起重机安装，并计划定在第76天进场。

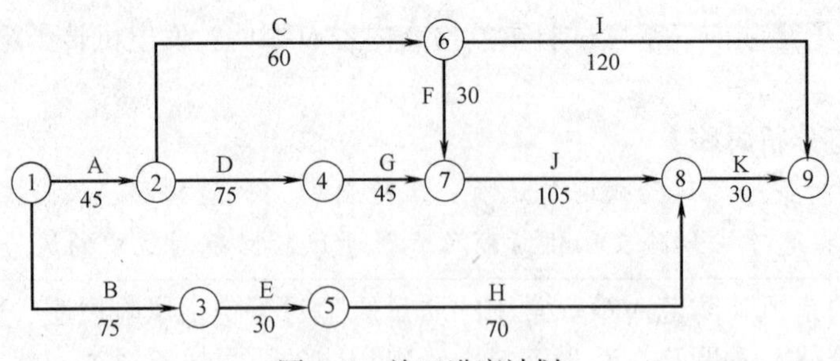

图 3-7　施工进度计划

在锅炉设备搬运过程中，由于叉车故障在搬运途中失控，使所运设备受损，返回制造厂维修，工作B中断20d，监理工程师及时向施工单位发出通知，要求施工单位调整施工进度计划，以确保工程按合同工期完工。对此施工单位提出了调整方案，即将工作E调整为工作G完成后开工。在塔式起重机施工前，施工单位组织编制了吊装专项施工方案，并经审核签字后组织了实施。

该工程安装完毕后，施工单位在组织汽轮机单机试运行中发现，在轴系对轮中心找正过程中，轴系联结时的复找存在一定误差，导致运行噪声过大，经再次复找后满足了要求。

【问题】

1. 在原计划中如果按照先工作E后工作G组织吊装，塔式起重机应安排在第几天投入使用可使其不闲置？说明理由。

2. 工作B停工20d后，施工单位提出的施工进度计划调整方案是否可行？说明理由。

3. 塔式起重机专项施工方案在施工前应由哪些人员签字？塔式起重机选用除了考虑吊装载荷参数外还有哪些基本参数？

4. 汽轮机轴系对轮中心找正除轴系联结时的复找外还包括哪些找正？

【参考答案与分析思路】

1.（1）在原计划中如果先工作E后工作G组织吊装，塔式起重机应安排在第91天投入使用可使其不闲置。

（2）因为工作G（关键工作）第121天（45＋75＋1）开始，工作E在第120天完工即可，而工作E的持续时间为30d，只要能保证工作E和工作G连续施工，就能使塔式起重机不闲置，所以第91天（121－30）安排塔式起重机入场可使其不闲置。

> 本题考查的是施工进度计划。施工进度计划能够明确表达各项工作之间的逻辑关系，通过网络计划时间参数的计算，找出关键线路和关键工作，明确各项工作的机动时间。

2. 工作B停工20d后，施工单位提出的施工进度计划调整方案可行。

理由：工作E和工作G共用一台塔式起重机，工作B延误20d后，先进行工作G，工作G第165天（45＋75＋45）完工；而工作B的总时差为300－205＝95d，工期延误天数为165－75＝90d，小于总时差95d，所以不会影响总工期，方案可行。

> 本题考查的是施工进度计划的调整。施工进度计划的调整方法有：改变某些工作间的衔接关系；缩短某些工作的持续时间。

3.（1）塔式起重机专项施工方案在施工前应由机电工程公司单位技术负责人、总监理工程师、建设单位项目负责人等人员签字。

（2）塔式起重机选用除了考虑吊装载荷参数外还有额定起重量、最大幅度、最大起升高度等基本参数。

本题考查的是吊装方案的管理、起重机选用的基本参数。专项方案经论证后，专家组提交论证报告，对论证内容提出意见。施工单位根据论证报告修改完善专项方案，并经施工单位技术负责人、项目总监理工程师、建设单位项目负责人签字后，方可组织实施。起重机选用的基本参数的内容考生只要记住了，正确解答相关参数很容易。

4. 汽轮机轴系对轮中心找正除轴系联结时的复找外还包括：轴系初找；凝汽器灌水至运行重量后的复找；汽缸扣盖前的复找；基础二次灌浆前的复找；基础二次灌浆后的复找。

本题考查的是轴系对轮中心的找正。轴系对轮中心的找正内容：轴系初找；凝汽器灌水至运行重量后的复找；汽缸扣盖前的复找；基础二次灌浆前的复找；基础二次灌浆后的复找；轴系联结时的复找。

实务操作和案例分析题七［2016年真题］

【背景资料】

某制氧站经过招标投标，由具有安装资质的公司承担全部机电安装工程和主要机械设备的采购。安装公司进场后，按合同工期、工作内容、设备交货时间、逻辑关系及工作持续时间（表3–6）编制了施工进度计划。

制氧站安装公司工作内容、逻辑关系及持续时间表　　表3–6

工作内容	紧前工作	持续时间（d）
施工准备	—	10
设备订货	—	60
基础验收	施工准备	20
电气安装	施工准备	30
机械设备及管道安装	设备订货、基础验收	70
控制设备安装	设备订货、基础验收	20
调试	电气安装、机械设备及管道安装、控制设备安装	20
配套设施安装	控制设备安装	10
试运行	调试、配套设施安装	10

在计划实施过程中，电气安装滞后10d，调试滞后3d。

设备订货前，安装公司认真对供货商进行了考查，并在技术、商务评审的基础上对供货商进行了综合评审，最终选择了各方均满意的供货商。

由于安装公司进场后，未向当地（市级）特种设备安装监督部门书面告知，致使安装工作受阻，经补办相关手续后，工程得以顺利进行。

在制氧机法兰和管道法兰连接时，施工班组未对法兰的偏差进行检验，即进行法兰连接，遭到项目工程师的制止。

【问题】

1. 根据表3–6计算总工期需多少天？电气安装滞后及调试滞后是否影响总工期？并分别说明理由。

2. 设备采购前的综合评审除考虑供货商的技术和商务外，还应从哪些方面进行综合评价？

3. 安装公司开工前向当地（市级）安全监督部门提交哪些书面告知材料？

4. 制氧机法兰与管道法兰的偏差应在何种状态下进行试验？检验的内容有哪些？

【参考答案与分析思路】

1. 计算总工期需：60＋70＋20＋10＝160d

电气安装滞后对总工期无影响，因为电气安装滞后不属于关键工作（或不在关键线路上）；调试滞后总工期将延误3d，因为调试属于关键工作（或在关键线路上）。

> 本题考查的是总工期的计算、机电工程施工进度偏差的分析。该题需要掌握关键线路的识别和工期的计算，对于总工期需要知道在双代号网络计划图中，关键线路上的工序会影响工期。
>
> 根据表3–5所示的逻辑关系可绘制出双代号网络计划图，如图3–8所示：
>
> 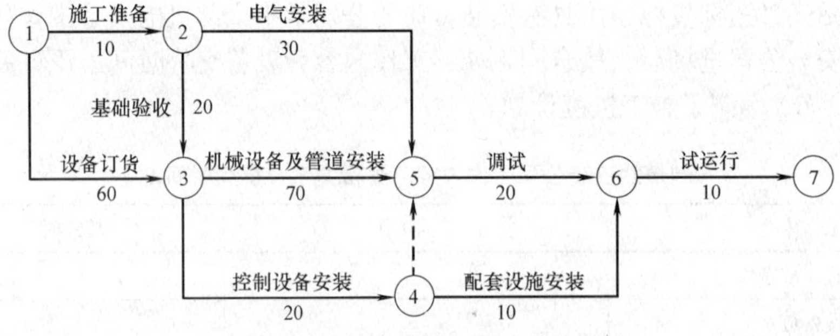
>
>
> 图3–8　双代号网络计划图（单位：d）
>
> 通过计算可知，关键线路为①→③→⑤→⑥→⑦。
>
> 计算总工期需：60＋70＋20＋10＝160d。
>
> 电气安装滞后不影响总工期，因为电气安装不属于关键工作（或不在关键线路上），并且具有90d的总时差，电气安装滞后延误10d，不影响总工期。
>
> 调试滞后影响总工期3d。因为调试工作为关键工作，总时差为0；工作延误3d会影响总工期3d。

2. 设备采购前的综合评审除考虑供货商的技术和商务外，还应从质量、进度、费用、厂商执行合同的信誉、同类产品业绩、交通运输条件等方面综合评价并列出推荐顺序。

> 本题考查的是设备采购的综合评审。对于综合评审的内容有很多，题目给出了很关键的信息，那就是除考虑供货商的技术和商务外，我们很容易找出在综合评审中对应的内容。综合评审既要考虑技术，也要考虑商务，并从质量、进度、费用、厂商执行合同的信誉、同类产品业绩、交通运输条件等方面综合评价并排出推荐顺序。

3. 安装公司开工前向当地（市级）安全监督部门提交的书面告知材料包括：

（1）特种设备安装改造维修告知单。

（2）特种设备许可证书复印件（加盖单位公章）。

> 本题考查的是特种设备的开工许可书面告知应提交的材料。书面告知应提交的材料包括的内容可在考试用书直接找到，题目中特种设备安装开工前向当地（市级）安全监督部门提交的书面告知材料即为特种设备的开工许可书面告知应提交的材料。

4.（1）制氧机法兰与管道法兰连接前，应在自由状态下进行试验。

（2）检验的内容有：法兰的平行度和同轴度，偏差应符合规定要求。管道与机械设备最终连接时，应在联轴节上架设百分表监视机器位移。管道经试压、吹扫合格后，应对该管道与机器的接口进行复位检验。管道安装合格后，不得承受设计以外的附加载荷。

> 本题考查的是管道安装技术要点，答题依据是《工业金属管道工程施工规范》GB 50235—2010第7.4.2条、第7.4.4条的规定。

实务操作和案例分析题八［2015年真题］

【背景资料】

A安装公司承包某分布式能源中心的机电安装工程，工程内容有：三联供（供电、供冷、供热）机组、配电柜、水泵等设备安装和冷热水管道、电缆排管及电缆施工。三联供机组、配电柜、水泵等设备由业主采购；金属管道、电力电缆及各种材料由安装公司采购。

A安装公司项目部进场后，编制了施工进度计划（表3-7）、预算费用计划和质量预控方案。对业主采购的三联供机组、水泵等设备检查、核对技术参数，符合设计要求。设备基础验收合格后，采用卷扬机及滚杠滑移系统将三联供机组二次搬运、吊装就位。安装中设置了质量控制点，做好施工记录，保证安装质量，达到设计及安装说明书要求。

施工进度计划 **表3-7**

序号	工作内容	持续时间（d）	开始时间	完成时间	紧前工序	3月			4月			5月			6月		
						1	11	21	1	11	21	1	11	21	1	11	21
1	施工准备	10	3月1日	3月10日													
2	基础验收	20	3月1日	3月20日													
3	电缆排管施工	20	3月11日	3月30日	1												
4	水泵及管道安装	30	3月11日	4月9日	1												
5	机组安装	60	3月31日	5月29日	2，3												
6	配电及控制箱安装	20	4月1日	4月20日	2，3												
7	电缆敷设、连接	20	4月21日	5月10日	6												
8	调试	20	5月30日	6月18日	4，5，7												
9	配套设施安装	20	4月21日	5月10日	6												
10	试运行、验收	10	6月19日	6月28日	8，9												

在施工中发生了以下三个事件：

事件1：项目部将2000m电缆排管施工分包给B公司，预算单价为120元/m，在3月22日结束时检查，B公司只完成电缆排管施工1000m，但支付给B公司的工程进度款累计已达160000元，项目部对B公司提出警告，要求加快施工进度。

事件2：在热水管道施工中，按施工图设计位置施工，碰到其他管线，使热水管道施工受阻，项目部向设计单位提出设计变更，要求改变热水管道的走向，结果使水泵及管道安装工作拖延到4月29日才完成。

事件3：在分布式能源中心项目试运行验收中，有一台三联供机组运行噪声较大，经有关部门检验分析及项目部提供的施工文件证明，不属于安装质量问题，后增加机房的隔声措施，试运行验收通过。

【问题】

1. 项目部在验收水泵时，应核对哪些技术参数？

2. 三联供机组在吊装就位后，试运行前有哪些安装工序要做？

3. 针对事件1，计算电缆排管施工的费用绩效指数*CPI*和进度绩效指数*SPI*。是否会影响总施工进度？

4. 在事件2中，项目部应如何变更图纸？水泵和管道安装施工进度偏差了多少天？是否大于总时差？

5. 在事件3中，项目部可提供哪些施工文件来证明不是安装质量问题？

【参考答案与分析思路】

1. 项目部在验收水泵时，应认真核对水泵的型号、流量、扬程、配用的电动机功率等技术参数。

> 本题考查的是建筑管道施工中水泵的技术参数。泵类设备在采购和安装时应认真核定设备型号、水泵的流量、扬程、水泵配用的电机功率等技术参数，以免错用后达不到设计要求或不能满足使用需要。

2. 在三联供机组吊装就位后，试运行前要做的安装工序有：设备安装调整、设备固定与灌浆、设备零部件清洗与装配、润滑与加油。

> 本题考查的是机械设备安装的一般程序。程序为：设备开箱检查→基础检查验收→基础测量放线→垫铁设置→设备吊装就位→设备安装调整→设备固定与灌浆→设备零部件清洗与装配→润滑与加油→设备试运行→验收。

3. 事件1中预算单价为120元/m，B公司已完成电缆排管施工1000m，可得：

已完工程预算费用*BCWP*＝1000×120＝120000元

已完工程实际费用*ACWP*＝160000元

计划工程预算费用*BCWS*＝（2000/20×12）×120＝144000元

所以：

（1）事件1中的*CPI*＝*BCWP*/*ACWP*＝120000/160000＝0.75＜1，说明费用超支。

（2）事件1中的*SPI*＝*BCWP*/*BCWS*＝120000/144000＝0.83＜1，说明进度延误。

（3）影响总工期。

理由：工作电缆排管施工在关键线路上，是关键工作，时差为0，延误必会影响总工期。

本题考查的是赢得值法。费用绩效指数CPI是指已完工程预算费用$BCWP$与已完工程实际费用$ACWP$之比。计算公式为：$CPI = BCWP/ACWP$。当费用绩效指数$CPI < 1$时，表示超支，即实际费用高于预算费用；当费用绩效指数$CPI > 1$时，表示节支，即实际费用低于预算费用。当费用绩效指数$CPI = 1$时，表示实际费用与预算费用吻合，表明项目费用按计划进行。

进度绩效指数SPI是指已完工程预算费用$BCWP$与计划工程预算费用$BCWS$之比，计算公式为：$SPI = BCWP/BCWS$。当进度绩效指数$SPI < 1$时，表示进度延误，即实际进度比计划进度拖后；当进度绩效指数$SPI > 1$时，表示进度提前，即实际进度比计划进度快。当进度绩效指数$SPI = 1$时，表示实际进度等于计划进度。

依据施工进度计划表可知，关键工作线路为：施工准备→电缆排管施工→机组安装→调试→试运行、验收。工作电缆排管施工在关键线路上，是关键工作，无论偏差大小，都会对后续工作及总工期产生影响，必须采取相应的调整措施。

4. 事件2中，项目部应填写设计变更通知单，交建设（监理）单位审核后送原设计单位进行设计变更。水泵及管道安装施工进度偏差了20d，其总时差有50d，进度偏差小于总时差。

本题考查的是设计变更。根据《中华人民共和国建筑法》，工程设计的修改由原设计单位负责，建筑施工企业不得擅自修改工程设计。

设计变更审批手续如下：

（1）小型设计变更。由项目提出设计变更申请单，经项目部技术管理部门审核，由现场设计、建设（监理）单位代表签字同意后生效。

（2）一般设计变更。由项目提出设计变更申请单，经项目部技术管理部门审签后，送交建设（监理）单位审核。经设计单位同意后，由设计单位签发设计变更通知书并经建设单位（监理）会签后生效。

（3）重大设计变更。由项目部总工程师组织研究、论证后，提交建设单位组织设计、施工、监理单位进一步论证、审核，决定后由设计单位修改设计图纸并出具设计变更通知书，还应附有工程预算变更单，经建设、监理、施工单位会签后生效。

超出建设单位和设计单位审批权限的设计变更，应先由建设单位报有关上级单位批准。依据施工进度计划表，绘出的网络图如图3-9所示：

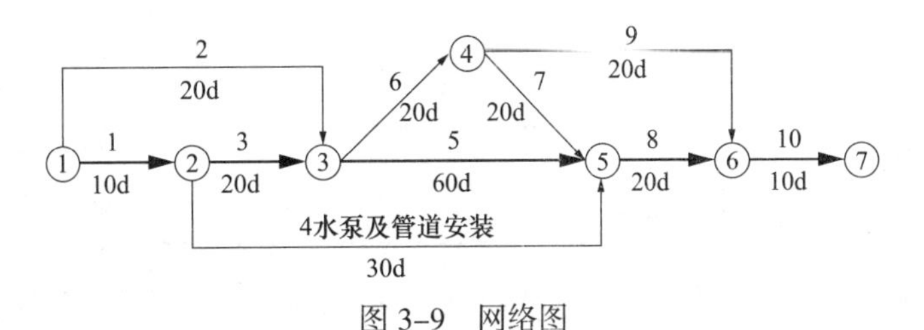

图3-9　网络图

关键工作线路为：1→3→5→8→10。水泵及管道安装工作在非关键工作上，总时差＝事件3时间＋事件5时间－水泵及管道安装时间＝20＋60－30＝50d。水泵及管道安装原计划到4月9日完工，拖延到4月29日才完成，说明工作延误20d，延误时间未超出总时差，所以不影响工期。

5. 在事件3中，项目部可提供下列施工文件来证明不是安装质量问题：

施工合同、设计文件、三联供机组安装技术说明书、设计变更单、施工图纸及有关施工记录等。

> 本题考查的是竣工验收的依据。竣工验收的依据：
>
> （1）上级主管部门批准的可行性研究报告、初步设计、调整概算及其他有关设计文件。
>
> （2）施工图纸、设备技术资料、设计说明书、设计变更单及有关技术文件。
>
> （3）工程建设项目的勘察、设计、施工、监理以及重要设备、材料招标投标文件及其合同。
>
> （4）引进或进口和合资的相关文件资料。

实务操作和案例分析题九［2014年真题］

【背景资料】

某机电工程公司通过投标总承包了一工业项目，主要内容包括：设备基础施工、厂房钢结构制作和吊装、设备安装调试、工业管道安装及试运行等。项目开工前，该机电工程公司按合同约定向建设单位提交了施工进度计划，编制了各项工作逻辑关系及工作时间表（表3-8）。

各项工作逻辑关系及工作时间表　　表3-8

代号	工作内容	工作时间（d）	紧前工序
A	工艺设备基础施工	72	—
B	厂房钢结构基础施工	38	—
C	钢结构制作	46	—
D	钢结构吊装、焊接	30	B、C
E	工艺设备安装	48	A、D
F	工业管道安装	52	A、D
G	电气设备安装	64	D
H	工艺设备调整	55	E
I	工业管道试验	24	F
J	电气设备调整	28	G
K	单机试运行	12	H、I、J
L	联动及负荷试运行	10	K

该项目的厂房钢结构选用了低合金结构钢，在采购时，钢厂只提供了高强度、高韧性的综合力学性能。

工程施工中，由于工艺设备是首次安装，经反复多次调整后才达到质量要求，致使项目部工程费用超支、工期拖后。在第150天时，项目部用赢得值法分析，取得以下3个数据：已完工程预算费用3500万元，计划工程预算费用4000万元，已完工程实际费用4500万元。

在设备和管道安装、试验和调试完成后，由相关单位组织了该项目的各项试运行工作。

【问题】

1. 根据表3–8找出该项目的关键工作，并计算出总工期。

2. 钢厂提供的低合金结构钢还应有哪些综合力学性能？

3. 计算第150天时的进度偏差和费用偏差。

4. 单机和联动试运行应分别由哪个单位组织？

【参考答案与分析思路】

1. 该项目的关键工作为：C、D、E、H、K、L。

总工期＝46＋30＋48＋55＋12＋10＝201d

本题考查的是关键线路及总工期的计算。关键线路：找出关键工作之后，将这些关键工作首尾相连，便构成从起点节点到终点节点的通路，位于该通路上各项工作的持续时间总和最大。关键线路上的工作之和即为总工期的计算。根据题意给出的工作逻辑关系及工作时间表，画出网络图（图3–10）。由关键工作组成的线路为关键线路，即持续时间最长的线路。关键线路上的关键工作总持续时间为总工期。关键线路为：C→D→E→H→K→L。总工期为：46＋30＋48＋55＋12＋10＝201d。

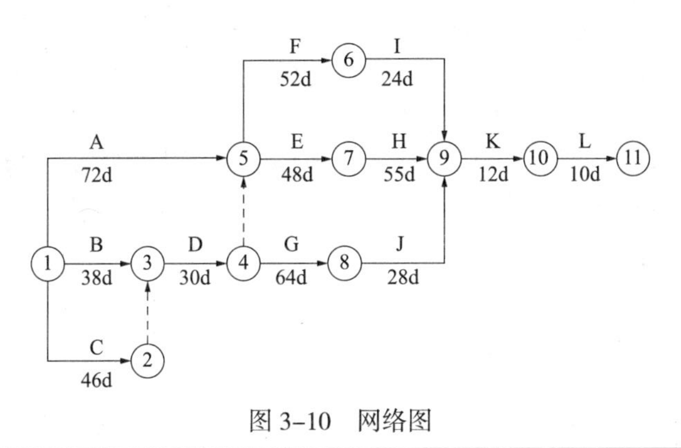

图3–10 网络图

2. 钢厂提供的低合金结构钢还应有以下综合力学性能：良好的冷却成型和焊接性能、低的冷脆转变温度和良好的耐蚀性等综合力学性能。

本题考查的是低合金结构钢的力学性能。低合金结构钢是在普通钢中加入微量合金元素，而具有高强度、高韧性、良好的冷却成型和焊接性能、低的冷脆转变温度和良好的耐蚀性等综合力学性能。本题需要排除案例中已经给出的性能。

3. 在第150天时，计划工程预算费用*BCWS*＝4000万元，已完工程实际费用*ACWP*＝4500万元，已完工程预算费用*BCWP*＝3500万元。

第150天时的进度偏差（*SV*）＝已完工程预算费用（*BCWP*）－计划工程预算费用（*BCWS*）＝3500－4000＝－500万元

说明进度偏差为落后500万元。

第150天时的费用偏差（*CV*）＝已完工程预算费用（*BCWP*）－已完工程实际费用（*ACWP*）＝3500－4500＝－1000万元

说明费用偏差为落后1000万元。

本题考查的是进度偏差和费用偏差。该题根据进度偏差和费用偏差的公式即可得出答案，费用偏差$CV = BCWP - ACWP$，进度偏差$SV = BCWP - BCWS$。

4. 单机试运行由施工单位组织；联动试运行由建设单位组织。

本题考查的是单机和联动试运行的组织单位。根据试运行的工作内容及职责分工表，即可找到单机试运行和联动试运行的组织实施单位。

典 型 习 题

实务操作和案例分析题一

【背景资料】

某安装公司分包一大型商场的空调专业工程，工作内容：空调水管、空调风管及部分制冷机组、水泵、空调机组等安装及调试。

安装公司进场后，总承包单位对安装公司的施工准备、进场施工、工序交接、竣工验收、工程保修、工程款支付等进行全过程管理。

安装公司制订了工程施工进度计划，为避免施工过程中，实际进度与计划进度产生偏差，安排内部协调专员对项目施工进行调度协调。

波纹补偿器安装时，项目专业质检员巡视现场发现，装有波纹补偿器的空调水管支架安装（图3-11）存在质量问题，要求停工整改。空调水管道安装后，施工人员进行试压，冲洗，实施管道与设备的连接。

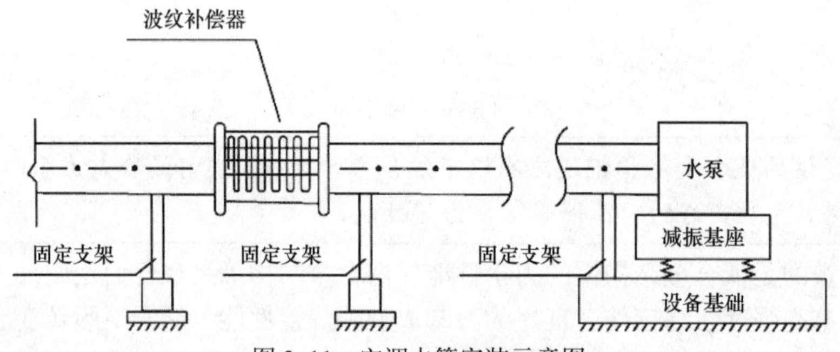

图3-11 空调水管安装示意图

【问题】

1. 总承包单位对安装公司的全过程管理还包括哪些内容？
2. 内部协调专员在施工过程中，调度协调主要内容有哪些？
3. 图3-11中管道支架安装存在哪些错误？补偿器安装前应进行哪些工序？
4. 空调水管的冲洗合格条件有哪些？

【参考答案】

1. 总承包单位对安装公司的全过程管理还应包括：技术、质量、安全、进度的管理。

2. 主要对项目的执行层（包括作业人员）在施工中所需生产资源需求、作业工序安排、计划进度调节等实行即时调度协调。

3. 图3-11中管道支架安装存在的错误如下：

（1）错误一：补偿器两端都设置固定支架，其中一端应设置导向支架。

（2）错误二：水泵出口管道固定支架的固定点未设置在减振基座上。

补偿器安装前应进行预拉伸或预压缩。

4. 空调水管的冲洗合格条件有：

目测排出口的水色和透明度与入口的水对比应相近，且无可见杂物。当系统继续运行2h以上，水质保持稳定后，方可与设备相贯通。

实务操作和案例分析题二

【背景资料】

某安装公司承接一工业项目。项目内容：设备安装、工艺管道和电气仪表安装，反应器设备参数见表3–9。公司有GC1级压力管道安装许可证，无压力容器安装许可证。安装公司项目部进场后，在进行设计交底时，发现反应器设备原设计不带吊耳，后与设计单位协商，确定了吊耳位置，由制造厂进行设备加工，并进行热处理。

反应器设备参数 **表3–9**

设备位号	设备名称	数量	设备形式	规格（mm）	重量（t）
1	一级氧化反应器	1	卧式	ϕ9010×39290	639.93
2	二级氧化反应器	1	卧式	ϕ9010×39990	649.96
3	环氧化反应器	1	卧式	ϕ3550×47026	300.91

反应器设备吊装施工方案采用1600t履带起重机为主吊，80t汽车起重机配合，同时编制了1600t履带起重机安拆专项施工方案，3台设备采用相同的索具进行吊装，钢丝绳校核计算以重量最重的二级氧化反应器为例进行计算。采用的绳扣规格为：钢芯钢丝绳ϕ136、ϕ90，纤维芯钢丝绳ϕ60，吊装时均为一弯两股使用。ϕ136、ϕ90、ϕ60的安全系数计算结果分别为5.44、5.56和7.79。二级氧化反应器初步找平找正后（图3–12），在地脚螺栓灌浆前，进行验收时，被监理工程师要求整改，整改后符合要求。

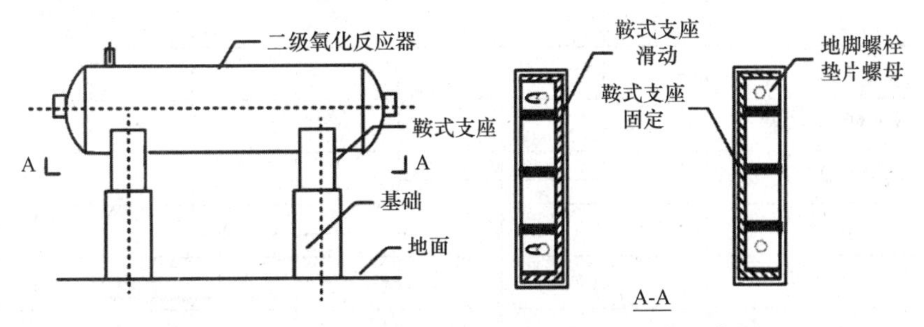

图3–12 二级氧化反应器初步找平找正后安装示意图

【问题】

1. 安装公司是否可以进行压力容器的安装？说明理由。

2. 吊耳验收时应检查哪些内容？

3. 1600t履带起重机安拆专项施工方案是否需要组织专家论证？说明理由。

4. 吊装施工方案中三种绳扣的安全系数能否满足规范要求？说明理由。

5. 图3-12的二级氧化反应器安装固定为什么被监理工程师要求整改？

【参考答案】

1. 安装公司可以进行压力容器的安装，因为安装公司已经取得了GC1级压力管道安装许可证，根据特种设备生产单位许可目录，固定式压力容器安装不单独进行许可，任一级别安装资格的锅炉安装单位和压力管道安装单位均可以进行压力容器的安装。

2. 吊耳验收时应检查的内容：吊耳出厂质量证明书和检测报告、外观质量、无损检测、焊接位器和尺寸的复测。

3. 1600t履带起重机安拆专项施工方案需要专家论证。因为履带起重机的起重量为1600t，属于超过一定规模的危险性较大的分部分项工程，需要组织专家论证。

4. 只有$\phi 60$的钢丝绳扣的安全系数满足规范要求，其他两种不满足。三种吊装绳扣都是一弯两股使用，属捆绑绳扣，安全系数应该大于或等于6。

5. 因为二级氧化反应器是高温工作的设备，考虑设备的热膨胀，安装时地脚螺栓应在制作底板长孔的中间，位移偏差应偏向补偿温度变化所引起的伸缩方向。所以图3-12的二级氧化反应器安装固定被监理工程师要求整改。

实务操作和案例分析题三

【背景资料】

某施工单位承接一高层建筑的泛光照明工程。建筑高度为180m，有3个透空段，建筑结构已完工，外幕墙正在施工。泛光照明由LED灯（55W）和金卤灯（400W）组成。LED灯（连支架重100kg）安装在幕墙上，金卤灯安装在透空段平台上，由控制模块（256路）进行场景控制。施工单位依据合同、施工图、规范和幕墙施工进度计划等编制了泛光照明工程的施工方案，其施工进度计划见表3-10（细实线），劳动力计划见表3-11。

泛光照明工程施工进度计划　　　　表3-10

序号	工作名称	月							
		1	2	3	4	5	6	7	8
1	施工准备								
2	照明配电箱安装								
3	线槽线管敷设								
4	电缆敷设								
5	LED灯安装								
6	金卤灯安装								
7	模块安装接线								
8	调试验收								

劳动力计划 表3–11

时间（月）	1	2	3	4	5	6	7	8
电工焊工等作业人员（人）	10	12	24	28	40	28	12	10

方案中LED灯具的安装，选用吊篮施工，吊篮尺寸为6000mm×450mm×1180mm，牵引电动机功率为1.5kW×2，提升速度为9.6m/min，载重为630kg（载人2名）。按施工进度计划，共租赁4台吊篮。

因工程变化，建筑幕墙4月底竣工，LED灯具的安装不能按原施工进度计划实施，施工单位对LED灯和金卤灯的安装计划进行了调整，见表3–10（粗实线）。调整后的LED灯安装需租赁6台吊篮，作业人员增加到24人，施工单位又编制了临时用电施工组织设计。

【问题】

1. 吊篮施工方案中应制定哪些安全技术措施和主要的应急预案?

2. 泛光照明施工进度计划的编制应考虑哪些因素?

3. 绘出施工进度计划调整后的劳动力计划，并说明应如何控制劳动力成本。

4. 计划调整后，为什么要编制临时用电施工组织设计?

【参考答案】

1. 吊篮施工方案中应制定的安全技术措施有：吊装施工平面布置的安全技术措施，吊装作业安全技术措施，高处作业安全技术措施，施工机械安全技术措施，施工用电安全技术措施，防物体打击、防滑、防超载等安全技术措施。

吊篮施工方案中应制定的应急预案有：吊篮高处作业的应急预案。

2. 泛光照明施工进度计划的编制应考虑的因素：幕墙竣工时间对LED灯的安装限制和影响，LED灯和金卤灯安装在施工中可以平衡调剂，施工人员和施工机械在工地连续均衡施工，注意保证施工重点、兼顾一般，要全面考虑施工中各种不利因素的影响。

3. 施工进度计划调整后的劳动力计划见表3-12。

调整后的劳动力计划 表3–12

时间（月）	1	2	3	4	5	6	7	8
电工焊工等作业人员（人）	10	12	24	24	48	24	12	10

劳动力成本控制措施：严格劳动组织，合理安排作业人员进出场时间，避免窝工。严格劳动定额管理，实行计件工资。强化作业人员技术素质，提高生产效率。

调整后的劳动力计划绘制方法：根据背景资料中的施工进度计划及原劳动力计划表可以看出，1月份工作是施工准备、照明配电箱安装，施工人数是10人；2月份工作只有线槽线管敷设，施工人数是12人；3月份工作是线槽线管敷设、电缆敷设，总计施工人数是24人，因此原计划电缆敷设施工是12人；4月份工作是电缆敷设、LED灯安装，总计施工人数28人，因此原计划LED灯安装是16人；5月份工作是电缆敷设、LED灯安装、金卤灯安装，总计施工人数40人，因此原计划金卤灯安装是12人；7月份工作只有模块安装接线，因此原计划模块安装接线施工人数是12人；8月份工作只有调试验收，因此原计划调试验收施工人数是10人。

劳动力变化的只有4、5、6月，新的计划LED灯安装两个月，调整后人数是24人，其他工作人数不变。

根据调整后的横道图可以看出：

4月份工作是电缆敷设、金卤灯安装，总计施工人数是12＋12＝24人。

5月份工作是电缆敷设、LED灯安装、金卤灯安装，总计施工人数是12＋24＋12＝48人。

6月份工作只有LED灯安装，因此施工人数是24人。

调整后的劳动力计划可根据上述数据画出。

4. 因为施工单位对LED灯安装租赁吊篮（1.5kW×2）6台，临时用电设备大于5台，所以必须要编制临时用电施工组织设计。

实务操作和案例分析题四

【背景资料】

某建设项目由A公司施工总承包，A公司征得业主同意，把变电所及照明工程分包给B公司。分包合同约定：电力变压器、配电柜等设备由A公司采购；灯具、开关、插座、管材和电线电缆等由B公司采购。

B公司项目部进场后，按公司的施工资源现状，编制了变电所及照明工程施工作业进度计划（表3-13），工期需150d，在审批时被A公司否定，要求增加施工人员，优化变电所及照明工程施工作业进度计划，缩短工期。B公司项目部按A公司要求，在工作持续时间不变的情况下，将照明线管施工的开始时间提前到3月1日，变电所和照明工程平行施工。

在设备、材料到达施工现场后，B公司项目部依据施工图纸和施工方案，对灯具、开关及插座的安装进行技术交底，灯具类型及安装高度见表3-14。在施工质量的检查中，监理工程师发现单相三孔插座的保护接地线（PE）在插座间串联连接（图3-13），相线与中性线利用插座本体的接线端子转接供电。监理工程师要求返工，使用连接器对插座的保护接地线、相线和中性线进行分路连接，施工人员按要求整改后通过验收。

变电所及照明工程施工作业进度计划 **表3-13**

序号	工作内容	持续时间	3月			4月			5月			6月			7月		
			1	11	21	1	11	21	1	11	21	1	11	21	1	11	21
1	变电所施工验收送电	70d															
2	照明线管施工	30d															
3	照明线管穿线	30d															
4	灯具安装	30d															
5	开关插座安装	30d															
6	通电试灯	10d															
7	试运行验收	10d															

照明灯具安装高度统计表 **表3-14**

灯具类型	Ⅰ类	Ⅱ类	Ⅲ类
高于2.4m	3050个	200个	—
低于2.4m	300个	190个	200个

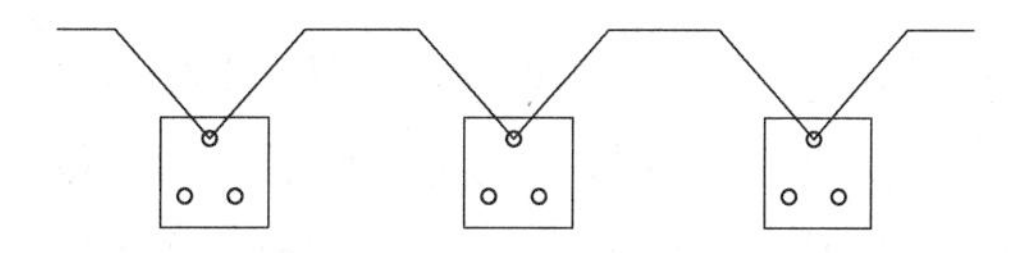

图3-13　保护接地线在插座间串联连接示意图

【问题】

1. B公司项目部编制的施工作业进度计划（表3-13）为什么被A公司否定？优化后的施工作业进度计划工期缩短为多少天？

2. B公司项目部在编制施工作业进度计划前，应充分了解哪些内容？

3. 本照明工程有多少个灯具外壳需要与保护导体连接？写出连接的要求。

4. 图3-13中的插座接线会有什么不良后果？画出正确的插座保护接地线连接的示意图。

【参考答案】

1. B公司项目部编制的施工作业进度计划被否定的原因：照明工程施工和变电所施工没有先后逻辑关系（可以平行施工）。

优化后的施工作业进度计划工期缩短为90d。

> 从背景资料中可以看出，B公司项目部编制的施工作业进度计划被A公司否定，说明编制的变电所及照明工程施工作业进度计划中变电所施工验收送电、照明线管施工进度不合理，没有充分考虑工作间的衔接关系和符合工艺规律的逻辑关系。根据背景资料中描述，在工作持续时间不变的情况下，将照明线管施工的开始时间提前到3月1日，变电所和照明工程平行施工。调整后的施工作业进度计划见表3-15。根据背景资料中描述，可以得到在施工作业进度计划每个月施工是按30d计算的。因此，调整后的施工作业进度计划工期刚好为3个月，即施工作业进度计划工期缩短为90d。

调整后的施工作业进度计划 **表3-15**

序号	工作内容	持续时间	3月			4月			5月			6月			7月		
			1	11	21	1	11	21	1	11	21	1	11	21	1	11	21
1	变电所施工验收送电	70d															
2	照明线管施工	30d															
3	照明线管穿线	30d															
4	灯具安装	30d															
5	开关插座安装	30d															
6	通电试灯	10d															
7	试运行验收	10d															

2. B公司项目部在编制施工作业进度计划前，应充分了解施工现场（环境）条件、作业面现状、人力资源配备和物资（设备材料）供应状况。

3. 本照明工程有3350个灯具外壳需要与保护导体连接。连接的要求：灯具外壳采用铜芯线与保护导体可靠连接，灯具外壳连接处应有接地标识，铜芯软导线的截面积应与进入灯具的电源线截面积相同。

> Ⅰ类灯具外露可导电部分必须用铜芯软导线与保护导体可靠连接，连接处应设置接地标识，铜芯软导线的截面积应与进入灯具的电源线截面积相同。根据背景资料中照明灯具安装高度统计表，可以得出Ⅰ类灯具有3050＋300＝3350个。因此，本照明工程有3350个灯具外壳需要与保护导体连接。

4. 图3-13中插座接线的不良后果是：如果保护接地线在插座端子处虚接或断开会使故障点之后的插座失去保护接地功能。

正确的插座保护接地线连接示意图如图3-14所示。

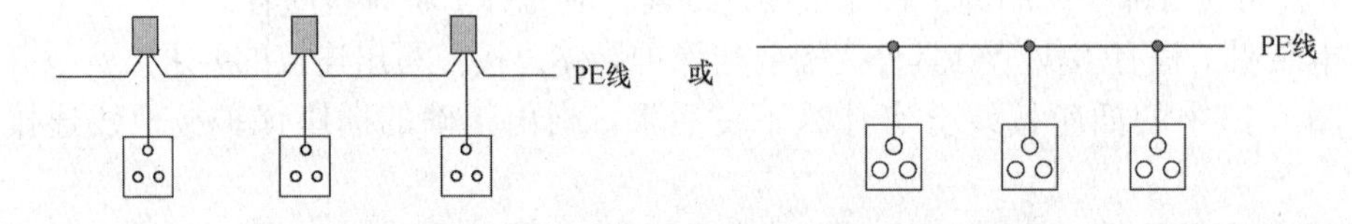

图3-14 正确的插座保护接地线连接示意图

实务操作和案例分析题五

【背景资料】

A机电安装企业承接了1000MW机组新型汽轮发电机系统安装工程，包括汽轮机、发电机、励磁机、凝汽器、除氧器、加热器和各类水泵等安装，以及相应汽轮机和发电机等大件设备的运输任务。该工程中使用了多种新材料、新工艺和新设备，且由该机电安装企业负责提供。汽轮发电机大件设备由上海生产，运输途经水路—沿途公路（含3座桥和地下管线）—现场道路及组合场；其余工程设备由生产厂家以装箱方式运抵组合场和仓库。工程安装过程中，发生了下列情况：

在安装阀门时，打开阀门包装箱发现其技术资料不全，两天后在其他水泵箱中找到。

对此，该机电安装企业开展了工程设备管理大检查，结果发现：少量仓库内设备名称和规格不符；两箱限额设备部件已经运达安装现场，其中一外箱体在安装过程中受到机械力打击。

在发电机转子安装时，施工单位进行了发电机转子穿装前单独气密性试验，以及消除泄漏以后的漏气量试验。在试验压力和漏气量均符合制造厂规定后立即进行发电机转子穿装工作，被监理工程师发现并制止。

该工程顺利通过竣工验收以后，施工单位为自己单位留存了一套完整的施工技术档案，而移交给运营厂家的施工技术档案缺失部分安装记录，并告知运营厂家，生产过程中若需要，可到施工单位查阅。

【问题】

1. 大件设备运输途经沿途公路之前应采取哪些措施？

2. 在现场道路及组合场对大件设备运输和卸载应采用哪些措施？

3. 背景资料中，阀门资料不全错在哪个管理环节？

4. 监理工程师为何制止施工单位进行发电机转子穿装工作？

5. 发电机转子穿装的方法包括哪些？

6. 运营厂家到施工单位查阅完整的技术档案的做法是否妥当？施工技术档案归档的内容包括哪些？

【参考答案】

1. 大件设备运输途经沿途公路之前应采取的措施有：

（1）会同有关单位对道路地下管线设施进行检查、测量、计算，由此确定行驶路线。

（2）必要时采取加固措施，确保地下管线安全无损。

（3）按桥梁的设计负荷、使用年限及当时状况，车辆行驶前对每座桥梁进行检测、计算，并采取相关的修复和加固措施。

2. 在现场道路及组合场对大件设备运输和卸载应采取的措施有：

（1）道路两侧用大石块填充并盖厚钢板加固。

（2）车辆停靠指定位置后，顶升、平移、拖运等卸车安装作业需要在作业区域内铺设厚钢板，以增加地面承载力。

（3）沿途施工用的障碍物在运输作业前尽数拆除。

（4）主要工作量是临时通车道的开挖、夯实、地基处理、厚钢板铺设、障碍物拆除、绿地恢复等。

3. 背景资料中，错误发生在工程设备开箱验收管理环节。

4. 因为发电机转子穿装工作，必须在完成机务、电气与热工仪表的各项工作后会同有关人员对定子和转子进行最后清扫，确保其内部清洁，无任何杂物并经签证后方可进行。

5. 发电机转子穿装的方法包括：滑道式方法、接轴的方法、用后轴承座作平衡重量的方法、用两台跑车的方法等。

6. 运营厂家到施工单位查阅完整的技术档案的做法不妥。

施工技术档案归档的内容包括：

（1）施工组织设计（施工组织计划措施）、作业指导书及施工方案。

（2）施工图纸及图纸会审记录。

（3）规程、规范、标准和工程所需其他技术文件和资料。

（4）主要原材料、构件和设备出厂证件。

（5）设计变更、材料设备代用记录。

（6）施工技术记录（按验收规范要求的内容）。

（7）隐蔽工程与中间检查验收签证。

（8）材料的检验、试验记录。

（9）重大质量事故处理情况记录。

（10）竣工图纸。

（11）有关工程建设的和运行单位生产所需的有关协议、文件和会议记录。

（12）工程总结和工程音像资料。

（13）其他为积累经验所需的资料。

实务操作和案例分析题六

【背景资料】

某钢厂将一条年产100万t宽厚板轧制生产线的建设项目，通过招标方式，确定该项目中的板坯加热炉车间和轧制车间交由冶金施工总承包一级资质的A公司实施总承包，具体负责土建施工，厂房钢结构制作、安装，车间内300t桥式起重机的安装，设备安装与调试，电力工程的施工，各能源介质管道的施工等，建设工期为20个月。

施工过程中，发生了如下事件：

事件1：因工期太紧，A单位人力资源的调配出现短缺，为不影响该工程的建设进度，征得监理单位同意后，将车间内桥式起重机的安装分包给B单位进行施工，根据现场实际情况，采用桅杆式吊装方法进行安装。为了保证项目的顺利完工，A单位从施工准备、进场施工、竣工验收、工程款支付以及技术、质量、安全、进度等环节着手，对B单位进行了全过程管理。

事件2：B单位在施工前组织编制了桥式起重机安装的专项施工方案，经过B单位技术负责人签字、加盖单位公章后，报送总监理工程师进行审查，遭到了拒绝。施工单位完善了相关流程后，通过了总监理工程师的审查，随即组织相关专家对专项施工方案进行论证。

事件3：A单位项目部为了保证厂房钢结构制作、安装的质量，对基础验收与处理、钢结构安装、涂装等主要环节制定了质量控制措施。由于技术交底不到位，在多节柱安装后进行检查，发现部分钢柱的安装误差超过规范要求，项目部采取积极的整改措施，使项目进度滞后1个月。

由于距离施工现场几百米的地方有一个小村庄，加上赶工期，工程施工昼夜进行，工程施工给当地的居民生活带来了较大的影响，特别是施工过程中产生的噪声和光污染。当地居民在找到施工总承包具体负责人反映情况未果的情况下，集体向当地有关部门进行了投诉。相关部门接到投诉后，高度重视此情况，并对项目现场的所有环境保护措施进行了全面检查，还发现了如下几点问题需要一并整改：

（1）土方作业时，目测扬尘高度达到2m以上。

（2）没有采取有效的地下水环境保护措施。

【问题】

1. 总承包单位在实施分包过程中存在何种错误？A单位对B单位进行的全过程管理还包括哪些环节？

2. 说明事件2中总监理工程师拒绝的理由。应由哪个单位对专项施工方案组织专家论证？

3. 针对事件3，钢结构安装还包括哪类关键工序？为了控制钢柱的安装误差，A单位应采取什么整改措施？

4. A单位在夜间施工过程中应如何控制光污染？新发现的问题应如何整改？

【参考答案】

1. 总承包单位在实施分包中仅征得监理单位的同意是错误的，应将分包情况告知业主并征得业主的同意。

A单位对B单位进行的全过程管理还包括：工序交验、工程保修。

2. 事件2中总监理工程师拒绝的理由：专项施工方案还应经过A单位技术负责人审核签字、加盖A单位公章后，由A单位报送至总监理工程师。

应由A单位对专项施工方案组织专家论证。

3. 钢结构安装还包括钢构件复查关键工序。

A单位应采取的整改措施：多节柱安装时，每节柱的定位轴线应从地面控制轴线直接引上，不得从下层柱的轴线引上，避免造成过大的累积误差。

4.（1）A单位在夜间施工过程中应这样控制光污染：夜间电焊作业应采取遮挡措施，避免电焊弧光外泄；大型照明灯应控制照射角度，防止强光外泄。

（2）对新发现的问题，应做如下整改：

① 土方作业阶段，采取洒水、覆盖等措施，达到作业区目测扬尘高度＜1.5m，不扩散到场区外。

② 采用隔水性能较好的边坡支护技术对地下水环境进行保护。

实务操作和案例分析题七

【背景资料】

某机电工程公司承包了一项油库工程，该工程主要包括4台5000m^{3}拱顶油罐及其配套系统和设施。工程公司施工项目部对5000m^{3}拱顶油罐施工方法进行了策划，确定采用液压提升系统倒装的主体施工方案。确定主体施工方案后项目部编制了施工组织设计，按规定程序进行了审批，并进行了液压提升系统设备订货。

施工过程中发生了如下事件：

事件1：由于订货的油罐液压提升系统设备不能按计划日期达到施工现场，为不影响工程进度，项目部决定将液压提升系统倒装的主体施工方案修改为采用电动葫芦倒装的施工方案，为此，项目部按电动葫芦倒装的主体施工方案修改了施工组织设计，由项目总工程师批准后实施，并重新订购了提升设备。在施工准备中被专业监理工程师发现。监理工程师认为项目部施工组织设计的主体施工方案发生改变，施工组织设计变更的审批手续不符合要求，因此报请总监理工程师下达了工程暂停令。

事件2：在对第一台5000m³罐进行的罐壁焊缝射线检测及缺陷分析中，认为气孔和密集气孔是出现频次最多的超标缺陷，是影响焊接质量的主要因素。项目部采用因果分析图方法，找出了焊缝产生气孔的主要原因，制定了对策表。在后续的焊接施工中，项目部落实了对策，提高了焊接质量。

事件3：储罐主体施工完成后，进行了罐体几何尺寸检查和充水试验，均达到了规定的质量标准。

【问题】

1. 机电工程项目部应编制什么类型的施工组织设计？编制完成后应由谁审批？施工组织设计的编制依据包括哪些？

2. 事件1中为什么监理工程师认为项目部对施工组织设计变更的审批手续不符合要求？变更后的正确审批程序是什么？

3. 施工组织设计编制内容包括哪些？

4. 针对罐壁焊缝产生气孔和密集气孔的主要原因，提出相应的预控措施。

5. 拱顶罐采用倒装法施工有哪些优点？拱顶罐罐体几何尺寸检查和充水试验各有哪些检查内容？

【参考答案】

1.（1）机电工程项目部应编制单位工程施工组织设计。

（2）单位工程施工组织设计编制完成后，应由施工单位技术负责人或技术负责人授权的技术人员审批。

（3）施工组织设计的编制依据包括：

① 与工程建设有关的法律法规、标准规范、工程所在地区行政主管部门的批准文件。

② 工程施工合同或招标投标文件及建设单位相关要求。

③ 工程文件，如施工图纸、技术协议、主要设备材料清单、主要设备技术文件、新产品工艺性试验资料、会议纪要等。

④ 工程施工范围的现场条件，与工程有关的资源条件，工程地质及水文地质、气象等自然条件。

⑤ 企业技术标准、管理体系文件、企业施工能力、同类工程施工经验等。

2.（1）事件1中，监理工程师认为项目部对施工组织设计变更的审批手续不符合要求的理由：拱顶罐的施工方案由液压提升系统倒装改为电动葫芦倒装，属于主要施工方法有重大调整，同时也引起主要施工资源配置（主体施工机具）有重大调整，施工组织设计为之进行的修改补充变更，应重新审批（按原审批手续）后实施。

（2）变更后的正确审批程序：施工承包单位完成内部审批程序，由工程项目经理签章后向监理报批。

3. 施工组织设计编制内容包括：工程概况、编制依据、施工部署、施工进度计划、施工准备与资源配置计划、主要施工方法、主要施工管理计划及施工现场平面布置等基本内容。

4. 针对罐壁焊缝产生气孔和密集气孔的主要原因，提出相应的预控措施如下：

（1）按规定焊材进行烘干。

（2）配备焊条保温桶。

（3）采取防风措施。

（4）控制氩气纯度。

（5）焊接前进行预热。

（6）雨、雾天停止施焊。

5. 拱顶罐采用倒装法施工的优点：安装基本是在地面上进行作业，避免了高空作业，保证了安全，有利于提高质量和工效。

拱顶罐罐体几何尺寸检查内容：罐壁高度偏差，罐壁垂直度偏差，罐壁焊缝棱角度和罐壁的局部凹凸变形，底圈壁板内表面半径偏差。

拱顶罐充水试验检查内容：罐底严密性；罐壁强度及严密性；固定顶的强度、稳定性及严密性；浮顶及内浮顶的升降试验及严密性；浮顶排水管的严密性；基础的沉降观测。

实务操作和案例分析题八

【背景资料】

南方电子电气有限公司（建设单位）新建液晶屏（LCD）生产车间，其生产线由建设单位从国外订购，A施工单位承包安装。A施工单位进场时，生产车间的土建工程和机电配套工程（B施工单位承建）已基本完工。A施工单位按合同工期要求，与建设单位、生产线供应商和B施工单位洽谈，编制了LCD生产线安装网络计划工作的逻辑关系及工作持续时间表（表3-16）。

LCD生产线安装网络计划工作的逻辑关系及工作持续时间表　　表3-16

工作内容	工作代号	紧前工作	持续时间（d）
进场施工准备	A	—	20
开工后生产线进场	B	—	60
基础检测验收	C	A	10
配电装置及线路安装	D	A	30
LCD生产线组装固定	E	B、C	75
配套设备及电气控制系统安装	F	B、C	40
LCD生产线试车调整	G	D、E	30
电气控制系统测试	H	D、E、F	25
联动调试、试运行、验收	I	G、H	15

A施工单位在设备基础检验时，发现少量基础与安装施工图不符，B施工单位进行了整改，重新浇捣了混凝土基础，经检验合格，但影响了工期，使基础检验持续时间为30d。LCD生产线的安装正值夏季，由于台风影响航运，使LCD生产线设备到达安装现场比计划晚7d。A施工单位按照建设单位的要求，调整进度计划，仍按合同规定的工期完成。

【问题】

1. 按LCD生产线安装网络计划工作的逻辑关系及工作持续时间表为A施工单位项目部

绘出安装进度双代号网络计划图。

2. 分析影响工期的关键工作是哪几个？总工期需多少天？

3. 基础检验工作增加到30d，是否影响总工期？说明理由。

4. LCD生产线设备晚到7d，是否影响总工期？说明理由。

5. 如按合同工期完成，A施工单位如何进行工期调整？

【参考答案】

1. LCD生产线安装进度双代号网络计划图如图3-15所示。

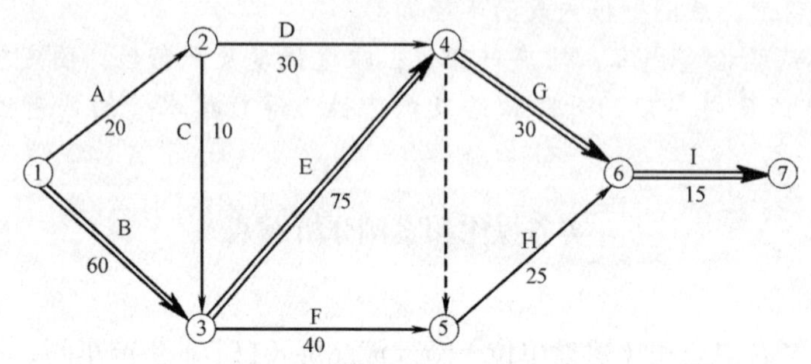

图3-15 LCD生产线安装进度双代号网络计划图（单位：d）

2. 影响工期的关键工作是：开工后生产线进场，LCD生产线组装固定，LCD生产线试车调整，联动调试、试运行、验收。总工期为180d。

3. 基础检验工作增加到30d，不会影响总工期。

理由：因基础检验在非关键线路上，出现的偏差小于总时差30d。

4. LCD生产线设备晚到7d，会影响总工期。

理由：因该工作在关键线路上。

5. A施工单位按以下内容进行工期调整：采用适当措施压缩关键工作的持续时间，改变施工方案和调整施工程序，在生产线组装固定、试车调整、联动调试、试运行、验收的关键工作上赶工7d，使工期按合同约定完成。

实务操作和案例分析题九

【背景资料】

A公司应邀参加氮制造厂合成压缩工段技改工程投标，招标书说明，以工期安排最短、最合理为中标主要条件。A公司技术部门依据招标书指出的工程内容编制了网络计划图，如图3-16所示。

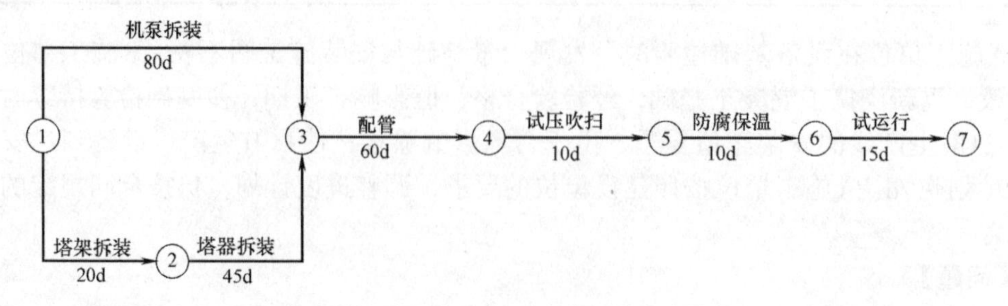

图3-16 网络计划图

附加说明：

（1）配管包括机泵本体配管25d，塔器本体配管20d，塔机间连接配管15d；

（2）试运行包含空负荷单机和联动试运行，考虑不可预见因素较多，计划安排15d的试运行时间。

A公司总工程师审核认为网络计划图不符合最短工期要约，退回重编，要求附加说明。

经修改重编网络图，A公司最后中标。

施工中无损检测发现甲供的高压管件焊缝存在缺陷，退货重供，延误施工10d，A公司为保证总工期不变，加大投入，实施加班作业，最终如期完工。为此，A公司向业主发出索赔意向书。

【问题】

1. A公司技术部门第一次提交的网络计划工期为多少天？以节点符号表示出关键线路。

2. 以不压缩各工序的工作时间为前提条件，画出重编的网络计划图。工期可缩短多少天？以节点符号表示出关键线路，并以重编的网络计划图为前提，附加说明如何再进一步缩短工期？

3. 发现高压管件不合格，A公司应如何处理？A公司索赔成立的条件是什么？

【参考答案】

1. A公司技术部门第一次提交的网络计划工期为175d。

以节点符号表示出关键线路为：①→③→④→⑤→⑥→⑦。

2. 重编的网络计划图如图3-17所示。

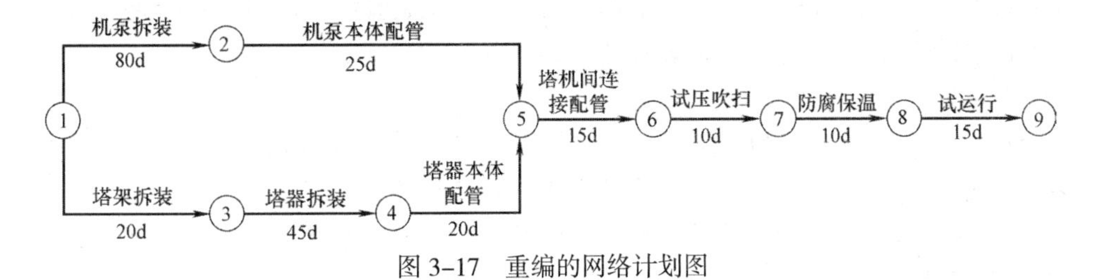

图3–17　重编的网络计划图

工期可缩短20d，关键线路为：①→②→⑤→⑥→⑦→⑧→⑨。

附加说明：管道试压吹扫与管道、设备防腐保温两工作之间有搭接作业的可能；考虑试运行不可预见因素多，试运行15d时间有压缩余地，这三项工作存在缩短工期的潜力。

3. 将不合格的高压管件作不合格品处理，做明显标志，单独存放，及时退货。A公司索赔成立的条件：

（1）高压管件为甲供不合格品，不属于承包人责任。

（2）已造成承包人的额外损失。

（3）A公司及时发出了索赔意向书。

实务操作和案例分析题十

【背景资料】

某机电安装公司承接了南方某电厂项目，其中包括1000MW超超临界直流锅炉电站机组安装项目。

签订施工承包合同后，A单位对投标阶段的施工组织设计纲要的格式和内容简单修改后作为施工组织总设计。施工组织总设计中，主要施工方案确定锅炉主吊为塔式起重机，汽机间的设备用桥式起重机吊装，焊接要求进行工艺评定，编制了相应的施工方案和并进行交底。同时，根据施工现场的危险源分析，安装公司编制了锅炉设备吊装和汽轮机设备吊装的安全专项施工方案。制定相应的安全技术措施，建立健全安全管理体系。

施工过程中，业主考虑后期扩建工程对冷却水处理系统共用的需要，修改了水处理系统的设计。由于业主对A单位前期工程进度和施工质量很满意，将修改后的水处理工程仍交由A单位进行施工，并要求A单位重新修改施工组织设计。

因作业面狭窄，锅炉受热面选用直立式组合的方式，依据先上后下、先两侧后中间的吊装原则对锅炉受热面进行吊装。锅炉安装完毕后，安装公司依据相关标准制订烘炉计划，确认烘炉曲线，按照烘炉曲线进行烘炉并做详细记录。

烘炉结束后，A单位组织对锅炉辅助机械和各附属系统的分部试运行，对锅炉及其主蒸汽、再热蒸汽管道系统进行吹洗，编制锅炉整体试运行方案，组织锅炉整体试运行。

点火前，锅炉进行了一次过热器出口工作压力的严密性水压试验，并利用锅炉内水的压力对各管路进行了冲洗。

【问题】

1. A单位编制的施工组织总设计应包括哪些主要内容？

2. 业主要求A单位重新修改施工组织设计是否合理？A单位修改后的施工组织设计应如何审批？

3. A单位在烘炉阶段还应做哪些工作？严密性水压试验后，应对哪些管路进行冲洗？

4. 锅炉机组整体试运行前，还要完成哪些工作？

【参考答案】

1. A单位编制的施工组织总设计应包括工程概况、总体施工部署、施工总进度计划、总体施工准备和资源配置计划、主要施工方法、施工现场平面布置等基本内容。

2. 业主要求A单位重新修改施工组织设计合理，因为水处理系统设计的修改属于原则的重大变更，须履行原审批手续。

A单位修改后的施工组织设计应由A单位技术负责人审批后向监理报批。

3. A单位在烘炉阶段还应做下列工作：准备烘炉用的工机具和材料；编制烘炉期间作业计划及应急处理预案；确定和实施烘炉过程中的监控重点。严密性水压试验后，还应对取样管、排污管、输水管和仪表管路进行冲洗。

4. 锅炉机组整体试运行前还应完成锅炉受热面的化学清洗，锅炉热工测量、控制和保护系统的调整试验工作。

实务操作和案例分析题十一

【背景资料】

某安装公司承包某热电联产项目的机电安装工程。主要设备材料（如母线槽等）由施工单位采购。合同签订后，安装公司履行相关开工手续，编制了施工方案及各分项工程施工程序。施工方案内容主要包括：工程概况、编制依据、施工准备、质量安全保证措施。针对低压配电母线槽的安装，制定了施工程序：开箱检查→支架安装→单节母线槽绝缘测试→母线槽安装→通电前绝缘测试→送点验收。

在施工过程中，发生了以下事件：

事件1：建设单位对配电母线槽用途提出新的要求，通知了设计单位但其未能及时修改出图，后经协调，设计单位提供了修改图纸。供货单位拿到图纸后，由于建设单位工程款未及时支付给施工单位，导致母线槽未按原定计划采购生产。安装公司催促建设单位付款后，才使母线槽送达施工现场，但已造成工期延误。

事件2：母线槽安装完成后，因没能很好地进行成品保护，遭遇雨季建筑渗水，母线槽受潮，送电前绝缘电阻测试不合格，并且部分吊架安装不符合规范要求（图3–18），质检员对母线槽安装提出了返工要求。母线槽拆下后，有5节母线槽的绝缘电阻测试值见表3–17，母线槽经干燥处理，增加圆钢吊架后返工安装，通电验收合格，但造成了工期的延误。

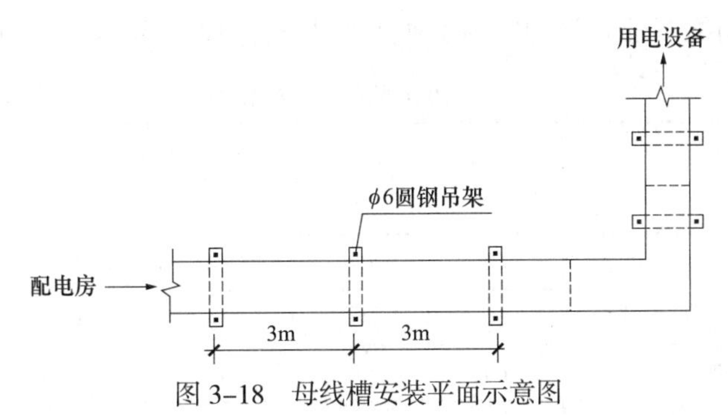

图3–18　母线槽安装平面示意图

母线槽绝缘电阻测试值　表3–17

母线槽	①	②	③	④	⑤
电阻值（MΩ）	30	35	10	25	0.5

【问题】

1. 安装公司编制的施工方案还应包括哪些内容？

2. 表3–17中，哪几节母线槽绝缘电阻测试值不符合规范要求？写出合格的要求。

3. 图3–18中，母线槽安装有哪些不符合规范要求？写出符合规范要求的做法。

4. 分别指出建设、设计和施工单位的哪些原因造成了工期延误？

【参考答案】

1. 安装公司编制的施工方案还应包括：施工安排、施工进度计划、资源配置计划、施工方法及工艺要求。

2. 第③节、第⑤节母线槽绝缘电阻测试值不符合规范要求。

合格的要求：每节母线槽的绝缘电阻测试值不应小于20MΩ。

3. 母线槽安装中不符合规范要求及符合规范要求的做法如下：

（1）ϕ6圆钢吊装不符合规范要求。

正确做法：母线槽水平安装时，圆钢吊架直径不得小于8mm。

（2）吊架间距3m不符合规范要求。

正确做法：吊架间距不应大于2m。

（3）转弯处支架，不符合规范要求。

正确做法：每节母线槽的支架不应少于1个，转弯处应增设支架加强。

4. 建设单位造成工期延误的原因是：工程款未及时支付给施工单位。

设计单位造成工期延误的原因是：建设单位对配电母线槽的用途提出新的要求后，未及时修改出图。

施工单位造成工期延误的原因是：未能很好地进行成品保护导致母线槽受潮、绝缘电阻测试不合格，吊架安装不符合规范要求需要返工。

实务操作和案例分析题十二

【背景资料】

某安装公司承包了一宾馆的空调系统及电梯的施工，空调系统计划投资600万元，工期6个月，安装公司编制的月计划中施工费用和实际发生的费用见表3-18。

施工费用和实际发生的费用 **表3-18**

项目（万元）	月份					
	1	2	3	4	5	6
计划工程预算费用	60	130	160	130	70	50
计划工程累计预算费用	60	190	350	480	550	600
已完工程实际费用	60	140	190	130	90	30
已完工程累计实际费用	60	200	390	520	610	640
已完工程预算费用	30	110	180	150	100	30
已完工程累计预算费用	30	140	320	470	570	600

施工过程中发生了下列事件：

事件1：该宾馆采用多联式空调系统，施工完毕后无法正常输出冷风和热风。

事件2：空调系统调试考核时仅考核了空气的温度，防排烟系统的风量与正压符合设计和消防要求，因在夏季调试，仅做带冷源试运行8h。

事件3：电梯施工时，有些需持证上岗的特种作业人员无上岗证件。主电源开关未按规定施工。

【问题】

1. 计算空调工程第5个月的费用偏差、进度偏差。

2. 多联式空调系统调试的要求有哪些？

3. 电梯安装时，除应持有电梯安装许可证外，哪些工种还应持特种作业上岗证上岗？

4. 电梯主电源开关安装必须符合哪些规定？

【参考答案】

1. 该工程第5个月：

费用偏差＝已完工程累计预算费用－已完工程累计实际费用＝570－610＝−40万元＜0，即费用超支40万元。

进度偏差＝已完工程累计预算费用－计划工程累计预算费用＝570－550＝20万元＞0，

即进度提前20万元。

2. 多联式空调系统调试的要求：

（1）系统应能正常输出冷风或热风，在常温条件下可进行冷热的切换与调控。

（2）室内机的试运行不应有异常振动与声响，百叶板动作应正常，不应有渗漏水现象，运行噪声应符合设备技术文件要求。

（3）具有可同时供冷、热的系统，需在满足当季工况运行条件下，实现局部内机反向工况的运行。

3. 因为安装电梯时除电工外，还应有钳工、焊工、起重工、架子工等，这些工种中，电工、焊工、起重工、架子工均属特殊工种，应持证上岗。

4. 电梯主电源开关安装必须以确保电梯安全及应急方便为前提。故主电源开关安装时必须符合下列规定：

（1）主电源开关应能够切断电梯正常使用情况下最大电流。

（2）该开关应能从机房入口处方便地接近。

实务操作和案例分析题十三

【背景资料】

某施工单位（乙方）承接一项566MW火力发电厂全部机电安装工程，工程内容包括：锅炉机组、汽轮发电机组、厂变配电站、化学水车间、制氢车间、空气压缩车间等。其中锅炉汽包重102t，安装位置中心标高为52.7m；发电机定子重158t，安装在标高＋10.000m平台上，压力容器和管道最高工作压力为15.73MPa。

乙方与建设单位（甲方）订立的施工合同规定：采用单价合同，每一分项工程的工程量增减超过10%时，需调整工程单价。合同工期为25d，工期每提前1d奖励3000元，每拖后1d罚款5000元。

乙方在开工前及时提交了施工网络进度计划，如图3-19所示，并得到甲方代表的批准。

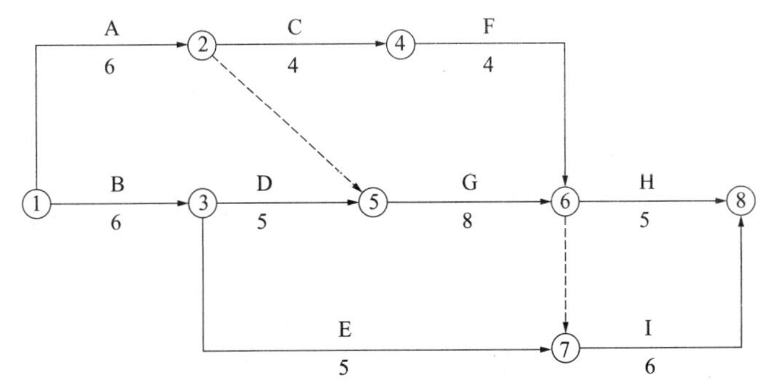

图3-19　某工程施工网络进度计划（单位：d）

工程施工中发生如下几项事件：

事件1：因甲方提供电源故障造成施工现场停电，使工作A和工作B的工效降低，作业时间分别拖延2d和1d；多用人工8个和10个工日；工作A租赁的施工机械每天租赁费为560元，工作B的自有机械每天折旧费为280元。

事件2：为保证施工质量，乙方在施工中将工作C原设计尺寸扩大，增加工程量$16m^3$，该工作全费用单价为87元/m^3，作业时间增加2d。

事件3：因设计变更，工作E的工程量由$300m^3$增至$360m^3$，该工作原全费用单价为65元/m^3，经协商调整全费用单价为58元/m^3。

事件4：鉴于该工程工期较紧，经甲方代表同意乙方在工作G和工作I作业过程中采取了加快施工的技术组织措施，使这两项工作作业时间均缩短了2d，该两项加快施工的技术组织措施费分别为2000元、2500元。其余各项工作实际作业时间和费用均与原计划相符。

事件5：锅炉机组安装完毕后，乙方立即进行了整套系统试运行，被监理工程师叫停。

【问题】

1. 针对事件1～事件4，哪些事件乙方可以提出工期和费用补偿要求？哪些事件不能提出工期和费用补偿要求？简述其理由。

2. 工程实际工期为多少天？工期提前奖励款为多少元？

3. 人工工日单价为25元/工日，管理费、利润不予补偿。计算甲方应给乙方追加的工程款为多少？

4. 乙方在系统试运行前还应补充哪些工作？

【参考答案】

1. 事件1：

（1）工作B可以提出工期和费用补偿要求。因为提供可靠电源是甲方责任，且工作B在关键线路上，需补偿1d。

（2）工作A不可以提出工期补偿要求，可以提出费用补偿要求。因为提供可靠电源是甲方责任，但工作A不在关键线路上，其作业时间拖延2d，没有超过总时差，所以只能提出费用补偿，不可以提出工期补偿。

事件2：不可以提出工期和费用补偿要求。因为保证工程质量是乙方的责任，况且是乙方自己修改扩大设计尺寸，其措施费由乙方自行承担。

事件3：不可以提出工期补偿要求，可以提出费用补偿要求。虽然设计变更是甲方责任，但工作E不是关键工作，增加工程量后作业时间增加（360－300）/（300/5）＝1d，不影响工期，所以只能提出费用补偿，不可以提出工期补偿。

事件4：不可以提出工期和费用补偿要求，因为加快施工的技术组织措施费应由乙方承担，因加快施工而工期提前应按工期提前奖励处理。

2. 将每项事件引起的各项工作持续时间的延长值均调整到相应工作的持续时间上，如图3-20所示。计算的实际工期为：24＋1－2＝23d

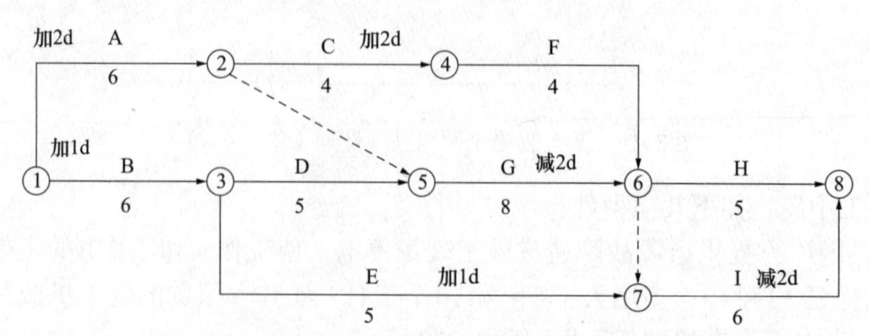

图3-20　增加延长值后某工程施工网络进度计划（单位：d）

工期提前奖励款＝（25＋1－23）×3000＝9000元

（注意：一开始关键线路为B→D→G→I，因为I工程缩短了2d，导致实际关键线路变化为B→D→G→H，甲方需补偿1d工期，所以实际合同工期为25d＋1d）

3. 事件1：

人工费补偿＝（8＋10）×25＝450元

机械费补偿＝2×560＋1×280＝1400元

事件3：

按原单价结算的工程量＝300×（1＋10%）＝330m^3

按新单价结算的工程量＝360－330＝30m^3

追加结算价＝330×65＋30×58－300×65＝3690元

（注意：追加款项＝改变单价后的总款项－原始总款项）

合计甲方应给乙方追加的工程款总额＝450＋1400＋3690＋9000＝14540元

4. 锅炉机组在整套启动以前，必须完成锅炉设备，包括锅炉辅助机械和各附属系统的分部试运行；锅炉的烘炉、化学清洗；锅炉及其主蒸汽、再热蒸汽管道系统的吹洗；锅炉的热工测量、控制和保护系统的调整试验工作。

实务操作和案例分析题十四

【背景资料】

A公司承包某大楼的土建和安装工程，考虑到业主对工期和质量的要求，A公司在经得业主同意后，将空调安装工程和空调设备的智能监控系统安装工程分别分包给合格的B、C两家公司。A公司考虑到分包单位较多，对工程的进度、质量、安全和文明施工管理进行重点控制。

B公司质检员在风管质量的检查中，发现以下情况：

（1）室外镀锌风管的拉索与避雷带连接。

（2）镀锌风管风口距离支架的距离为150mm。

（3）消声器及静压箱与风管共用吊架。

（4）边长为500mm的风管，两吊架的距离为4m，风管系统经整改安装完毕后，对主、干风管分段进行了严密性试验，对相关部位检查合格后，进行下道工序。

由于A公司在施工现场协调得力，使得B、C两家公司顺利地完成了各自的任务，空调工程在试运行合格后，按验收程序进行了竣工验收。

【问题】

1. 工程总体质量计划应由谁来制订？其主要内容是什么？

2. 指出风管检查中的错误内容并进行修改。

3. 风管安装后严密性试验检查的部位有哪些？

4. A公司主要协调B、C两家公司作业面安排的哪些内容？

【参考答案】

1. 工程总体质量计划应由A公司制订，主要内容应包括质量目标、控制点的设置、检查计划安排、重点控制的质量影响因素等。

2. 风管检查中的错误内容及修改：

(1)“室外镀锌风管的拉索与避雷带连接”错误。

正确做法：室外风管系统的拉索等金属固定件严禁与避雷针或避雷带连接。

(2)“镀锌风管风口距离支架的距离为150mm”错误。

正确做法：支吊架离风口的距离不宜小于200mm。

(3)“消声器及静压箱与风管共用吊架”错误。

正确做法：消声器及静压箱应设置独立支吊架，固定应牢固。

(4)“边长为500mm的风管，两吊架的距离为4m”错误。

正确做法：边长为500mm的风管，支吊架间距不应大于3m。

3. 风管安装后严密性试验检查的部位有：风管、部件制作加工后的咬口缝、铆接孔、风管的法兰翻边、风管管段之间的连接。

4. A公司主要协调B、C两家公司作业面安排的内容包括：(1)临时设施的共同使用；(2)共用机具的移交；(3)已形成的工程实体的成品保护措施；(4)开始搭接的作业时间；(5)搭接的初始部位；(6)作业完成后现场的清理工作。

实务操作和案例分析题十五

【背景资料】

A公司承接某机电安装工程，工程内容有：冷水机组、配电柜、水泵等设备的安装和冷水管道、电缆排管及电缆施工。施工中发生了如下事件：

事件1：班组领料时，材料员按照材料计划进行发料，并在管端进行了涂色标记，但由于施工班组管理不善，在使用时还是发生了混料现象，不得不重新进行检验。

事件2：由于冷水管道有些采用国外进口材料，A公司此前从没有遇到过，由于工期较紧，项目部抽调2名技术较好的焊工进行相应练习后，就进行管道施焊。

事件3：由于本工程所使用的都是低压电缆，A公司在使用前进行了封端密封试验，施工后进行了相关试验，确保电缆施工质量符合要求。

事件4：质检员在进行检查时，发现冷冻水泵进出管道布置如图3–21所示，遂要求施工班组进行整改。

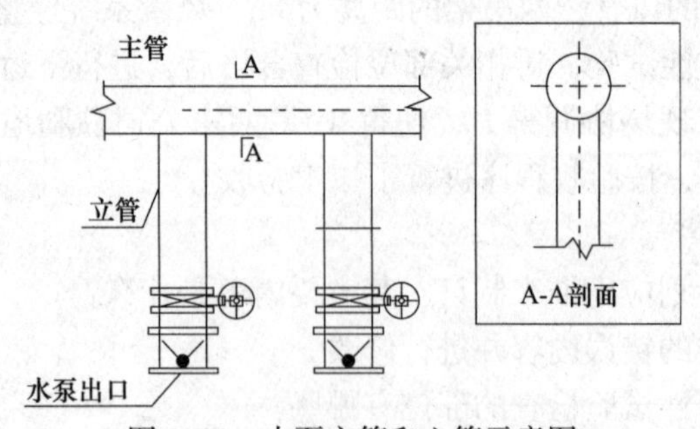

图3–21　水泵主管和立管示意图

【问题】

1. 材料混料问题出现在哪个环节，为什么？

2. 冷水管道焊接的做法是否正确，应如何进行？

3. 电缆封端严密性试验的方法是什么？电缆施工完毕后还应做哪些试验？

4. 说明正确的接管形式，请画出正确的接管示意图。

【参考答案】

1. 材料混料的问题出现在材料标识环节上。

理由：（1）材料员标识方法不正确，没有采取逐根通长的色标标识。

（2）施工班组在用料时没有进行有效的标识移值，标识保护管理不当。

2. 冷水管道焊接的做法不正确。

应这样进行：（1）A公司应进行焊接工艺评定，确定焊接方法和焊接参数，编制焊接工艺规程，并在焊接前向焊工进行交底。

（2）应组织焊工取得该材料的焊接资格，方可进行焊接作业。

3. 电缆封端严密性试验的方法是用兆欧表测试绝缘电阻。

电缆施工完毕后还应进行绝缘电阻测量和耐压试验。

4. 并联水泵的出口管道进入总管应采用顺水流斜向插接的连接形式，夹角不应大于60°。

正确的接管示意图如图3-22所示。

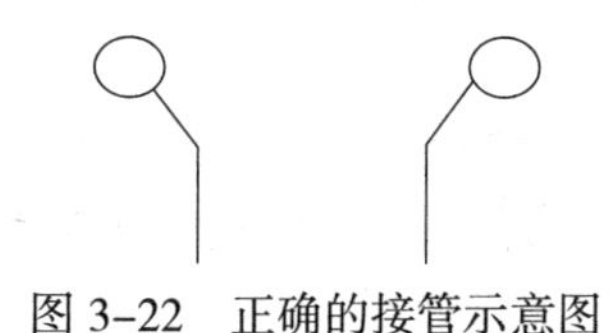

图3-22　正确的接管示意图

实务操作和案例分析题十六

【背景资料】

某压力管道工程施工进度计划网络图如图3-23所示。

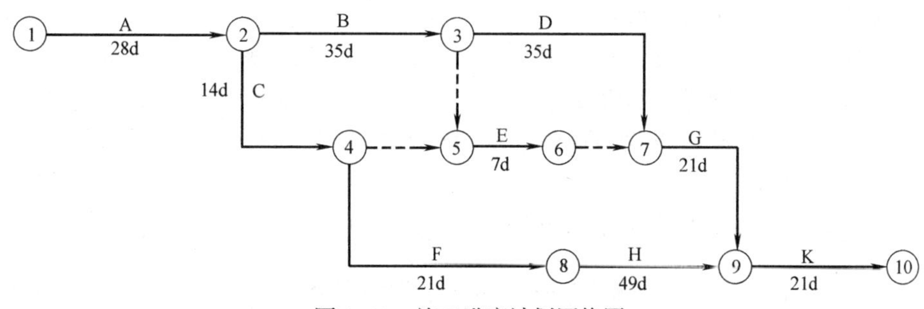

图3-23　施工进度计划网络图

施工中发生了以下事件：

事件1：A工作因设计变更停工10d。

事件2：B工作因施工质量问题返工，延长工期7d。

事件3：E工作因建设单位供料延期，推迟3d施工。

事件4：在设备管道安装气焊作业时，火星溅落到正在施工的地下室设备用房聚氨酯防水涂膜层上，引起火灾。

在施工进展到第120天后，施工项目部对第110天前的部分工作进行了统计检查。统计数据见表3-19。

统计数据　　表3-19

工作代号	计划完成工作预算成本 *BCWS*（万元）	已完成工作量（%）	实际发生成本 *ACWP*（万元）	挣得值 *BCWP*（万元）
1	540	100	580	
2	820	70	600	
3	1620	80	840	
4	490	100	490	
5	240	0	0	
合计				

【问题】

1. 本工程计划总工期和实际总工期各为多少天？

2. 施工总承包单位可否就事件1～事件3获得工期索赔？分别说明理由。

3. 计算截止到第110天的合计*BCWP*值。

4. 计算第110天的成本偏差*CV*值，并做*CV*值结论分析。

5. 计算第110天的进度偏差*SV*值，并做*SV*值结论分析。

【参考答案】

1. 本工程计划总工期＝28＋35＋35＋21＋21＝140d，实际总工期＝140＋10＋7＝157d。

2. 施工总承包单位可否就事件1～事件3获得工期索赔的判定及其理由如下：

（1）事件1可以获得工期索赔。

理由：A工作是因设计变更而停工，应由建设单位承担责任，且A工作属于关键工作。

（2）事件2不可以获得工期索赔。

理由：B工作是因施工质量问题返工，应由施工总承包单位承担责任。

（3）事件3不可以获得工期索赔。

理由：E工作虽然是因建设单位供料延期而推迟施工，但E工作不是关键工作，且推迟3d未超过其总时差。

3. 计算截止到第110天的合计*BCWP*值，见表3-20。

第110天的合计*BCWP*值计算表　　表3-20

工作代号	计划完成工作预算成本 *BCWS*（万元）	已完成工作量（%）	实际发生成本 *ACWP*（万元）	挣得值 *BCWP*（万元）
1	540	100	580	540
2	820	70	600	574
3	1620	80	840	1296
4	490	100	490	490
5	240	0	0	0
合计	3710	—	2510	2900

截止到第110天的合计*BCWP*值为2900万元。

4. 第110天的成本偏差$CV = BCWP - ACWP = 2900 - 2510 = 390$万元

*CV*值结论分析：由于成本偏差为正，说明成本节约390万元。

5. 第110天的进度偏差$SV = BCWP - BCWS = 2900 - 3710 = -810$万元

*SV*值结论分析：由于进度偏差为负，说明进度延误了810万元。

实务操作和案例分析题十七

【背景资料】

某单位中标南方沿海42台10万m^3浮顶原油储罐库区建设的总承包项目。配套的压力管道系统分包给具有资质的A公司，无损检测工作由独立第三方B公司承担。

总承包单位负责工程主材的采购工作。材料及设备从产地陆运至集港码头后，船运至本原油库区的自备码头，然后用汽车运至施工现场。

A公司中标管道施工任务后，即组织编制相应的职业健康与环境保护应急预案；与相关单位完成了设计交底和图纸会审；合格的施工机械、工具及计量器具到场后，立即组织管道施工。监理工程师发现管道施工准备工作尚不完善，责令其整改。

B公司派出Ⅰ级无损检测人员进行该项目的无损检测工作，其签发的检测报告显示，一周内有16条管道焊缝被其评定为不合格。经项目质量工程师排查，这些不合格焊缝均出自一台整流元件损坏的手工焊焊机。操作该焊机的焊工是一名自动焊焊工，无手工焊资质，未能及时发现焊机的异常情况。经调换焊工、更换焊机、返修焊缝后，重新检测结果为合格。该事件未耽误工期，但造成费用损失15000元。

储罐建造完毕，施工单位编制了充水试验方案，检查了罐底的严密性，罐体的强度、稳定性。监理工程师认为检查项目有遗漏，要求补充。

经历12个月的艰苦工作，项目顺利完工并创造了“中国建造速度”的新纪录。

【问题】

1. 总承包单位在材料运输中，需协调哪些单位?

2. A公司在管道施工前，还应完善哪些工作?

3. 说明这16条缺陷焊缝未判别为质量事故的原因。B公司的无损检测人员哪些检测工作超出了其资质范围?

4. 储罐充水试验中，还要检查哪些项目?

【参考答案】

1. 总承包单位在材料运输中，需协调集港区的港务码头管理部门、航道局、陆上运输涉及的交管局、货运公司等单位。

2. A公司在管道施工前，还应完善的工作包括：

（1）向当地质量技术监督部门办理书面告知。

（2）编制施工方案并获批准。

（3）施工人员已按有关规定考核合格。

（4）进行了技术和安全交底。

3. 本案例中16条缺陷焊缝经过返修后质量合格，并未影响工期，造成直接经济损失较小，不应判定为质量事故，而属于质量问题，由企业自行处理。

B公司的无损检测人员属于Ⅰ级人员，只能进行无损检测操作，记录检测数据，整理检测资料。案例中超出其资质范围的工作有：签发了检测报告，对质量进行评定，重新进行检测结果的评定。

4. 储罐充水试验中，还应检查：罐壁强度及严密性；固定顶的强度、稳定性及严密性；外浮顶及内浮顶的升降试验及严密性；浮顶排水管的严密性；基础的沉降观测。

实务操作和案例分析题十八

【背景资料】

某工业项目建设单位通过招标与施工单位签订了施工合同，主要内容包括设备基础、设备钢架（多层）、工艺设备、工业管道和电气仪表安装等。

工程开工前，施工单位按合同约定向建设单位提交了施工进度计划，如图3-24所示。

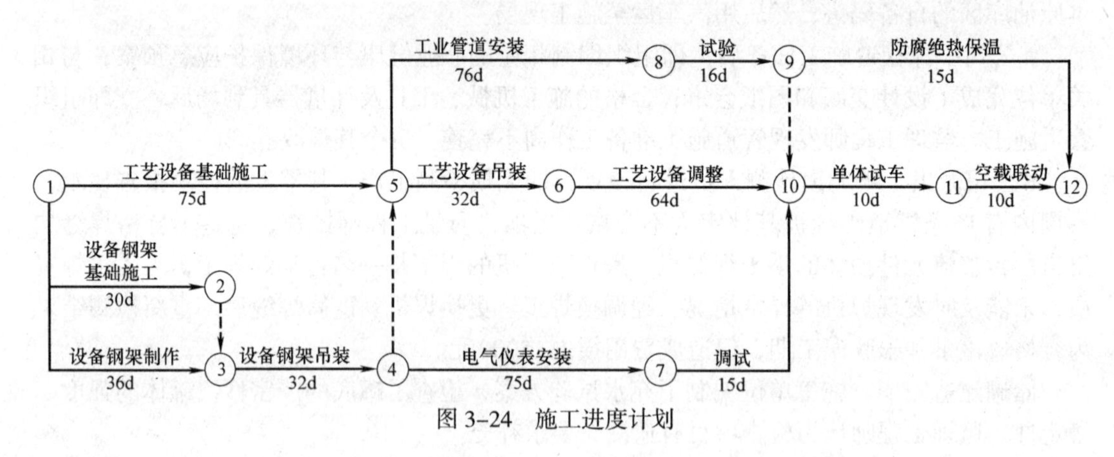

图 3-24 施工进度计划

上述施工进度计划中，设备钢架吊装和工艺设备吊装两项工作共用一台塔式起重机，其他工作不使用塔式起重机。经建设单位审核确认，施工单位按该进度计划进场组织施工。

在施工过程中，由于建设单位要求变更设计图纸，致使设备钢架制作工作停工10d（其他工作持续时间不变）。建设单位及时向施工单位发出通知，要求施工单位塔式起重机按原计划进场，调整施工进度计划，保证该项目按原计划工期完工。

施工单位采取措施将工艺设备调整工作的持续时间压缩3d，得到建设单位同意。施工单位提出的费用补偿要求如下，但建设单位没有全部认可。

（1）工艺设备调整工作压缩3d，增加赶工费10000元。

（2）塔式起重机闲置10d损失费，1600（含运行费300元/d）×10＝16000元。

（3）设备钢架制作工作停工10d造成其他有关机械闲置、人员窝工等综合损失费15000元。

【问题】

1. 用节点代号写出施工计划的关键线路，该计划的总工期是多少天？

2. 施工单位按原计划安排塔式起重机在工程开工后最早投入使用的时间是第几天？按原计划，设备钢架吊装与工艺设备吊装工作能否连续作业？说明理由。

3. 说明施工单位调整方案后能保证原计划工期不变的理由。

4. 施工单位提出的3项费用补偿要求是否合理？计算建设单位应补偿施工单位的总费用。

【参考答案】

1. 施工计划的关键线路：①→⑤→⑥→⑩→⑪→⑫。该计划的总工期是191d。

2. 施工单位按原计划安排塔式起重机在工程开工后最早投入使用的时间是第37天。

按原计划，设备钢架吊装与工艺设备吊装工作不能连续作业。

理由：按原计划，设备钢架吊装工作是在第68天末完成，而工艺设备吊装的最早开始时间与设备钢架吊装最早完成时间间隔7d，因此不能连续作业。

3. 施工单位调整方案后能保证原计划工期不变的理由：设备钢架制作工作的总时差为7d，其停工10d导致总工期延长3d。而施工单位采取措施将工艺设备调整工作（关键工作）的持续时间压缩3d，压缩后关键线路总工期缩短3d，为191d，因此可以保证原计划工期不变。

4. 第（1）项费用补偿要求合理，应补偿赶工费：10000元。

第（2）项费用补偿要求不合理，应补偿：（1600－300）×3＝3900元

第（3）项费用补偿要求合理，应补偿综合损失费：15000元。

建设单位应补偿施工单位的总费用：10000＋3900＋15000＝28900元

实务操作和案例分析题十九

【背景资料】

安装公司承接某工业厂房蒸汽系统安装，系统热源来自两台蒸汽锅炉，锅炉单台规定蒸发量为12t/h，锅炉出口蒸汽压力为1.0MPa，蒸汽温度为195℃。蒸汽主管采用ϕ219×6mm无缝钢管，安装高度为H＋3.2m，管道采用70mm厚岩棉保温，蒸汽主管全部采用氩弧焊焊接。

安装公司进场后，编制了施工组织设计和施工方案。在蒸汽管道支吊架安装（图3-25）设计交底时监理工程师要求修改滑动支架高度、吊架的吊点安装位置。

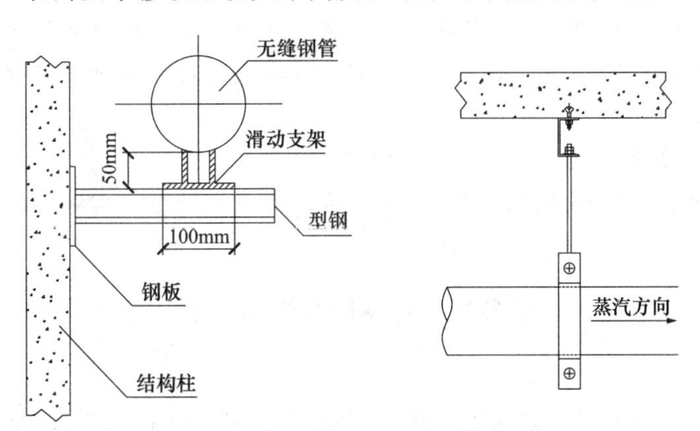

图3-25　蒸汽管道支吊架安装示意图

锅炉到达现场后，安装公司、监理单位和建设单位共同进行了进场验收。锅炉厂家提供的随机文件包含：锅炉图样（总图、安装图、主要受压部位图），锅炉质量保证书（产品合格证，金属材料证明、焊接质量证明书以及水压试验证明），锅炉安装和使用说明书，受压元件与原设计不符的变更资料。安装公司认为锅炉出厂资料不齐全，要求锅炉生

产厂家补充与安全有关的技术资料。

施工前，安装公司对全体作业人员进行了安全技术交底，交底内容：施工项目的作业特点和危险点，针对危险点的具体预防措施，作业中应遵守的操作规程和注意事项，所有参加人员在交底书上签字，并将安全技术交底记录整理归档为一式两份，分别由安全员施工班组留存。

安装公司将蒸汽主管的焊接改为底层采用氩弧焊、面层采用电弧焊，经设计单位同意后立即进入施工。但被监理工程师叫停，要求安装公司修改施工组织设计文件，并审批后方能施工。

【问题】

1. 图3–25中的滑动支架高度及吊点的安装位置应如何修改？

2. 锅炉按出厂形式分为哪几类？锅炉生产厂家还应补充哪些与安全有关的技术资料？

3. 安全技术交底还应补充哪些内容？安全技术交底记录整理归档有何不妥？

4. 监理工程师要求修改施工组织设计是否合理？为什么？

【参考答案】

1. 图3-25中：

（1）滑动支架高度修改：滑动支架的高度应大于保温层的厚度，背景中管道采用70mm厚岩棉保温，滑动支架高度为50mm，应增加支架高度稍大于70mm。

（2）吊点安装位置修改：蒸汽管道有热位移，其吊杆吊点应设在热位移的反方向，按位移值的1/2偏位安装。

2. 锅炉按出厂形式分：整装锅炉、散装锅炉。

还应补充：受压元件的强度计算书或计算结果的汇总表；安全阀排放量的计算书或计算结果汇总表。

3. 安全技术交底还应补充：工程项目和分部分项的概况；发现事故隐患应采取的措施；发生事故后应采取的避难、应急、急救措施。

安全技术交底记录整理归档的不妥之处：将安全技术交底记录整理归档为一式两份，分别由安全员施工班组留存，不妥。应为：安全技术交底记录为一式三份，分别由工长、施工班组和安全员留存。

4. 监理工程师要求修改施工组织设计合理。

理由：蒸汽主管的焊接方法改变属于施工方法有重大调整，需对施工组织设计进行修改或补充。

实务操作和案例分析题二十

【背景资料】

A公司承接某安装工程，合同包括通风空调、集热器等内容。实施前，项目部编制了工程进度费用计划，污水系统管道安装工程量为2000m，预算单价为90元/m，总费用为18万元，计划20d完成，每天100m，经考虑后，将其分包给B公司施工。

实施时，质检员日常巡检发现：管道的橡胶接头有质量隐患，如图3–26所示，集热器与集热器之间用型钢连接也存在质量问题，施工人员对橡胶接头进行了整改，但对集热器连接的整改提出异议。

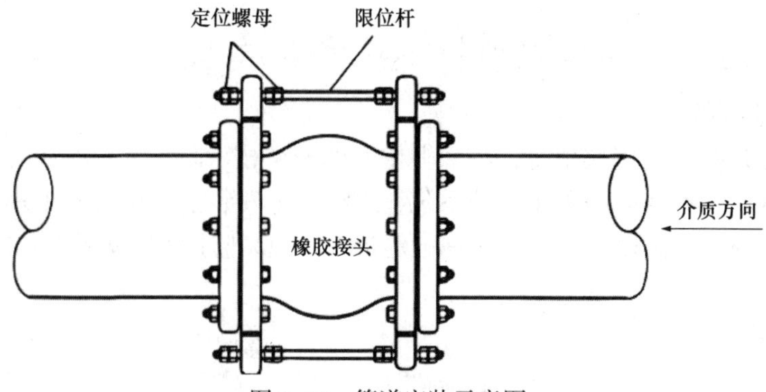

图 3–26　管道安装示意图

污水系统施工至第12天结束时，核查进度发现实际完成污水管安装1000m，但已支付B公司费用12万元。

工程完工后，项目部在某次施工技术总结时，发现关键工作属填补国内技术空白，将该工艺编制成施工工法，内容包括：前言、特点、工艺原理、施工工艺流程及操作要点、材料设备、质量控制、安全措施、环保措施等。A公司技术负责人认为工法内容不完整，要求项目部补充完整后，批准为企业级工法，随后A公司完善相应级别的科技查新报告，将该企业工法逐级报成国家级工法。

【问题】

1. 指出图3–26中有哪些错误，如何改正？

2. 施工人员提出异议是否合理？简述集热器之间的连接要求。

3. 计算污水管的费用偏差、进度偏差及费用绩效指数。

4. 项目部编制的工法还应增加哪些内容？科技查新报告由哪个部门提供？

【参考答案】

1. 图3-26中存在下列错误及改正：

错误一：限位杆定位螺母未松开；

改正：限位杆需要松开限位螺栓，将限位螺栓定位螺母调到合适位置预留工作空隙。

错误二：上游螺栓方向错误；

改正：橡胶软接头螺栓的安装方向，螺母应朝向外侧，避免螺栓顶到橡胶球体。

2.（1）施工人员提出异议不合理。

（2）集热器与集热器之间的连接要求：宜采用柔性连接，且密封可靠、无泄漏、无扭曲变形。

3. $BCWP$（已完工程预算费用）＝1000×90＝9万元

$ACWP$（已完工程实际费用）＝12万元

$BCWS$（计划工程预算费用）＝1200×90＝10.8万元

费用偏差＝9－12＝−3万元

进度偏差＝9－10.8＝−1.8万元

费用绩效指数＝9/12＝0.75

4.（1）项目部编制的工法还应增加适用范围、效益分析和应用实例。

（2）科技查新报告由省级以上技术情报部门提供。

实务操作和案例分析题二十一

【背景资料】

某商业中心共有15幢多层建筑，该商业中心的安全技术防范工程有：视频监控系统、门禁系统、巡查系统和地下停车库管理系统等工程。某安装公司承接该工程后，对安全技术防范系统进行施工图深化设计，其中一幢建筑室内视频监控系统如图3–27所示。

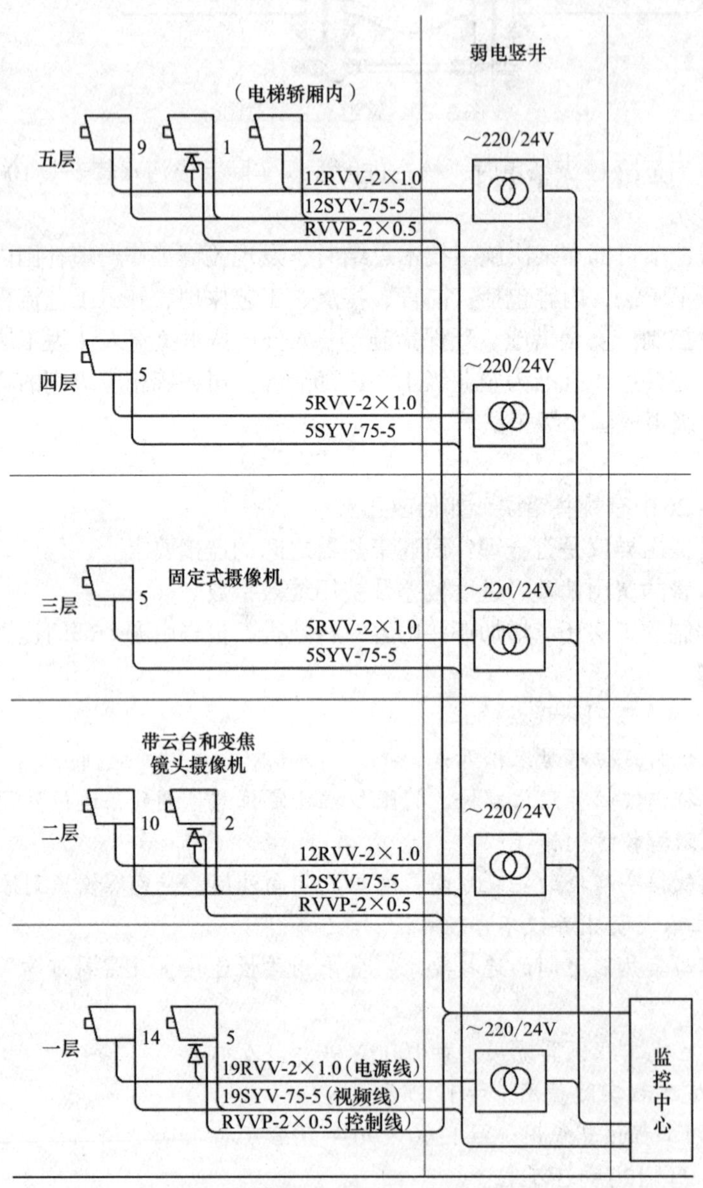

图3–27　建筑室内视频监控系统示意图

安装公司项目部进场后，依据商业中心工程的施工总进度计划，编制了安全技术防范系统施工进度计划，其中视频监控系统施工进度计划见表3–21。该进度计划在报公司审批时，被公司总工程师否定，调整后通过审批。

视频监控系统施工进度计划 **表3-21**

序号	工作内容	3月			4月			5月			6月		
		1	11	21	1	11	21	1	11	21	1	11	21
1	线槽、线管施工	—	—	—									
2	线槽、线管穿线				—	—	—						
3	监控中心设备安装							—	—	—			
4	楼层监控设备安装							—	—	—			
5	系统检测										—		
6	系统试运行调试											—	
7	验收移交												—

项目部还根据施工图纸和施工进度编制了设备、材料供应计划。在材料送达施工现场时，施工人员按验收工作的规定，对设备、材料的数量和质量进行验收，还重点检查了摄像机和视频线缆的型号、规格，均符合施工图要求。

项目部依据工程技术文件和智能建筑工程质量验收规范规定的检测项目、检测数量及检测方法编制安全技术防范系统检测方案，该检测方案经建设单位批准后，对摄像机、门禁和巡查信息识读器等设备进行抽检，均符合规范规定。

【问题】

1. 视频监控系统施工进度计划为什么被总工程师否定？如何调整？编制施工进度计划时还应关注哪几个专业工程的施工进度？

2. 图3-27中的视频线采用了哪种类型电缆？其外护套是什么材料？外导体内径为多少？

3. 材料进场时的验收工作应按哪些规定进行？并写出进场材料数量和质量验收的根据。

4. 按质量验收规范要求，图3-27中的固定式摄像机最少应抽检多少台？在调整带云台和变焦镜头摄像机的遥控功能时应排除哪些不良现象？

【参考答案】

1.（1）视频监控系统施工进度计划被总工程师否定的理由：施工进度计划中的施工程序有错，系统检测应在系统试运行调试合格后进行。

（2）系统检测运行调试安排在6月上旬，系统检测应安排在6月中旬试运行调试合格后进行。

（3）编制施工进度计划时还应关注建筑电气专业、建筑装饰专业和电梯专业工程的施工进度。

2. 图3-27中的视频线采用了射频同轴电缆，其外护套材料是聚氯乙烯塑料，外导体内径为5mm。

本题考查内容在考试用书中没有原话，主要考查的是建筑智能化工程施工技术。S是分类，表示射频同轴电缆；Y是绝缘，表示聚乙烯实芯；V是护套，表示聚氯乙烯；75是特性阻抗，表示75Ω；5是绝缘标称外径，表示外径为5mm。

3. 材料进场时的验收工作应按质量验收规范和计量检测规定进行。进场材料数量和质量验收的根据是进料计划、送料凭证、质量保证书、产品合格证。

4.（1）固定式摄像机的抽检数量＝9＋2＋5＋5＋10＋14＝45台

（2）固定式摄像机的抽检数量≥45×20%＝9台

按质量验收规范要求，图3-27中的固定式摄像机最少应抽检9台。在调整带云台和变焦镜头摄像机的遥控功能时应排除遥控延迟和机械冲击的不良现象。

第四章　机电工程施工成本管理案例分析专项突破

2014—2023年度实务操作和案例分析题考点分布

考点	年份									
	2014年	2015年	2016年	2017年	2018年	2019年	2020年	2021年	2022年	2023年
施工成本计划编制					●					
施工成本控制措施				●				●		

【专家指导】

从历年真题的考查形势上看，关于机电工程施工成本管理的这部分内容，考生需要重点掌握的有：施工成本计划编制、施工成本计划分析、施工成本控制措施等内容，因此考生要着重复习，并且要结合实际案例进行演练。

历 年 真 题

实务操作和案例分析题一［2021年真题］

【背景资料】

某安装公司承接商务楼机电安装工程，工程内容：设备、管道和通风空调安装等；商务楼办公区域空调系统采用多联机组。

项目部在施工成本分析预测后，采取劳动定额管理，实行计件工资制；控制设备采购；在量、价方面控制材料采购；控制施工机械租赁等措施控制施工成本，使计划成本小于安装公司下达给项目部的目标成本。

项目部依据施工总进度计划，编制多联机组空调系统施工进度计划（表4-1），报公司审批时被否定，要求重新编制。

在施工质量检查时，监理工程师要求项目部整改下列问题：

（1）个别柔性短管长度为300mm，接缝采用粘接。

（2）矩形柔性短管与风管连接采用抱箍固定。

（3）柔性短管与法兰连接采用压板铆接，铆钉间距为100mm。

商务楼机电工程完成后，安装公司、设计单位和监理单位分别向建设单位提交报告，申请竣工验收，建设单位组织成立竣工验收组，制定竣工验收方案。安装公司、设计单位和监理单位分别向建设单位移交了工程建设交工技术文件和监理文件。

【问题】

1. 项目部主要采取了哪几类施工成本控制措施？

多联机组空调系统施工进度计划　　　　表4-1

序号	工作内容	3月			4月			5月			6月		
		1	11	21	1	11	21	1	11	21	1	11	21
1	施工准备												
2	室外机组安装												
3	室内机组安装												
4	制冷剂管路连接												
5	冷凝水管道安装												
6	风管安装												
7	制冷剂灌注												
8	系统压力试验												
9	调试及验收移交												

2. 项目部编制的施工进度计划为什么被安装公司否定？在制冷剂灌注前，制冷剂管道需要进行哪些试验？

3. 监理工程师要求项目部整改的要求是否合理？说明理由。

4. 安装公司、设计单位和监理单位分别向建设单位提交什么报告？在验收中，设计单位需完成什么图纸？安装公司需出具什么保证书？

【参考答案与分析思路】

1. 项目部主要采取了下列几类施工成本控制措施：

（1）人工费成本的控制措施：采取劳动定额管理，实行计件工资制。

（2）工程设备成本控制措施：控制设备采购。

（3）材料成本的控制措施：在量、价方面控制材料采购。

（4）施工机械成本的控制措施：采取控制施工机械租赁等措施控制施工成本。

本题考查的是施工成本控制措施。本题可以根据背景资料中给出的具体措施结合考试用书内容进行分析判断。考查难度一般，考查的知识点属于记忆类型知识点，考生只要记住相关内容即可答出本题。

2.（1）项目部编制的施工进度计划被安装公司否定的原因：制冷剂灌注应在系统压力试验后进行，程序错误。

（2）在制冷剂灌注前，制冷剂管道应进行系统管路吹污、气密性试验、真空试验和充注制冷剂检漏试验。

本题考查的是多联机系统安装施工顺序。多联机系统安装施工顺序：

基础验收→室外机吊装→设备减振安装→室外机安装→室内机安装→管道连接→管道试验强度及真空试验→系统充制冷剂→调试运行→质量检查。

项目部编制的施工进度计划中，制冷剂灌注应在系统压力试验后进行，程序错误，因此被安装公司否定。

制冷剂管道系统安装完毕，外观检查合格后，应进行系统管路吹污、气密性试验、真空试验和充注制冷剂检漏试验，技术数据应符合产品技术文件和国家现行标准的有关规定。

3. 监理工程师要求项目部整改的要求合理。

理由：柔性短管长度宜为150～250mm；矩形柔性短管与风管连接不得采用抱箍固定；柔性短管与法兰的压板铆接中铆钉间距宜为60～80mm。

本题考查的是柔性短管制作要求。本题首先要回答监理工程师要求项目部整改的要求是否合理，再说明理由，背景资料中告知的整改要求有3项，考生在回答理由时需要一项一项地去判断。

针对要求整改的问题一：个别柔性短管长度为300mm，错误。因为柔性短管的长度宜为150～250mm。

针对要求整改的问题二：矩形柔性短管与风管连接采用抱箍固定，错误。因为矩形柔性短管与风管连接不得采用抱箍固定的形式。

针对要求整改的问题三：柔性短管与法兰连接采用压板铆接，铆钉间距为100mm，错误。因为柔性短管与法兰组装宜采用压板铆接连接，铆钉间距宜为60～80mm。

综上所述，监理工程师要求项目部整改是合理的。

4.（1）安装公司应提交工程竣工报告，设计单位应提交工程质量检查报告，监理单位应提交工程质量评估报告。

（2）设计单位需完成竣工图纸。

（3）安装单位需出具工程质量保证书。

本题考查的是竣工验收应符合的程序、建设工程项目交工验收。工程完成，建设单位收到施工单位的竣工报告、设计单位的工程质量检查报告、监理单位的工程质量评估报告后，对符合竣工验收条件要求的工程，由建设单位组织设计、施工、监理等单位和其他有关方面的专家组成验收组，制定验收方案。

建设工程项目交工验收应符合下列规定：（1）建设单位已按工程合同完成工程结算的审核，并签署结算文件。（2）设计单位已完成竣工图。（3）施工单位按国家标准或行业标准的规定向建设单位移交工程建设交工技术文件。（4）施工单位出具工程质量保证书。（5）工程监理单位按要求向建设单位移交监理文件。

实务操作和案例分析题二［2018年真题］

【背景资料】

某项目机电工程由某安装公司承接，该项目地上10层、地下2层。工程范围主要是防雷接地装置、变配电室、机房设备和室内电气系统等的安装。

工程利用建筑物金属铝板屋面及其金属固定架作为接闪器，并用混凝土柱内两根主筋作为防雷引下线，引下线与接闪器及接地装置的焊接连接可靠。但在测量接地装置的接地电阻时，接地电阻偏大，未达到设计要求，安装公司采取了能降低接地电阻的措施后，书面通知监理工程师进行隐蔽工程验收。

变配电室位于地下二层。变配电室的主要设备（三相干式变压器、手车式开关柜和抽屉式配电柜）由业主采购，其他设备、材料由安装公司采购。在变配电室的低压母线处和各弱电机房电源配电箱处均设置电涌保护器（SPD），电涌保护器接线形式满足设计要求，接地导线和连接导线均符合要求。变配电室设备安装合格，接线正确。设备机房的配电线路敷设，采用柔性导管与动力设备连接，符合规范要求。

在签订合同时，业主还与安装公司约定，提前一天完工奖励5万元，延后一天罚款5万元，赶工时间及赶工费用见表4–2。变配电室的设备进场后，变压器因保管不当受潮，干燥处理增加费用3万元，最终安装公司在约定送电前，提前6d完工，验收合格。

赶工时间及赶工费用 **表4–2**

序号	工作内容	计划费用（万元）	赶工时间（d）	赶工费用（万元/d）
1	基础框架安装	10	2	1
2	接地干线安装	5	2	1
3	桥架安装	20	—	—
4	变压器安装	10	—	—
5	开关柜、配电柜安装	30	3	2
6	电缆敷设	90	—	—
7	母线安装	80	—	—
8	二次线路敷设	5	—	—
9	试验调整	30	3	2
10	计量仪表安装	4	—	—
11	检查验收	2	—	—

在工程验收时还对开关等设备进行抽样检验，主要使用功能符合相应规定。

【问题】

1. 防雷引下线与接闪器及接地装置还可以有哪些连接方式？写出本工程降低接地电阻的措施。

2. 送达监理工程师的隐蔽工程验收通知书应包括哪些内容？

3. 本工程电涌保护器接地导线位置和连接导线长度有哪些要求？柔性导管长度和与电气设备连接有哪些要求？

4. 列式计算变配电室工程的成本降低率。

5. 在工程验收时的抽样检验，还有哪些要求应符合相关规定？

【参考答案与分析思路】

1. 防雷引下线与接闪器及接地装置还可以采取的连接方式：

（1）防雷引下线与接闪器可采用卡接器连接。

（2）防雷引下线与接地装置可采用螺栓连接。

本工程降低接地电阻的措施包括：可采用降阻剂、换土和接地模块来降低接地电阻。

本题以案例简答题的形式考查了引下线施工要求、降低接地电阻的措施。本题考查了两个小问：

第一个小问考查了引下线施工要求，接闪器与防雷引下线必须采用焊接或卡接器连接，防雷引下线与接地装置必须采用焊接或螺栓连接。

第二个小问考查了建筑接地工程施工技术要求，当接地电阻达不到设计要求时，可采用降阻剂、换土和接地模块来降低接地电阻。

2. 隐蔽工程验收通知书的内容应包括：

（1）隐蔽验收内容。

（2）隐蔽形式。

（3）验收时间。

（4）地点。

本题考查的是隐蔽工程验收通知书的内容。属于记忆类型考点，直接记忆，无需深究。

3. 本工程电涌保护器接地导线位置和连接导线长度要求：

（1）电涌保护器的接地导线位置不宜靠近出线位置。

（2）连接导线长度不宜大于0.5m。

柔性导管长度和与电气设备连接的要求：

（1）柔性导管长度不宜大于0.8m。

（2）柔性导管与电气设备连接应采用专用接头。

本题考查的是电涌保护器SPD安装要求、导管敷设要求。SPD在安装中，其接线形式要符合设计要求，接地导线的位置不宜靠近出线位置，SPD的连接导线应平直、足够短，且不宜大于0.5m。柔性导管与电气设备、器具间的连接应采用专用接头。本题考查的知识点也是较为基础的，如考生对考试用书上该部分内容都熟悉的话，答出本题不是问题。

4. 变配电室工程的成本降低率的计算如下：

（1）原计划费用：10＋5＋20＋10＋30＋90＋80＋5＋30＋4＋2＝286万元

（2）工程赶工总费用：2×1＋2×1＋3×2＋3×2＝16万元

（3）提前6d奖励：5×6＝30万元

（4）赶工后实际费用：286＋16＋3－30＝275万元

（5）变配电室工程成本降低率：（计划成本－实际成本）/计划成本×100%＝（286－275）/286×100%＝3.85%

本题考查的是成本降低率的计算。根据下列公式进行计算：成本降低率＝（计划成本－实际成本）/计划成本×100%。

5. 在工程验收时的抽样检验，还有下列要求应符合相关规定：

（1）接地安全。

（2）节能。

（3）环境保护。

本题考查的是建筑安装分部（子分部）工程质量验收要求。建筑安装分部工程中有关安全、节能、环境保护和主要使用功能的抽样检验结果应符合相应规定。

典 型 习 题

实务操作和案例分析题一

【背景资料】

A公司总承包某地一扩建项目的机电安装工程，材料和设备由建设单位提供。A公司除自己承担主工艺线设备安装外，非标准件制作安装工程、防腐工程等均要分包给具有相应施工资质的分包商施工。考虑到该地区风多雨少的气候，建设单位将紧靠河边及施工现场的一所弃用学校提供给A公司项目部，项目部安排两层教学楼的一层做材料工具工作，二层作现场办公室，楼旁临河边修建简易厕所和浴室，污水直接排入河中，并对其他空地做了施工平面布置，如图4–1所示。

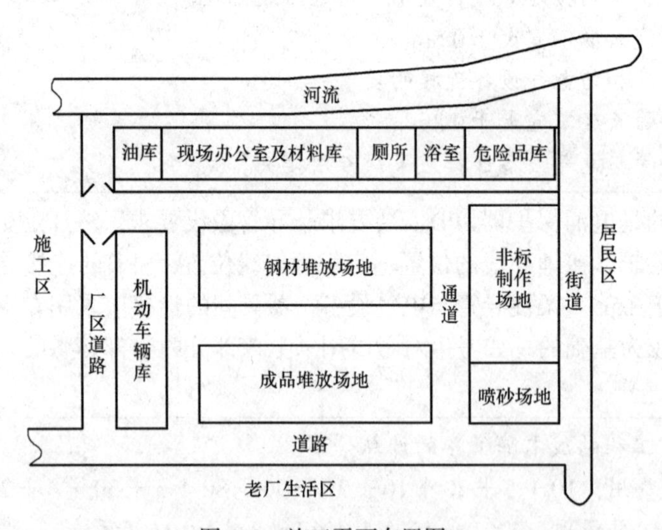

图4–1　施工平面布置图

开工前，项目部遵循“开源与节流相结合的原则及项目成本全员控制原则”签订了分包合同，制定了成本控制目标和措施。施工中由于计划多变、设计变更多、管理不到位，造成工程成本严重超过预期。

在露天非标准制作时，分包商采用CO_2气体保护焊施焊，质检员予以制止。

动态炉窑焊接完成后，项目部即着手炉窑的砌筑，监理工程师予以制止。砌筑后，在没有烘炉技术资料的情况下，项目部根据在某场的烘炉经验开始烘炉，又一次遭到监理工程师的制止。

在投料保修期间，设备运行不正常甚至有部件损坏，主要原因有：（1）设备制造质量问题；（2）建设单位工艺操作失误；（3）安装精度问题。建设单位与A公司因质量问题的责任范围发生争执。

【问题】

1. 项目部的施工平面布置对安全和环境保护会产生哪些具体危害？

2. 项目部在施工阶段应如何控制成本？

3. 说明质检员在露天制作场地制止分包商继续作业的理由，应采取哪些措施以保证焊接质量？

4. 分别说明动态炉窑砌筑和烘炉时两次遭监理工程师制止的原因。

5. 分别指出保修期间出现的质量问题应如何解决。

【参考答案】

1. 项目部的施工平面布置对安全和环境保护产生的具体危害如下：

（1）油库与办公区相邻，产生易燃易爆情况会危及办公区的人员。

（2）非标制作有光声污染，离居民区太近。

（3）喷砂会产生空气污染、沙尘污染，离居民区太近。喷砂场地应与油库、危险品库相邻。

（4）浴室、厕所污水直接排入河中有水污染。

（5）危险品离河流太近，泄漏会造成水污染。

2. 项目部在施工阶段应按以下方法控制成本：

（1）对分解的计划成本进行落实。

（2）记录、整理、核算实际发生的费用，计算实际成本。

（3）进行成本差异分析，采取有效的纠偏措施，充分注意不利差异产生的原因，以防对后续作业成本产生不利影响或因质量低劣而造成返工现象。

（4）注意工程变更，关注不可预计的外部条件对成本控制的影响。

3. 质检员在露天制作场地制止分包商继续作业的理由：非标准件制作是露天作业，且本地区风多，CO_2气体保护焊飞溅较大，有风不能施焊，会对焊接质量造成影响。

保证焊接质量应采取的措施如下：

（1）焊接方法的选用，进行焊接工艺评定。

（2）焊接设备和焊接材料的选用。

（3）焊接质量的检验，包括焊接前检验、焊接中检验、焊接后检验。

4. 动态炉窑砌筑时遭监理工程师制止的原因：焊接后不能马上砌筑，工业炉砌筑工程应于炉子基础、炉体骨架结构和有关设备安装完毕，经检查合格并签订工序交接证明书后，才可进行施工。

动态炉窑烘炉时遭监理工程师制止的原因：因为不能仅凭经验进行烘炉，烘炉必须先制订工业炉的烘炉计划，准备烘炉用机械和工机具，编制烘炉期间筑炉专业的施工作业计划，按照烘炉曲线和操作规程进行。

5. 保修期间出现的质量问题应按下列方法解决：

（1）设备制造质量问题造成的损失，应由建设单位承担修理费用，施工单位协助修理。

（2）建设单位工艺操作失误造成的损失，其修理费用或者重建费用由建设单位负担。

（3）安装精度问题造成的损失，应由施工单位负责修理。

实务操作和案例分析题二

【背景资料】

某安装工程公司承接一锅炉安装及架空蒸汽管道工程，管道工程由型钢支架工程和管道安装工程组成。项目部需根据现场实测数据，结合工程所在地的人工、材料、机械台班价格编制了每10t型钢支架工程的直接工程费单价，经工程所在地综合人工日工资标准测算，每吨型钢支架人工费为1380元，每吨型钢支架工程用各种型钢1.1t，每吨型钢材料平均单价为5600元，其他材料费为380元，各种机械台班费为400元。

由于管线需用钢管量大，项目部编制了两套管线施工方案。两套方案的计划人工费为15万元，计划用钢材为500t，计划价格为7000元/t。甲方案为买现货，价格为6900元/t，乙方案为15d后供货，价格为6700元/t。如按乙方案实行，人工费需增加6000元，机械台班费需增加1.5万元，现场管理费需增加1万元。通过进度分析，甲、乙两方案均不影响工期。

安装工程公司在检查项目部工地时，发现以下问题：

（1）与锅炉本体连接的主干管上有一段钢管的壁厚比设计要求小1mm。该段管的质量证明书和验收手续齐全，除壁厚外，其他项目均满足设计要求。

（2）架空蒸汽管道坡度、排水装置、放气装置、疏水器安装均不符合规范要求。

检查组要求项目部立即整改纠正，采取措施，确保质量、安全、成本目标，按期完成任务。

【问题】

1. 按《特种设备安全监察条例》的规定，锅炉安装前项目部书面告知应提交哪些材料才能开工？

2. 问题（1）应如何处理？

3. 问题（2）安装应达到规范的什么要求？

4. 计算每10t型钢支架工程的直接工程费单价。

5. 分别计算两套方案所需费用，分析比较项目部决定采用哪个方案？

【参考答案】

1. 按《特种设备安全监察条例》的规定，锅炉安装前项目部书面告知应提交以下材料才能开工：特种设备安装改造维修告知书；施工合同；施工计划。

2. 问题（1）应按以下处理：须经原设计单位核算，能够满足结构安全和使用功能方可给予验收，否则应予更换。

3. 问题（2）安装应达到规范的要求是：为便于排水和放气，架空蒸汽管道安装时均应设置坡度，室内管道的坡度为0.002，室外管道的坡度为0.003，坡度应与介质流向相同，以避免噪声。每段管道最低点要设排水装置，最高点应设放气装置。疏水器应安装在管道的最低点可能集结冷凝水的地方、流量孔板的前侧及其他容易积水处。补偿器竖直安装时，应在其最低点安装疏水器或放水阀。

4. 每10t型钢支架工程人工费：1380×10＝13800元

每10t型钢支架工程型钢材料费：1.1×5600×10＝61600元

每10t型钢支架工程其他材料费：380×10＝3800元

每10t型钢支架工程机械台班费：400×10＝4000元

每10t型钢支架工程的直接工程费单价＝13800＋61600＋3800＋4000＝83200元＝8.32万元

5. 原计划费用＝15＋500×0.7＝365万元

甲方案所需费用＝15＋500×0.69＝360万元

乙方案所需费用＝15＋0.6＋500×0.67＋1.5＋1＝353.1万元

因乙方案成本费用更低，项目部决定采用乙方案。

实务操作和案例分析题三

【背景资料】

某施工单位中标一厂房机电安装工程。合同约定，工程费用按工程量清单计价，综合单价固定，工程设备由建设单位采购。中标后，该施工单位组建了项目部，并下达了考核成本。在此基础上，项目部制订了成本计划，重点对占78%的直接工程费用进行了细化安排，各阶段项目成本得以控制，施工单位依据施工合同（包括补充协议）、招标工程量清单、已确认的工程量如期办理竣工结算。但在实施过程中，发生了下列事件：

事件1：当地工程造价管理机构发布了工日单价调增12%，施工单位同步调增了现场生产工人工资水平，经测算该项目人工费增加30万元。

事件2：水泵设备因厂家制造质量问题，施工单位现场施工增加处理费用2万元。

事件3：在进行给水主干管管道压力试验时，因自购闭路阀门质量问题，出现几处漏点，施工单位更换新阀门增加费用1万元。

事件4：电气动力照明工程因设计变更，施工增加费用15万元。

【问题】

1. 事件1发生后，该项目部在人工费控制方面可采取哪些措施？

2. 该项目办理竣工结算的依据还应有哪些？

3. 各事件增加的费用，施工单位哪些可得到赔偿？哪些得不到赔偿？分别说明理由。

4. 事件3中更换的新阀门应做哪些试验？其试验应符合哪些规定？

【参考答案】

1. 事件1发生后，该项目部在人工费控制方面可采取的措施有：严密劳动组织，合理安排生产工人进出厂时间；严密劳动定额管理，实行计件工资制；加强技术培训，强化生产工人技术素质，提高劳动生产率。

2. 该项目办理竣工结算的依据还应有：结算合同价款及追加或扣减的合同价款；投标书及其附件（包含已标价工程量清单）；专用、通用合同条款；相关规范标准、设计文件及有关资料。

3. 事件1增加的费用，施工单位得不到赔偿。理由：在固定单价合同条件下，无论发生哪些影响价格的因素都不对单价进行调整。

事件2增加的费用，施工单位可得到赔偿。理由：工程设备由建设单位采购的，因厂家制造质量问题的责任由建设单位承担。

事件3增加的费用，施工单位得不到赔偿。理由：自购闭路阀门质量问题的责任由施工单位承担。

事件4增加的费用，施工单位可得到赔偿。理由：由于设计变更造成的影响是属于建设单位的责任，所以施工单位可以向建设单位提出工期和费用补偿要求。

4. 事件3中更换的新阀门应做强度和严密性试验。

阀门的强度和严密性试验，应符合以下规定：

（1）阀门的强度试验压力为公称压力的1.5倍。

（2）严密性试验压力为公称压力的1.1倍。

（3）试验压力在试验持续时间内应保持不变，且壳体填料及阀瓣密封面无渗漏。

实务操作和案例分析题四

【背景资料】

A公司以PC方式总承包一大型化工项目，总承包单位直接承担全厂机电设备采购及全厂关键设备的安装调试，将其他工程分包给具备相应资质的分包单位承担。施工过程中发生下列事件：

事件1：在安装压缩机时，发现设备积累误差较大可能影响整体安装精度，项目部采取相应措施，对误差进行了修正；项目部在综合考虑多种影响因素后，最终确定了汽轮机与发电机的安装补偿措施、相邻辊道轴线与中心线垂直度偏差方向。

事件2：由于该工程管道预制工程量大的特点，项目部报经公司批准后，尝试使用管道工厂化预制技术，收到非常良好的经济效益，大幅节省了工期。

事件3：项目部采用ABC分类法，对入场的材料进行分类管理，取得了良好的效果。

事件4：室外管廊钢结构油漆出现大面积返锈现象，项目部采用因果分析图的方法对质量问题进行了仔细的分析，最终制定对策表。

项目部重视成本控制，定期进行成本分析，严格成本控制，最终超额完成了项目成本目标，得到了公司的嘉奖。

【问题】

1. 事件1中对压缩机的累积误差应采取何种方法进行修正？对于事件1中的情况应如何进行补偿？

2. 管道的工厂化预制的主要内容有哪些？

3. 应如何应用材料管理的ABC分类法？

4. 试采用因果分析图法对油漆表面返修的问题进行分析。

5. 施工成本控制的基本原则都有哪些？

【参考答案】

1. 事件1中对压缩机的累积误差应采取修配法进行修正。

对于事件1中的情况，汽轮机与发电机的安装应控制温度变化引起的补偿：调整汽轮机与发电机轴心径向位移时，汽轮机应低于发电机的一端；相邻辊道轴线与中心线垂直度偏差应相反。

2. 管道的工厂化预制的主要内容有：

（1）确定预制内容，深化设计图纸。

（2）确定预制工艺。

（3）规划预制场地。

（4）实施预制及质量检查。

（5）防护和包装。

3. 应按以下应用材料管理的ABC分类法：

（1）计算项目各种材料所占用的资金总量。

（2）根据各种材料的资金占用的多少，从大到小按顺序排列，并计算各种材料占用资金占总材料费用的百分比。

（3）计算各种材料占用资金的累计金额及其占总金额的百分比，即计算金额累计百分比。

（4）计算各种材料的累计数及其累计百分比。

（5）按ABC三类材料的分类标准，进行ABC分类。

4. 采用因果分析图法对油漆表面返修的分析如图4-2所示。

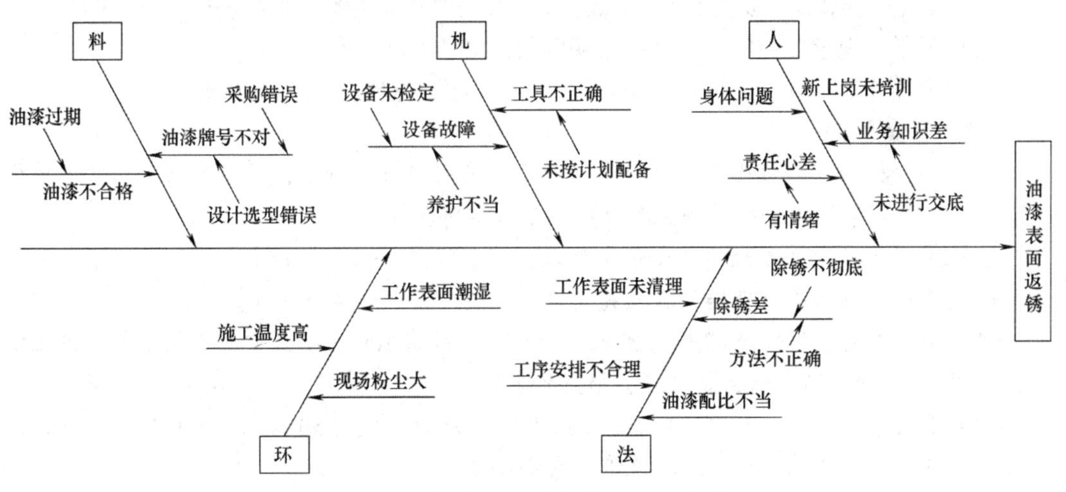

图4-2 钢结构油漆表面返锈因果分析图

5. 施工成本控制的基本原则有：

（1）全面控制原则。

（2）动态控制原则。

（3）目标管理原则。

（4）责、权、利相结合原则。

（5）节约原则。

（6）开源与节流相结合原则。

实务操作和案例分析题五

【背景资料】

某安装公司中标一机床厂的钢结构厂房制作安装及机电安装工程，在编制质量预控措施时，安装公司重点抓住工序质量控制，除设置质量控制点外，还认真地进行工序分析，即严格按照第一步书面分析、第二步试验核实、第三步制定标准的三个步骤，并分别采用各自的分析控制方法，从而有效地控制了工程施工质量。

安装公司在钢结构厂房安装时，由于搭建脚手架的地基下沉，发生脚手架倒塌事故，造成2人死亡、5人重伤、直接经济损失800万元。经相关部门调查确认，安装公司主要负责人未能依法履行安全生产管理职责导致本次事故发生，并按国家现行的安全事故等级划分规定，对安装公司及其主要负责人进行了处罚。

在设备螺纹连接件装配时，施工班组遇到有预紧力规定要求的紧固螺纹连接，经技术交底和反复实践，施工人员熟练掌握各种紧固方法的操作技能，圆满完成了所有螺纹连接的紧固工作。

在项目施工成本控制中，安装公司采用了“施工成本偏差控制”“成本分析表法控制”。实施过程中，计划成本是9285万元，预算成本是9290万元，实际成本是9230万元，施工成本控制取得了较好的效果。

【问题】

1. 工序分析的三个步骤中，分别采用的是哪种分析方法？

2. 本工程安全事故等级属于哪个等级？对安装公司及其主要负责人应进行怎样的处罚？

3. 有预紧力规定要求的螺纹连接常用的紧固方法有哪几种？

4. 列式计算本工程施工成本的实际偏差。项目成本控制的方法有哪些？

【参考答案】

1. 工序分析的三个步骤中，第一步书面分析采用因果分析法；第二步试验核实采用优选法；第三步制定标准进行管理采用系统图法和矩阵图法。

2. 根据《生产安全事故报告和调查处理条例》规定，根据生产安全事故（以下简称事故）造成的人员伤亡或者直接经济损失，事故一般分为以下等级：

（1）特别重大事故，是指造成30人以上死亡，或者100人以上重伤（包括急性工业中毒，下同），或者1亿元以上直接经济损失的事故。

（2）重大事故，是指造成10人以上30人以下死亡，或者50人以上100人以下重伤，或者5000万元以上1亿元以下直接经济损失的事故。

（3）较大事故，是指造成3人以上10人以下死亡，或者10人以上50人以下重伤，或者1000万元以上5000万元以下直接经济损失的事故。

（4）一般事故，是指3人以下死亡，或者10人以下重伤，或者1000万元以下直接经济损失的事故。

本案例中脚手架坍塌事故造成2人死亡、5人重伤、直接经济损失800万元。因此本工程安全事故等级属于一般事故。对安装公司处罚10万元以上、20万元以下罚款；对主要负责人处以上一年年收入30%的罚款。

3. 有预紧力规定要求的螺纹连接常用的紧固方法有：定力矩法、测量伸长法、液压拉伸法、加热伸长法。

4. 本工程施工成本的实际偏差＝计划成本－实际成本＝9285－9230＝55万元

项目成本控制的方法主要有以目标成本控制成本支出、用工期-成本同步的方法控制成本。在施工项目成本控制中，按施工图预算，实行“以收定支”，或者“量入为出”，是最有效的方法之一。

（1）以施工图预算控制人力资源和物质资源的消耗，实行资源消耗的中间控制。

（2）应用成本与进度同步跟踪的方法控制分部分项工程成本。

（3）建立项目月度财务收支计划制度，以用款计划控制成本费用支出。

（4）建立以项目成本为中心的核算体系，以项目成本审核签证制度控制成本费用支出。

（5）管理标准化、科学化，建立和完善成本核算、成本分析及成本考核制度。

实务操作和案例分析题六

【背景资料】

某施工单位承担一机械厂铸造生产线项目，安装合同价为560万元，合同工期为6个月，施工合同规定：

（1）开工前业主向施工单位支付合同价20%的预付款。

（2）业主自第1个月起，从施工单位的应得工程款中按10%的比例扣保证金，保证金限额暂定为合同价的3%，保证金到3月底全部扣完。

（3）预付款在最后两个月扣除，每月扣50%。

（4）工程进度款按月结算，不考虑调价。

（5）业主供料价款在发生当月的工程款中扣回。

（6）若施工单位每月实际完成的产值不足计划产值的90%时，业主可按实际完成产值的8%的比例扣留工程进度款，在工程竣工结算时的实际产值见表4–3。

进度计划与产值数据表（单位：万元）　　表4–3

时间（月）	1	2	3	4	5	6
计划完成值	70	90	110	110	100	80
实际完成值	70	80	120			
业主供料价款	8	12	15			

该工程进入第4个月时，由于业主资金困难，合同被迫终止。

【问题】

1. 机电工程项目竣工结算编制依据有哪些？

2. 该工程的工程预付款是多少万元，应扣留的保证金是多少万元？

3. 第1个月到第3个月各月签证的工程款是多少，应签发的付款凭证金额是多少？合同终止时业主已支付施工单位各类工程款多少万元？

4. 合同终止后业主共应支付施工单位多少万元的工程款？

【参考答案】

1. 机电工程项目竣工结算编制依据有：

（1）协议书（包括补充协议）。

（2）已确认的工程量、结算合同价款及追加或扣减的合同价款。

（3）投标书及其附件（包含已标价工程量清单）。

（4）专用、通用合同条款。

（5）招标工程量清单、相关规范标准、设计文件及有关资料。

2. 工程预付款为：560×20%＝112万元

应扣留的保证金为：560×3%＝16.8万元

3. 第1个月：

签证的工程款：70×（1－10%）＝63万元

应签发的付款凭证金额：63－8＝55万元

第2个月：

本月实际完成产值不足计划产值的90%，即（90－80）÷90＝11.1%

签证的工程款：80×（1－10%）－80×8%＝65.6万元

应签发的付款凭证金额：65.6－12＝53.6万元

第3个月：

本月扣保留金：16.8－（70＋80）×10%＝1.8万元

签证的工程款：120－1.8＝118.2万元

应签发的付款凭证金额：118.2－15＝103.2万元

合同终止时业主已支付施工单位各类工程款：112＋55＋53.6＋103.2＝323.8万元

4. 合同终止后业主共应支付施工单位的工程款（实际完成的价值与业主供料价格）：70＋80＋120－8－12－15＝235万元

实务操作和案例分析题七

【背景资料】

某施工单位承接200MW火力发电厂全部机电安装工程，工程内容包括：锅炉机组、汽轮发电机组、厂变配电站、化学水车间、制氢车间、空气压缩车间等。其中锅炉汽包重102t，安装位置中心标高为52.700m；发电机定子重108t（不包括两端罩），安装在标高10.000m平台上，且汽机车间仅配置一台75/20t桥式起重机；压力容器和管道最高工作压力为13.73MPa。由于工期紧和节约成本，水冷壁安装第一次采用地面组合整体柔性吊装新工艺。由于该项目经理部注重项目成本各阶段的控制，对成本控制的内容责任落实重点突出、方法得当，并定期开展“三同步”检查活动，因此工程竣工后取得了较好的经济效益。

该工程汽机车间热力管线钢管用量大，编制两套工艺管线安装施工方案，两套方案的计划用工日数均为2500d，预算日平均工资为50元，计划用钢材500t，计划价格为每吨7000元。方案甲为买现货，价格为7100元/t，乙方案为第15天后取货，价格为6800元/t。如按乙方案实行，工人窝工150个工日，机械台班费需增加20000元，现场管理费需增加15000元。通过进度分析，方案甲和方案乙两种情况均不影响工期。

【问题】

1. 该施工单位进行项目成本控制时，应考虑哪些原则？在施工阶段应进行哪些成本控制工作？

2. 按施工项目成本构成，如何对材料费成本进行分析？

3. 试用因素分析法分析汽机车间两套工艺管线安装施工方案最低工程成本。该施工单位决定采用哪种工艺管线方案？

4. 对施工方案进行经济性评价的常用方法是什么？对施工方案进行技术经济比较应包括哪些内容？

5. 从施工项目成本管理的角度，在此案例中应对哪些施工方案进行技术经济比较？

【参考答案】

1. 该施工单位进行项目成本控制时，应考虑的原则：全面控制原则；动态控制原则；目标管理原则；责、权、利相结合原则；节约原则；开源与节流相结合原则。

在施工阶段应进行的成本控制工作：

（1）对分解的成本计划进行落实。

（2）记录、整理、核算实际发生的费用，计算实际成本。

（3）进行成本差异分析，采取有效的纠偏措施，充分注意不利差异产生的原因，以防对后续作业成本产生不利影响或因质量低劣而造成返工现象。

（4）注意工程变更，关注不可预计的外部条件对成本控制的影响。

2. 按施工项目成本构成，对材料费成本进行以下分析：

（1）量差，材料实际耗用量与预算定额用量的差异。

（2）价差，即材料实际单价与预算单价的差异，包括材料采购费用的分析。

3. 本案例的分析计算：

（1）计划成本：50×2500＋7000×500＝3625000元

（2）因素1（方案甲），购买现货的实际成本＝50×2500＋7100×500＝3675000元

（3）因素2（方案乙），购买期货的实际成本＝50×（2500＋150）＋6800×500＋20000＋15000＝3567500元

结论：在不影响工期的前提下，方案乙成本最低，比计划成本低57500元，方案甲的成本最高，比计划成本高50000元。方案乙的成本比方案甲的成本低107500元。

施工单位决定采用方案乙，这个选择从经济角度来讲是正确的。

4. 对施工方案进行经济性评价的常用方法是综合评价法，对施工方案进行技术经济比较包括的内容为：技术的先进性、方案的经济合理性、方案的重要性等。

5. 在此案例中，应对下列施工方案进行技术经济比较：发电机定子设备吊装运输、锅炉锅筒吊装、锅炉钢结构焊接安装、高压管道焊接、水冷壁整体柔性吊装、整套负荷试运行和无损检测等工作内容。

实务操作和案例分析题八

【背景资料】

某花苑小区变电站建设工程，合同工期为10个月（按200个工作日计），在其合同造价中，人工费为400万元，材料费为1000万元，施工单位自有施工机械使用费为200万元，其他管理措施费及利润为400万元。

当施工进入第2个月时，建设单位提出对原有设计进行修改，导致施工单位停工20个工作日（该期间部分员工安排了其他工作）。

在基础施工中，为了保证工程质量，施工单位自行将原设计要求的材料换成强度更高的材料，增加费用5万元。

上述情况发生后，施工单位均及时向建设单位提出了索赔要求。其具体索赔内容如下：

（1）由于建设单位修改设计使施工单位延误20个工作日的费用索赔，计算方法如下：

① 人工费＝延误工作日 × 日工作班数 × 每班工作人数 × 工日费。

② 施工机械设备闲置费＝延误工作日 × 日工作班数 × 每班机械台数 × 机械台班费。

③ 施工现场管理费＝（合同价 ÷ 工期）× 延误工作日 × 施工现场管理费率。

④ 利润＝（合同价 ÷ 工期）× 延误工作日 × 利润率。

（2）由于基础施工中材料更换使施工企业增加5万元的费用索赔。

【问题】

1. 成本计划的编制依据包括哪些？

2. 由于修改设计引起的费用索赔，建设单位是否应接受？如接受，请说明理由。

3. 如果由于修改设计引起的费用索赔要求建设单位已经接受，那么施工单位所提出的费用索赔计算方法，建设单位是否能接受？为什么？

4. 由于材料变更而引起费用增加的索赔，建设单位是否应接受？为什么？

【参考答案】

1. 成本计划的编制依据包括：

（1）工程承包合同。

（2）项目管理实施规划。

（3）项目经理与企业法人签订的内部承包合同及有关资料。

（4）可行性研究报告和相关设计文件。

（5）已签订的分包合同（或估价书）。

（6）生产要素价格信息。

（7）类似项目的成本资料。

（8）施工成本预测资料。

2. 由于修改设计引起的费用索赔，建设单位应该接受。

理由：修改设计造成的施工延误是由于建设单位原因造成的。

3. 施工单位所提出的费用索赔计算方法，建设单位能否接受的判定：

（1）人工费损失的计算方法不能接受。因为人工费不应按工日费计算，此处可按劳动效率降低计算。

（2）施工机械设备闲置费损失的计算方法不能接受。因为该费用不能按台班费计算，此处可按设备折旧费计算。

（3）施工现场管理费损失的计算方法不能接受。因为该费用不应以合同价为计算基数，一般以直接费用为计算基数。

（4）利润损失计算方法不能接受。因为利润包含在合同价中，延期并不影响利润额。

4. 由于材料变更而引起费用增加的索赔，建设单位不应接受。因为施工企业擅自更换材料，既不是建设单位要求，也未经建设单位同意。

实务操作和案例分析题九

【背景资料】

某安装公司承接了某商业综合体（地上30层，地下2层，每层垂直净高5.0m）的曳引式电梯安装工程。整栋建筑设置14台电梯和2台扶梯。电梯功能划分见表4-4。

合同签订后，安装公司编制了电梯施工组织与技术方案、作业进度计划等，经项目技术负责人审批后立即开始施工，遭监理单位否定。

由于工期紧和需要节约成本，该项目经理部注重项目成本各阶段的控制，对成本控制的内容责任落实重点突出、方法得当，并定期开展三同步检查活动，因此工程竣工后取得了较好的经济效益。

电梯功能划分 **表4-4**

电梯、扶梯编号	服务区域或功能	备注
L1、L2、L3	低区客梯	2.5m/s
L4、L5、L6	全区客梯	2.5m/s
L7、L8、L9	高区客梯	2.5m/s
L10	贵宾客梯	6m/s
L11、L12	停车库客梯	无机房
L13	客梯兼消防梯	3m/s、无障碍梯
L14	观光电梯	2.5m/s
E1、E2	展厅	0.5m/s

安装过程中，监理工程师对L14的轿厢系统安装提出了质疑（L14的轿厢系统设计图如图4-3所示），经安装公司修整后验收通过。

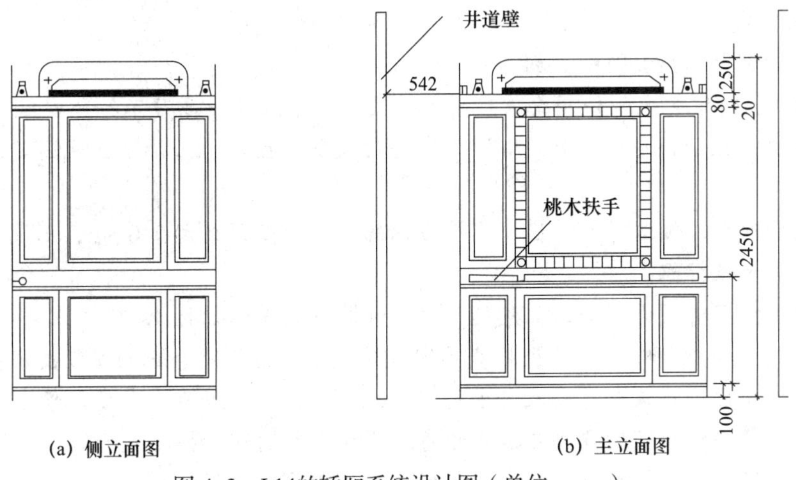

图4-3　L14的轿厢系统设计图（单位：mm）

在E1、E2的土建交接检验中，检查了建筑结构的预留孔、垂直净空高度、基准线设置等，均符合安装要求。在电梯厂的指导和监控下，安装公司将桁架吊装到位（图4-4），E1、E2的电器、扶手带、梯级等部件的安装完成后，各分项工程验收合格。自动扶梯校验、调试及试运行验收合格。

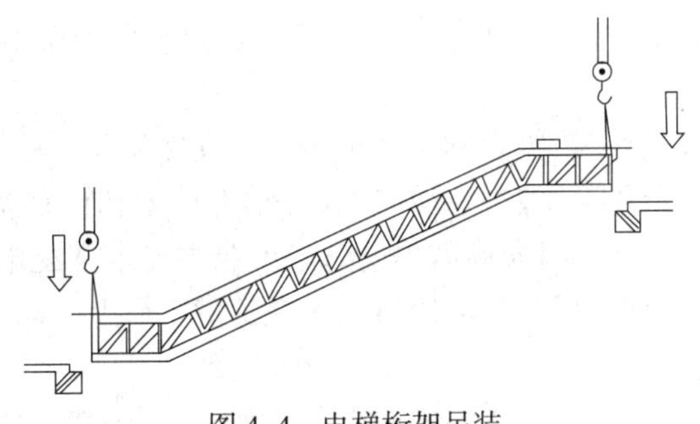
图4-4　电梯桁架吊装

【问题】

1. 在施工过程中如何对项目施工机械成本进行控制？

2. 按运行速度分，L1、L10、L13、E1各属于什么电梯？

3. 技术方案、作业进度计划等被监理单位否定的原因是什么？并描述需要的材料。

4. 结合施工设计图，简述监理工程师质疑L14的原因，并描述正确做法。

5. 在土建交接检验中，有哪几项检查内容直接关系到桁架能否正确安装使用？

【参考答案】

1. 在施工过程中按下列措施对项目施工机械成本进行控制：（1）优化施工方案；（2）严格控制租赁施工机械；（3）提高施工机械的利用率和完好率。

2. 按运行速度分，L1属于中速电梯，L10属于高速电梯，L13属于高速电梯，E1属于低速电梯。

3. 技术方案、作业进度计划被监理单位否定的原因是：电梯施工前，施工单位应书面告知直辖市或者设区的市的特种设备安全监督管理部门。材料包括特种设备开工告知申请书一式两份、电梯安装资质证原件、电梯安装资质证复印件加盖公章、组织机构代码证复印件加盖公章等。

4. 监理工程师质疑L14的原因：

（1）图中L14观光电梯使用全玻璃轿壁，设置的独立扶手高度不符合规范要求。

正确做法：在距轿底面0.9～1m的高度安装扶手，且扶手必须独立地固定，不得与玻璃相关。

（2）轿厢顶部外侧边缘至井道壁水平方向的自由检查距离大于0.3m，但没有在轿顶装设防护栏及警示性标识。

正确做法：在轿顶设置合适高度的防护栏和醒目的警示性标识。

5. 在土建交接检验中，有下列检查内容直接关系到桁架能否正确安装使用：

（1）自动扶梯的梯级或自动人行道的踏板或胶带上空，垂直净高度严禁小于2.3m。

（2）根据产品供应商的要求应提供设备进场所需的通道和搬运空间。

（3）在安装之前，土建施工单位应提供明显的水平基准线标识。

实务操作和案例分析题十

【背景资料】

某安装公司分包一商务楼（1～5层为商场，6～30层为办公楼）的变配电工程，工程的主要设备（三相干式电力变压器、手车式开关柜和抽屉式配电柜）由业主采购，设备已运抵施工现场。其他设备、材料由安装公司采购，合同工期为60d，并约定提前1d奖励5万元人民币，延迟1d罚款5万元人民币。

安装公司项目部进场后，依据合同、施工图、验收规范及总承包的进度计划，编制了变配电工程的施工方案、进度计划（图4–5）、劳动力计划和计划费用。项目部施工准备工作用去5d。当正式施工时，因商场需提前送电，业主要求变配电工程提前5d竣工。项目部按工作持续时间及计划费用（表4–5）分析，在关键工作上，以最小的赶工增加费用，在试验调整工作前赶出5d。

进入试验调整工作时，发现有2台变压器线圈因施工中保管不当受潮，干燥处理用去

3d，并增加费用3万元。项目部又赶工3d，变配电工程最终按业主要求提前5d竣工，验收合格后，资料整理齐全，准备归档。

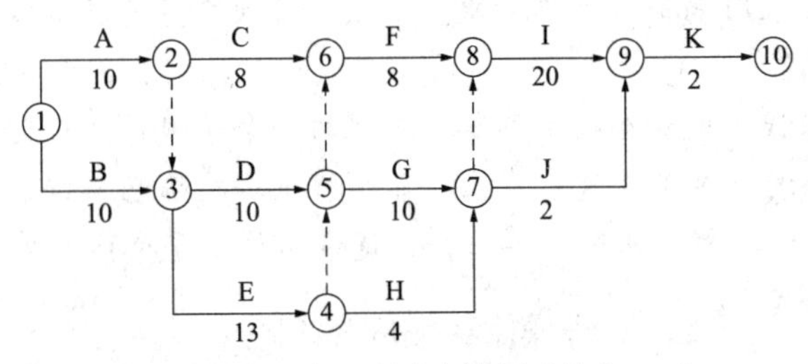

图4–5 变配电工程进度计划（单位：d）

工作持续时间及计划费用 表4–5

代号	工作内容	紧前工作	持续时间（d）	计划费用（万元）	可压缩时间（d）	压缩单位时间增加费用（万元/d）
A	基础框架安装	—	10	10	3	1
B	接地干线安装	—	10	5	2	1
C	桥架安装	A	8	15	3	0.8
D	变压器安装	A、B	10	8	2	1.5
E	开关柜配电柜安装	A、B	13	32	3	1.5
F	电缆敷设	C、D、E	8	90	2	2
G	母线安装	D、E	10	80	—	—
H	二次线路敷设	E	4	4	1	—
I	试验调整	F、G、H	20	30	3	1.5
J	计量仪表安装	G、H	2	4	—	—
K	检查验收	I、J	2	2	—	—

【问题】

1. 项目部在哪几项工作赶工了？分别列出其赶工天数和增加的费用。

2. 原计划施工费用是多少？赶工后实际施工费用是多少？

3. 变压器线圈可采用哪种加热方法干燥？干燥后必须检查哪项内容合格后才能做耐压试验？

4. 变配电工程先按哪种工程划分类别进行竣工验收？竣工资料应在何时归档？

【参考答案】

1. 项目部在A、B、E、I工作上赶工了。

A工作赶工天数为2d。增加的费用：2×1＝2万元

B工作赶工天数为2d。增加的费用：2×1＝2万元

E工作赶工天数为3d。增加的费用：3×1.5＝4.5万元

I工作赶工天数为3d。增加的费用：3×1.5＝4.5万元

2. 原计划施工费用：10＋5＋15＋8＋32＋90＋80＋4＋30＋4＋2＝280万元

总的赶工费用：4＋4.5＋4.5＝13万元

变压器干燥增加费用：3万元

提前5d竣工奖励：5×5＝25万元

赶工后实际施工费用：280＋13＋3－25＝271万元

3. 变压器线圈可采用铜损法加热干燥。干燥后必须检查变压器线圈的绝缘状况，绝缘合格后方可做耐压试验。

4. 因为变配电工程只是商务楼工程单项工程的一个子单位（子分部）工程，可先按子单位（子分部）工程进行竣工验收。验收后资料移交给总承包单位，总承包单位在整个商务楼工程竣工验收合格时移交给建设单位，由建设单位在整个商务楼工程结束时归档。

实务操作和案例分析题十一

【背景资料】

某安装公司中标一机电工程项目，承包内容有工艺设备及管道工程、暖通工程、电气工程和给水排水工程。安装公司项目部进场后，进行了成本分析，并将计划成本向施工人员进行交底；依据施工总进度计划，组织施工，合理安排人员、材料、机械等，使工程按合同要求进行。

在工艺设备运输及吊装前，施工员向施工班组进行施工技术交底，施工技术交底内容包含施工时间、工艺设备安装位置、安装质量标准、质量通病及预防办法等。

在设备机房施工期间，现场监理工程师发现某工艺管道取源部件的安装位置如图4–6所示，认为该安装位置不符合规范要求，要求项目部整改。

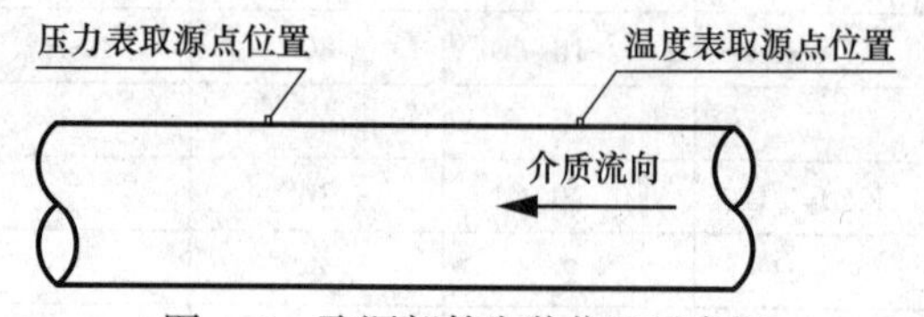

图4–6　取源部件安装位置示意图

施工期间，露天水平管道绝热施工验收合格后，进行金属薄钢板保护层施工时，施工人员未严格按照技术交底文件施工，水平管道纵向接缝不符合规范规定，被责令改正。

在工程竣工验收后，项目部进行了成本分析，数据收集见表4–6。

成本分析数据表　　　　**表4–6**

序号	分部工程名称	实际发生成本（万元）	成本降低率（%）
1	暖通工程	450	10
2	电气工程	345	−15
3	给水排水工程	300	25
4	工艺设备及管道工程	597	0.5

【问题】

1. 工艺设备施工技术交底中，还应增加哪些施工质量要求？

2. 图4–6中气体管道压力表与温度表取源部件位置是否正确？说明理由。蒸汽管道的压力表取压点安装方位有何要求？

3. 管道绝热按用途可分为哪几种类型？水平管道金属保护层的纵向接缝应如何搭接？

4. 列式计算本工程的计划成本及项目总成本降低率。

【参考答案】

1. 工艺设备施工技术交底中，还应增加的施工质量要求：工艺设备吊装运输的质量保证措施，检验、试验和质量检查验收评级依据。

2. 气体管道压力表与温度表取源部件位置不正确。理由：压力表取源部件应安装在温度表取源部件的上游侧。

蒸汽管道的压力表取压点安装方位要求：在管道的上半部（下半部与管道水平中心线成0°～45°夹角内）。

3. 管道绝热按用途分为：保温、保冷、加热保护。

水平管道金属保护层的纵向接缝应采取顺水搭接（上搭下）。

4. 本工程的计划成本及项目总成本降低率计算：

（1）暖通工程：计划成本＝实际成本/（1－成本降低率）＝450/（1－10%）＝500万元

（2）电气工程：计划成本＝实际成本/（1－成本降低率）＝345/[1－(－15%)]＝300万元

（3）给水排水工程：计划成本＝实际成本/（1－成本降低率）＝300/（1－25%）＝400万元

（4）工艺设备及管道工程：计划成本＝实际成本/（1－成本降低率）＝597/（1－0.5%）＝600万元

（5）总成本降低率：（计划成本－实际成本）/计划成本＝[（500＋300＋400＋600）－（450＋345＋300＋597）]/（500＋300＋400＋600）＝6%

实务操作和案例分析题十二

【背景资料】

某公司承接一项体育馆机电安装工程，建筑高度为35m，屋面结构为复杂钢结构，其下方布置空调除湿、虹吸雨等机电管线，安装高度为18～28m。混凝土预制看台板下方机电管线的吊架采用焊接H型钢作为转换支架，规格为WH350×350。

公司组建项目部，配备了项目部负责人、技术负责人和技术人员。其中现场施工管理人员包括施工员、材料员、安全员、质量员和资料员。项目部将人员名单、数量和培训等情况上报，总承包单位审查后认为人员配备不能满足项目管理的需求，要求进行补充。

在H型钢转换支架制作过程中，监理工程师检查发现有H型钢存在拼接不符合安装要求的情况，如图4–7所示，项目部组织施工人员返工后合格。

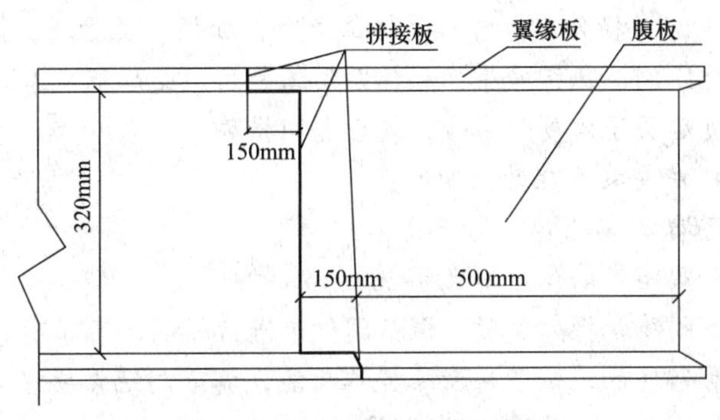

图4–7　H型钢现场拼接示意图

体育馆除湿风管采用直径DN800的镀锌圆形螺旋缝风管，为外购风管，标准节长度为4m，总计140节。风管加工前进行现场实测实量，成品直接运至现场，检验合格后随即安装。为加快施工进度和降低成本，项目部进行了风管吊装重力计算和安装工艺研究，采取每3节风管在地面组装并局部保温后整体吊装的施工方法，自行研制风管吊装卡具，用4组电动葫芦配合2台曲臂吊车完成风管的起吊、支架固定和风管连接。根据需求限定7～8人配合操作，并购买了上述人员的意外伤害险，曲臂车操作人员取得了高空作业操作证。除湿风管安装共节约成本约10万元。

项目部对空调机房安装质量进行检查，情况如下：风管安装顺直，支吊架制作采用机械加工方法；穿过机房墙体部位风管的防护套管与保温层间有20mm的缝隙；防火阀距离墙体500mm；为确保调节阀手柄操作灵敏，调节阀体未进行保温；因空调机组即将单机试运行，项目部已将机组的过滤器安装完成。

【问题】

1. 机电项目部现场施工管理人员应补充哪类人员？项目部主要人员还应补充哪类人员？

2. 请指出H型钢拼接有哪些做法不符合安装要求？正确做法是什么？

3. 项目部安装除湿风管在哪些方面采取了降低成本的措施？

4. 请指出本项目空调机房安装存在的问题有哪些？

【参考答案】

1. 机电项目部现场施工管理人员还应补充：机械员、劳务员、标准员。

项目部主要人员还应补充：项目副经理、项目技术人员、满足施工要求经考核或培训合格的技术工人。

2. H型钢拼接不符合安装要求的做法及正确做法：

（1）焊接H型钢的翼缘板拼接缝和腹板拼接缝的间距为150mm，不符合安装要求。

正确做法：焊接H型钢的翼缘板拼接缝和腹板拼接缝的间距，不宜小于200mm。

（2）翼缘板拼接长度为500mm，不符合安装要求。

正确做法：翼缘板拼接长度不应小于600mm。

3. 项目部安装除湿风管在以下方面采取了降低成本的措施：

（1）每3节风管整体吊装，为采用先进的施工方案、缩短工期、降低成本的技术措施。

（2）自制风管吊装卡具，通过4组电动葫芦配合2台曲臂吊车实施吊装，为采用新技术的技术措施。

（3）限定7～8人配合操作，操作人员持证上岗，加强人员管理，提高员工工作水平，控制现场非生产人员比例，压缩非生产和辅助用工费用，是降低成本的经济措施。

（4）为施工人员购买了意外伤害险，属于合同措施。

4. 本项目空调机房安装存在的问题有：

（1）防火阀距离墙体500mm，不正确。

正确做法：防火阀距离墙体应不大于200mm。

（2）为确保调节阀手柄操作灵敏，调节阀体未进行保温，不正确。

正确做法：风管部件的绝热不得影响操作功能，调节阀绝热要保留调节手柄的位置，保证操作灵活方便。调节阀需要进行保温。

（3）因空调机组即将单机试运行，项目部已将机组的过滤器安装完成，不正确。

正确做法：过滤器应在室内装饰装修工程安装完成后，以及空调设备等单机试运行结束后进行安装。

实务操作和案例分析题十三

【背景资料】

A单位中标某商务大厦的机电安装工程，A单位把电梯分部工程分包给具有专业资质的B单位。施工过程中发生了如下事件：

事件1：电梯进场验收时，检查了曳引式电梯的随机文件，包括：门锁装置、限速器、安全钳及缓冲器等保证电梯安全部件的型式检验证书复印件，设备装箱单，电气原理图。

事件2：B单位完成设备开箱检查后，开始安装电梯导轨，遭到了监理工程师的制止，项目部补充手续后允许施工。

事件3：安装单位的项目部结合项目实际情况，从人工费和材料成本两个方面制定了详细的施工成本控制措施，有效地控制了项目成本。

事件4：电梯分部工程的施工内容包括中速乘客电梯、低速观光电梯等，B单位对电梯进行了曳引能力试验和运行试验。电梯安装完成后，施工单位组织相关人员进行预验收，同时顺便组织进行复验。

【问题】

1. 电梯的随机文件还缺少哪些内容？电气原理图包括哪几个电路？

2. 监理工程师制止导轨安装是否正确？说明理由。

3. 简述项目部进行施工成本控制措施的内容。

4. 电梯进行曳引能力试验过程中，行程下部范围应用多少额定载重量进行试验？需要停层运行多少次？观光电梯与乘客电梯的额定运行速度范围分别是多少？

5. 电梯安装工程是否可以同时进行预验收和复验？说明理由。

【参考答案】

1.（1）电梯的随机文件还缺少下列内容：

安装、使用维护说明书；产品出厂合格证；土建布置图。

（2）电气原理图包括2个电路：动力电路、安全电路。

2.（1）监理工程师制止导轨安装正确。

（2）理由：① 电梯安装的施工单位应当在施工前将拟进行的电梯情况书面告知直辖市或者设区的市的特种设备安全监督管理部门，告知后方可施工。② 安装单位应当在履行告知后、开始施工前（不包括设备开箱、现场勘测等准备工作），向规定的检验机构申请监督检验，待检验机构审查电梯制造资料完毕，并且获悉检验结论为合格后，方可实施安装。③ 电梯安装前，土建施工单位、安装单位、建设（监理）单位应共同对土建工程进行交接验收。

3. 项目部进行施工成本控制措施的内容：

（1）人工费成本的控制措施：严格劳动组织，合理安排生产工人进出厂时间；严密劳动定额管理，实行计件工资制；加强技术培训，强化生产工人技术素质，提高劳动生产率。

（2）材料成本的控制措施：在材料采购方面，应从量和价两个方面控制。尤其是项目含材料费的工程，如非标准设备的制作安装。在材料使用方面，应从材料消耗数量控制，采用限额领料和有效控制现场施工耗料。

4.（1）电梯进行曳引能力试验过程中，行程下部范围应用125%额定载重量进行试验，需要停层运行3次。

（2）观光电梯的额定运行速度范围：$v \leqslant 1\text{m/s}$；乘客电梯的额定运行速度范围：$1\text{m/s} < v \leqslant 2.5\text{m/s}$。

5.（1）电梯安装工程不可以同时进行预验收和复验。

（2）理由：预验收结束后，施工单位应在预验收的基础上进行整改，再由项目经理提请上级单位进行复验，从而为正式验收做好准备。

实务操作和案例分析题十四

【背景资料】

A公司于2020年8月承接一学校体育馆的供暖工程，合同额为650万元。供暖热源由风冷热泵提供，供回水温度为45/40℃，健身房、教研室等附属房间采用低温热水地板辐射供暖，比赛场馆、训练馆采用散热器供暖，供热管道采用铝塑复合管。

2020年11月散热器进场，A公司对其外观和金属热强度进行了检查和复验。2021年4月，供暖系统安装完毕，A公司依次对管道系统进行了水压试验、保温、试运行和调试，其中水压试验压力未在设计中注明，供暖管道系统水压试验系统图如图4-8所示。

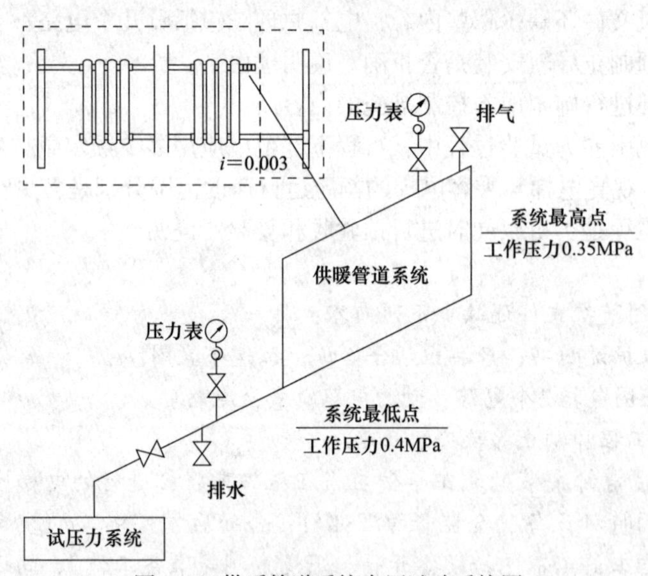

图4-8　供暖管道系统水压试验系统图

本工程于2021年6月顺利通过验收，经核算，项目实际成本为513万元，成本降低率达5%。

该供暖系统于2021年10月正式投入使用。2022年6月，建设单位按照约定将工程质量保修金返还至A公司。2022年12月，体育馆管理员反映部分散热器温度偏低，建设单位通知A公司进行检修，A公司发现由于施工质量问题造成部分管道出现气塞和堵塞现象，对这些管道进行了疏通和清理，并更换了部分散热器。

【问题】

1. 本工程供暖管道的水压试验压力是多少？水压试验合格的判定标准是什么？

2. 本工程项目的计划成本和成本降低额分别是多少？

3. 指出A公司在供暖工程施工中可能导致部分散热器温度偏低的质量问题，并说明理由。

4. 供暖系统维修费用应由谁承担？说明理由。

【参考答案】

1.（1）本工程供暖管道的水压试验压力：0.35＋0.2＝0.55MPa

（2）水压试验合格的判定标准：在系统试验压力下10min内压力降不大于0.02MPa，然后降至工作压力检查，压力应不降，不渗不漏。

2.（1）计划成本：实际成本/（1－成本降低率）＝513/（1－5%）＝540万元

（2）成本降低额：计划成本－实际成本＝540－513＝27万元

3. A公司在供暖工程施工中可能导致部分散热器温度偏低的质量问题及理由：

问题一：未对管道进行冲洗。理由：在管道保温后试运行前应对管道进行冲洗，清除管道内的杂质和脏污，防止阻塞。

问题二：图中散热器支管的坡度为0.003，不满足规范要求。理由：散热器支管的坡度应为1%。

4. 供暖系统维修费用应由施工单位A公司承担。

理由：供暖系统的保修期为2个供暖期，2021年6月通过验收，2022年12月在保修期内，且由于施工质量问题造成部分管道出现气塞和堵塞现象，故应由施工单位来承担维修费用。

第五章　机电工程施工现场职业健康安全与环境管理案例分析专项突破

2014—2023年度实务操作和案例分析题考点分布

考点	年份									
	2014年	2015年	2016年	2017年	2018年	2019年	2020年	2021年	2022年	2023年
风险管理策划		●							●	
应急预案的分类与实施		●						●		
职业健康和安全实施要求	●	●	●	●			●			●
绿色施工实施要求	●	●	●	●					●	
文明施工实施要求		●	●							

【专家指导】

从历年真题的考查形势上看，关于机电工程施工现场职业健康安全与环境管理的这部分内容，考生需要重点掌握的内容包括：应急预案的分类与实施、职业健康和安全实施要求、绿色施工实施要求、文明施工实施要求等内容。对于前述内容，属于经常考查的范畴，因此考生要着重复习，并且考生要结合实际案例进行演练。

现场管理的内容还会与质量管理、成本管理的内容结合在一起出题，考生要注意这些内容的有机结合。

对于重点内容的学习，考生最好先通读，在对考试用书相关内容有个大致了解之后，再根据前面所列重点内容进行有针对性的复习（即区分轻重，把握重点），然后再多做习题进行巩固性练习，提高在考试时做题的熟练感。还有就是考生在回答问题时，要注意问题问的是什么，需要回答的是什么，不要答非所问，更不要因粗心大意漏答题目，因此考生要仔细阅读背景资料与问题，再回想相关知识点进行题目的作答。

历 年 真 题

实务操作和案例分析题一［2022年真题］

【背景资料】

A施工单位中标北方某石油炼化项目。项目的冷换框架采用模块化安装，将整个冷换框架分成4个模块，最大一个模块重132t，体积为12m×18m×26m，并在项目旁设立预制厂，进行模块的钢结构制作、换热器安装、管道敷设、电缆桥架安装和照明灯具安装等。

由项目部对模块的制造质量、进度、安全等方面进行全过程管理。

A施工单位项目部进场后，策划了节水、节地的绿色施工内容，组织单位工程绿色施工的施工阶段评价。对预制厂的模块制造进行危险识别，识别了触电、物体打击等风险，监理工程师要求项目部完善策划。

在气温−18℃时，订购的低合金材料运抵预制厂。项目部质检员抽查了材料质量，并在材料下料切割时，抽查了钢材切割面有无裂纹和大于1mm的缺棱，对变形的型材，在露天进行冷矫正。项目部质量经理发现问题后，及时进行了纠正。

模块制造完成后，采用1台750t履带起重机和1台250t履带起重机及平衡梁的抬吊方式安装就位。

模块建造费用见表5-1，项目部用赢得值法分析项目的相关偏差，指导项目运行，经过4个月的紧张施工，单位工程陆续具备验收条件。

模块建造费用 表5-1

建造费用	第一个月底时累计（万元）	第二个月底时累计（万元）	第三个月底时累计（万元）	第四个月底时累计（万元）
已完工程预算费用	600	960	1350	1680
计划工程预算费用	550	950	1500	1700
已完工程实际费用	660	1080	1580	1760

【问题】

1. 项目部的绿色施工策划还应补充哪些内容？单位工程施工阶段的绿色施工评价由谁组织？并由哪些单位参加？

2. 项目部还应在预制厂识别出模块制造时的哪些风险？

3. 在型钢矫正和切割面检查方面有什么不妥和遗漏之处？

4. 吊装作业中的平衡梁有何作用？

5. 第二月底到第三月底期间，项目进度超前还是落后了多少万元？此期间项目盈利还是亏损了多少万元？

【参考答案与分析思路】

1.（1）项目部的绿色施工策划还应补充：节能、节材、环境保护。

（2）单位工程施工阶段的绿色施工评价由监理单位组织，并由建设单位和项目部参加。

本题考查的是绿色施工要点。本题考查了两小问：

一是绿色施工策划内容。考查的该知识点以补充题的形式进行了考查，此题较为简单，考生只要写出其余内容即可。工程建设中，在保证质量、安全等基本要求的前提下，通过科学管理和技术进步，最大限度地节约资源与减少环境负面影响的绿色施工活动，实现“四节一环保”（节能、节材、节水、节地和环境保护）。背景材料中告知：A施工单位项目部进场后，策划了节水、节地的绿色施工内容，需补充的内容为：节能、节材、环境保护。

二是绿色施工评价的组织。该知识点在2017年的案例中进行了考查，是考生需要重点掌握的内容。单位工程施工阶段评价应由监理单位组织，建设单位和项目部参加。

2. 项目部还应在预制厂识别出模块制造时的风险有：高处坠落、吊装作业、脚手架作业、射线伤害。

本题考查的是危险源识别。解答本题根据背景提供的信息结合施工现场实际去回答。

3.（1）不妥之处：低合金结构钢低于－12℃时，不应进行冷矫正。

（2）遗漏之处：抽查钢材切割面有无夹渣、分层等缺陷和大于1mm的缺棱，并应全数检查。

本题考查的是金属结构制作工艺要求。本题考查了两个小问：

一是要求判断型钢矫正的不妥之处。当低合金结构钢在环境温度低于－12℃时，不应进行冷矫正和冷弯曲。背景中告知：在气温－18℃时，对变形的型材，在露天进行冷矫正。因此在气温－18℃时，是不能对变形的型材进行冷矫正的。

二是补充型钢切割的工艺要求。钢材切割面应无裂纹、夹渣、分层等缺陷和大于1mm的缺棱，并应全数检查。背景中告知：项目部质检员抽查了材料质量，并在材料下料切割时，抽查了钢材切割面有无裂纹和大于1mm的缺棱。还需补充的遗漏之处是：抽查钢材切割面有无夹渣、分层等缺陷和大于1mm的缺棱，并应全数检查。

4. 吊装作业中的平衡梁的作用：

（1）缩短吊索的高度，减小动滑轮的起吊高度。

（2）保持被吊设备的平衡，避免吊索损坏设备。

（3）减少设备起吊时所承受的水平压力，避免损坏设备。

（4）合理分配荷载。

本题考查的是平衡梁的作用。本考点在2020年的考试中考查了多选题，在2022年的考试中考查了案例简答题，因此该考点需重点掌握。考生只要记住本考点内容，即可得分。

5. 根据表5-1模块建造费用：

BCWP＝1350－960＝390万元

BCWS＝1500－950＝550万元

ACWP＝1580－1080＝500万元

因此，*SV*＝*BCWP*－*BCWS*＝390－550＝－160万元，第二月底到第三月底期间，项目进度落后160万元。

CV＝*BCWP*－*ACWP*＝390－500＝－110万元，此期间项目亏损110万元。

本题考查的是赢得值法。本考点在2013年、2014年、2015年、2017年、2020年、2022年进行了考查，属于高频考点，考生要重点理解记忆并掌握。需重点掌握的内容：三个基本参数（已完工程预算费用*BCWP*、计划工程预算费用*BCWS*、已完工程实际费用*ACWP*）的定义、计算公式，四个指标（费用偏差*CV*、进度偏差*SV*、费用绩效指数*CPI*、进度绩效指数*SPI*）的定义、计算公式及分析内容。

实务操作和案例分析题二［2020年真题］

【背景资料】

某生物新材料项目由A公司总承包，A公司项目部经理在策划组织机构时，根据项目大小和具体情况配置了项目部技术人员，满足了技术管理要求。

项目中的料仓盛装的浆糊流体介质温度约42℃，料仓外壁保温材料为半硬质岩棉制品。料仓由A、B、C、D四块不锈钢壁板组焊而成，尺寸和安装位置如图5-1所示。在门吊架横梁上挂设4只手拉葫芦，通过卸扣、钢丝绳吊索与料仓壁板上吊耳（材质为Q235）连接成吊装系统。料仓的吊装顺序为：A、C→B、D；料仓的四块不锈钢壁板的焊接方法是焊条手工电弧焊。

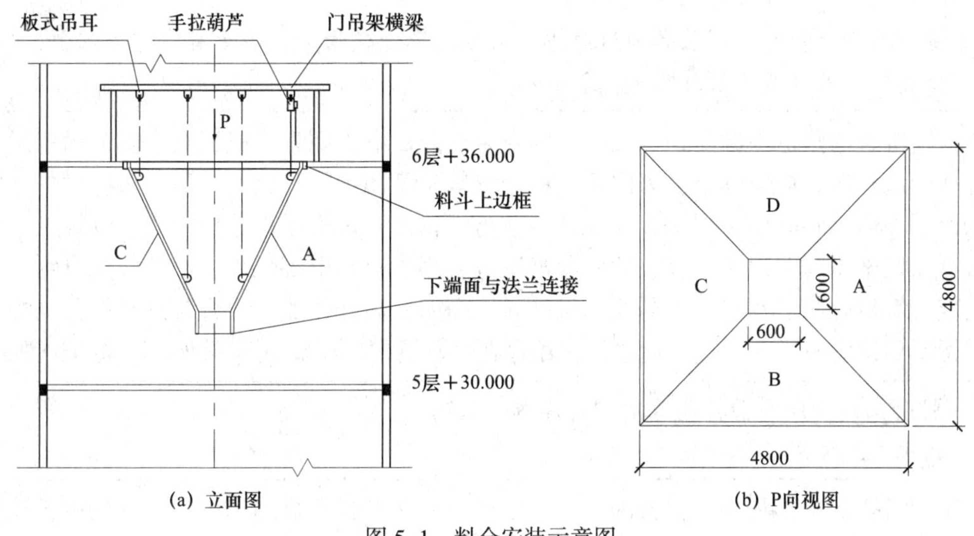

图5-1 料仓安装示意图

设计要求：料仓正方形出料口连接法兰安装水平度允许偏差≤1mm，对角线长度允许偏差≤2mm，中心位置允许偏差≤1.5mm。

料仓工程质量检查时，质量员提出吊耳与料仓壁板为异种钢焊接，违反"禁止不锈钢与碳素钢接触"的规定。项目部对料仓临时吊耳进行了标识和记录，根据质量问题的性质和严重程度编制并提交了质量问题调查报告，及时返修后，质量验收合格。

【问题】

1. 项目经理根据项目大小和具体情况如何配备技术人员？保温材料到达施工现场应检查哪些质量证明文件？

2. 分析图5-1中存在哪些安全事故危险源？不锈钢料仓壁板组对焊接作业过程中存在哪些职业健康危害因素？

3. 料仓出料口端平面标高基准点和纵横中心线的测量应分别使用哪种测量仪器？

4. 项目部编制的吊耳质量问题调查报告应及时提交给哪些单位？

【参考答案与分析思路】

1. 项目经理可依据项目大小和具体情况，按分部、分项工程和专业配备技术人员。

保温材料到达施工现场应检查的质量证明文件有：出厂合格证或化验、物性试验记录等质量证明文件。

本题考查的是施工现场项目部主要人员的配备、绝热材料进场要求。项目部技术人员可根据项目大小和具体情况，按分部、分项工程和专业配备。

绝热材料是指能阻滞热流传递的材料，又称热绝缘材料。传统绝热材料，如玻璃纤维、石棉、岩棉、硅酸盐等，新型绝热材料，如气凝胶毡、真空板等。它们用于建筑围护或者热工设备、阻抗热流传递的材料或者材料复合体，既包括保温材料，也包括保冷材料。对于到达施工现场的绝热材料及其制品，必须检查其出厂合格证或化验、物性试验记录，凡不符合设计性能要求的不予使用。有疑义时必须做抽样复核。

2. 图5-1中的料仓上口洞无防护栏杆，料仓未形成整体，临时固定坍塌。存在高空坠落、物体打击的安全事故危险源。

不锈钢料仓壁板组对焊接作业过程中，存在的职业健康危害因素有：电焊烟尘、砂轮磨尘、金属烟、紫外线（红外线）、高温。

本题考查的是危险源辨识、机电工程安装职业病危害因素。根据料仓安装示意图寻找存在的危险源、职业健康危害因素。料仓安装示意图中，料仓上口洞无防护栏杆，料仓未形成整体，临时固定坍塌；存在高空坠落、物体打击安全事故危险源。电焊工进行建筑行业机电工程安装时，存在的职业健康危害因素有：电焊烟尘、锰及其化合物、一氧化碳、氮氧化物、臭氧、紫外线、红外线、高温、高处作业。结合背景材料，电焊工在进行不锈钢壁板组对焊接作业过程中还存在砂轮磨尘、金属烟等职业健康危害因素。

3. 料仓出料口端平面标高基准点使用水准仪测量。

纵横中心线使用经纬仪测量。

本题考查的是工程测量仪器的应用。在设备安装工程项目施工中，水准仪用于连续生产线设备测量控制网标高基准点的测设及安装过程中对设备安装标高的控制测量。在机电安装工程中，经纬仪用于测量纵向、横向中心线，建立安装测量控制网并在安装全过程进行测量控制。

4. 项目部编制的吊耳质量问题调查报告应及时提交给建设单位、监理单位和本单位（A公司）管理部门。

本题考查的是施工质量问题的调查处理。项目部应根据质量问题的性质和严重程度，向建设单位、监理单位和本单位管理部门进行报告，写出质量问题调查报告。

实务操作和案例分析题三［2016年真题］

【背景资料】

A公司承包一个10MW光伏发电、变电和输电工程项目。该项目工期为150d，位于北方某草原，光伏板金属支架采用工厂制作、现场安装，每个光伏发电回路（660VDC，5kW）用二芯电缆接至直流汇流箱，由逆变器转换成0.4kV三相交流电，通过变电站升至35kV，用架空线路与电网连接。

A公司项目部进场后，依据合同、设计要求和工程特点编制了施工进度计划、施工方案、安全技术措施和绿色施工要点。在10MW光伏发电工程施工进度计划（表5-2）审批时，A公司总工程师指出项目部编制的施工进度计划中某两个施工内容的工作时间安排不合理，不符合安全技术措施要求，重点是防止触电的安全技术措施和草原绿色施工（环境保护）要点。

10MW光伏发电工程施工进度计划 **表5-2**

施工内容	6月			7月			8月			9月		
	1	11	21	1	11	21	1	11	21	1	11	21
支架基础、接地施工	—	—	—	—								
支架及光伏板安装			—	—	—							
电缆敷设				—	—							
光伏板电缆接线						—	—					
汇流箱安装、电缆接线								—	—			
逆变器安装、电缆接线									—	—		
系统试验调整											—	
系统送电验收												—

A公司因施工资源等因素的制约，将35kV变电站和35kV架空线路分包给B公司和C公司，并要求B公司和C公司依据10MW光伏发电工程的施工进度编制施工进度计划，与光伏发电工程同步施工，配合10MW光伏发电工程的系统送电验收。

依据A公司项目部的进度要求，B公司按计划完成了35kV变电站的安装调试工作，C公司在9月10日前完成了导线的架设连接（图5-2），在开始35kV架空导线测量、试验时，被A公司项目部要求暂停整改，导线架设连接返工后检查符合规范要求。

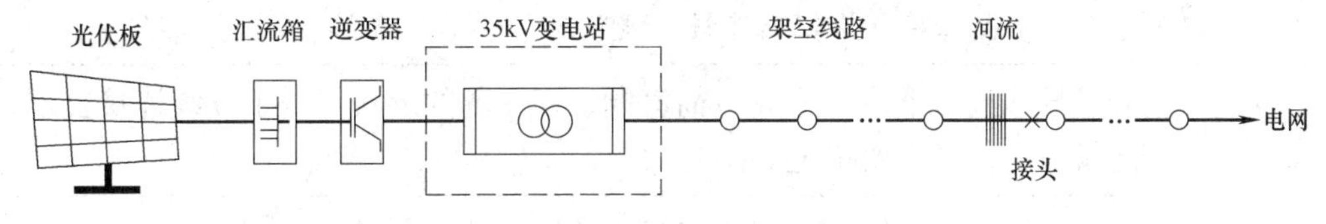

图5-2 导线的架设连接

光伏发电工程、35kV变电站和35kV架空线路在9月30日前系统发送验收合格，按合同要求将工程及竣工资料移交给建设单位。

【问题】

1. 项目部依据施工进度计划安排施工时可能受到哪些因素的制约？工程分包的施工进度协调管理有哪些作用？

2. 项目部应如何调整施工进度计划（表5-2）中施工内容的工作时间？为什么说该施工安排容易造成触电事故？

3. 说明架空导线在测试时被叫停的原因。写出导线连接的合格要求。

4. C公司在9月20日前应完成35kV架空线路的哪些测试内容？

5. 写出本工程绿色施工中的土壤保护要点。

【参考答案与分析思路】

1. 项目部依据施工进度计划安排施工时可能受到光伏板工程实体现状、机电安装工艺规律、设备材料进场时机、施工机具和作业人员配备等诸因素的制约。协调管理的作用：把制约作用转化成和谐有序、相互创造的施工条件，使施工进度计划安排衔接合理、紧凑可行，符合总进度计划要求。

> 本题考查的是内部协调管理的知识点。机电工程施工进度计划安排受工程实体现状、机电安装工艺规律、设备材料进场时机、施工机具和作业人员配备等诸因素的制约，协调管理的作用是把制约作用转化成和谐有序、相互创造的施工条件，使施工进度计划安排衔接合理、紧凑可行，符合总进度计划要求。

2. 10MW光伏发电工程施工进度计划调整：应先进行汇流箱安装及电缆接线工作（7月21日—8月10日），后进行光伏板电缆接线工作（8月11日—8月31日）；因为光伏板为电源侧，连接后电缆为带电状态（660VDC），在后续的电缆施工和接线中容易造成触电事故。

> 本题考查的是施工进度计划的调整。施工进度计划的调整方法包括：改变某些工作间的衔接关系和缩短某些工作的持续时间。

3.（1）架空导线在测试时被叫停的原因：在河流上方出现了导线接头，不符合导线连接的要求。

（2）导线连接的合格要求包括：

① 每根导线在每一个档距内只准有一个接头，但在跨越公路、河流、铁路、重要建筑物、电力线和通信线等处，导线和避雷线均不得有接头。

② 架空导线连接，应在耐张杆上跳线连接。

③ 接头处的机械强度不低于导线自身强度的95%。电阻不超过同长度导线电阻的1.2倍。

④ 耐张杆、分支杆等处的跳线连接，可以采用T形线夹和并沟线夹连接。

⑤ 架空线的压接方法，可分为钳压连接、液压连接和爆压连接。

> 本题考查的是导线连接要求。本题以简答题、识图题的形式考查了导线连接要求，该知识点属于高频考点，考生要牢记。

4. C公司在9月20日前应完成35kV架空线路的测试内容包括：

（1）测量绝缘子和线路的绝缘电阻。

（2）测量35kV以上线路的工频参数可根据继电保护、过电压等专业的要求进行。

（3）检查线路各相两侧的相位应一致。

（4）冲击合闸试验。

（5）测量杆塔的接地电阻值，应符合设计的规定。

（6）导线接头测试。

> 本题考查的是35kV架空线路的测试内容。线路试验：测量绝缘子和线路的绝缘电阻；测量35kV以上线路的工频参数可根据继电保护、过电压等专业的要求进行；检查线路各相两侧的相位应一致；冲击合闸试验；测量杆塔的接地电阻值，应符合设计的规定；导线接头测试。

5. 本工程绿色施工中的土壤保护要点如下：

（1）保护地表环境，防止土壤侵蚀、流失。因施工造成的裸土应及时覆盖。

（2）对草原地面造成污染时应及时进行清理。

（3）施工后应恢复施工活动破坏的植被。

本题考查的是土壤保护要点。土壤保护要点：保护地表环境，防止土壤侵蚀、流失；污水处理设施等不发生堵塞、渗漏、溢出等现象；对于有毒有害废弃物应回收后交有资质的单位处理，不能作为建筑垃圾外运；施工后应恢复施工活动破坏的植被；防腐保温用油漆、绝缘脂和易产生粉尘的材料等应妥善保管，对现场地面造成污染时应及时进行清理。

实务操作和案例分析题四［2015年真题］

【背景资料】

A公司承包某市大型标志性建筑大厦机电工程项目，内容包括管道安装、电气设备安装及通风空调工程。建设单位要求A公司严格实施绿色施工，严格进行安全和质量管理，并签订了施工合同。

A公司项目部制定了绿色施工管理和环境保护的绿色施工措施，提交建设单位后，建设单位认为绿色施工内容不能满足施工要求，建议补充完善。

施工中项目部按规定多次对施工现场进行安全检查，仍反复出现设备吊装指挥信号不明确或多人同时指挥；个别电焊工无证上岗，雨天高处作业；临时楼梯未设置护栏等多项安全隐患。项目部经认真分析总结，认为是施工现场安全检查未抓住重点，经整改后效果明显。

在第一批空调金属风管制作检查中，发现质量问题，项目部采用排列图法对制作中出现的质量问题进行了统计、分析、分类，并建立了风管制作不合格点数统计表（表5-3），予以纠正处理。经检查，其中风管咬口开裂的质量问题是咬口形式选择不当造成的，经改变咬口形式后，咬口质量得到改进。

风管制作不合格点数统计表 表5-3

代号	检查项目	不合格点数	频率（%）	累计频率（%）
1	咬口开裂	24	30	30
2	风管几何尺寸超差	22	27.5	57.5
3	法兰螺栓孔距超差	16	20	77.5
4	翻边宽度不一致	8	10	87.5
5	表面平整度超差	6	7.5	95
6	表面划伤	4	5	100
合计	—	80	100	—

【问题】

1. 绿色施工要点还应包括哪些方面的内容？

2. 根据背景资料，归纳施工现场安全检查的重点。

3. 对表5-3中的质量问题进行ABC分类。

4. 金属风管咬口形式的选择依据是什么？

【参考答案与分析思路】

1. 绿色施工要点还应包括的内容有：节材、节水、节能、节地。

本题考查的是绿色施工要点。绿色施工总体上由绿色施工管理、环境保护、节材与材料资源利用、节水与水资源利用、节能与能源利用、节地与施工用地保护六个方面组成。

2. 施工现场安全检查的重点是：违章指挥、违章作业、直接作业环节的安全保证措施等。

本案例中，设备吊装指挥信号不明确或多人同时指挥属于违章指挥检查；个别电焊工无证上岗属于违章作业检查；雨天高空作业、临时楼梯未设置护栏属于直接作业环节的安全保证措施的检查。

本题考查的是施工现场安全检查的重点。安全检查的重点是：违章指挥和违章作业、直接作业环节的安全保证措施等。

3. 咬口开裂、风管几何尺寸超差、法兰螺栓孔距超差属于A类问题；翻边宽度不一致属于B类问题；表面平整度超差、表面划伤属于C类问题。

本题考查的是排列图法的划分。通常按累计频率划分为主要因素A类（0～80%）、次要因素B类（80%～90%）和一般因素C类（90%～100%）三类。

4. 金属风管咬口形式的选择依据有：风管系统的压力及连接要求。

本题考查的是金属风管咬口形式的选择依据。金属风管板材的拼接方式有咬口连接、铆接、焊接连接等方法。金属风管的咬口形式需根据风管系统的压力及连接要求进行选择。

实务操作和案例分析题五［2015年真题］

【背景资料】

某机电公司承接一地铁机电工程（4站4区间），该工程位于市中心繁华区，施工周期共16个月，工程范围包括通风与空调、给水排水及消防水、动力照明、环境与设备监控系统等。

工程各站设置3台制冷机组，单台机组重量为5.5t，位于地下站台层。各站两端的新风及排风竖井共安装6台大型风机。空调冷冻、冷却水管采用镀锌钢管焊接法兰连接，法兰焊接处内外焊口做防腐处理。其中某站的3台冷却塔按设计要求设置在地铁入口处的建筑区围挡内，冷却塔并排安装且与围挡建筑物的距离为2.0m。

机电工程工期紧，作业区域分散，项目部编制了施工组织设计，对工程进度、质量和安全管理进行重点控制。在安全管理方面，项目部根据现场作业特点，对重点风险作业进行分析识别，制定了相应的安全管理措施和应急预案。

在车站出入口未完成结构施工时，全部机电设备、材料均需进行吊装作业，其中制冷机组和大型风机的吊装运输分包给专业施工队伍。分包单位编制了吊装运输专项方案后即组织实施，被监理工程师制止，后经审批，才组织实施。

在公共区及设备区走廊上方的管线密集区，采用“管线综合布置”的机电安装新技术，由成品镀锌型钢和专用配件组成的综合支吊架系统组成。机电管线深化设计后，解决了以下问题：避免了设计图纸中一根600mm×400mm风管与400mm×200mm电缆桥架安装位置的碰撞；确定了各机电管线安装位置；断面尺寸最大的风管最高，电缆桥架居中，水管最低；确定管线间的位置和标高，满足施工及维修操作面的要求。机电公司根据优化方案组织施工，按合同要求一次完成。

【问题】

1. 本工程应重点进行风险识别的作业有哪些？应急预案分为哪几类？

2. 分包单位选择的吊装运输专项方案应如何进行审批？

3. 采用“管线综合布置”优化方案后，对管线的施工有哪些优化作用？

4. 本工程冷却塔安装位置能否满足其进风要求？说明理由。塔体安装还应符合哪些要求？

【参考答案与分析思路】

1. 本工程安全风险识别中，应重点进行风险识别的作业有：（1）起重吊装作业；（2）焊接作业；（3）管线综合布置的新技术作业；（4）脚手架搭设作业；（5）动火作业。

应急预案分为：综合应急预案、专项应急预案和现场处置方案。

> 本题考查的是风险识别的作业及应急预案的分类。根据施工现场作业特点，应进行重点风险识别的作业有：不熟悉的作业，如采用新材料、新工艺、新设备、新技术的“四新”作业；临时作业，如维修作业、脚手架搭设作业；造成事故最多的作业，如动火作业；存在严重伤害危险的作业，如起重吊装作业；已有控制措施不足以把风险降到可接受范围的作业。

2. 吊装运输专项方案属于危险性较大的分部分项工程，应由分包单位技术部门组织本单位施工、技术、安全、质量等部门的专业技术人员进行审核，审核合格之后，由分包单位技术负责人签字，报总承包单位审批，由总承包单位技术负责人签字之后，报总监理工程师签字审批。

> 本题考查的是吊装方案的审批。此题因是2015年的案例真题，解题时应根据《住房和城乡建设部关于印发〈危险性较大的分部分项工程安全管理办法〉的通知》（建质〔2009〕87号）、《危险性较大的分部分项工程安全管理办法》第八条的规定去作答。前述两部法规已作废，被《住房城乡建设部办公厅关于实施〈危险性较大的分部分项工程安全管理规定〉有关问题的通知》（建办质〔2018〕31号）及《危险性较大的分部分项工程安全管理规定》（住房和城乡建设部令第37号）替代。

3. 对管线施工的优化作用包括：深化综合管线排布，优化机电管线的施工工序。发现原设计管线排列的碰撞问题，对管线进行重新排布，确保管线相互间的位置、标高等满足设计、施工及今后维修的要求。将管线事先进行排布后，可预知建筑空间内相关的机电管线的布置，确定合理的施工顺序，以确保不同专业人员交叉作业造成的不必要的拆改。

本题考查的是对管线施工的优化作用。优化方案一方面可通过通风空调工程深化综合管线排布，另一方面可优化机电管线的施工工序。除此之外，还应从上述两方面的内容进行具体叙述。

4.（1）本工程冷却塔安装位置能满足其进风要求。

理由：冷却塔安装位置应符合设计要求，进风侧距离建筑物应大于1m；本案例中，冷却塔并排安装且与围挡建筑物的距离为2.0m，所以满足其进风要求。

（2）塔体安装还应符合以下要求：

安装应水平，同一冷却水系统多台冷却塔安装时，各台冷却塔的水面高度应一致，高度偏差值不应大于30mm。冷却塔的集水盘应严密、无渗漏，静止分水器的布水应均匀，组装的冷却塔的填料安装应在所有电、气焊接作业完成后进行。

本题考查的是冷却塔的安装要求。基础的位置应符合设计要求，进风侧距建筑物应大于1m。冷却塔安装应水平，同一冷却水系统多台冷却塔安装时，各台冷却塔的水面高度应一致，高度偏差值不应大于30mm。冷却塔的集水盘应严密、无渗漏，静止分水器的布水应均匀，组装的冷却塔的填料安装应在所有电、气焊接作业完成后进行。

实务操作和案例分析题六［2014年真题］

【背景资料】

某综合大楼位于市区，裙楼为5层，1号、2号双塔楼为42层，建筑面积为116000m^2，建筑高度为208m。双塔楼主要结构为混凝土核心筒加钢结构框架，其中钢结构框架的钢管柱共计36根，规格为ϕ1600×35、ϕ1600×30、ϕ1600×25三种，材质为Q345B。

钢管柱制作采用工厂化分段预制，经焊接工艺评定，焊接方法采用埋弧焊。钢管柱吊装采用外部附着式塔式起重机，单个构件吊装最大重量为11.6t。现场临时用电满足5台直流焊机和10台CO_2气体保护焊机同时使用要求。

施工过程中，发生了如下事件：

事件1：施工总承包单位编制了深基坑、人工挖孔桩、模板、建筑幕墙、脚手架等分项工程安全专项施工方案，监理单位提出本工程还有几项安全专项施工方案应编制，要求施工总承包单位补充。

事件2：由于工期较紧，施工总承包单位安排了钢结构构件进场和焊接作业夜间施工，因噪声扰民被投诉。当地有关部门查处时，实测施工场界噪声值为75dB。

事件3：施工班组利用塔式起重机转运材料构件时，司机操作失误导致吊绳被构筑物挂断，构件高处坠落。造成地面作业人员2人重伤，其中1人重伤经抢救无效死亡，5人轻伤。事故发生后，现场有关人员立即向本单位负责人进行了报告。该单位负责人接到报告后，向当地县级以上安全监督管理部门进行了报告。

【问题】

1. 埋弧焊适用于焊接大型钢管柱构件的哪些部位？焊接工艺评定时，应制定哪些焊接工艺参数？

2. 事件1中，施工总承包单位还应补充编制哪几项安全专项施工方案？

3. 针对事件2，写出施工总承包单位组织夜间施工的正确做法。

4. 事件3中，安全事故属于哪个等级？事故发生后，该单位负责人应在多长时间内向安全生产监督管理部门报告？

【参考答案与分析思路】

1. 埋弧焊特别适用于焊接大型工件的直缝和环缝。

焊接工艺评定时，应制定的焊接工艺参数主要包括：焊接电流、电弧电压、焊接速度和焊丝直径等。

> 本题考查的是焊接工艺评定。埋弧焊可以采用较大焊接电流，其最大优点是焊接速度高，焊缝质量好，特别适用于焊接大型工件的直缝和环缝。对于焊接工艺参数，主要包括电流、电压、速度和直径。

2. 事件1中，施工总承包单位还应补充编制的安全专项施工方案有：起重吊装、外部附着式塔式起重机拆装、临时用电、钢结构工程等危险性较大的分部分项工程安全专项施工方案。

> 本题考查的是危险性较大的分部分项工程范围。考生根据背景资料及《住房和城乡建设部关于印发〈危险性较大的分部分项工程安全管理办法〉的通知》（建质〔2009〕87号）能找出本案例中涉及的危险性较大的分部分项工程。这里需要说明的是此文件已经作废，被《危险性较大的分部分项工程安全管理规定》（住房和城乡建设部令第37号）替代。

3. 针对事件2，施工总承包单位组织夜间施工的正确做法是：

（1）进行夜间施工应向当地环保部门申请，获得批准后，方能施工。

（2）提前告知附近居民。

（3）在施工场界对噪声进行实时监测与控制，现场噪声排放不得超过国家标准《建筑施工场界环境噪声排放标准》GB 12523—2011的规定。

（4）尽量使用低噪声、低振动的机具，采取隔声与隔振措施。

（5）夜间电焊作业应采取遮挡措施，避免电焊弧光外泄。

（6）大型照明灯应控制照射角度，防止强光外泄。

> 本题考查的是施工总承包单位组织夜间施工。夜间施工主要掌握的是噪声与振动控制和光污染控制。除此之外是提前申请和告知附近居民。

4. 事件3中的安全事故等级属于一般事故。

事故发生后，施工单位负责人应当在1h内向事故发生地的安全生产监督管理部门报告。

> 本题考查的是事故报告。事故发生后，事故现场有关人员应当立即向本单位负责人报告；单位负责人接到报告后，应于1h内向事故发生地县级以上人民政府安全生产监督管理部门报告。

典型习题

实务操作和案例分析题一

【背景资料】

某机电工程施工单位承包了一项设备总装配厂房钢结构安装工程。合同约定，钢结构主体材料H型钢由建设单位供货。根据《住房城乡建设部办公厅关于实施〈危险性较大的分部分项工程安全管理规定〉有关问题的通知》（建办质〔2018〕31号）的规定，本钢结构工程为危险性较大的分部分项工程。施工单位按照该规定的要求，对钢结构安装工程编制了专项方案，并按规定程序进行了审批。

钢结构屋架为桁架，跨度为30m，上弦为弧线形，下弦为水平线，下弦安装标高为21m。单片桁架吊装重量为28t，采用地面组焊后整体吊装。施工单位项目部采用2台起重机抬吊的方法，选用60t汽车起重机和50t汽车起重机各一台。根据现场的作业条件，60t起重机最大吊装能力为15.7t，50t起重机最大吊装能力为14.8t。项目部认为起重机的总吊装能力大于桁架总重量，满足要求，并为之编写了吊装技术方案。

施工过程中发生了如下事件：

事件1：监理工程师审查钢结构屋架吊装方案时，认为若不计索吊具重量，吊装方案亦不可行。

事件2：监理工程师在工程前期质量检查中，发现钢结构用H型钢没有出厂合格证和材质证明，也无其他检查检验记录。建设单位现场负责人表示，材料质量由建设单位负责，并要求尽快进行施工，施工单位认为H型钢是建设单位供料，又有其对质量的承诺，因此仅进行数量清点和外观质量检查后就用于施工。

事件3：监理工程师在施工过程中发现项目部在材料管理上有失控现象，钢结构安装作业队存在材料错用的情况。追查原因是作业队领料时，钢结构工程的部分材料被承担外围工程的作业队领走，所需材料存在较大缺口。为赶工程进度，领用了项目部材料库无标识的材料，经检查，项目部无材料需用计划。为此监理工程师要求整改。

【问题】

1. 除厂房钢结构安装外，至少还有哪项工程属于危险性较大的分部分项工程？专项方案实施前应由哪些人审核签字？

2. 通过计算吊装载荷，说明钢结构屋架起重吊装方案为什么不可行。

3. 事件2中，施工单位对建设单位供应的H型钢放宽验收要求的做法是否正确？说明理由。施工单位对这批H型钢还应做出哪些检验工作？

4. 针对事件3所述的材料管理失控现象，项目部在材料管理上应做出哪些改进？

【参考答案】

1. 除厂房钢结构安装外，至少还有钢结构屋架起重吊装工程、钢架桁架支撑体系工程属于危险性较大的分部分项工程。

专项方案实施前应由施工单位技术负责人审批签字，交由项目总监理工程师、建设单位项目负责人审核签字。

2. 取$k_1=1.1$，$k_2=1.1$（1.2），吊装计算载荷＝28×1.1×1.1＝33.88t（或28×1.1×1.2＝36.96t），大于60t和50t吊车在吊装状态时的吊装能力（15.7＋14.8＝30.5t），因此钢结构屋架起重吊装方案不可行。

3. 事件2中，施工单位对建设单位供应的H型钢放宽验收要求的做法不正确。

理由：在材料进场时必须根据进料计划、送料凭证、质量保证书或产品合格证，进行材料的数量和质量验收；验收要做好记录、办理验收手续；要求复检的材料应有取样送检证明报告；对不符合计划要求或质量不合格的材料应拒绝接收；严禁不合格材料在工程中使用。业主所采购材料也不能例外或放宽要求，必须同样管理。

施工单位对这批H型钢还应检验其品种、规格、型号、证件等。

4. 针对事件3所述的材料管理失控现象，项目部在材料管理上应做出以下改进：凡有定额的工程用料，凭限额领发材料；施工设施用料也实行定额发料制度，以设施用料计划进行总控制；超限额的用料，在用料前应办理手续，填制限额领料单，注明超额原因，经签发批准后实施；建立领发料台账，记录领发和节超状况；建立完善材料需用量和供应计划体系；材料要标识清楚，加强管理。

实务操作和案例分析题二

【背景资料】

某公司总承包某厂煤粉制备车间新增煤粉生产线的机电设备安装工程，新生产线与原生产线相距不到10m，要求扩建工程施工期间原生产线照常运行，工程内容包括：一套球磨机及其配套的输送、喂料等辅机设备安装；电气及自动化仪表安装；一座煤粉仓及车间的非标管道制作及安装；煤粉仓及煤粉输送管道保温；无负荷调整试运行。

项目部组建后立即着手下列工作：

（1）根据工程内容安排各专业的施工顺序。

（2）根据本工程的特点分析紧急状态并制定应急预案。

（3）制定球磨机吊装方案。球磨机筒体单重50t，安装高度为1.2m，拟采用90t汽车起重机吊装，在现场许可的合适工况条件下90t汽车起重机吊装能力为52t。

（4）制定安装质量保证措施和质量标准，其中对关键设备球磨机的安装提出了详尽的要求：在垫铁安装方面，每组垫铁数量不得超过6块，平垫铁从下至上按厚薄顺序摆放，最厚的放在最下层，最薄的放在最顶层，安装找正完毕后，最顶层垫铁与设备底座点焊牢固以免移位。

（5）制定煤粉仓施工方案。考虑到煤粉仓整体体积大，安装位置标高为20.000m，故组对成两段吊装，就位后进行上下段连接焊缝的内外焊接。内部焊接时考虑到仓内空间狭窄，无通风孔，故暂打开仓顶防爆孔作为透气孔，并采用36V安全行灯作为内部照明。

【问题】

1. 安排本工程的施工顺序。

2. 本安装工程中的紧急状态主要应包括哪些？

3. 通过吊装载荷计算，说明球磨机吊装方案是否可行。

4. 纠正球磨机垫铁施工方案中存在的问题。

5. 煤粉仓仓内焊接工作存在哪些安全隐患？为什么？应采取哪些解决措施？

【参考答案】

1. 本工程的施工顺序为：球磨机安装→其他辅机安装→煤粉仓制作安装→非标管道制作安装→电气及自动化仪表安装→保温→无负荷调试。

2. 本安装工程中的紧急状态主要包括：火灾、爆炸、大型设备吊装事故、有毒有害气体中毒、高处坠落、触电。

3. 考虑动载荷系数的计算载荷＝50×1.1＝55t，计算载荷55t大于起重机吊装能力52t，故球磨机吊装方案不可行。

4. 纠正球磨机垫铁施工方案中存在的问题：

问题（1）：每组垫铁数量不得超过6块，应是每组垫铁总数不得超过5块。

问题（2）：最薄的放在最顶层，应是最薄的一块垫铁应放在中间。

问题（3）：最顶层垫铁与设备底座点焊牢固以免移位，应是垫铁之间应点焊牢固，垫铁不得与设备底座点焊。

5. 煤粉仓仓内焊接工作存在的安全隐患：

（1）火灾事故，因焊接属于动用明火作业。

（2）仓内人员易发生有毒气体中毒，因为焊接时产生有毒有害气体，且仓内空间有限、通风不良，会造成人员窒息。

（3）仓内人员易发生触电事故，因为金属容器内36V电压过高。

（4）高处坠落，因焊接作业标高为20.000m。

应采取的解决措施：

（1）关闭所有与有限空间相连的可燃、有毒介质的阀门，用盲板使其与有限空间隔绝，悬挂警示标志，且在作业前检查；消防设施备齐。

（2）仓内应采取自然甚至强制通风。

（3）设畅通的临时出入口。

（4）配备一定数量的防毒面具、呼吸器等，设置现场专职监护人员。

（5）更换行灯，使电压不超过12V。

实务操作和案例分析题三

【背景资料】

某成品燃料油外输项目，由4台5000m^{3}成品汽油罐、2台10000m^{3}消防罐、外输泵和工作压力为4.0MPa的外输管道及相应的配套系统组成。

具备相应资质的A公司为施工总承包单位。A公司拟将外输管道及配套系统施工任务分包给GC2资质的B专业公司，业主认为不妥。随后A公司征得业主同意，将土建施工分包给具有相应资质的C公司，其余工程由A公司自行完成。

A公司在进行罐内环焊缝碳弧气刨清根作业时，采用的安全措施有：36V安全电源作为罐内照明电源；3台气刨机分别由3个开关控制，并共用一个总漏电保护开关；打开罐体的透光孔、人孔和清扫孔，用自然对流方式通风。经安全检查，存在不符合安全规定之处。

管道试压前，项目部全面检查了管道系统：试验范围内的管道已按图纸要求完成；焊缝已除锈合格并涂好了底漆；膨胀节已设置了临时约束装置；一块1.6级精度的压力表已校验合格待用；待试压管道与其他系统已用盲板隔离。项目部在上述检查中发现了几个问题，并出具了整改书，要求作业队限时整改。

由于业主负责的施工图设计滞后，造成C公司工期延误20d，窝工损失达30万元人民币，C公司向A公司提请工期和费用索赔。A公司以征地由业主负责，C公司应向业主索赔为由，拒绝了C公司的索赔申请。

【问题】

1. 说明A公司拟将管道系统分包给B公司不妥的理由。

2. 指出罐内清根作业中不符合安全规定之处，并阐述正确的做法。

3. 管道试压前的检查中发现了哪几个问题？应如何整改？

4. A公司拒绝C公司的索赔是否妥当？说明理由。

【参考答案】

1. 理由：按照规定，本项目的外输油管属于GC1级工业管道，B公司的资质是GC2级，不能执行本项目的外输油管线的施工任务。

> 本题考查的是特种设备生产单位许可。根据《市场监管总局关于特种设备行政许可有关事项的公告》（2021年第41号），GC1级别判定：
>
> （1）输送危险化学品目录中规定的毒性程度为急性毒性类别1介质、急性毒性类别2气体介质和工作温度高于其标准沸点的急性毒性类别2液体介质的工艺管道。
>
> （2）输送《石油化工企业设计防火标准（2018年版）》GB 50160—2008、《建筑设计防火规范（2018年版）》GB 50016—2014中规定的火灾危险性为甲、乙类可燃气体或者甲类可燃液体（包括液化烃），并且设计压力大于或者等于4.0MPa的工艺管道。
>
> （3）输送流体介质，并且设计压力大于或者等于10.0MPa，或者设计压力大于或者等于4.0MPa且设计温度高于或者等于400℃的工艺管道。
>
> 根据背景资料，工作压力为4.0MPa的外输管道属于GC1级工业管道，B单位是只有GC2级资质的施工单位，不得从事GC1级管道的施工。

2. 罐内清根作业中不符合安全规定之处及正确做法如下：

（1）不符合规定之处：36V安全电源作为罐内照明电源。

正确做法：照明电源应使用12V安全电压。

（2）不符合规定之处：3台气刨机分别由3个开关控制，并共用一个总漏电保护开关。

正确做法：一机一闸一保护（或应每台使用一个漏电保护开关）。

（3）不符合规定之处：用自然对流方式通风。

正确做法：应采用强制通风。

3. 管道试压前检查中发现的问题及正确做法如下：

（1）存在的问题：试验范围内的管道已按图纸要求完成。

正确做法：除涂漆、绝热外，已按设计图纸全部完成，安全质量还应符合有关规定。

（2）存在的问题：焊缝已涂好了底漆。

正确做法：管道试压前，焊缝不应涂漆和绝热。

（3）存在的问题：一块1.6级精度的压力表已校验合格待用。

正确做法：试验用压力表（精度不得低于1.6级）在周检期内并已经校验，且不得少于两块。

4. A公司拒绝C公司的索赔不妥当。

理由：A公司属于总承包单位，C公司是其分包单位，它们之间存在着合同关系。C公司与业主之间没有合同关系，C公司的权利应通过A公司向业主进行索赔。

实务操作和案例分析题四

【背景资料】

某化工生产设备安装工程项目，采用解体安装方法进行施工。某机电安装工程公司通过投标取得该项目的总承包施工任务。为了控制分包商的施工质量，业主分别与总承包方和分包方签订了工程施工总承包合同和分包合同。

在合同履行过程中发生了以下情况：

情况1：该机电安装工程公司根据监理单位编制的设备监造大纲派有资格的专业技术人员到设备制造现场进行监造工作。

情况2：该机电安装工程公司根据质量监督检验部门编制的经批准的施工组织总设计进行施工。

情况3：该工程分包商在施工中不慎发生一起事故，造成经济损失220万元，事故调查组在事故调查清楚后，撰写了事故调查报告，经事故调查组组长签字确认后报安全主管部门。

情况4：该工程项目经理部根据企业的职业健康、安全和环境体系，选派了一名业务精通的专业技术人员全面负责该项目的职业健康、安全和环境管理工作。

情况5：某驱动装置安装完毕后，由于受介质的限制不能进行试运行，经项目经理批准，拟在负荷试运行阶段一并进行。

【问题】

1. 按设备功能可将机械设备分为哪几类？化工生产设备属于哪一类？

2. 业主与总承包方和分包方签订的合同是否合理？为什么？

3. 逐一对背景资料中发生的情况判断其正确与否，并说明理由或改正。

4. 情况3中发生的事故属于哪级事故？安全事故处理必须坚持的原则是什么？

5. 情况5中的试运行方案应由谁编制？由谁审批？

【参考答案】

1. 机械设备按设备功能可分为通用机械设备、大型联动生产设备和非标准设备等。

化工生产设备属于大型联动生产设备。

2. 业主与总承包方签订的合同是合理的，而与分包方签订的合同不合理。

理由：只有业主和总承包方才是工程施工总承包合同的当事人，分包合同应由总承包方与分包方签订。总承包方对业主负责，分包方对总承包方负责。

3. 以下对背景资料中发生的情况逐一进行判断：

（1）情况1不正确。

改正：设备监造大纲应由该机电安装工程公司编制。

（2）情况2不正确。

改正：施工组织总设计应由该机电安装工程公司项目部来编制，质量监督检验部门只是参与分部分项工程或专业技术方案的制定。

（3）情况3不正确。

改正：事故调查报告要经调查组全体人员签字确认后报企业安全主管部门。

（4）情况4不正确。

改正：应由该工程项目经理依法对职业健康、安全和环境管理负全面责任。

（5）情况5不正确。

改正：驱动装置、机器（机组）安装后必须进行单机试运行，其中确因受介质限制而不能进行试运行的，必须经现场技术总负责人批准后，可留待负荷试运行阶段一并进行。

4. 情况3中发生的事故属于一般事故。

安全事故处理必须坚持“事故原因不清楚不放过，事故责任者和员工没有受到过教育不放过，事故责任者没有处理不放过，没有制定防范措施不放过”的“四不放过”原则。

5. 情况5中的试运行方案应由该机电安装工程公司负责编制，编制完成后由施工单位报建设单位审批。

实务操作和案例分析题五

【背景资料】

甲建筑公司总承包一商务楼的施工。机电安装工程分包给乙公司承包。商务楼地上38层，地下3层，大楼内的大型设备电力驱动的曳引式电梯、柴油发电机、冷水机组、热泵等均由建设单位采购。乙公司又将大型设备的吊装分包给专业吊装公司丙公司。乙公司在甲公司安全管理制度的基础上编制了应急预案，并进一步细化责任，落实到人，并定期不定期进行安全检查。

施工中，由于大楼内的大型设备晚到，致使乙公司经济损失约10万元，并延误工期5d，乙公司直接向建设单位提出工期和费用索赔。

【问题】

1. 乙公司项目部编制的安全应急预案主要包括哪些内容？

2. 丙公司大型设备吊装时，应有哪些人员组成及要求？

3. 乙公司向建设单位进行工期和费用索赔的做法是否妥当？说明理由。

4. 电力驱动的曳引式电梯的驱动主机的安装验收有何要求？

【参考答案】

1. 乙公司项目部编制的安全应急预案应包括的主要内容有：综合应急预案，专项应急预案，现场处置应急预案。

2. 大型设备吊装时，丙公司需配备信号指挥人员、司索人员和起重工。组成人员必须持证上岗并掌握作业安全要领。

3. 乙公司向建设单位进行工期和费用索赔的做法不妥当。

理由是：索赔程序不对。虽然设备由建设单位提供，责任在建设单位，但乙公司是甲公司的分包商，无权向建设单位直接索赔，只有通过总承包单位甲公司向建设单位提出，并提供经建设单位认可的足够证据才能达到索赔要求。

4. 电力驱动的曳引式电梯的驱动主机的安装验收要求：

（1）紧急操作装置动作必须正常。可拆卸的装置必须置于驱动主机附近易接近处，紧急救援操作说明必须贴于紧急操作时易见处。

（2）制动器动作应灵活，制动间隙调整，驱动主机、驱动主机底座与承重梁的安装应符合产品设计要求。

（3）驱动主机减速箱（如果有）内油量应在油标所限定的范围内。

（4）当驱动主机承重梁须埋入承重墙时，埋入端长度应超过墙厚中心至少20mm，且支承长度不应小于75mm。

实务操作和案例分析题六

【背景资料】

为了适应经济开发区规模不断扩大的需要，某市政府计划在该区内新建一座110kV的变电站。新建变电站周边居住人口密集，站址内有地下给水管道和一幢6层废弃民宅。为加强现场文明施工管理，项目部制定了相应的现场环境保护措施。主要措施如下：

措施1：施工前对施工现场的地下给水管道实施了保护措施。

措施2：为减少6层废弃民宅拆除时产生扬尘，在拆除时计划配合洒水等。

措施3：为及时清除施工中产生的固体和液体废物，计划将废线缆和设备的废油现场全部烧掉。

措施4：计划租赁的推土机和挖掘机只能夜间使用，为了防止噪声扰民，施工单位计划将噪声限值在75dB。

由于施工单位施工资源有限，将防雷接地工程和供电干线的施工分包给具有专业资质的A单位。A单位编制了防雷接地装置的专项施工方案，接地体采用圆钢和扁钢搭接焊接。监理工程师在审核过程中发现接地系统施工图（图5-3）存在几处错误，要求A单位进行修改后重新报批，最终施工方案审批通过，施工方案经过逐级交底后施工。

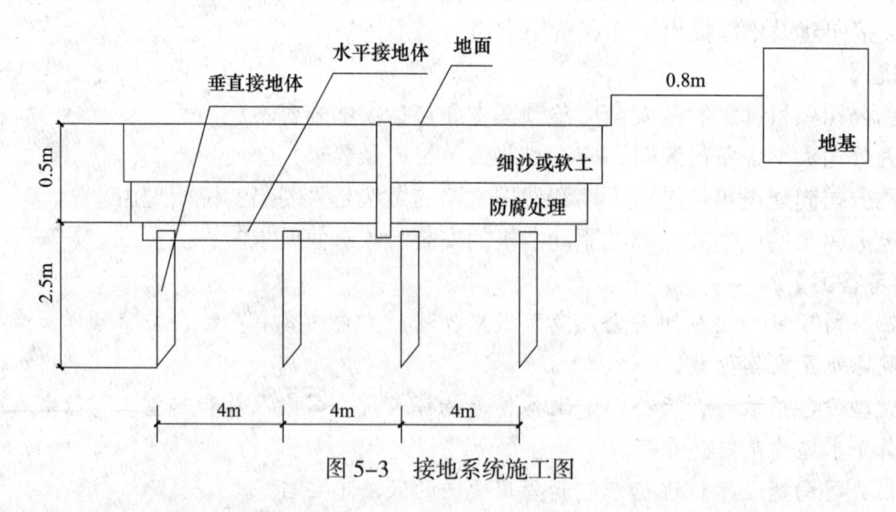

图5-3　接地系统施工图

项目部在施工过程中组织了施工批次评价和施工阶段评价，监理单位参加，单位工程绿色施工评价准备等到验收完成后进行；施工项目完成之后，向建设单位申请竣工验收。建设单位在审查绿色施工评价相关资料之后，认为本项目绿色施工评价不符合有关程序，在评价的组织上也有问题。

【问题】

1. 施工前对施工现场的地下给水管道实施了哪些保护措施？

2. 措施2和3中，哪些是正确的？哪些是不正确的？对于不正确的请给出正确的做法。

3. 指出措施4中存在的问题，并给出正确的做法。

4. 施工现场环境保护措施的主要内容有哪些？

5. 接地系统施工图存在哪些错误？如何改正。

6. 请说明圆钢与扁钢的搭接焊接要求，并作图表示。

7. 说明本工程在绿色施工评价程序和组织上的问题有哪些？

【参考答案】

1. 施工前对施工现场的地下给水管道实施了下列保护措施：按业主通知对地下给水管道标出位置，并制定保护方法。如施工时需要停水，必须经有关部门批准和事先告之。

2. 措施2是正确的。

措施3是不正确的。

正确做法：废线缆应收集并运至指定地点处理，废油可采用化学处理（或循环再用）。

3. 措施4中存在的问题是：夜间噪声限值75dB，超过国家标准（不正确）。

正确做法：根据相关规定，建筑施工过程中场界环境噪声不得超过规定的排放限值。建筑施工场界噪声排放限值：昼间70dB，夜间55dB。夜间噪声最大声级超过限值的幅度不得高于15dB。

4. 施工现场环境保护措施的主要内容有：确定重要环境因素（如废线缆、废油、尘土等），加强检查监测控制，配备应急设施和建立管理制度，加强培训教育或交底。

5. 接地系统施工图存在的错误及改正：

（1）垂直接地体间的距离为4m，不正确。

改正：垂直接地体间的距离不得小于5m。

（2）接地装置顶面埋设深度为0.5m，不正确。

改正：接地装置顶面埋设深度不得小于0.6m。

（3）人工接地体与建筑物外墙之间的水平距离为0.8m，不正确。

改正：人工接地体与建筑物外墙之间的水平距离不得小于1m。

6. 圆钢与扁钢搭接不应小于圆钢直径的6倍，且应双面施焊，示意图如图5-4所示。

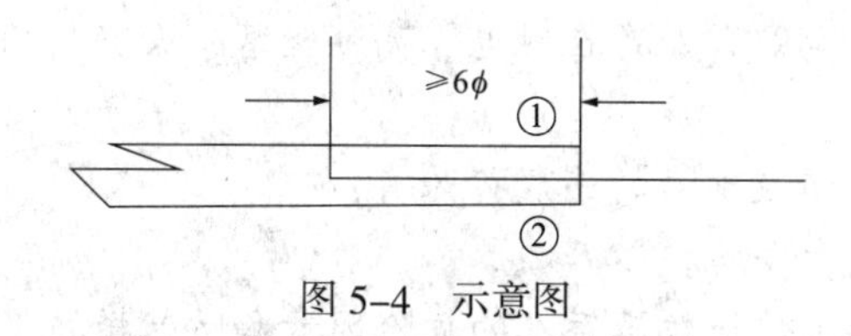

图5-4　示意图

7. 本工程在绿色施工评价程序和组织上的问题有：

（1）项目部在施工过程中组织了施工批次评价和施工阶段评价，监理单位参加，错误。

理由：① 单位工程施工阶段评价应由监理单位组织，建设单位和项目部参加。

② 单位工程施工批次评价应由施工单位组织，建设单位和监理单位参加。

（2）单位工程绿色施工评价准备等到验收完成后进行，错误。理由：单位工程绿色施工评价应在工程竣工前申请。

实务操作和案例分析题七

【背景资料】

某公司承担一机电改建工程，工程量主要为新建4台5000m³原油罐及部分管线，更换2台重356t、高45m的反应器，反应器施工方法为分段吊装组焊。

针对作业活动，项目部风险管理小组对风险进行了识别和评价，确定了火灾、触电、机械伤害、窒息或中毒、焊接、应急响应等为重大风险。

在储罐防腐施工中，因油漆工缺员，临时从敷设电缆的外雇工中抽出两人进行油漆调和作业，其中1人违反规定，自带火种，在调和油漆时，引发1桶稀释剂着火将其本人烧伤，项目部立即启动应急预案，对他进行救护，并送往医院住院治疗。

项目部和该工人订立的劳务合同规定，因本人违反操作规程或安全规定而发生事故的责任自负，因此，事发当日，项目部将该名工人除名，并让其自行支付所有医药费用。项目部认为该名工人不属于本企业正式员工，故对该事件不作为事故进行调查和处理。

罐区主体工程完成后，消防系统的工程除了消防泵未安装外，其余报警装置已调试完，消防管线试压合格，业主决定投用4台原油罐，为了保证安全，购买一批干粉消防器材放在罐区作为火灾应急使用。

【问题】

1. 指出项目部的风险评价结果有哪些不妥之处？

2. 在焊接反应器时，电焊作业存在哪些风险？

3. 依据《中华人民共和国安全生产法》及其他安全法规，项目部在这次着火事故前后有哪些违规的地方？

4. 在背景材料给定的条件下，可否让4台原油罐投入使用？说明理由。

【参考答案】

1. 项目部的风险评价结果的不妥之处体现在：

（1）焊接不属于风险，它是一种作业活动（或施工工序）。

（2）应急响应不属于风险，它是指发生突发事件采取的应对措施。

（3）未识别和评价出起重伤害风险。

2. 在焊接反应器时，电焊作业存在触电、高处坠落、火灾、物体打击、弧光灼眼和烟尘中毒的风险。

3. 项目部在这次着火事故前后的违规行为有：

（1）与该工人签订免责合同。

（2）未告知工人调换工作岗位后存在的危险因素和防范措施（或回答未对该工人进行培训）。

（3）未办理该工人意外伤害险（或回答工伤保险）。

（4）未支付该工人工伤医疗费用。

（5）未对该事故进行报告、调查和处理。

4. 不能让4台原油罐投入使用。

理由：消防泵未安装，消防系统不能正常运行和发挥作用。我国《中华人民共和国安全生产法》《中华人民共和国劳动法》的三同时制度规定，凡是我国境内新建、改建、扩建的基本建设项目，其安全（卫生）设施必须与主体工程同时设计、同时施工、同时投入生产和使用。

实务操作和案例分析题八

【背景资料】

某送变电工程公司承接了我国西部某高压输电线路8个塔基的施工建设项目，工期1年。工程施工特点为：野外露天作业多，高空作业多，山地施工多，冬季气温低，50%的塔基建在山石上，需要爆破处理。对此，该工程公司项目部根据职业健康、安全与环境进行了主要风险因素识别。按项目部风险管理组、项目管理部门和班组进行了分级风险管理策划，同时要求班组长要对施工技术方案控制的一些特别活动风险因素进行识别和评价。项目部还制定了项目安全生产责任制，把安全责任目标分解到岗，落实到人。其中项目经理安全职责是：施工过程发生安全事故时，必须按照安全事故处理的有关规定和程序及时上报和处理，并制定防范措施；定期组织安全生产检查和分析，制定相应预防措施；严格执行安全考核指标和安全生产奖惩办法；制定和执行安全生产管理办法等。

【问题】

1. 根据工程施工特点识别出该工程有哪些主要风险因素？

2. 根据所识别的风险因素，指出该工程会出现的紧急状态。

3. 简述安全生产管理制度的内容。

4. 背景资料中，项目经理还应负哪些安全职责？

【参考答案】

1. 根据工程施工特点，该工程主要风险因素有：物体打击（砸伤）、山体滑坡、触电（雷击）、高处坠落、爆炸、冻伤。

2. 根据所识别的风险因素，该工程会出现的紧急状态主要有：坍塌、物体打击、触电（雷击）、高空坠落、爆炸、滑坡、冻伤、火灾。

3. 安全生产管理制度包括：

（1）安全生产责任制度。

（2）安全生产教育培训制度。

（3）安全措施计划制度。

（4）安全检查制度。

（5）安全事故报告和处理制度。

（6）安全考核和奖惩制度等。

4. 背景资料中，项目经理还应负的安全职责包括：（1）认真贯彻安全生产方针、政策、法规和各项规章制度。（2）严格执行安全技术措施审批和施工安全技术措施交底制度。

实务操作和案例分析题九

【背景资料】

某办公楼工程，建筑面积为98000m^2，劲性钢骨混凝土框筒结构。地下3层，地上46

层，建筑高度为203m。基础深度为15m，桩基为人工挖孔桩，桩长18m。首层大堂高度为12m，跨度为24m。外墙为玻璃幕墙。吊装施工垂直运输采用内爬式起重机，单个构件吊装最大质量为12t。

合同履行过程中，发生了下列事件：

事件1：施工总承包单位编制了附着式整体提升脚手架等分项工程安全专项施工方案，经专家论证，施工单位技术负责人和总监理工程师签字后实施。

事件2：监理工程师对钢柱进行施工质量检查中，发现对接焊缝存在夹渣、形状缺陷等质量问题，向施工总承包单位提出了整改要求。

事件3：施工总承包单位在浇筑首层大堂顶板混凝土时，发生了模板支撑系统坍塌事故，造成5人死亡、7人受伤。事故发生后，施工总承包单位现场有关人员于2h后向本单位负责人进行了报告。施工总承包单位负责人接到报告后1h后向当地政府行政主管部门进行了报告。

事件4：由于工期较紧，施工总承包单位于晚上11时后安排了钢结构构件进场和焊接作业施工。附近居民以施工作业影响夜间休息为由进行了投诉。当地相关主管部门在查处时发现：施工总承包单位未办理夜间施工许可证；检测夜间施工场界噪声值达到60dB。

【问题】

1. 依据背景资料指出需要进行专家论证的分部分项工程安全专项施工方案还有哪几项。

2. 事件2中，焊缝夹渣的原因可能有哪些？其处理方法是什么？针对焊缝夹渣缺陷，施工总承包单位在钢柱焊接过程中应采取的质量预控措施是什么？

3. 事件3中，依据《生产安全事故报告和调查处理条例》，此次事故属于哪个等级？纠正事件3施工总承包单位报告事故的错误做法。报告事故时应报告哪些内容？

4. 说明事件4中施工总承包单位对所查处问题应采取的正确做法，并说明施工现场避免或减少光污染的防护措施。

【参考答案】

1. 需要进行专家论证的分部分项工程安全专项施工方案还有深基坑工程、模板工程、起重吊装工程、建筑幕墙安装工程和人工挖孔桩工程。

2. 事件2中，焊缝夹渣的原因可能有焊接材料质量不好、焊接电流太小、焊接速度太快、熔渣密度太大、阻碍熔渣上浮、多层焊时熔渣未清除干净等。

处理方法：铲除夹渣处的焊缝金属，然后焊补。

针对焊缝夹渣缺陷，施工总承包单位在钢柱焊接过程中应采取的质量预控措施：

（1）严格按照工艺卡施焊。

（2）控制清根质量。

（3）保持现场清洁。

（4）采取防风沙措施。

（5）确保设备完好。

3. 事件3中，依据《生产安全事故报告和调查处理条例》，此次事故属于较大事故。

纠正事件3施工总承包单位报告事故的错误做法：事故发生后，事故现场有关人员应当立即向本单位负责人报告；单位负责人接到报告后，应当于1h内向事故发生地县级以上人民政府安全生产监督管理部门和负有安全生产监督管理职责的有关部门报告。情况紧急时，事故现场有关人员可以直接向事故发生地县级以上人民政府安全生产监督管理部门和负有安全生产监督管理职责的有关部门报告。

报告事故时应报告以下内容：

（1）事故发生的时间、地点和工程项目、有关单位名称。

（2）事故的简要经过。

（3）事故已经造成或者可能造成的伤亡人数（包括下落不明的人数）和初步估计的直接经济损失。

（4）事故的初步原因。

（5）事故发生后采取的措施及事故控制情况。

（6）事故报告单位或报告人员。

（7）其他应当报告的情况。

4. 事件4中施工总承包单位对所查处问题应采取的正确做法：

（1）施工总承包单位在施工期间应遵照《建筑施工场界环境噪声排放标准》GB 12523—2011制定降噪措施。确需夜间施工的，应办理夜间施工许可证明，并公告附近社区居民。

（2）钢结构构件进场和焊接作业的夜间施工场界噪声值控制在55dB内。

施工现场避免或减少光污染的防护措施：夜间室外照明灯应加设灯罩，透光方向集中在施工范围。电焊作业采取遮挡措施，避免电焊弧光外泄。

实务操作和案例分析题十

【背景资料】

某厂将拟新建一条大型轧机生产线建设项目，通过招标确定该工程由具有机电施工总承包一级资质的企业实施总承包，合同造价为1.3亿元，工程主要内容包括厂房钢结构制作、安装，车间内500t桥式起重机的安装，设备安装与调试，电气工程的施工，各种工艺管道安装。

项目管理人员进场后，为加强对安全工作的管理，成立了由项目生产经理为组长的安全领导小组，建立了安全管理体系，并配备了两名专职安全管理员，同时制定了完善的生产安全管理制度。项目总工组织技术人员审查了具有资质分包单位编制的500t桥式起重机的吊装方案和专项安全技术措施，并报给企业技术负责人和项目总监审批。在桥式起重机吊装过程中，出现了安全事故，造成1人重伤，被地方政府监管部门处以停工整顿。

【问题】

1. 该项目部成立的生产安全领导小组及配备的专职安全管理员是否符合规定要求？

2. 在项目组织实施过程中，项目经理有哪些安全生产职责？

3. 项目部应建立哪些职业健康安全管理制度？

4. 500t桥式起重机的吊装方案和专项安全技术措施的审批程序是否符合规定要求？

5. 生产安全事故发生后，项目部应如何报告？

【参考答案】

1. 该项目部成立的生产安全领导小组及配备的专职安全管理员不符合规定要求。因为领导小组组长应由项目经理担任，他才是项目部生产安全的第一责任人；由于项目的合同造价超过1亿元，根据规定应配备专职安全管理员不少于3人，且按专业配备。

2. 在项目组织实施过程中，项目经理的安全生产职责：

（1）项目经理是项目安全生产第一责任人，对项目的安全生产工作负全面责任。

（2）严格执行安全生产法规、规章制度，与项目管理人员签订安全生产责任书。

（3）负责建立项目安全生产管理机构并配备安全管理人员，建立和完善安全管理制度。

（4）组织制订项目安全生产目标和施工安全管理计划，并贯彻落实。

（5）组织并参加项目定期的安全生产检查，落实隐患整改；编制应急预案，并演练。

（6）及时、如实报告生产安全事故，配合事故调查。

3. 项目部应依据《中华人民共和国安全生产法》《建设工程安全生产管理条例》规定，结合项目的安全管理目标建立安全生产管理制度，主要包括：安全生产责任制度；安全生产教育培训制度；安全措施计划制度；安全检查制度；安全事故报告和处理制度；安全考核和奖惩制度等。

4. 500t桥式起重机的吊装方案和专项安全技术措施的审批程序不符合规定要求。根据《危险性较大的分部分项工程安全管理规定》（住房和城乡建设部令第37号），500t桥式起重机的吊装属于超过一定范围的危险性较大的分部分项工程，其安全专项施工方案，除由企业技术负责人和项目总监审批外，必须由施工单位组织相关专家进行专项安全施工方案的论证。

5. 生产安全事故发生后，项目部应按规定及时上报，实行施工总承包的，应由总承包企业负责上报。情况紧急时，可越级上报。

实务操作和案例分析题十一

【背景资料】

某安装公司签订了20MWP并网光伏发电项目的施工总承包合同，主要工作内容：光伏场区发电设备及线路（包括光伏阵列设备、逆变及配电设备、箱式变压器、35kV电缆集电线路等）安装工程、35kV架空线路安装工程、开关站安装工程（包括一次设备、母线和二次设备）等。

安装公司项目部进场后，认真开展项目开工前的各项准备工作，项目经理组织编制了机电安装工程施工组织总设计，技术人员编制了主要施工方案，方案中的绿色施工管理的重点是草原土壤保护。

施工前，施工方案编制人员向作业人员进行了安全技术交底。光伏场区集电线路设计为35kV直埋电缆，根据施工方案要求，采用机械开挖电缆沟，由于沟底有少量碎石，施工人员在沟底铺设一层细沙，完成直埋电缆工程的相关工作。

在施工过程中，公司总部多次对项目部进行综合检查，发现下列事件，存在施工质量问题，并监督项目部进行了整改。

事件1：现场作业人员使用的经纬仪检定合格证超过有效期，电气试验人员使用的兆欧表检定合格证丢失，项目部计量管理员对施工使用的计量器具没有进行跟踪管理。

事件2：室内配电装置的母线采用螺栓连接，作业人员在母线连接处涂了凡士林，母线平置连接时的螺栓由上向下穿，螺栓连接的母线两外侧只有平垫圈，并用普通扳手紧固。

【问题】

1. 本工程在绿色施工管理中，对草原土壤保护的要求有哪些?

2. 沟底铺设一层细沙后，直埋电缆工程的相关工作还有哪些?

3. 事件1中，项目部计量管理员的管理是否合格？简述项目部专职计量管理员的工作内容。

4. 在事件2中，项目部是如何整改的?

【参考答案】

1. 本工程在绿色施工管理中，对草原土壤保护的要求有：

（1）因施工造成的裸土应及时覆盖。

（2）污水处理设施等不发生堵塞、渗漏、溢出等现象。

（3）对现场地面造成污染应及时清理。

（4）对于有毒有害废弃物交有资质单位处理。

（5）施工后应及时恢复施工活动破坏的植被。

2. 沟底铺设一层细沙后，直埋电缆工程相关工作还有：电缆敷设，电缆覆盖100mm厚细沙，盖混凝土保护板、红砖或警示带，覆土分层夯实，电缆标桩埋设。

3. 项目部计量管理员的管理不合格。

项目部专职计量管理员的工作内容包括：

（1）建立现场计量器具台账。

（2）负责现场计量器具周期送检。

（3）现场巡视计量器具完好状态。

4. 项目部的整改：

（1）母线连接处应涂电力复合脂。

（2）母线平置连接的螺栓应由下向上穿。

（3）螺母侧应装有弹簧垫圈或锁紧螺母。

（4）母线连接螺栓的紧固应采用力矩扳手。

实务操作和案例分析题十二

【背景资料】

A公司在山区峡谷中建设洞内油库，工程内容包括：罐室及6台金属油罐、输油管道、铁路装卸油站等建筑与安装工程。A公司与B公司签订了施工总承包合同，B公司拟与C公司签订输油管道安装工程施工专业分包合同，A公司不同意B公司分包给C公司，认为C公司具有的GB、GC1压力管道安装许可不能满足项目要求。

油罐布置在一条主巷道两侧的罐室中，罐室尺寸如图5–5所示，由支巷道进入罐室，支巷道剖面尺寸为3.6m×3.9m（宽×高），安装操作空间相当狭小，另外支巷道毛地面不平坦，运输和吊装困难，且罐室内无通风竖井，必须通过支巷道通风换气。

B公司成立了以项目经理任组长的安全领导小组，设置了安全生产监督管理部门，配齐了专职安全员，制定了各级安全生产责任制，明确了HSE经理对本项目安全生产负全面责任，项目总工程师对本项目部分安全生产工作和安全生产技术工作负责。

项目部对现场职业健康安全危险源辨识后，确认存在的危险源有：爆炸、坍塌、受限空间作业、吸入烟雾（尘粒）等。

B公司按施工组织设计配置的计量器具有：钢直尺、10m钢卷尺、直角尺等，并自制了样板和样杆，满足了油罐本体及金属结构的制作安装质量控制要求。

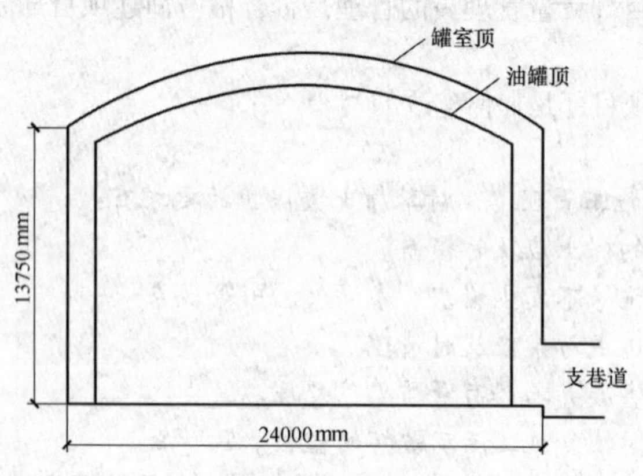

图5-5　金属油罐及罐室立面图

【问题】

1. A公司不同意B公司与C公司拟签施工专业分包合同是否妥当？说明理由。

2. B公司项目部制定安全生产责任制是否符合规定？写出项目经理和项目总工程师对本项目的安全管理职责。

3. 本项目金属油罐的制作安装还存在哪些危险源？

4. 自制的样板属于哪类计量器具？使用前应经过哪些工序确认？

【参考答案】

1. A公司不同意B公司与C公司拟签施工专业分包合同妥当。

理由：按照规定，本项目输油管道属于压力管道中的长输管道类别，需要具有GA1甲（乙）、GA2资质，而C公司只具有的GB、GC1压力管道安装许可不能满足项目要求。

> 本题考查的是压力管道的分类及等级。按特种设备目录，压力管道分为长输管道、公用管道和工业管道三类，其代号分别为GA、GB、GC。长输管道按其输送介质危害程度、设计压力、输送距离、公称直径的实际情况，划分级别为GA1甲（乙）、GA2；GB类公用管道按其输送燃气、热力介质，划分级别为GB1、GB2；工业管道分为工艺管道、动力管道、制冷管道三个品种，工艺管道按其危害程度和安全等级划分为GC1、GC2、GC3，动力管道指火力发电厂用于输送蒸汽、汽水两项介质的管道，分为GD1、GD2级。按特种设备目录，本案例中描述的输油管道属于压力管道中的长输管道，因此C公司进行输油管道安装时，应具备GA1甲（乙）、GA2资质。

2. B公司项目部制定安全生产责任制不符合规定。

项目经理对本项目安全生产负全面领导责任，是安全生产第一责任人。

项目总工程师对本项目安全生产技术负责。

3. 本项目金属油罐的制作安装还存在的危险源有：① 临时施工用电；② 起重（吊装、运输）作业；③ 焊缝射线探伤；④ 不平坦作业场地；⑤ 弧光辐射；⑥ 高空坠落

（坠物）。

4. 自制的样板属于C类计量器具。

B公司在使用自制的样板前，应经过校准，复验确认。

实务操作和案例分析题十三

【背景资料】

A单位承包一综合性医院（包括血库等洁净室）的机电工程安装项目。工程内容包括电梯、电气、管道、通风空调和消防工程等。合同总造价为1.2亿元，合同约定，所有设备均由建设单位提供。经过建设单位同意，将通风空调工程分包给B安装单位。

施工过程中发生如下事件：

事件1：A单位项目部管理人员进场后，成立了由项目安全经理担任组长的安全领导小组并配备了两名专职安全管理员，B安装单位配备了两名兼职安全管理员。

事件2：A单位对曳引式电梯设备进行了进场验收，并做了相关记录。查看了电梯的说明书、装箱单、门锁装置和限速器的型式检验证书复印件等技术资料。

事件3：为了满足通风空调节能验收的要求，在风机盘管进场时，进行了供冷量、供热量等参数的复试。空调系统安装完毕后，相关单位进行了通风空调系统调试。

事件 4：大楼变配电工程施工时，A施工单位在变压器安装完成后，进行了变压器的SF_6气体试验、额定电压下的冲击合闸试验，并检查了接线组别和相位。

【问题】

1. 项目部成立的安全领导小组和配备的安全管理员是否符合规定要求？说明理由。

2. 指出事件2中的不妥之处并改正。该电梯设备进场验收时还应提供哪些技术资料？

3. 风机盘管还要对哪些参数进行复试？通风空调系统调试由哪个单位负责？哪些单位配合？

4. 变压器的交接试验还应该包括哪些内容？

【参考答案】

1. 项目部成立的安全领导小组不符合规定要求。

理由：项目经理是安全生产的第一责任人，所以应由项目经理担任组长。

项目部配备的安全管理员不符合规定要求。

理由：按规定，总承包项目工程合同价1亿元及以上的工程应配备专职安全生产管理人员不少于3人，且按专业配备；专业分包项目应当配备专职安全生产管理人员至少1人。

2. 不妥之处：仅A单位进行电梯设备的进场验收不妥。

改正：由A单位、建设单位、监理单位、供货单位共同进行验收。

该电梯设备进场验收时还应提供的技术资料：土建布置图、电气原理图、产品出厂合格证、安全钳的型式试验证书复印件、缓冲器的型式试验证书复印件。

3. 风机盘管还要对风量、出口静压、噪声、功率等参数进行复试。通风空调系统调试由B单位负责，A单位、建设单位、监理单位、设计单位等配合。

4. 变压器的交接试验还应包括：测量绕组连同套管的直流电阻；测量绕组连同套管的

绝缘电阻、吸收比；测量铁芯及夹件的绝缘电阻；绕组连同套管的交流耐压试验；检查所有分接的电压比。

实务操作和案例分析题十四

【背景资料】

A施工单位承担了某大型净化工程，并负责高效过滤器等设备以及镀锌风管等材料的采购。施工单位派出有资格的专业技术人员到设备制造单位进行了监造，并编写了监造大纲。

A施工单位在进行技术交底时，只进行了设计交底和施工组织设计交底，重点交底了技术要求和质量要求。

在风管严密性试验时，发现大量风管漏风。经查是风管连接方法不正确，需返工重做，造成直接经济损失120万元，工程质量事故发生后，现场有关人员立即向本单位负责人报告，在规定时间内逐级上报至市级人民政府住房和城乡建设主管部门，施工单位提交的质量事故报告内容包括：

（1）事故发生的时间、地点、工程项目名称。

（2）事故发生的简要经过，无伤亡。

（3）事故发生后采取的措施及事故控制情况。

（4）事故报告单位。

【问题】

1. A施工单位采购的镀锌钢板应有哪些质量要求？

2. 设备监造大纲主要应包括哪些内容？

3. 指出施工单位技术交底的不完善之处。

4. 本案例中的质量事故属于哪个等级？指出事故上报的不妥之处。质量事故报告还应包括哪些内容？

【参考答案】

1. A施工单位采购的镀锌钢板应有下列质量要求：

（1）镀锌钢板的镀锌层厚度应不低于$100g/m^2$。

（2）镀锌钢板的镀锌层不应出现10%以上的损伤、粉化脱落等现象。

（3）风管内表面应平整、光滑，管内不得设置加固框或加固筋。

（4）镀锌钢板的咬口缝、折边、铆接处有损伤时，应进行防腐处理。

2. 设备监造大纲主要应包括下列内容：

（1）制定监造计划及进行控制和管理的措施。

（2）明确设备监造单位，若外委则需签订设备监造委托合同。

（3）明确设备监造过程，有设备制造全过程监造和制造中重要部位的监造。

（4）明确有资格的相应专业技术人员到设备制造现场进行监造工作。

（5）明确设备监造的技术要点和验收实施要求。

3. 施工单位技术交底的不完善之处：

（1）“只进行了设计交底和施工组织设计交底”不妥。还应进行施工方案交底、设计变更交底。

（2）“重点交底了技术要求和质量要求”不妥。交底内容还应包括：施工工艺与方法、安全要求、其他要求等。

4. 本案例中的质量事故属于一般事故。

事故上报的不妥之处：在规定时间内逐级上报至市级人民政府住房和城乡建设主管部门；发生施工质量事故后，事故现场有关人员应当立即向工程建设单位负责人报告。工程建设单位负责人接到报告后，应于1h内向事故发生地县级以上人民政府住房和城乡建设主管部门及有关部门报告。

质量事故报告还应包括：工程各参建单位名称；初步估计的直接经济损失；事故的初步原因；联系人及联系方法；其他应报告的情况。

实务操作和案例分析题十五

【背景资料】

A公司在南方沿海城市承建了一项石油气储存罐区扩容改造工程，工程包括，新建2台5000m^{3}的天然气球罐和2台2000m^{3}的液化石油气球罐。施工内容有：球罐混凝土基础工程、球罐工程，包括球罐组对、焊接、检验试验、整体热处理、系统管道工程等。

新建的天然气球罐位于原罐区的东侧，与原有的天然气球罐相邻，中间有一条6m宽的检修道路相隔，新建的液化石油气罐紧邻原有的4台1000m^{3}的液化石油气罐区北侧，并在一个防火围堰区内。

根据工程的实施计划，新建工程施工期间，原油气储存罐区正常运行，仅在新旧系统切接时，对旧球罐做临时关闭。该区属于甲类危险防火区，又地处城市边缘，对安全和环境保护要求高。安装公司根据工程现场情况，组建了有管理经验的项目部，按照绿色施工的管理理念，强化职业健康安全管理，建立了项目部风险管理组和项目部绿色施工管理体系。

在施工过程中，项目部采取了以下措施：

（1）加强防火安全管理，在新旧罐之间，搭建防火墙，划出隔离区。

（2）项目部组织安全生产教育，在施工过程中，安装公司组织了与工程对应的季节、专业、综合等安全检查，以保障施工过程安全。

（3）球罐采用节省施工场地的散装法组装，射线检测采用γ射线全景曝光技术。

（4）管道施工采用了工厂化预制，精确下料，保证了预制质量，加大管道预制深度，降低现场组焊的工作量以减少和避免浪费。

（5）采用新型钢脚手架。

储罐与泵连接如图5-6所示。监理工程师检查时发现：该储罐采用3m高的标准钢板现场焊接制作。储罐与泵之间管道已按图所示安装完毕，泵基础一次灌浆已完成，机架二次灌浆还未灌注。泵出口管道与回流管已按图所示安装完毕，但泵出管道还未与主管廊连接完成。施工单位提出：泵入口闸阀不能确定介质流向，无法按照介质流向确定阀门安装方向。

所有工程完工后，项目部进行了风险后评价，对已完成的项目进行分析、检查和总结。

【问题】

1. 国内球形罐整体热处理一般采用什么方法？整体热处理前应该具备哪些条件？

2. 分析本工程有哪些环境污染因素？应采取哪些相对应的措施？

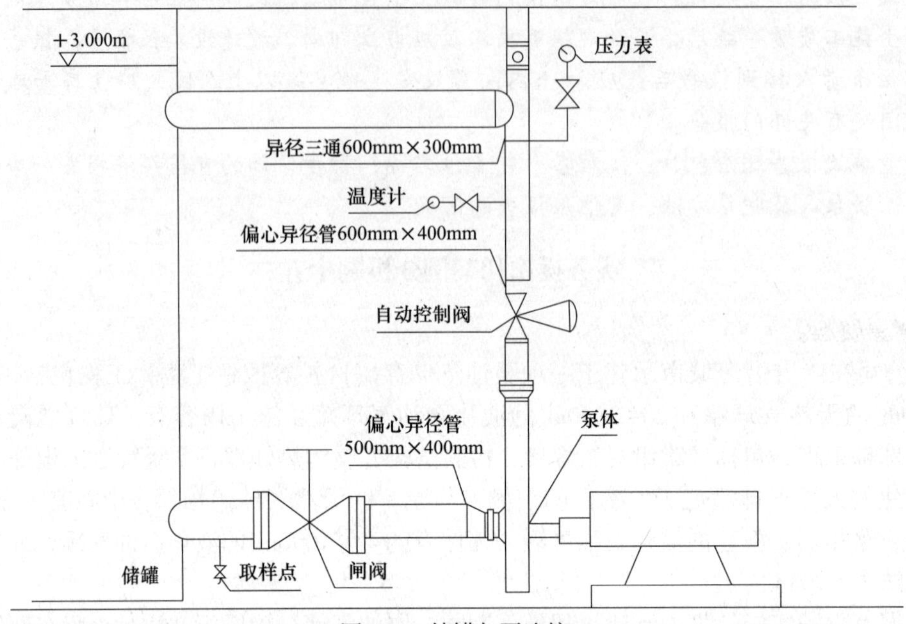

图 5-6　储罐与泵连接

3. 分析项目部在施工过程中采取的措施中，有哪些符合绿色施工的要求？各属于“四节一环保”的哪个方面？

4. 本工程还应有哪些安全检查？安全检查的重点是什么？

5. 指出本案例中施工的不妥之处，并提出整改措施。

【参考答案】

1. 国内球形罐整体热处理一般采用内燃法。

整体热处理前应该具备的条件有：热处理施工方案已批准；与球形罐受压件连接的焊接工作全部完成，各项无损检测工作全部完成并合格；加热系统已调试合格；工序交接验收前面工序已经完成，办理工序交接手续。

2. 本工程具有的环境污染因素及相对应的措施：

（1）球罐焊接电焊弧光产生的光污染和烟尘污染。应对措施：作业人员应采取防护措施，夜间电焊作业应采取遮挡措施，避免电焊弧光外泄。

（2）在球罐内作业，空气不流通，容易造成人员窒息和中毒。应对措施：罐内作业要采取通风措施，照明采用安全电压等。

（3）射线污染。应对措施：射线检测施工时间错开，划出射线安全隔离区并有专人看护，操作人员穿戴好防护用品。

（4）污水、废油、化学品的排放产生的污染。应对措施：回收再利用或集中处理，防止向地面或下水道直接排放。

3. “四节一环保”指节能、节材、节水、节地和环境保护（或：节能与能源利用、节材与材料资源利用、节水与水资源利用、节地与施工用地保护、环境保护）。背景中，项目部符合绿色施工要求的措施有：

（1）对混凝土基础施工采用节材的新型模板，管道施工进行精确下料，属于节材措施。

（2）球罐采用散装法组装，管道施工实行工厂化预制，属于节地措施。

（3）球罐射线检测采用γ射线全景曝光技术，采用这种方法能够减小射线检测的总的用时用工，属于环境保护措施。

4. 本工程还应有的安全检查是：定期性安全检查，经常性安全检查，不定期性安全检查。

安全检查的重点是：违章指挥和违章作业。

5. 本案例中施工不妥之处及整改措施：

（1）泵入口采用底平偏心异径管，不妥。

整改措施：泵入口应采用顶平偏心异径管。将泵机架架高按顶平偏心异径管高度精找正后再进行泵基础二次灌浆。

（2）泵出口采用偏心异径管，不妥。

整改措施：将偏心异径管拆下，改为同心异径管。

（3）泵入口与出口采用刚性连接，不妥。

整改措施：在泵入口、出口处各加入一段挠性接头（软连接）。

（4）温度计前加阀门，且水平插入垂直管道中，不妥。

整改措施：将阀门拆下，温度计垂直插入垂直管道中。

（5）压力表前无表弯，不妥。

整改措施：将压力表前加设表弯。

（6）压力取源部件选在管道三通焊缝处开孔，不妥。

整改措施：将取源部件在管道开孔位置改动，不得在焊缝及其边缘上开孔及焊接。

（7）温度取源部件在压力取源部件的上游侧，不妥。

整改措施：将压力取源部件改在温度取源部件的上游侧。

实务操作和案例分析题十六

【背景资料】

某安装工程公司承接某地一处大型吊装运输总承包项目，100t以上大型设备为35台，总吊装重量为13829t。施工地点在南方沿海，工期为1年，合同造价为1.3亿元。工程施工特点为：工期紧、工程量大、高空作业多、运输和吊装吨位重。项目管理员进场后，为加强对安全工作的管理，成立了由项目安全经理为组长的安全领导小组，建立了安全管理体系，并配备了两名专职安全管理员，同时制定了完善的生产安全管理制度。项目总工组织技术人员审查了大型设备吊装方案和专项安全技术措施，进行了交底，并报给企业技术负责人和项目总监审批。在一次吊装过程中，出现了安全事故，造成3人死亡、5人重伤，直接经济损失200万元，被地方政府监管部门处以停工整顿。

【问题】

1. 该项目部成立的生产安全领导小组及配备的专职安全管理员是否符合规定要求？为

什么？

2. 此次事故属于什么事故？说明理由。

3. 项目部安全检查的类型有哪些？

4. 施工过程中存在的物理性危险源有哪些？

【参考答案】

1. 该项目部成立的生产安全领导小组及配备的专职安全管理员不符合规定要求。因为领导小组组长应由项目经理担任，他才是项目部生产安全的第一责任人；由于项目的合同造价超过1亿元，根据规定应配备专职安全管理员不少于3人。

2. 此次事故属于较大事故。理由：根据相关法律法规等相关规定，事故造成3人以上死亡的属于较大安全事故。

3. 项目部安全检查的类型有：日常巡查、专项检查、季节性检查、定期检查、不定期抽查、飞行检查。

4. 施工过程中存在的物理性危险源有：高空作业、高空物体坠落、机械伤害、电能伤害、热能伤害、光能伤害、手工搬运、重复性工作、火灾、爆炸。

实务操作和案例分析题十七

【背景资料】

某施工单位承接了10kV、5km架空线路的架设和一台变压器的总承包工程。工期为2018年6月20—2019年4月30日。提前一天奖10000元，推后一天罚50000元。根据线路设计，途经一个行政村，跨越一条国道，路经一个110kV变电站。线路设备由建设单位购买，但具体实施由施工单位负责。该线路施工全过程的监控由建设单位指定的监理单位负责。施工单位项目部将10kV、5km架空线路的架设工程分包给一家具有资质的施工单位，在架空线路电杆组立后，按导线架设的程序组织施工。在施工过程中发生了以下事件：

（1）该线路架设到110kV变电站时，施工单位考虑施工方便，将变电站的一片绿地占为临时施工用地，受到电力管理部门的处罚。

（2）在施工时，由于施工单位租赁的起重机晚到6d（2018年7月1日—2018年7月6日），在2018年7月7日—2018年7月12日期间正逢百年一遇大暴雨，设计院图纸供应又推迟7d（2018年7月9日—2018年7月15日），3个事件都影响了工期。

（3）分包方没有在2018年7月30日把农民工的工资发放表提交总承包方，导致在2018年8月1日—2018年8月2日期间农民工没有发放工资，造成工期推迟2d。

由于施工项目部采用定期召开内外协调会，改进内外协调方法和形式，加强内外部沟通，并采取相应的内部协调管理的措施，最终使该线路工程于2019年4月28日完工。

【问题】

1. 施工单位在沿途施工中需要与哪些部门沟通协调？

2. 简述架空线路杆塔组立后导线架设的施工程序。

3. 项目部内部协调管理的形式还有哪些？应采取哪些保证措施？

4. 根据背景资料分析，施工单位可向建设单位提出索赔工期和费用奖罚为多少？

5. 项目部对工程分承包单位协调管理的重点是什么？

【参考答案】

1. 本工程只需考虑施工中对外协调管理部门。因此，施工单位在沿途施工中需要与行政村、交通（公路）部门、电力管理部门等沟通协调。

2. 架空线路杆塔组立后导线架设的施工程序为：放线架线→导线连接→线路试验→竣工验收检查。

3. 项目部内部协调管理的形式还有实施协调处理事项、专题协商妥善处理。

应采取的保证措施有：组织措施、制度措施、教育措施、经济措施。

4. 施工单位租赁的起重机晚到6d是施工单位的责任，百年一遇大暴雨延误6d，属于不可抗力，工期应予以顺延，设计院图纸供应又推迟7d是建设单位的责任。农民工没有发放工资，造成工期推迟2d是施工单位的责任。分析如下：

2018年7月1日—2018年7月6日：不予补偿。

2018年7月7日—2018年7月8日：不可抗力，应予以补偿2d。

2018年7月9日—2018年7月12日：延误重叠，但只计一次，可以补偿4d。

2018年7月13日—2018年7月15日：补偿3d。

2018年8月1日—2018年8月2日：不予补偿。

2019年4月28日竣工：按合同工期，工程提前2d竣工。

故施工单位可以索赔的工期为：2＋4＋3＝9d

施工单位应得到的费用奖励为：9×10000＋2×10000＝110000元

5. 项目部对工程分承包单位协调管理的重点是：

（1）施工进度计划安排、临时设施布置。

（2）甲供物资分配、资金使用调拨。

（3）质量安全制度制定、重大质量事故和重大工程安全事故的处理。

（4）竣工验收考核、竣工结算编制和工程资料移交。

实务操作和案例分析题十八

【背景资料】

某机电安装公司总承包了一个炼油厂新建装置安装工程，装置安装工程内容包括：机械设备安装；工艺设备包括28台重30～120t的塔、器类设备的吊装、安装；油、汽和其他介质的工艺及系统管道安装；电气仪表、给水排水及防腐绝热工程等。机电安装公司具有特种设备安装改造维修许可证1级许可资格。新建装置位于一个正常运行的液化石油气罐区的东侧，北侧隔路与轻石脑油罐区相邻。根据工程现场情况，机电安装公司组建了现场施工项目部，建立了项目部风险管理组，制定了风险控制措施，落实了施工现场的风险控制。施工开始后，发生了下列事件：

事件1：其中有一台高度为60m的大型分馏塔，属于Ⅱ类压力容器，分三段到货，需要在现场进行组焊安装。机电安装公司项目部拟采用在基础由下至上逐段组对吊装的施工方法，并为此编制了分馏塔组对焊接施工方案。在分馏塔着手施工时，项目监理工程师认为机电安装公司不具备分馏塔的现场组焊安装资格，要求项目暂停施工。

事件2：工艺管道焊后经射线探伤发现，焊接合格率偏低。项目部组织人员按质量预控的施工因素进行了分析。经查验，工艺文件已按程序审批，并进行了技术交底。查出的问题有：个别焊工合格证的许可项目与实际施焊焊道不符，有2名焊工合格证过期；焊接记录中有部分焊材代用，焊缝外观检查有漏检，部分焊机性能较差。根据分析结果，找出了失控原因，经整改后焊接合格率得到了提高。

【问题】

1. 根据背景项目的工程内容，应重点进行风险识别的作业有哪些？

2. 风险控制有哪些管理措施？

3. 简述分段到货设备采用在基础由下至上逐段组对安装方法的组对焊接程序。为什么项目监理工程师认为机电安装公司不具备分馏塔的现场组焊安装资格？机电安装公司应当如何解决分馏塔的现场组焊安装施工的问题？

4. 针对工艺管道焊接合格率偏低的状况，指出焊接施工的生产要素中哪些因素失控。

【参考答案】

1. 根据背景项目的工程内容，应重点进行风险识别的作业有：

（1）不熟悉的作业，如采用新材料、新工艺、新设备、新技术的“四新”作业。

（2）临时作业，如脚手架搭设作业等。

（3）造成事故最多的作业，如动火作业易引起火灾。

（4）存在严重伤害危险的作业，如起重吊装作业。

（5）已有控制措施不足以把风险降到可接受范围的作业。

2. 风险控制的管理措施有：

（1）制定、完善管理程序和操作规程。

（2）制定、落实风险监控管理措施。

（3）制定、落实应急预案。

（4）加强员工的职业健康、安全和环境教育培训。

（5）建立检查监督和奖惩机制。

3. 分段到货设备采用在基础由下至上逐段组对安装方法的组对焊接程序为：基础验收、设置垫铁→塔器的最下段（带裙座段）吊装就位、找正→吊装第二段（由下至上排序）、找正→组焊段间环焊缝→重复上述过程：逐段吊装直至吊装最上段（带顶封头段）、找正、组焊段间环焊缝→整体找正、紧固地脚螺栓、垫铁点固及二次灌浆。

项目监理工程师认为机电安装公司不具备分馏塔的现场组焊安装资格，是因为机电安装公司具有的特种设备安装改造维修许可证1级许可资格，只能从事压力容器整体就位、整体移位安装；而现场组焊属于生产的延续，需要相应的生产资格。

机电安装公司应按以下解决分馏塔的现场组焊安装施工问题：和建设单位协商，将分馏塔在现场的2道环焊缝组焊工作委托（或分包）给具备该类压力容器现场组焊资格的单位。

4. 根据背景分析，针对工艺管道焊接合格率偏低的状况，焊接施工的生产要素中下列因素失控：个别焊工合格证的许可项目与实际施焊焊道不符，有2名焊工合格证过期是人的因素控制失控；焊接记录中有部分焊材代用，焊缝外观检查有漏检，部分焊机性能较差，属于材料、工程管理（检测）、机具因素失控，但其根源是人的因素。综合起来是人员、材料（焊材代用）、机具（部分焊机性能较差）、工程管理（外观检查漏检）四个因素。

实务操作和案例分析题十九

【背景资料】

某施工单位承包一新建风电项目的35kV升压站和35kV架空线路，根据线路设计，架空线路需跨越铁路，升压站内设置一台35kV的油浸式变压器。施工单位项目部及生活营地设置在某行政村旁，项目部进场后，未经铁路部门许可，占用铁路用地存放施工设备，受到铁路部门处罚，停工处理，造成了工期延误。

设计交底后，项目部依据批准的施工组织设计和施工方案，逐级进行了交底。但在变压器管母线安装时，发现母线出线柜出口与变压器接口不在同一直线上，导致管母线无法安装。经核实，是因变压器基础位置与站内道路冲突，土建设计师已对变压器基础进行了位置变更，但电气设计师未及时跟进电气图纸修改，管母线仍按原设计图供货，经协调，管母线返厂进行加工处理。为保证合同工期，项目部组织人员连夜加班，进行管母线安装，采用大型照明灯，增配电焊机、切割机等机具，期间因扰民被投诉，项目部整改后完成施工，但造成了工期延误。

升压站安装完成后，进行了变压器交接试验，试验内容见表5-4，监理认为试验内容不全，项目部补充了交接试验项目，通过验收。

变压器交接试验内容　　表5-4

序号	试验内容	试验部位
1	吸收比	绕组
2	变比测试	绕组
3	组别测试	绕组
4	绝缘电阻	绕组、铁芯及夹件
5	介质损耗因数	绕组连同套管
6	非纯瓷套管试验	套管

【问题】

1. 项目部在设置生活营地时，需要与哪些部门沟通协调？

2. 在降低噪声和控制光污染方面，项目部应采取哪些措施？

3. 变压器交接试验还应补充哪些项目？

4. 造成本工程工期延误的原因有哪些？

【参考答案】

1. 项目部在设置生活营地时，需要与乡政府（村委会）、公安、医疗、电力管理部门沟通协调。

2. 在降低噪声和控制光污染方面，项目部应采取的措施：

（1）切割设备增加隔声罩（隔声措施），采取隔振措施。

（2）照明灯具控制照射角度，照明灯和电焊机采取遮挡措施。

3. 变压器交接试验还应补充的项目：

（1）绝缘油试验。

（2）绕组连同套管交流耐压试验。

（3）绕组连同套管直流电阻测量。

4. 造成本工程工期延误的原因：

（1）设计单位图纸修改不及时，施工单位施工现场协调不好。

（2）施工措施（施工方法）不当。

实务操作和案例分析题二十

【背景资料】

某厂新建一条大型汽车生产线建设工程，内容包括：土建施工、设备安装与调试、钢结构工程、各种工艺管道施工、电气工程施工等。工程工期紧，工程量大，技术要求高，各专业交叉施工多。通过招标确定该工程由具有施工总承包一级（房建、机电）资质的A公司总承包，合同造价为15200万元，A公司将土建施工工程分包给具有相应资质的B公司承包。

A公司项目部的管理人员进场后，成立了安全领导小组并配备了两名专职安全管理员，B公司配备了两名兼职安全管理员，A公司项目部建立了安全生产管理体系，制定了安全生产管理制度。

在4000t压机设备基础施工前，B公司制定了深基坑支护安全专项技术方案，并报B公司总工程师审批，在基坑开挖过程中，发生坍塌，造成两人重伤、一人轻伤。事故发生后经检查确认，B公司未制定安全技术措施，A公司未明确B公司的安全管理职责，A公司、B公司之间的安全管理存在问题，该施工项目被地方政府主管部门要求停工整顿，项目经整顿合格后，恢复施工。

A公司在设备基础位置和几何尺寸及外观、预埋地脚螺栓验收合格后，即开始了4000t压机设备的安装工作，经查验4000t压机设备基础验收资料不齐，项目监理工程师下发了暂停施工的“监理工作通知书”。

【问题】

1. 项目部配置的安全管理人员是否符合规定要求？说明理由。

2. 基坑支护安全专项技术方案审批程序是否符合规定要求？说明理由。

3. 简要说明A公司、B公司之间正确的安全管理闭口流程。

4. 对4000t压机设备基础还应提供哪些合格证明文件和详细记录？

【参考答案】

1. 项目部配置的安全管理人员不符合规定要求。

理由：由于项目合同的造价超过1亿元，按有关规定，A公司项目部应根据生产实际情况设立安全生产监督管理部门，并配备专职安全生产管理人员不少于3人，且按专业配备专职安全生产管理人员。B公司为专业分包公司，应当配置专职安全生产管理人员至少1人，并根据所承担的分部分项的工程量和施工危险程度增加。

2. 基坑支护安全专项技术方案审批程序不符合规定要求。

理由：深基坑支护属于超过一定范围的危险性较大的分部分项工程，其安全专项技术方案应先经B公司内部审核后，由B公司技术负责人签字后报A公司技术部门审批，由A公司组织相关专家进行安全专项技术方案的论证后，经A公司企业技术负责人签字后报监理单位，最后由总监理工程师签字批准。

3. A公司、B公司之间正确的安全管理闭口流程：

A公司负责安全总体策划→A公司制定全场性安全管理制度→B公司在合同中承诺执行→A公司明确B公司的安全管理职责→B公司依据工程特点制定相应的安全措施→B公司报A公司审核批准后执行。

4. 对4000t压机设备基础还应提供的合格证明文件和详细记录：

（1）应提供设备基础质量合格证明文件，详细记录验收其混凝土配合比、混凝土养护及混凝土强度是否符合设计要求；如果对设备基础的强度有怀疑时，可请有检测资质的工程检测单位对基础的强度进行复测。

（2）设备基础的预压强度试验合格证明，并有预压沉降详细记录。

（3）设备基础的位置、几何尺寸验收资料或记录等。

实务操作和案例分析题二十一

【背景资料】

A公司中标一升压站安装工程项目，因项目地处偏远地区，升压站安装需要建设施工临时用电工程。A公司将临时用电工程分包给B公司施工，临时用电工程内容：电力变压器（10/0.4kV）、配电箱安装，架空线路（电杆、导线及附件）施工。

A公司要求尽快完成施工临时用电工程，B公司编制了施工临时用电工程作业进度计划（表5-5），计划工期为30d。在审批时被监理公司否定，要求重新编制。B公司在工作持续时间不变的情况下，将导线架设调整至电杆组立完成后进行，修改了作业进度计划。

施工临时用电工程作业进度计划 **表5-5**

序号	工作内容	开始时间	结束时间	持续时间	4月					
					1	6	11	16	21	26
1	施工准备	4.1	4.3	3d	—					
2	电力变压器、配电箱安装	4.4	4.8	5d	—	—				
3	电杆组立	4.4	4.23	20d	—	—	—	—	—	
4	导线架设	4.4	4.23	20d	—	—	—	—	—	
5	线路试验	4.24	4.28	5d					—	—
6	验收	4.29	4.30	2d						—

B公司与A公司签订了安全生产责任书，明确各自安全责任，建立项目安全生产责任体系，由项目副经理全面领导负责安全生产，为安全生产第一责任人；并由项目总工程师对本项目的安全生产负部分领导责任。

电杆及附件安装（图5-7）、导线架设后，在线路试验前，某档距内的一条架空导线因事故造成断线，B公司用相同规格导线对断线进行了修复（有2个接头）。修复后检查接头处机械强度只有原导线的80%，接触电阻为同长度导线电阻的1.5倍，被A公司要求返工，B公司对断线进行返工修复，施工临时用电工程验收合格。

【问题】

1. 施工临时用电工程作业进度计划（表5–5）为什么被监理公司否定？修改后的作业进度计划工期需多少天？

2. B公司制定的安全生产责任体系中有哪些不妥？说明理由。

3. 本工程的架空导线在断线后的返工修复应达到哪些技术要求？

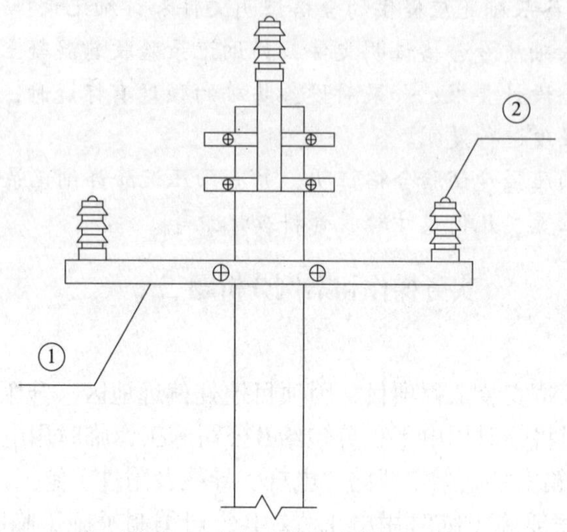

图 5–7 电杆及附件安装示意图

4. 说明图5–7中①、②部件的名称，有什么作用？

【参考答案】

1. 施工临时用电工程作业进度计划被监理公司否定的原因：电杆组立和导线架设同时进行，不符合要求，应先进行电杆组立，电杆组立完成后再进行导线架设。

修改后的作业进度计划工期需50d。

2. B公司制定的安全生产责任体系中的不妥之处及理由：

（1）不妥之处一：由项目副经理全面领导负责安全生产，为安全生产第一责任人。

理由：项目经理应全面领导安全生产，为工程项目安全生产第一责任人。

（2）不妥之处二：由项目总工程师对本项目的安全生产负部分领导责任。

理由：项目总工程师对本工程项目的安全生产负技术责任。

3. 本工程的架空导线在断线后的返工修复应达到的技术要求为：

（1）应确保任一档距内只能有一个接头；当跨越铁路、高速公路、通行河流等区域时，不得有接头。

（2）导线连接应接触良好，其接触电阻不应超过同长度导线电阻的1.2倍。

（3）导线连接处应有足够的机械强度，其强度不应低于导线强度的95%。

4. ① 为横担，作用是：装在电杆上端，用来固定绝缘子架设导线的，有时也用来固定开关设备或避雷器等。

② 为绝缘子，作用是：用来支持固定导线，使导线对地绝缘，并且承受导线的垂直荷重和水平拉力。

本题是识图题，考生只要稍微具备施工现场知识，即可答出本题。10kV双回路直线杆示意图如图5-8所示。

图5-8　10kV双回路直线杆示意图

实务操作和案例分析题二十二

【背景资料】

某安装公司承接一热电联产项目的电气安装工程。工程内容：2台发电机组、油浸式变压器、GIS配电装置安装和高压电缆敷设等，合同约定发电机组变压器等由建设单位采购，电力电缆由安装公司采购，安装公司进场后结合工期进度要求在电缆采购前，对供货商的技术水平、生产能力、周期建设进行考察。公司招标后选定了供应商，结合现场条件，每盘高压电缆长度不能超过200m，为防止电缆中间出现接头，根据施工图编制了电缆清单表（表5-6），对高压电缆进行分盘策划。

部分高压电缆清单表　　表5-6

编号	型号	电缆芯数及截面积（mm^2）	长度（m）	起端	终端
①	ZRC-YJV-8.7/P	3×120	60	高压配电柜	设备1
②	ZRC-YJV-8.7/P	3×120	100	高压配电柜	设备2
③	ZRC-YJV-8.7/P	3×120	60	高压配电柜	设备3
④	ZRC-YJV-8.7/P	3×120	100	高压配电柜	设备4
⑤	ZRC-YJV-8.7/P	3×120	50	高压配电柜	设备5

油浸式变压器到场后进行吊芯检查，包括绝缘围屏、无励磁调压机切换装置、有载调压切换、绝缘屏障检查及油循环管路与下轭绝缘接口检查，具备条件后按方案分别安装。

变压器安装后，进行变压器油过滤工作，因油过滤时的特殊要求，安装公司成立了事故小组，编制了专项应急处置方案，并对人员进行了培训，因油过滤工作24h以上不能间断，现场布置强光灯，并有人值守，期间发生漏油事件，施工人员对漏油收集后，就地掩埋处理。

【问题】

1. 电缆进场后，根据哪些文件对电缆进行数量和质量的验收？

2. 表5–6中电缆最少可装几个电缆盘？每个电缆盘长度为多少米？

3. 吊芯检查还应补充哪些项目？

4. 油过滤工作中从哪几方面考虑环境保护的检查措施？

【参考答案】

1. 电缆进场后，根据进料计划、送料凭证、质量保证书或产品合格证等文件对电缆进行数量和质量的验收。

2. 电缆最少可装2个电缆盘，一盘长200（100＋100）m，一盘长170（60＋60＋50）m。

3. 吊芯检查还应做铁芯检查、绕组检查、引出线绝缘检查。

4. 油过滤工作中，应从以下方面考虑环境保护的检查措施：

（1）光污染控制：大型照明灯应控制照射角度，防止强光外泄。

（2）水污染控制：对于油料的储存地，应有严格的隔水层设计，做好渗漏液收集和处理。

第六章　机电工程施工质量管理案例分析专项突破

2014—2023年度实务操作和案例分析题考点分布

考点	年份									
	2014年	2015年	2016年	2017年	2018年	2019年	2020年	2021年	2022年	2023年
施工质量控制的策划					●	●				
施工质量影响因素的预控			●			●			●	
施工质量检验的类型及规定			●		●		●			
施工质量统计的分析方法及应用		●	●	●			●			
施工质量问题和事故的划分及处理	●			●			●			
试运行的组织和应具备的条件	●		●							
单机试运行要求与实施	●			●				●		
联动试运行的条件与要求					●	●				
竣工验收的分类和依据		●					●			
竣工验收的组织和程序								●		
竣工验收的要求与实施							●	●		●
工程保修的职责与程序				●	●					●

【专家指导】

对于机电工程施工质量管理相关内容的考查，属于高频考点，近几年几乎是每年必考，考生要对相关内容重点掌握。其中，质量控制点、三检制、施工质量验收、排列图法、因果分析法、单机试运行、联动试运行、不合格品的处理方式、竣工验收、保修期限等属于重点内容，并且属于重复性考查内容，因此考生要结合历年真题及相关实际案例进行演练，从而对前述内容进行巩固性理解。质量管理的内容还会与施工现场职业健康安全与环境管理、进度管理、合同管理等内容结合在一起出题，考生要注意这些部分内容的有机结合。

历 年 真 题

实务操作和案例分析题一［2023年真题］

【背景资料】

安装公司中标某工业厂房机电安装工程，合同内容包含电气工程、管道工程、通风空调工程、设备安装及配售发电工程等所有机电安装，合同还约定了其相应的系统性能考核。

安装公司进场后，编制了专项工程的各种可行性施工方案，根据方案的一次性投资总额、产值贡献率，对工程进度和费用的影响程度进行了经济合理性比较，按最优的方式确定了施工方案。

某管道系统在设计温度时的试验压力为3MPa，在常温试压时，试验温度与设计温度下的管材许用应力比值为6.5。安装公司在进行该系统压力试验时，设置了常温下临时压力试验系统（图6–1）。

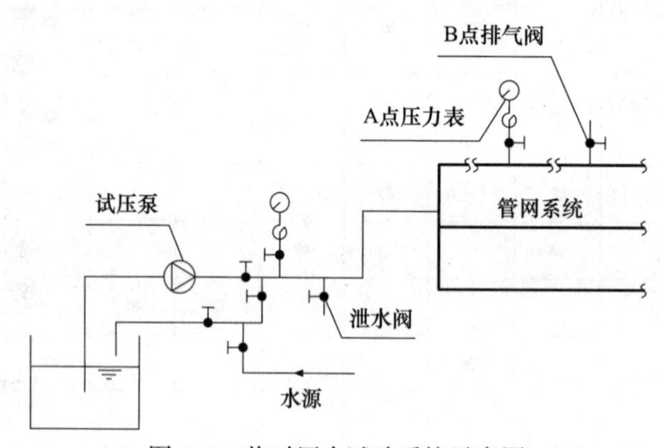

图6–1　临时压力试验系统示意图

安装公司在发电机转子进行单独气密性试验时，检查转子的重点部位无泄漏，并会同有关人员进行最后清扫，查无杂物。确认了转子机务、电气仪表安装已经完成，将转子吊装到位，用专用工具穿装。监理工程师发现后制止，认为有工序未完不能穿装。安装公司整改后穿装工作完成。

安装公司按试运行方案，进行联动试运行合格后，向建设单位递交了工程交接证书，要求建设单位接收。建设单位认为该工程没有生产正式产品，以未达到移交条件为由，拒绝接收。

【问题】

1. 对施工方案进行经济合理性比较时还应考虑哪些方面？

2. 图6–1中的A、B点应设置在管网系统的何处位置？计算该管道系统试压时的设计压力。

3. 发电机转子进行气密性试验时应重点检查转子哪些部位的密封情况？发电机转子穿装前应完善哪些工作？

4. “工程质量接受意见栏”填写的依据是什么？建设单位拒绝接收是否合理？

【参考答案与分析思路】

1. 对施工方案进行经济合理性比较时，还应考虑各方案的资金时间价值、对环境影响的程度、对工程进度和费用的影响、综合性价比。

本题以补充题的形式考查施工方案的经济合理性比较指标。对于施工方案的技术经济比较的内容，详见表6–1。

施工方案的技术经济比较　　表6–1

技术先进性比较	经济合理性比较	重要性比较
技术先进水平； 技术创新程度； 技术效率； 创新技术点数； 实施的安全性	一次性投资总额； 资金时间价值； 对环境影响的程度； 产值贡献率； 对工程进度和费用的影响； 综合性价比	推广应用的价值比较，如社会（行业）进步； 社会效益的比较，如资源节约、污染降低

2.（1）图6-1中的A、B点应设置在管网系统的下列位置：

①A点压力表应设置在始端（第一个阀门之后）和系统最高点（排气阀处、末端）。

②B点排气阀应设置在管道系统的最高点。

（2）该管道系统试压时的设计压力：

试验压力（3MPa）＝1.5×设计压力×$[\sigma]_T/[\sigma]^t$＝1.5×设计压力×6.5

设计压力＝3÷1.5÷6.5＝0.3MPa

本题考查的是管道压力试验系统图的识图、管道系统试压时的试验压力的计算。对于管道压力试验系统图，要求识图并改错，在2020年的案例题中也考查了一道类似题目，因此对于实操类型的题目，识图找错、识图找错并改正等题型是经典考核形式，考生要多做习题巩固。

（1）本案例中的临时压力试验系统示意图中，要求说明压力表、排气阀的安装位置。

① 压力表应安装在管道的最高点或最靠近压力容器的位置，以便准确地测量压力值。

② 最高点，是最常用的设置位置，由于气体密度比水小，会沿着管道一直爬到系统最高点并聚集在此，对于一般管线，排气阀应安装在最高点，可提高排气效率，进排气效果好。

（2）计算该管道系统试压时的试验压力：《工业金属管道工程施工规范》GB 50235—2010规定，试验压力应按下式计算：

$$P_T = 1.5P[\sigma]_T/[\sigma]^t \quad (6\text{–}1)$$

式中：P_T——试验压力（表压）（MPa）；

P——设计压力（表压）（MPa）；

$[\sigma]_T$——试验温度下，管材的许用应力（MPa）；

$[\sigma]^t$——设计温度下，管材的许用应力（MPa）。

当$[\sigma]_T/[\sigma]^t$大于6.5时，取6.5。

当试验温度下管材的许用应力与设计温度下管材的许用应力的比值大于6.5时，应取6.5。

背景中设计温度时的试验压力为3MPa，$[\sigma]_T/[\sigma]^t$背景中已经给出等于6.5，因此，试验压力（3MPa）＝1.5×设计压力×$[\sigma]_T/[\sigma]^t$＝1.5×设计压力×6.5，因此设计压力＝3÷1.5÷6.5＝0.3MPa。

3.（1）发电机转子进行气密性试验时，应重点检查滑环下导电螺钉、中心孔堵板的密封情况。

（2）发电机转子穿装前应完善下列工作：定子找正完、轴瓦检查。

本题考查的是发电机转子安装技术要求。发电机转子穿装前进行单独气密性试验。重点检查滑环下导电螺钉、中心孔堵板的密封情况，试验压力和允许漏气量应符合制造厂规定。发电机转子穿装要求在定子找正完、轴瓦检查结束后进行。

4.（1）“工程质量接收意见栏”填写的依据是：设计文件、合同规定的施工内容、试车情况。

（2）建设单位拒绝接收是合理的。

本题考查的是工程移交。本题考查了两个小问：

（1）第一小问可利用常规知识点作答：“工程质量接收意见栏”由建设单位依据设计文件、合同规定的施工内容和试车情况阐明接收意见；“工程质量监督意见栏”内，可根据项目所在地具体情况填写，内容为监督单位工程质量的结论评语。

（2）第二小问如没问理由，直接写结果即可。首先需要判断是否合理，此处没有要求写出理由，可以不用写。负荷试运行是指对指定的整个装置（或生产线）按设计文件规定的介质（原料）打通生产流程，进行指定装置的首尾衔接的试运行，以检验其除生产产量指标外的全部性能，并生产出合格产品。负荷试运行是试运行的最终阶段，自装置接受原料开始至生产出合格产品、生产考核结束为止。负荷联动试运行是在投料的情况下，全面考核设备安装工程的质量，考核设备的性能和生产能力，检验设计是否符合和满足正常生产的要求。

工程进行投料试车产出合格产品，并经过合同规定的性能考核期后，由总承包单位和建设单位签订工程交接证书，作为工程移交的凭据。它标志着合同施工任务的全部完成，工程正式移交建设单位。

另外背景中告知“安装公司按试运行方案，进行联动试运行合格”，只是经过了联动试运行，此处还未做“负荷试运行”，工程交接证书没有签订，因此建设单位拒绝接收是合理的。

实务操作和案例分析题二［2022年真题］

【背景资料】

某电力公司承接一办公楼配电室安装工程，工程主要内容包括：高低压成套配电柜、电力变压器、插接母线、槽钢、高压电缆等采购及安装。

电力公司的采购经理依据业主方提出的设备采购相关规定，编制了设备采购文件，经各部门工程师审核及项目经理审批后实施采购。

因疫情原因，导致劳务人员无法从外省市来该项目施工，造成项目劳务失衡、劳务与施工要求脱节，配电柜安装不能按计划进行。电力公司对劳务人员实施动态管理，调集本市的劳务人员前往该项目施工。

配电柜柜体安装固定后，专业监理工程师检查指出，部分配电柜安装不符合规范要求（图6–2），施工人员按要求进行了整改。

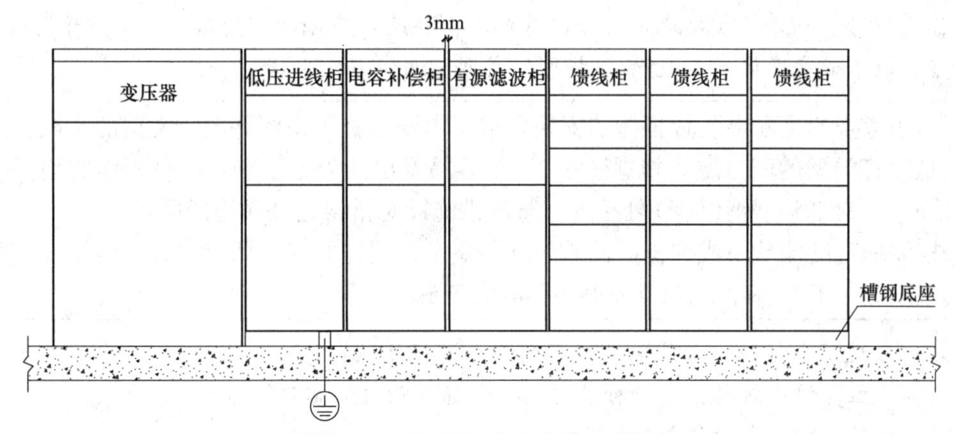

图6–2　低压侧配电柜安装示意图

在敷设配电柜信号传输线时，质检员巡视中，发现信号传输线的线芯截面没有达到设计要求，属不合格材料，要求施工人员停工，在上报项目部后，施工人员按要求将已敷设的信号线全部拆除。

【问题】

1. 设备采购文件编制依据包括哪些文件？本项目的设备采购文件的审批是否正确？

2. 电力公司如何对劳务人员进行动态管理？对进场的劳务人员有何要求？

3. 写出图6–2中整改的规范要求。柜体垂直度偏差及成列盘面偏差是多少？

4. 当发现不合格的信号线时应如何处理？

【参考答案与分析思路】

1. 设备采购文件编制依据包括：工程项目建设合同、设备请购书、采购计划。

本项目的设备采购文件的审批，正确。

本题考查的是设备采购文件编制依据。本题考查难度一般，均属于记忆类型的知识点，考生只要记住即可做出本题。本题考查了两个小问，第一个是案例简答题，在考试用书上有相关内容，这里不再阐述。第二个小问，要求判断设备采购文件的审批正确与否。背景中告知：部门工程师审核及项目经理审批设备采购文件后，实行采购。设备采购文件经过编制、技术参数复核、进度（计划）工程师审核、经营（费控）工程师审核，由项目经理审批后实施。因此，本项目的设备采购文件的审批，正确。

2.（1）电力公司对劳务人员进行动态管理：应根据施工任务和施工条件变化对劳务人员进行跟踪平衡、协调。

（2）进场的劳务人员需取得特种作业操作证（电工证）。

本题考核的是劳动力的动态管理。劳动力的动态管理是指根据生产任务和施工条件的变化对劳务人员进行跟踪平衡、协调，以解决劳务失衡、劳务与生产要求脱节的动态过程。本项目工程为变配电室安装工程，故临时用电工程必须由持证电工施工。对进场的劳务人员需取得特种作业操作证（电工证）。

3.（1）图6-2中不符合规范的地方及整改：

① 柜体的相互间接缝3mm不符合规范要求，整改：间隙应≤2mm。

② 基础型钢仅有1处接地不符合规范要求，整改：基础型钢的接地应不少于两处。

（2）柜体垂直度偏差≤1.5‰，柜体的成列盘面偏差≤5mm。

本题考查的是配电装置柜体的安装要求。本题考查了识图并改错类型的实操题，还有就是简答类型的问答题。根据图6–2，很容易看出两处不正确：一是柜体的相互间接缝3mm，二是基础型钢仅有1处接地。整改措施针对错误之处回答即可。

柜体垂直度偏差及成列盘面偏差属硬性规定，记住此规定即可得分。柜体安装垂直度偏差不应大于1.5‰，成列盘面偏差不应大于5mm。

4. 当发现不合格的信号线时应按下列方式进行处理：

（1）应立即停止敷设，进行标识隔离，并通知业主和监理。

（2）及时追回不合格信号线。

（3）联系供货单位提出更换。

本题考查的是不合格物资处置。不合格物资处置：（1）当发现不合格物资时，应及时停止该工序的施工作业或停止材料使用，并进行标识隔离。（2）已经发出的材料应及时追回。（3）属于业主提供的设备材料应及时通知业主和监理。（4）对于不合格的原材料，应联系供货单位提出更换或退货要求。（5）已经形成半成品或制成品的过程产品，应组织相关人员进行评审，提出处置措施。（6）实施处置措施。

实务操作和案例分析题三［2021年真题］

【背景资料】

安装公司中标某化工建设项目压缩厂房安装工程，主要包括厂房内设备、工艺管道安装（到厂房外第一个法兰口）。厂房内主要设备有压缩机组及32/5t桥式起重机（跨度30.5m）。压缩机组由活塞式压缩机、汽轮机、联轴器、分离器、冷却器、润滑油站、高位油箱、干气密封系统、控制系统等辅助设备、系统组成。

安装公司进场后，编制了工程施工组织设计及各项施工方案。压缩机组安装方案对安装所用计量器具进行了策划，计划配备百分表、螺纹规、千分表、钢卷尺、钢板尺、深度尺。监理工程师审核后，认为方案中计量器具的种类不能满足安装测量需要，要求补充。

桥式起重机安装安全专项施工方案的“验收要求”中，针对施工机械、施工材料、测量手段三项验收内容，明确了验收标准、验收人员及验收程序。该方案在专家论证时，专家提出“验收要求”中验收内容不完整，需要补充。

在压缩机组安装过程中，检查发现钳工使用的计量器具无检定标识，但施工人员解释：在用的计量器具全部检定合格，检定报告及检定合格证由计量员统一集中保管。

压缩机组地脚螺栓安装前，已将基础预留孔中的杂物，地脚螺栓上的油污、氧化皮等清除干净，螺纹部分也按规定涂抹了油脂，并按方案要求配置了垫铁，高度符合要求。在压缩机组初步找平、找正，地脚螺栓孔灌浆前（图6-3），监理工程师检查后，认为压缩机组地脚螺栓和垫铁的安装存在质量问题，要求整改。

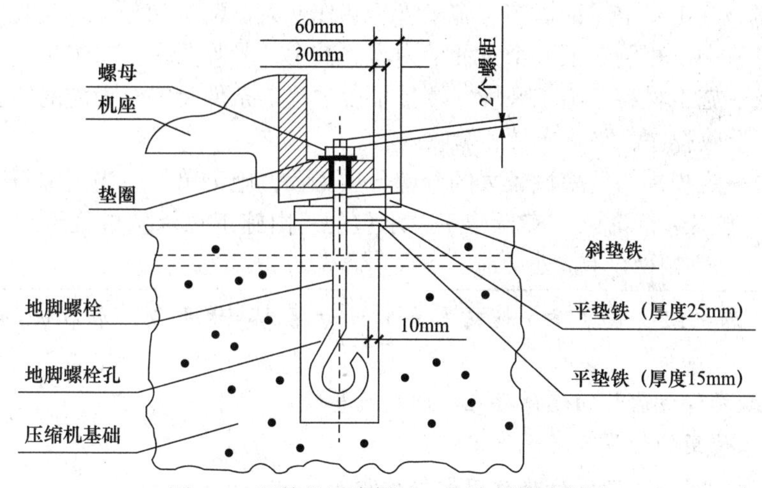

图6-3　压缩机地脚螺栓、垫铁安装示意图

压缩机组安装完成后，按规定的运转时间进行了空负荷试运行，运行中润滑油油压保持在0.3MPa，曲轴箱及机身内润滑油的温度不高于65℃，各部位无异常。

【问题】

1. 本工程需办理特种设备安装告知的项目有哪几个？在哪个时间段办理安装告知？

2. 桥式起重机安装专项施工方案论证时，还需要补充哪些验收内容？专家论证应由哪个单位来组织？

3. 压缩机组安装方案中还需补充哪几种计量器具？安装现场计量器具的使用存在什么问题？应如何整改？

4. 图6-3中垫铁和地脚螺栓安装存在哪些质量问题？整改后的检查应形成哪个质量记录（表）？

5. 压缩机组空负荷试运行是否合格？说明理由。

【参考答案与分析思路】

1.（1）本工程需办理特种设备安装告知的项目有2个，即工艺管道安装、32/5t桥式起重机安装。

（2）应该在特种设备安装施工前办理安装告知。

> 本题考查的是特种设备的开工告知的规定。特种设备安装、改造、修理的施工单位应当在施工前将拟进行的特种设备安装、改造、修理情况书面告知直辖市或者设区的市级人民政府负责特种设备安全监督管理的部门，告知后即可施工。根据题意可知，本工程需办理特种设备安装告知的项目有2个，即工艺管道安装、32/5t桥式起重机安装；在施工前办理安装告知。

2.（1）桥式起重机安装专项施工方案论证时，还需要补充的验收内容：与危险性较大的分部分项工程施工相关的施工人员、施工方法、施工环境。

（2）安装公司组织专家论证。

本题考查的是危险性较大的分部分项工程专项施工方案的主要内容及组织。危险性较大的分部分项工程专项施工方案的主要内容包括：工程概况、编制依据、施工计划、施工工艺技术、施工安全保证措施、施工管理和作业人员配备和分工、验收要求、应急处置措施、计算书及相关图纸九个方面的内容。其中，验收要求指与施工安全有关的人员、机械设备、施工材料、施工环境、测量手段等施工条件及安全设施的验收确认，包括验收标准、验收程序、验收人员、验收内容。

对于超过一定规模的危险性较大的分部分项工程，施工单位应当组织召开专家论证会对专项施工方案进行论证。实行施工总承包的，由施工总承包单位组织召开专家论证会。

3.（1）压缩机组安装方案中还需补充的计量器具：水平仪、水准仪、塞尺、游标卡尺。

（2）安装现场计量器具的使用存在的问题及整改：

问题：钳工使用的计量器具无检定标识。

整改：重新检定，将检定合格标识贴于计量器具上。

本题考查的是计量器具的使用管理要求。本题考查了三个小问：第一小问属于开放性问题，可以多写一些自己觉得能用到的计量器具。第二、三小问考查了安装现场计量器具的使用要求，需要结合背景资料信息及相关考试用书内容去判断。计量器具是工程施工中测量和判断质量是否符合规定的重要工具，直接影响工程质量。任何单位和个人不准在工作岗位上使用无检定合格印、证或者超过检定周期以及经检定不合格的计量器具。

4. 垫铁和地脚螺栓安装存在下列质量问题：

问题一：平垫铁薄的在厚的下边。

整改一：厚度15mm平垫铁应放在中间。

问题二：斜垫铁露出底座60mm。

整改二：斜垫铁宜露出10～50mm。

问题三：地脚螺栓距离孔壁10mm。

整改三：地脚螺栓距离孔壁一般大于15mm。

整改后的检查应形成隐蔽工程（检查）验收记录。

本题考查的是垫铁、地脚螺栓的设置要求，且属于识图找错类型的题目。垫铁和地脚螺栓安装存在的质量问题：平垫铁薄的在厚的下边、斜垫铁露出底座60mm、地脚螺栓距离孔壁10mm，再针对问题去进行整改；前述问题整改的依据分别是《机械设备安装工程施工及验收通用规范》GB 50231—2009第4.2.3条、第4.2.5条、第4.1.1条规定。

5. 压缩机组空负荷试运行合格。

理由：（1）运行中润滑油压不得小于0.1MPa，背景中是保持在0.3MPa，符合要求。

（2）曲轴箱或机身内润滑油的温度不得高于70℃，背景中温度不高于65℃，符合要求。

本题考查的是压缩机试运行要求。压缩机空负荷试运行，应检查盘车装置处于压缩机启动所要求的位置；点动压缩机，在检查各部位无异常现象后，依次运转5min、30min和 2h以上，运转中润滑油压不得小于0.1MPa，曲轴箱或机身内润滑油的温度不应高于70℃，各运动部件无异常声响，各紧固件无松动。而背景资料中提到“运行中润滑油油压保持在0.3MPa，曲轴箱及机身内润滑油的温度不高于65℃，各部位无异常”，故压缩机组空负荷试运行合格。

实务操作和案例分析题四［2020年真题］

【背景资料】

A公司总承包2×660MW火力发电厂1号机组的建筑安装工程，工程包括：锅炉、汽轮发电机、水处理、脱硫系统等。A公司将水泵、管道安装分包给B公司施工。

B公司在凝结水泵初步找正后，即进行管道连接，因出口管道与设备不同心，无法正常对口，便用手拉葫芦强制调整管道，被A公司制止。B公司整改后，在联轴节上架设仪表监视设备位移，保证管道与水泵的安装质量。

锅炉补给水管道设计为埋地敷设，施工完毕自检合格后，以书面形式通知监理申请隐蔽工程验收。第二天进行土方回填时，被监理工程师制止。

在未采取任何技术措施的情况下，A公司对凝汽器汽侧进行了灌水试验（图6-4），无泄漏，但造成部分弹簧支座因过载而损坏。返修后，进行汽轮机组轴系对轮中心找正工作，经初找、复找验收合格。

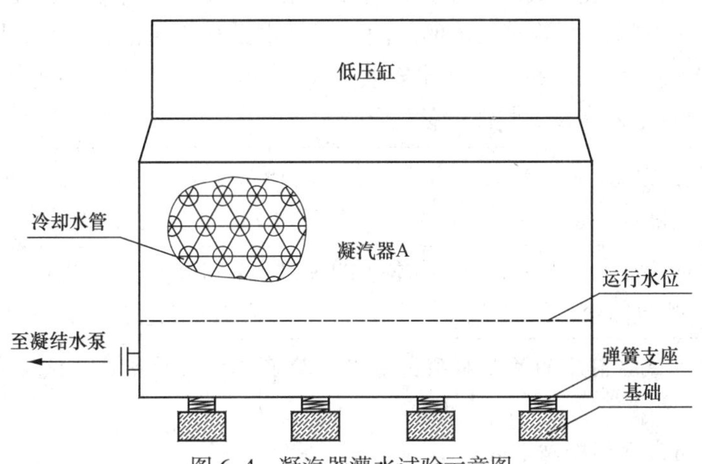

图6-4 凝汽器灌水试验示意图

主体工程、辅助工程和公用设施按设计文件要求建成，单位工程验收合格后，建设单位及时向政府有关部门申请项目的专项验收，并提供备案申报表、施工许可文件复印件及规定的相关材料等，项目通过专项验收。

【问题】

1. A公司为什么制止凝结水管道连接？B公司应如何进行整改？在联轴节上应架设哪种仪表监视设备位移？

2. 说明监理工程师制止土方回填的理由。隐蔽工程验收通知内容有哪些？

3. 写出凝汽器灌水试验前后的注意事项。灌水水位应高出哪个部件？轴系中心复找工作应在凝汽器什么状态下进行？

4. 在建设工程项目投入试生产前和试生产阶段应完成哪些专项验收？

【参考答案与分析思路】

1. A公司制止凝结水管道连接的原因：凝结水泵初步找正后（管道与设备不同心）不能进行管道连接。

B公司应这样整改：管道应在凝结水泵安装定位（管口中心对齐）后进行连接。

在联轴节上应架设百分表（千分表）监视设备位移。

本题考查的是管道敷设及连接。本题属于根据背景资料找错题。考生对于背景资料仔细审题，就可以很直接地看出错误之处有：（1）凝结水泵初步找正后，即进行管道连接；（2）因出口管道与设备不同心，无法正常对口，便用手拉葫芦强制调整管道。

本题可根据《工业金属管道工程施工规范》GB 50235—2010中规定，工业金属管道连接时，不得采用强力对口。端面的间隙、偏差、错口或不同心等缺陷不得采用加热管子、加偏垫等方法消除。管道与设备的连接应在设备安装定位并紧固地脚螺栓后进行。安装前应将其内部清理干净。

对不得承受附加外荷载的动设备，管道与动设备的连接应符合下列规定：

（1）与动设备连接前，应在自由状态下检验法兰的平行度和同心度，当设计文件或产品技术文件无规定时，法兰平行度和同心度允许偏差应符合规定。

（2）管道系统与动设备最终连接时，应在联轴器上架设百分表监视动设备的位移。

因此A公司制止凝结水管道连接的原因：凝结水泵初步找正后（管道与设备不同心）不能进行管道连接。管道应在凝结水泵安装定位（管口中心对齐）后进行连接。在联轴节上应架设百分表（千分表）监视设备位移。

2. 监理工程师制止土方回填的理由：监理没有验收（没有回复，在48h后才能回填）。

隐蔽工程验收通知内容：隐蔽验收内容、隐蔽方式（方法）、验收时间和地点（部位）。

本题考查的是隐蔽工程验收。回答本题的关键点在于要经过监理单位的验收。通知内容包括：隐蔽验收内容、隐蔽方式（方法）、、验收时间和地点（部位）等。

3. 凝汽器灌水试验前后的注意事项：灌水试验前应加临时支撑，试验完成后应及时把水放净（排空）。

灌水水位应高出顶部冷却水管。

轴系中心复找工作应在凝汽器灌水至运行重量（运行水位）的状态下进行。

本题考查的是凝汽器内部设备、部件的安装。本题考查了三个小问，考生在答题时要答全、答准确。凝汽器组装完毕后，汽侧应进行灌水试验。灌水高度应充满整个冷却管的汽侧空间并高出顶部冷却管100mm，维持24h应无渗漏。已经就位在弹簧支座上的凝汽器，灌水试验前应加临时支撑。灌水试验完成后应及时把水放净。除第一次初找外，所有轴系中心找正工作都是在凝汽器灌水至运行重量的状态下进行的。

4. 在建设工程项目投入试生产前完成消防验收；在建设工程项目试生产阶段完成安全

设施验收及环境保护验收。

> 本题考查的是工程专项验收的规定。建设工程项目的消防设施、安全设施及环境保护设施应与主体工程同时设计、同时施工、同时投入生产和使用。消防验收应在建设工程项目投入试生产前完成。安全设施验收及环境保护验收应在建设工程项目试生产阶段完成。

实务操作和案例分析题五［2019年真题］

【背景资料】

某工业安装工程项目，工程内容：工艺管道、设备、电气及自动化仪表安装调试。工程的循环水泵为离心泵，二用一备。泵的吸入和排出管路上均设置了独立、牢固的支架。泵的吸入口和排出口均设置了变径管，变径管长度为管径差的6倍。泵的水平吸入管向泵的吸入口方向倾斜，斜度为8‰，泵的吸入口前直管段长度为泵吸入口直径的5倍，水泵扬程为80m。

在安装质量检查时，发现水泵的吸入及排出管路上存在管件错用、漏装和安装位置错误等质量问题（图6–5），不符合规范要求，监理工程师要求项目部进行整改。随后上级公司对项目质量检查时发现，项目部未编制水泵安装质量预控方案。

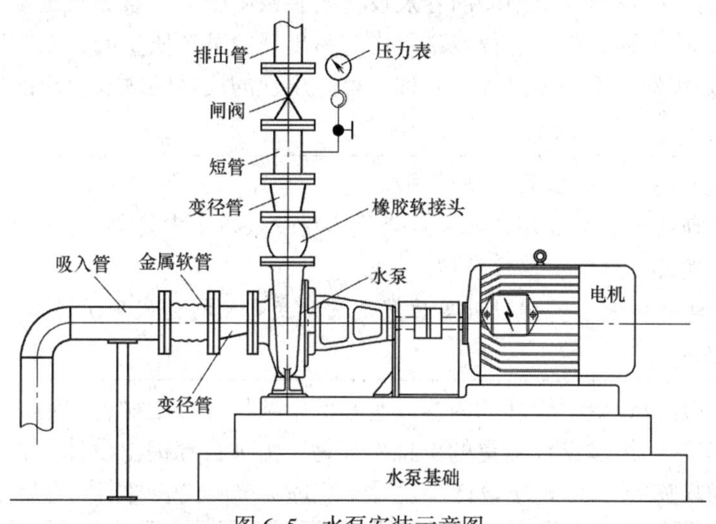

图6–5　水泵安装示意图

工程的工艺管道设计材质为12CrMo（铬钼合金钢）。在材料采购时，施工地附近钢材市场无现货，只有15CrMo材质钢管，且规格符合设计要求，由于工期紧张，项目部采取了材料代用。

【问题】

1. 指出图6–5中管件安装的质量问题。应怎样改正？
2. 水泵安装质量预控方案包括哪几方面内容？
3. 写出工艺管道材料代用时需要办理的手续。
4. 15CrMo钢管的进场验收有哪些要求？

【参考答案与分析思路】

1. 图6-5中管件安装的质量问题及改正：

（1）质量问题：泵吸入管上安装金属软管错误。

改正：应为橡胶软接头。

（2）质量问题：泵排出管上的变径管位置错误。

改正：应当安装在泵的出口处。

（3）质量问题：由于水泵扬程大于80m，排出管路上的闸阀前没有安装止回阀。

改正：排出管路上的闸阀前应安装止回阀。

本题考查的是水泵安装的相关要点。考生可根据背景资料中给出的相关信息结合图6-5中所示内容进行分析判断。管件安装的质量问题：泵吸入管上安装金属软管错误、泵排出管上的变径管位置错误、排出管路上的闸阀前没有安装止回阀，考生可根据前述问题进行纠正。

2. 水泵安装质量预控方案的内容包括：

（1）工序（过程）名称。

（2）可能出现的质量问题。

（3）提出的质量预控措施。

本题考查的是质量预控方案的内容及设备安装精度影响因素。质量预控方案可以针对一个分部、分项工程、施工过程或过程中容易出现的某个质量问题来制定。质量预控方案的内容主要包括：工序（过程）名称、可能出现的质量问题、提出的质量预控措施三部分。

3. 工艺管道材料代用时需要办理的手续：

（1）由项目部的专业工程师提出设计变更（材料代用）申请单，经项目部技术管理部门审签后，送交建设（监理）单位审核。

（2）经设计单位同意后，由设计单位签发设计变更（材料代用）通知书并经建设单位（监理）会签后生效。

本题考查的是设计变更管理的内容。本案例中项目部提出材料代用，属于设计变更中的小型设计变更。小型设计变更的审批手续是：由项目部提出设计变更申请单，经项目部技术管理部门审签，由现场设计、建设（监理）单位代表签字同意后生效。

4. 15CrMo钢管的进场验收有下列要求：

（1）有取得制造许可的制造厂产品质量证明文件。

（2）对钢管进行外观质量和几何尺寸的检查验收。

（3）对钢管材质采用光谱分析方法复查，并做好标识。

本题考查的是工业金属管道安装前的检验。本题需要考生将工业金属管道安装前的检验要求写出即可。管道元件及材料的检验要求：（1）管道元件及材料应有取得制造许可的制造厂的产品质量证明文件。（2）使用前核对管道元件及材料的材质、规格、型号、数量和标识，进行外观质量和几何尺寸的检查验收。（3）铬钼合金钢、含镍合金钢、镍及镍合金钢、不锈钢、钛及钛合金材料的管道组成件，应采用光谱分析或其他方法对材质进行复查，并做好标识。

实务操作和案例分析题六［2017年真题］

【背景资料】

某机电安装公司承接南方沿海某成品储油罐区的安装任务。该机电公司项目部认真组织施工。在第一批罐底板到达现场后，即组织下料作业，连夜进行喷涂除锈，施工人员克服了在空气相对湿度达90%的闷湿环境下的施工困难，每20min完成一批钢板的除锈，露天作业6h后，终于完成了整批底板的除锈工作。其后，开始油漆喷涂作业。

质检员检查底漆喷涂质量后发现，漆层存在大量的返锈、大面积气泡等质量缺陷，统计数据见表6–2：

质量缺陷数据统计表 **表6–2**

序号	缺陷名称	缺陷点数	占缺陷总数的百分比（%）
1	局部脱皮	20	10.0
2	大面积气泡	29	14.5
3	返锈	131	65.5
4	流挂	6	3.0
5	针孔	9	4.5
6	漏涂	5	2.5

项目部启动质量问题处理程序，针对产生的质量问题，分析了原因，明确了整改方法，整改措施完善后得以妥善处理，并按原验收规范进行验收。

底板敷设完成后，焊工按技术人员的交底进行施工：点焊固定后，先焊长焊缝，后焊短焊缝，采用大焊接线能量分段退焊。在底板焊接工作进行到第二天时，出现了很明显的波浪形变形。项目总工及时组织技术人员改正原交底中错误的做法，并采取措施，校正焊接变形，项目继续受控推进。

项目部采取措施，调整进度计划，采用赢得值法监控项目的进度和费用，绘制了项目执行60d的项目赢得值分析法曲线图（图6–6）。

【问题】

1. 提出项目部在喷砂除锈和底漆喷涂作业中有哪些错误之处？经表面防锈处理的金属，宜进行防腐层作业的最长时间段是几小时以内？

2. 根据质量员的统计表，按排列图法，将底漆质量分别归纳为A类因素、B类因素和C类因素。

3. 项目部就底漆质量缺陷应分别做何种后续处理？制定的质量问题整改措施还应包括哪些内容？

4. 指出技术人员底板焊接中的错误之处，并纠正。

5. 根据赢得值分析法曲线图，指出项目部进度在第60天时，是超前或滞后了多少万元？若用时间表达式，超前或滞后了多少天？指出第60天时，项目费用是超支或结余了多少万元？

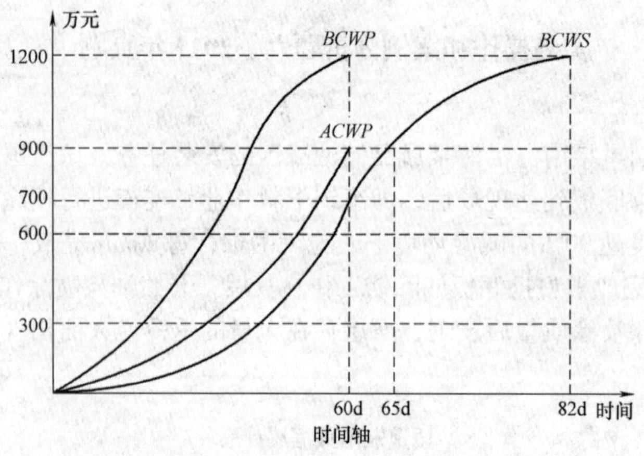

图6-6　赢得值分析法曲线图

【参考答案与分析思路】

1.（1）项目部在喷砂除锈和底漆喷涂作业中的错误之处：

空气湿度大，未采取除湿措施，不宜进行喷砂除锈作业。

（2）经表面防锈处理的金属，宜进行防腐层作业的最长时间段为4h以内。

> 本题考查的是设备及管道防腐蚀施工技术要求。解答问题1需要考生对背景资料进行仔细阅读，在熟悉防腐蚀结构施工的技术要求的基础上，就可分析出喷砂除锈和底漆喷涂作业中的错误之处。

2. 底漆质量不合格点排列图，如图6-7所示。

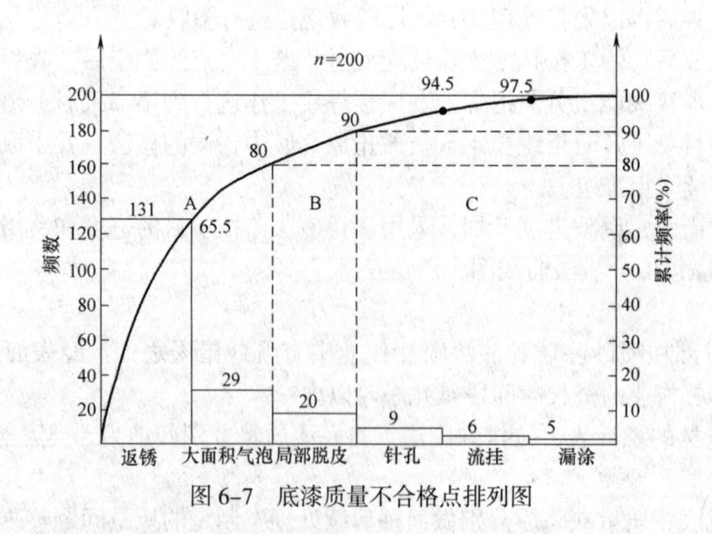

图6-7　底漆质量不合格点排列图

底漆喷涂质量不合格点数统计表，见表6-3。

（1）A类因素：返锈、大面积气泡。

（2）B类因素：局部脱皮。

底漆喷涂质量不合格点数统计表 **表6-3**

序号	缺陷名称	缺陷点数	频数	频率（%）	累计频率（%）
1	返锈	131	131	65.5	65.5
2	大面积气泡	29	29	14.5	80.0
3	局部脱皮	20	20	10.0	90.0
4	针孔	9	9	4.5	94.5
5	流挂	6	6	3.0	97.5
6	漏涂	5	5	2.5	100.0
合计		200	200	100.0	

（3）C类因素：流挂、针孔、漏涂。

本题考查的是排列图法。排列图法这个考点在2015年、2016年、2017年、2020年案例中进行了考查，可见是个重点内容。考生要对排列图法的原理及应用重点掌握。排列图由一个横坐标、两个纵坐标、几个按高低顺序排列的矩形和一条累计百分比折线组成。左侧坐标表示频数，右侧坐标表示累计频率，横坐标表示影响质量的因素或项目。排列图中的每个直方形都表示一个质量问题或影响因素，影响程度与直方形的高度成正比。通常按累计频率划分为主要因素A类（0～80%）、次要因素B类（80%～90%）和一般因素C类（90%～100%）三类。

3.（1）项目部就底漆质量缺陷进行的后续处理如下：

① 返锈、大面积气泡做返工处理。

② 局部脱皮、针孔、漏涂、流挂做返修处理。

（2）制定的质量问题整改措施还应包括的内容：质量要求、整改时间和整改人员。

本题考查的是工程施工质量问题的处理。根据质量问题的范围、性质、原因和影响程度，确定处置方案，如：返工、返修、降级使用、不做处理、报废等。项目制定的处置方案经建设单位、监理单位同意并批准。对于能够通过返工处理达到标准要求的，由项目针对产生质量问题的原因制定整改措施，明确整改方法、质量要求、整改时间和整改人员，整改完成后按原施工验收规范进行验收。

4. 技术人员底板焊接中的错误之处及纠正：

（1）错误之处：采用大焊接线能量分段退焊。

纠正：应采用较小的焊接线能量。

（2）错误之处：点焊固定后，先焊长焊缝，后焊短焊缝。

纠正：储罐底板焊接采用焊条电弧焊，并先焊短焊缝，再焊长焊缝。

本题考查的是降低焊接应力的措施、金属储罐的焊接工艺及顺序。考生要对降低焊接应力的措施、金属储罐的焊接工艺及顺序重点掌握，前述内容的考核形式比较多变，但是万变不离其宗，只要掌握了其重要内容，对于考试就可迎刃而解。

5.（1）根据赢得值分析法曲线图，项目部进度在第60天时，项目进度偏差（*SV*）=

已完工程预算费用（*BCWP*）－计划工程预算费用（*BCWS*）＝1200－700＝500万元＞0，项目部进度超前500万元。

（2）若用时间表达式，超前天数＝82－60＝22d

（3）第60天时，项目费用偏差（*CV*）＝已完工程预算费用（*BCWP*）－已完工程实际费用（*ACWP*）＝1200－900＝300万元＞0，项目费用节余300万元。

本题考查的是赢得值分析法。赢得值分析法的三个基本参数、四个评价指标和偏差分析方法，考生要在理解的基础上进行记忆，只要清楚相关参数的含义，记住相关公式，解答此题不是问题。

实务操作和案例分析题七［2016年真题］

【背景资料】

某城市基础设施升级改造项目为市郊的热电站二期2×330MW凝汽式机组向城区集中供热及配套管网，工艺流程如图6-8所示。业主通过招标与A公司签订了施工总承包合同，工期为12个月。

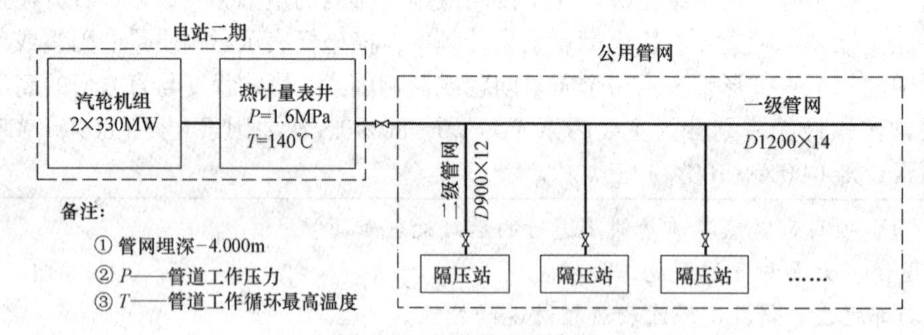

图6-8　工艺流程示意图

公用管网敷设采用闭式双管制，以电站热计量表井为界，一级高温水供热管网16km，二级供热管网9km，沿线新建6座隔压换热站，隔压站出口与原城市一级管网连接。

针对公用管网施工，A公司以质量和安全为重点进行控制策划，制定危险性较大的分部分项工程清单及安全技术措施，确定主要方案的施工技术方法包括：管道预制、保温及外护管工厂化生产；现场施焊采取氩弧焊打底，自动焊填充，手工焊盖面；直埋保温管道无补偿电预热安装；管网穿越干渠暗挖施工，穿越河流架空施工，穿越干道顶管施工；管道清洗采用密闭循环水力冲洗方式等。其中，施工装备全位置自动焊机和大容量电加热装置是A公司与厂家联合研发的新设备。

项目实施过程中，发生了下列情况：

现场用电申请已办理，但地处较偏僻的管道分段电预热超市政电网负荷，为了不影响工程进度，A公司自行决定租用大功率柴油发电机组，解决电网负荷不足问题，被供电部门制止。

330MW机组轴系对轮中心初找正后，为了缩短机组安装工期，钳工班组提出通过提高对中调整精度等级，在基础二次灌浆前的工序阶段，一次性对轮中心进行复查和找正，被A公司否定。

公用管网焊接过程中，发现部分焊工的焊缝质量不稳定，经无损检测结果分析，主要缺陷是气孔数量超标。A公司排除焊工操作和焊接设备影响因素后，及时采取针对性的质量预控措施。

【问题】

1. 针对公用管网施工，A公司应编制哪些需要组织专家论证的安全专项方案？

2. 公用管网工程采用了建筑十项新技术中哪些子项新技术？

3. 供电部门为何制止A公司自行解决用电问题？指出A公司使用自备电源的正确做法。

4. 针对330MW机组轴系调整，钳工班组还应在哪些工序阶段多次对轮中心进行复查和找正？

5. 针对气孔数量超标缺陷，A公司在管道焊接过程中应采取哪些质量预控措施？

【参考答案与分析思路】

1. 针对公用管网施工，A公司应编制的需要组织专家论证的安全专项方案包括：暗挖施工、顶管施工、管道自动焊接和无补偿电预热管道安装。

> 本题考查的是组织专家论证的安全专项方案。该考点属于高频考点，在近几年考试中经常考核，考生需要掌握《危险性较大的分部分项工程安全管理规定》（住房和城乡建设部令第37号）的内容。

2. 公用管网工程采用了建筑十项新技术中的管道工厂化预制技术、大管道闭式循环冲洗技术、非开挖埋管技术等多项新技术。

> 本题考查的是建筑十项新技术中的子项新技术。建筑业的十项新技术，分别为地基基础和地下空间工程技术、混凝土技术、钢筋及预应力技术、模板及脚手架技术、钢结构技术、机电安装工程技术、绿色施工技术、防水技术、抗震加固与监测技术、信息化应用技术。其中机电安装工程技术包括：管线综合布置技术，金属矩形风管薄钢板法兰连接技术，变风量空调系统技术，非金属复合板风管施工技术，大管道闭式循环冲洗技术，薄壁不锈钢管道新型连接技术，管道工厂化预制技术，超高层高压垂吊式电缆敷设技术，预分支电缆施工技术，电缆穿刺线夹施工技术，大型储罐施工技术。

3.（1）供电部门制止A公司自行解决用电问题是因为A公司增加用电容量未按照规定的程序办理手续。

（2）A公司使用自备电源的正确做法：应办理告知手续，并征得供电部门同意。同时要妥善采取安全技术措施，防止自备电源误入市政电网。

> 本题考查的是用电申请基本规定。用户申请用电时，应向供电企业提供用电工程项目批准的文件及有关的用电资料，其包括：用电地点、电力用途、用电性质、用电设备清单、用电负荷、保安电力、用电规划等，并依照供电企业规定的格式如实填写用电申请书及办理所需手续。

4. 针对330MW机组轴系调整，钳工班组还应在下列工序阶段多次对轮中心进行复查和找正：

（1）凝汽器灌水至运行重量后的复找。

（2）汽缸扣盖前的复找。

（3）基础二次灌浆前的复找。

（4）基础二次灌浆后的复找。

（5）轴系联结时的复找。

本题考查的是轴系对轮中心的找正。轴系中心找正要进行多次。即：轴系初找；凝汽器灌水至运行重量后的复找；汽缸扣盖前的复找；基础二次灌浆前的复找；基础二次灌浆后的复找；轴系联结时的复找。

5. 针对气孔数量超标缺陷，A公司在管道焊接过程中应采取的质量预控措施如下：

（1）按规定对焊材进行烘干。

（2）配备焊条保温桶。

（3）采取防风措施。

（4）控制氩气纯度。

（5）焊接前进行预热。

（6）雨、雾天气禁止施焊。

本题考查的是气孔质量影响因素和预控措施。对于合金钢管道焊接气孔的质量影响因素和预控措施需要与其他的质量问题进行区别记忆。其中气孔的质量影响因素和预控措施包括：焊材烘干，焊条保温桶，防风，控制氩气纯度，焊接前预热，雨、雾天气禁止作业。

实务操作和案例分析题八［2015年真题］

【背景资料】

某机电工程公司施工总承包了一项大型原油储备库工程，该工程主要包括4台50000m³浮顶原油储罐及其配套系统和设施。工程公司项目部对50000m³浮顶罐的施工方案进行了策划，确定罐壁焊缝采用自动焊的主体施工方案，为了减少脚手架的搭设和投入，选用了适宜的内挂脚手架正装法组装罐壁。确定主体施工方案后项目部编制了施工组织设计，并按规定程序进行了审批。

施工过程中，发生了如下事件：

事件1：由于罐壁自动焊接设备不能按计划日期到达施工现场，为了不影响工作进度，项目部决定将罐壁焊缝自动焊改为焊条电弧焊（手工焊）。为此，项目部按焊条电弧焊方法修改了施工组织设计，由项目总工程师批准后实施。在施工过程中被专业监理工程师发现，认为改变罐壁焊接方法属于重大施工方案修改，项目部对施工组织设计变更的审批手续不符合要求，因此报请总监理工程师下达了工程暂停令。

事件2：修改罐壁焊接方法后，工程公司项目部把焊缝的焊条电弧焊焊接质量作为质量控制的重点，制定了合理的焊接顺序和工艺要求，并编制了质量预控制方案。

事件3：在对第一台焊接的50000m³浮顶罐进行罐壁焊缝射线检测及缺陷分析中，认为气孔和密集气孔是出现频次最多的超标缺陷，是影响焊接质量的主要因素。项目部采用因果分析图方法，找出了焊缝产生气孔的主要原因，制定了对策表。在后续的焊接施工中，项目部落实了对策表内容，提高了焊接质量。

【问题】

1. 说明内挂脚手架正装法和外搭脚手架正装法脚手架的搭设区别。

2. 事件1中，为什么监理工程师认为项目部对施工组织设计变更的审批手续不符合要求？

3. 写出储罐罐壁焊缝采用焊条电弧焊焊接方法的合理焊接顺序和工艺要求。

4. 事件3中，项目部制定的对策表一般包括哪些内容？

【参考答案与分析思路】

1. 内挂脚手架正装法和外搭脚手架正装法脚手架的搭设区别：

（1）外搭脚手架正装法：脚手架随罐壁板升高而逐层搭设，最高要搭设到罐顶，需整个罐壁搭满脚手架。

（2）内挂脚手架正装法：只需用2～3层脚手架，从下至上交替使用，不需整个罐壁搭满脚手架。

本题考查的是内挂脚手架正装法和外搭脚手架正装法脚手架的搭设区别。该题首先要进行归类，然后再逐一进行叙述。所以只需在搭设方法和内、外侧施工的工具两方面进行回答即可。

2. 监理工程师认为项目部对施工组织设计变更的审批手续不符合要求的原因：改变焊接方法属于重大施工修改方案，即项目部修改了施工组织设计，需要履行原审批手续后才能实施（即施工单位完成内部编制、审核、审批程序后，由施工单位项目经理或其授权人签章后向监理报批），不能由项目总工程师批准后即行实施。

本题考查的是施工组织设计变更的审批手续。施工单位完成内部编制、审核、审批程序后，报总承包单位审核、审批，然后由总承包单位项目经理或其授权人签章后向监理报批。当工程没有施工总承包单位时，施工单位完成内部编制、审核、审批程序后，由施工单位项目经理或其授权人签章后向监理报批。

3. 储罐罐壁焊缝采用焊条电弧焊的合理焊接顺序和工艺要求是：

宜先焊纵向焊缝，后焊环向焊缝。当焊完相邻两圈壁板的纵向焊缝后，再焊其间的环向焊缝。焊工应均匀分布，并沿同一方向施焊。

本题考查的是电弧焊焊接方法的合理焊接顺序和工艺要求。对于罐壁焊接的内容中已经明确说明了电弧焊焊接方法的合理焊接顺序和工艺要求，掌握起来比较容易，焊缝是先纵向后横向，先相邻两圈壁板的纵向焊缝，后两圈壁板之间的环向焊缝。工艺要求是均匀分布和方向统一。

4. 事件3中，项目部制定的对策表一般包括的内容有：因素（人、机、料、法、环），序号，主要原因，采取的措施，执行人及完成日期。

本题考查的是对策表的主要内容。因果分析图应用程序中，对于最后制定对策表的内容包括：因素、序号、主要原因、采取的措施、执行人及完成日期。

典 型 习 题

实务操作和案例分析题一

【背景资料】

某安装单位中标一综合机电总承包安装工程，合同造价为3000万元，项目施工内容包括：净化空调系统（洁净度等级为N7）、储罐安装等。合同工期为12个月，2014年8月5日开工。

安装单位在施工前，对并联水泵出口接管图纸进行了施工优化，其中水泵主管和立管的接管方式如图6-9所示。

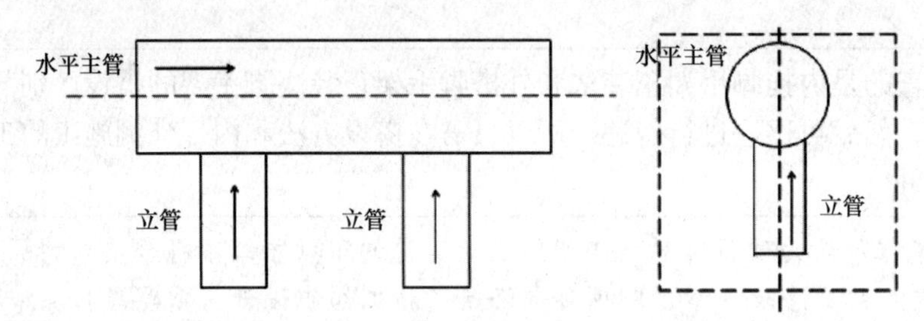

图6-9　水泵主管和立管接管示意图

在空调系统调试中，安装单位发现风管在系统启动时产品颤动且有噪声，经查是风管制作原因导致，安装单位采取相应措施处理后系统恢复正常。风管连接时，安装单位采用S形插条连接，安装完毕后进行漏风量检测，漏风量严重超标。监理单位要求安装单位整改。

安装单位的技术人员对储罐的罐底焊缝采用真空箱法进行严密性试验，并对罐壁采用充水方式进行强度及严密性试验。

该工程在2015年8月5日竣工验收，建设单位在2016年8月26日发现空调不制冷后要求安装单位进行质量保修。

【问题】

1. 并联水泵出口水平主管与立管的接管方式是否正确？说明理由。画出正确的接管示意图（单线图）。

2. 此工程的风管系统属于何种压力等级？分析造成风管颤动及噪声的制作原因。

3. 分析风管漏风量严重超标的原因，应如何整改？

4. 真空箱法的试验最低负压值是多少？简述罐壁的强度及严密性试验充水方法和合格标准。

5. 安装单位是否应对空调系统进行质量保修？说明理由。写出该空调工程保修期的结束时间。

【参考答案】

1.（1）并联水泵出口水平主管与立管的接管方式不正确。

理由：该接管方式会增大流动阻力和噪声，水平管与立管应采用90°斜三通进行连接

（或应顺水流斜向插接，且夹角不应大于60°）。

（2）正确的接管示意图（单线图）如图6-10所示：

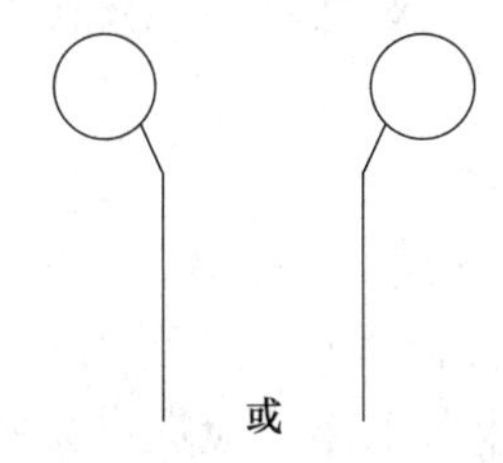

图6-10 正确的接管示意图（单线图）

2.（1）此工程的风管系统属于中压系统风管。

（2）造成风管颤动及噪声的制作原因：① 风管的钢板厚度不符合规范规定；② 咬口形式选择不当；③ 风管连接方式选择不当；④ 没有采取加固措施或加固方式不对；⑤ 没有设消声器、消声弯头、导流片等。

3. 风管漏风量严重超标的原因：风管连接方式不正确。因为该风管属于中压风管，而S形插条只适用于微压及低压风管系统。

整改：风管可以采用的连接方式有：C形插条、立咬口、包边立咬口、薄钢板法兰插条。

4.（1）真空箱法的试验最低负压值是53kPa。

（2）罐壁的强度及严密性试验充水方法：充水至最高设计液面试验，保持48h。合格标准：罐壁无渗漏、无异常变形。

5.（1）安装单位应对空调系统进行质量保修。

理由：《通风与空调工程施工质量验收规范》GB 50243—2016规定，通风与空调工程施工质量的保修期限，应自竣工验收合格日起计算两个供暖期、供冷期。《夏热冬冷地区居住建筑节能设计标准》JGJ 134—2010规定，供暖计算期应为当年12月1日至次年2月28日，空调计算期应为当年6月15日至8月31日。建设单位在2016年8月26日发现空调不制冷，未超过两个供冷期，安装单位应进行质量保修。

（2）该空调工程保修期在2017年2月28日结束。

实务操作和案例分析题二

【背景资料】

某机电安装公司具有压力容器、压力管道安装资格，通过招标投标承接一高层建筑机电安装工程，工程内容包括给水排水系统、电气系统、通风空调系统和一座氨制冷站。项目部针对工程的实际情况编制了施工组织设计和氨气泄漏应急预案。施工组织设计中，针对重80t、安装在标高为20.000m的冷水机组，制定了租赁一台300t履带起重机吊装就位的方案。氨气泄漏紧急预案中规定了危险物质信息及对紧急状态的识别、可依托的如消防和医院等社会力量的救援程序、内部和外部信息交流的方式和程序等。

在工程施工中，发生了以下事件：

事件1：出租单位将运至施工现场的300t履带起重机安装完毕后，施工单位为了赶工期，立即进行了吊装，因为未提供相关资料被监理工程师指令停止吊装。

事件2：对工作压力为1.6MPa氨制冷管道和金属容器进行检查时，发现容器外壳有深4mm的长条形机械损伤，建设单位委托安装公司进行补焊处理。

事件3：项目部用干燥的压缩空气对氨制冷系统进行强度试验后，即进行抽真空充氨试运行。

【问题】

1. 氨制冷站施工前应履行何种手续？

2. 安装公司对容器补焊处理是否合法？说明理由。

3. 事件1吊装作业前还应进行什么工作？应提供哪些资料？

4. 项目部在氨制冷系统强度试验后即进行试运行是否妥当？说明理由。

【参考答案】

1. 氨制冷站施工前应办理告知手续：将拟安装的压力容器、压力管道安装情况书面告知直辖市或者设区的市的特种设备安全监督管理部门。

2. 安装公司对容器补焊处理不合法。

理由：安装公司不具备压力容器的制造或现场组焊资质。

3. 起重机在现场安装完毕后，吊装作业前必须对起重机进行全面检查测试、试吊和验收，验收合格后方可投入使用；起重机是特种设备，还应向特种设备安全监督管理部门核准的检测机构履行报检程序，申请监督检验。

应提供的资料：产品合格证、备案证明、吊车司机上岗证、检测合格证明等。

4. 项目部在氨制冷系统强度试验后即进行试运行不妥当。

理由：氨制冷系统管道是输送有毒流体的管道，强度试验后还要进行泄漏性试验、抽真空试验和充氨检漏试验，试验合格后系统方可充氨，进行试运行。

实务操作和案例分析题三

【背景资料】

某安装公司在南方沿海承担了一化工装置的安装工作，该装置施工高峰期正值夏季，相对湿度接近饱和。该公司建造了临时性管道预制厂房，采用CO_2气体保护焊进行焊接工作。

根据装置内管道的特点，项目部技术人员确定了管道预制程度为30%，制定了一条直管段配焊一个管件（弯头或法兰等）的预制方案。其工作顺序为：直管段下料→开坡口→直管段坡口、管件坡口清理→直管段与管件组对→焊接→焊缝外观检查→焊缝无损探伤→运至安装现场。

在预制管道时，无损检测工程师发现大量焊口存在超标的密集气孔，情况较为严重，项目部启动了质量事故报告程序，安装公司派出人员与项目部相关人员一起，组成了调查小组，按程序完成了该质量事故的处理。

此次质量事故使管道预制工作滞后了3d，影响了施工进度。项目部启用了一套备用CO_2气体保护焊系统后，发现直管段下料制约了组焊工作的进度，项目部立即采取调整进度的措施，保证了施工进度。

【问题】

1. 列出质量事故处理程序的步骤。

2. 安装公司组织的事故调查小组应由谁组织？调查小组的成员有哪些？

3. 试用因果分析图（图6–11）分析质量事故原因中的材料、环境因素。（不需要画图，用文字表述）

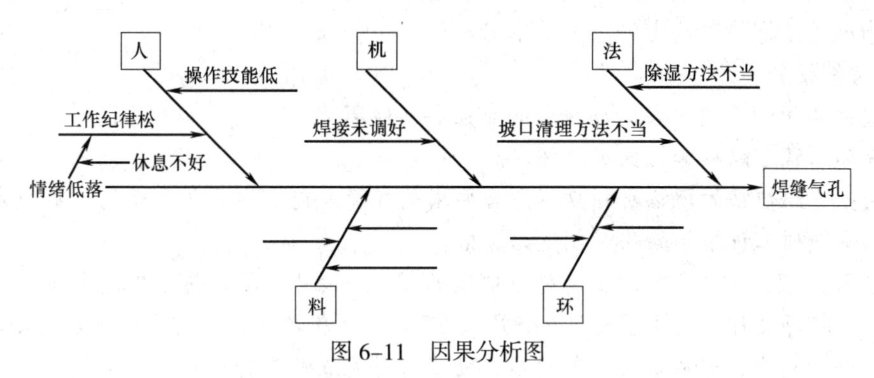

图 6–11　因果分析图

4. 项目部可采用哪些调整进度的措施来保证施工进度？

【参考答案】

1. 质量事故处理程序的步骤为：（1）事故报告；（2）现场保护；（3）事故调查；（4）撰写质量事故调查报告；（5）事故处理报告。

2. 安装公司组织的事故调查小组应由项目技术负责人组织。调查小组的成员有与事故相关的专业技术人员、质检员和有经验的技术工人等。

3. 质量事故原因中的材料因素有：母材存在缺陷、CO_2保护气体不合格、焊丝存在质量问题、焊条未烘干、焊条型号不对等。

质量事故原因中的环境因素有：气温过高、湿度过高、风速过大。

4. 项目部可采用以下调整进度的措施来保证施工进度：压缩工作持续时间，增强资源供应强度，改变作业组织形式（如搭接作业、依次作业和平行作业等组织方法），在不违反工艺规律的前提下改变衔接关系，修正施工方案，增加施工人员等。

实务操作和案例分析题四

【背景资料】

某东北管道加压泵站扩建，新增两台离心式增压泵。两台增压泵安装属于该扩建工程的机械设备安装分部工程。泵安装前，班组领取了安装垫铁，未仔细检查，将其用于泵的安装。隐蔽前专检人员发现，有三组垫铁的规格和精度不符合要求，责成施工班组将此三组垫铁换为合格垫铁。在设备配管过程中，项目经理安排了4名持有压力管道手工电弧焊合格证的焊工（已中断焊接工作165d）充实到配管作业中，加快了管线配管进度。经过80d的努力，机组于12月中旬顺利完成单机试运行。单机试运行结束后，项目经理安排人员完成了卸压、卸荷、管线复位、润滑油清洁度检查，更换了润滑油过滤器滤芯，整理试运行记录。随后项目经理安排相关人员进行了竣工资料整理。整理完的施工记录资料有：设计变更单、定位放线记录、工程分项使用功能检测记录。项目部对竣工资料进行了初审，认为资料需补充完善。

【问题】

1. 垫铁错用的问题出在工序检验的哪些环节？该分部工程是否可以参加优良工程评

定？说明理由。

2. 说明项目经理安排4名焊工上岗符合规定的理由。

3. 背景资料中，单机试运行结束后，还应及时完成哪些工作？

4. 指出施工记录资料中的不完善部分。

【参考答案】

1. 垫铁错用的问题出在工序检验的自检和互检环节。

该分部工程可以参加优良工程评定。

理由：三组垫铁的规格和精度不符合要求是在隐蔽前专检人员发现的，更换为合格垫铁后不影响分项工程质量验收时判定为合格。

2. 项目经理安排4名焊工上岗符合规定的理由：该4名焊工属于持证上岗，证件在有效期内（中断焊接作业时间不超过6个月），不需要重新考试，安排上岗符合规定。

3. 背景资料中，单机试运行结束后，还应及时完成的工作有：

（1）切断电源及其他动力来源。

（2）进行必要的放气、排水、排污和防锈涂油。

（3）按各类设备安装规范的规定，对设备几何精度进行必要的复查，各紧固部件复紧。

（4）拆除试运行中的临时装置和恢复拆卸的设备部件及附属装置。

（5）清理和清扫现场，将机械设备盖上防罩。

（6）试运行合格后，由参加单位在规定的表格上共同签字确认。

4. 施工记录资料中的不完善部分还应该包括：图纸会审记录；隐蔽工程验收记录；质量事故处理报告及记录；特种设备安装检验及验收检验报告等。

实务操作和案例分析题五

【背景资料】

某电力工程公司项目部承接了一个光伏发电工程施工项目，光伏发电工程位于某工业园区12个仓库的屋面，工程的主要设备、材料有：光伏板（1.5m×1m、18.5kg、30V、8A、255W），直流汇流箱，并网型光伏逆变器，交流配电柜，升压变压器（0.4/10kV），电缆，专用接插件等。

因光伏板安装在仓库屋面，仓库建筑的防雷类别应提高一个等级，建筑屋面需增加避雷带（图6-12）；光伏板用金属支架固定，并接地可靠，20块光伏板串联成一个光伏直流发电回路，用2芯电缆接到直流汇流箱。项目部依据规范和设计要求编制了光伏发电工程的施工技术方案，并在施工前进行了技术和安全交底。

在光伏发电工程的施工中发生了以下2个事件：

事件1：采购的镀锌扁钢进场后未经验收，立即搬运至仓库屋面，进行避雷带施工，被监理工程师叫停，后经检查验收达到合格要求，避雷带施工后，仓库建筑防雷类别满足光伏发电工程要求。

事件2：在光伏板安装互连后，用2芯电缆接到直流汇流箱时，某个作业人员没有按施工技术方案要求进行操作，造成触电事故，后经事故检查分析，项目部有技术和安全交底记录，并且交底的重点是光伏板接线时的防触电保护措施。

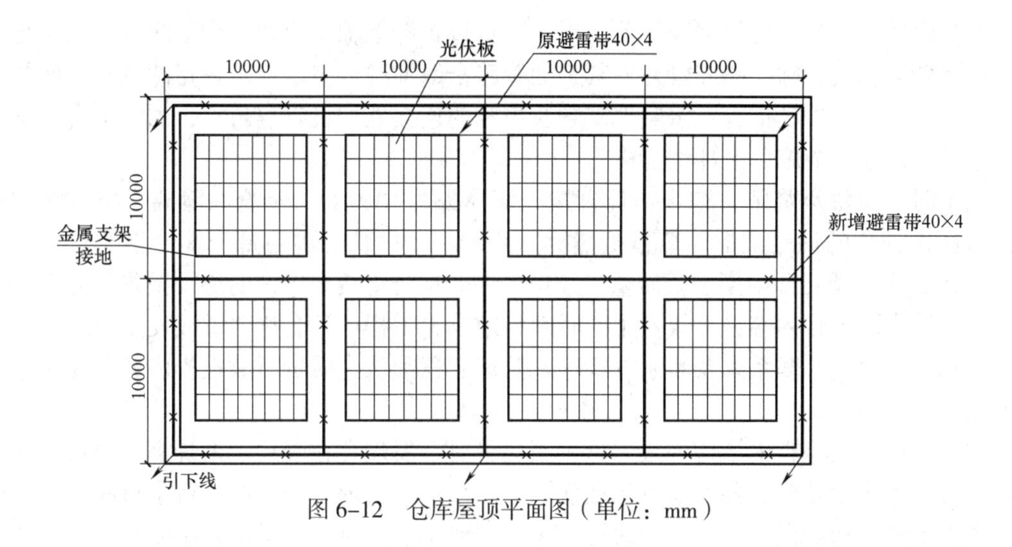

图 6-12　仓库屋顶平面图（单位：mm）

光伏发电工程竣工验收合格后，项目部及时整理施工记录等技术资料，将完整的工程竣工验收档案移交给项目建设单位。

【问题】

1. 写出本工程避雷带材料验收的合格要求。

2. 本工程避雷带之间应如何进行电焊连接？

3. 造成触电事故的直流电压有多少伏？写出施工技术交底记录的要求。

4. 光伏发电工程的竣工档案应如何进行移交？

【参考答案】

1. 本工程避雷带材料验收的合格要求：避雷带应热镀锌，钢材厚度应大于或等于4mm，镀层厚度应不小于65μm。避雷带一般使用40mm×4mm镀锌扁钢或ϕ12mm镀锌圆钢制作。

2. 本工程避雷带之间应采用搭接焊接。扁钢之间搭接为扁钢宽度的2倍，三面施焊；圆钢之间搭接为圆钢直径的6倍，双面施焊；圆钢与扁钢搭接为圆钢直径的6倍，双面施焊。

3. 造成触电事故的直流电压有：30×20＝600V

施工技术交底记录的要求：施工技术交底记录应及时完成。参加施工技术交底人员（交底人和被交底人）必须签字。施工技术交底记录应妥善保存，竣工后作为竣工资料进行归档。

4. 光伏发电工程的竣工档案应这样移交：竣工档案一般不少于两套，一套由建设单位保管，一套（原件）移交当地档案馆。施工单位向建设单位移交工程档案资料时，应编制工程档案资料移交清单，双方按清单查阅清点。移交清单一式两份，移交后双方应在移交清单上签字盖章，双方各保存一份存档备查。

实务操作和案例分析题六

【背景资料】

某气体处理厂新建一套天然气脱乙烷生产装置，工程内容包括脱乙烷塔、丙烷制冷机组（两套）冷箱的安装及配套的钢结构工艺管道、电器和仪表的安装调试等。某公司承接该项目后，成立项目部进行项目策划，策划书中强调施工质量控制，承诺全面实行“三检制”。

安装后期，在制冷机组油冲洗前，项目部对设备滑动轴承间隙进行了测量，均符合要求。按计划冲洗后，除一路支管外，其余油管路全部冲洗合格。针对一路冲洗不合格的油管，项目部采取的冲洗措施：将其他支管及主管的连接处加设隔离盲板，加大不合格支管的冲洗流量，采取措施后，冲洗合格。

试车时，主轴承烧毁，初步估计直接经济损失为10万元。经查在隔离盲板拆除过程中，通往主轴承的油路上的隔离盲板漏拆。监理工程师认为项目部未能严格执行承诺的"三检制"，责令项目部限期上报质量事故报告书。项目部按要求及时编写报告，并上报了质量事故报告。报告内容：事故发生的时间、地点，工程项目名称，事故发生后采取的措施，事故报告单位、联系人及联系方式等。监理工程师认为质量事故报告内容不完整，需要补充。

监理工程师在检查钢结构一级焊缝表面质量时，发现存在咬边、未焊满、根部收缩、弧坑、裂纹等质量缺陷，要求项目部加强焊工的培训并对焊工的资质进行了再次核查。项目部进行了整顿和培训，作业人员的技术水平达到要求，项目进展顺利并按时完工。

【问题】

1. 制冷机组滑动轴承间隙要测量哪几个项目？分别用什么方法测量？

2. 针对主轴承烧毁事件，项目都在"三检制"的哪些环节上出现了问题？

3. 本工程的质量事故报告还应补充哪些内容？建设单位负责人接到报告后应于多长时间内向当地有关部门报告？

4. 钢结构的一级焊缝中还可能存在哪些表面质量缺陷？

【参考答案】

1. 制冷机组滑动轴承间隙要测量的项目有：顶间隙、侧间隙、轴向间隙。

顶间隙采用压铅法测量；侧间隙采用塞尺测量；轴向间隙采用塞尺或千分表测量。

2. 项目在"三检制"的下列环节上出现了问题：

（1）在隔离盲板拆除过程中操作人员没有对自己的施工作业进行自我检验，致使隔离盲板漏拆，自检环节失控。

（2）试车操作人员没有对上道工序进行交接检验，没有对隔离盲板的拆除情况进行复核和确认，互检环节失控。

（3）现场的质检人员没有对拆除盲板的施工班组完成作业检验，专检环节失控。

3. 本工程的质量事故报告还应补充：工程各参建单位名称、事故发生经过、伤亡人数、初步估计直接经济损失、事故初步原因、事故控制情况、其他应当报告的情况。

建设单位负责人接到报告后，应于1h内向当地有关部门报告。

4. 钢结构的一级焊缝中还可能存在的表面质量缺陷：表面裂纹、电弧擦伤、表面气孔、表面夹渣、焊瘤。

实务操作和案例分析题七

【背景资料】

A公司承包了B公司（总承包商）某厂工业循环水系统的机电安装工程。工程内容包括水泵系统的安装调试，室内管道及4km室外直埋管道的组对、焊接、压力试验、防腐处理、安装、覆土隐蔽。室外覆土隐蔽的管道全部采用焊接连接，每50m作为一个节点设一检查井，该节点采用阀门法兰连接。施工中发生了下列事件：

事件1：因垫铁安装不符合质量要求，个别垫铁甚至有松动移位现象，使水泵找平、找正不能达到要求。

事件2：室外管道施工时正值大风多雨季节，露天施工管道焊接质量要求比较高，项目经理部比较重视，除选派合格的持证焊工、严格检查监督外，还制定了质量控制措施。

事件3：第一节点管道完成组对、焊接、与阀门连接、安装就位后，施工班组即进行覆土隐蔽，被现场监理工程师当场制止。

事件4：该循环水系统安装调试结束后，A公司项目部即把工程资料及工程质量验收报告提交给建设单位，监理单位组织A公司进行了工程质量验收。

【问题】

1. 垫铁如何安装才能符合质量要求？

2. 施工单位制定的室外管道质量控制措施主要有哪些内容？

3. 说明监理工程师制止施工班组覆土隐蔽的理由。

4. 说明循环水系统工程质量验收工作中正确的做法。

【参考答案】

1. 垫铁安装应齐平，垫铁之间应接触良好，垫铁要压紧，每组垫铁不得超过5块，垫铁点焊牢固。

2. 施工单位制定的室外管道质量控制措施主要有下列内容：加强气象环境观测，采取防潮、防风措施，焊条烘干保温，焊缝焊前预热。

3. 监理工程师制止施工班组覆土隐蔽的理由是：管道未按规定做压力试验；管道未做防腐处理；未做隐蔽前的检查验收。

4. 循环水系统工程质量验收工作中正确的做法是：工程资料应交B公司（总承包商），该系统是一单位工程，质量验收由建设单位组织，监理单位、总承包商（B公司）和设计单位参加。

实务操作和案例分析题八

【背景资料】

某系统工程公司项目部承包一大楼空调设备智能监控系统的安装调试。监控设备和材料有直接数字控制器、电动调节阀、风门驱动器、各类传感器（温度、压力、流量）及各种规格的线缆（双绞线、同轴电缆）。合同约定：设备、材料为进口产品，并确定了产品的品牌、产地、技术及标准要求。由外商代理负责供货，并为设备及运输购买了保险。

系统工程公司项目部进场后，大楼空调工程承包商及时提供了空调工程的进度计划、空调设备的安装位置及通信接口，并配合进行了监控设备的安装调试。系统工程公司项目部依据空调工程的施工进度计划和监控设备及材料的到货日期，编制了设备的施工方案和施工进度计划。监控设备安装调试中，发生了以下事件：

事件1：在监控设备和材料开箱验收及送检后，发现有一批次的双绞线传输速率不合格（传输速率偏低），系统工程公司项目部对不合格的双绞线进行了处理及保存。

事件2：在监控设备（进口）的安装过程中，因施工作业人员对监控设备的安装方法质量标准掌握不够稳定，造成部分风门驱动器、传感器安装质量不合格（偏差过大），项目部及时对作业人员进行了施工技术交底，返工后验收合格。空调设备监控系统按合同要求完工，交付使用。

【问题】

1. 选择监控设备产品应考虑哪几个技术因素？

2. 监控设备、材料开箱验收时应由哪几个有关单位参加？

3. 验收不合格的双绞线可以有哪几种处理方式？如何保存？

4. 本工程的施工技术交底内容有哪些？

【参考答案】

1. 选择监控设备产品应考虑的技术因素包括：

（1）产品的品牌和生产地、应用实践以及供货渠道和供货周期等信息。

（2）产品支持的系统规模及监控距离。

（3）产品的网络性能及标准化程度。

2. 监控设备、材料开箱验收时应由外商代理、保险公司和商检局、海关、报关代理、项目部有关技术人员共同参加。

3. 验收不合格的双绞线的处理方式有：更换、退货、让步接收或降级使用。

保存方法：做好明显标志，单独存放。

4. 本工程的施工技术交底的内容包括监控设备安装的施工工艺与方法、技术要求、质量要求、安全要求等。

实务操作和案例分析题九

【背景资料】

某施工单位中标中型炼钢厂的连铸安装工程项目。施工单位及时组建了项目部，项目部在组织施工过程中出现了以下情况：

情况1：项目部按工业安装工程质量验收评定项目划分规定对安装工程项目进行了划分，分为连铸安装工程、机械设备安装工程、蒸汽排风机安装工程、电气安装工程、自动化仪表安装工程等。

情况2：技术人员对班组进行施工方案交底的主要内容是该工程的安装工程量、工程规模及现场的环境状况等。

情况3：项目部安装完成后，向建设单位要求办理交工验收手续，建设单位因不符合工程验收的规定而拒绝了项目部的要求。

情况4：施工合同按《建设工程质量管理条例》规定明确了在正常使用条件下的最低保修期限。该工程生产线在正常运行4年后，因设备故障、电气管线故障、给水排水管网阀门漏水、中央控制室的供热和供冷系统失效而导致停产。建设单位发函要求该施工单位进行保修，施工单位以超过保修期为由婉拒建设单位的要求。

【问题】

1. 按质量验收评定规定，指出情况1中所列项目哪些属于单位工程？哪些属于分部工程和分项工程？

2. 技术人员对班组进行施工方案交底的内容是否正确？简述理由。

3. 该工程验收必须符合哪些规定？

4. 该工程中设备安装、电气管线、给水排水管道、供热和供冷系统的最低保修期限分别是多少？

【参考答案】

1. 按质量验收评定规定，情况1中，连铸安装工程属于单位工程，机械设备安装工程属于分部工程，电气安装工程属于分部工程，自动化仪表安装工程属于分部工程，蒸汽排风机安装工程属于分项工程。

2. 技术人员对班组进行施工方案交底的内容不正确。

理由：施工方案交底的主要内容是该工程的施工工程和顺序、施工工艺、操作方法、要领、质量控制、安全措施。

3. 该工程验收必须符合以下规定：

（1）单位（子单位）工程所含分部（子分部）工程的质量均应验收合格。

（2）质量控制资料应完整。

（3）单位（子单位）工程所含分部工程的有关安全、节能、环境保护和主要使用功能的检测资料应完整。

（4）主要功能项目的抽查结果应符合相关专业质量验收规范的规定。

（5）观感质量验收应符合要求。

4. 该工程中设备安装工程最低保修期限为2年；电气管线工程最低保修期限为2年；给水排水管道工程最低保修期限为2年；供热和供冷系统最低保修期限为2个供暖期或2个供冷期。

实务操作和案例分析题十

【背景资料】

某电力工程公司项目部承接了商务楼的10kV变配电工程施工项目，工程主要设备布置如图6-13所示，变配电设备运行状态实施智能监控。

项目部依据验收规范和施工图编制了变配电工程的施工方案。设备二次搬运及安装程序是：高压开关柜→变压器→低压配电柜→计量、监控柜。施工方案中，项目部将开关柜、配电柜基础框架安装的水平度偏差设置为B级质量控制点，三相干式电力变压器等高压电器的交接试验设置为A级质量控制点，保证变配电设备施工质量达到验收规范要求。

进场后，因设计单位变更高压系统设计，造成高压开关柜比其他设备晚到现场，项目部改变了设备的二次搬运及安装程序：变压器→低压配电柜→计量、监控柜→高压开关柜。施工中，变配电设备检查、安装、绝缘测试、耐压试验及试运行符合设计要求，变配电设备系统检测满足智能监控要求，工程验收合格。项目部及时整理施工记录等技术资料，将10kV变配电工程竣工档案移交给商务楼项目建设单位。

【问题】

1. 分别说明项目部将电力变压器交接试验设置为A级质量控制点和基础框架安装的水平度偏差设置为B级质量控制点的理由。

2. 项目部是否可以改变设备二次搬运及安装程序？说明理由。

3. 智能监控的变配电设备试运行中应检测哪些参数？

4. 本工程的竣工档案内容主要有哪些记录？

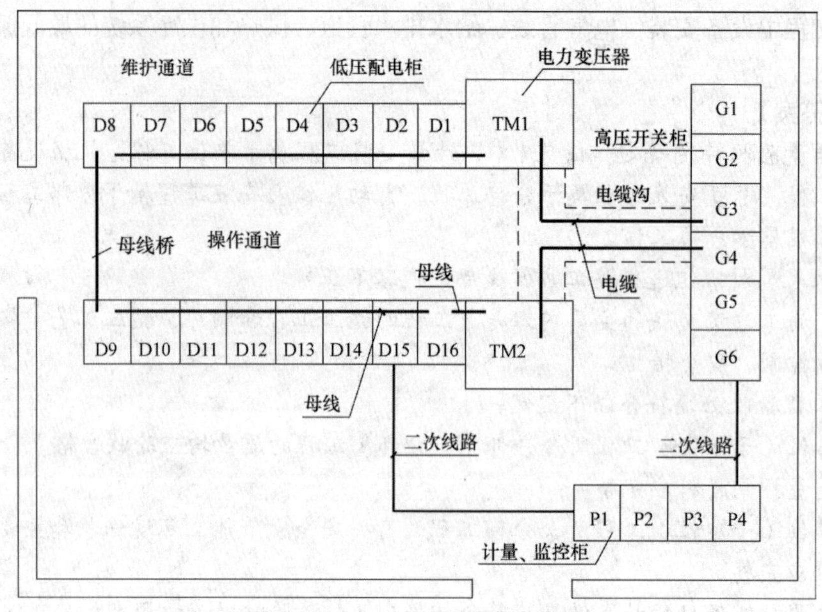

图 6-13　10kV变配电设备布置图

【参考答案】

1. 将电力变压器交接试验设置为A级质量控制点的理由：电力变压器交接试验如果达不到规范要求，将影响变配电设备的安全运行和正常送电的使用功能。

基础框架安装的水平度偏差设置为B级质量控制点的理由：基础框架水平度偏差超过规范规定，会影响下道工序质量——柜体安装质量。

2. 项目部可以改变设备二次搬运及安装程序。

理由：因为双列布置的低压配电柜操作通道宽度按规范要求，都在2m以上，大于高压柜的宽度，所以高压开关柜可以从低压配电柜操作通道进入安装位置。

3. 智能监控的变配电设备试运行中应检测的参数：高、低压开关运行状况及故障报警；电源及主回路电流值显示、电源电压值显示、功率因素测量、电能计量等；变压器超温报警。

4. 本工程的竣工档案内容主要有：

（1）一般施工记录（施工组织设计、技术交底、施工日志）。

（2）图纸变更记录（图纸会审记录、设计变更记录、工程洽商记录）。

（3）设备、产品质量检查、安装记录。

（4）工程质量检验记录。

（5）施工试验记录。

实务操作和案例分析题十一

【背景资料】

某机电安装施工单位承建一地下动力中心安装工程，建筑物为现浇钢筋混凝土结构，并已施工完成。预埋的照明电线管和其他预埋工作经检查无遗漏。

地下建筑物的平面图及剖面简图如图6-14所示。

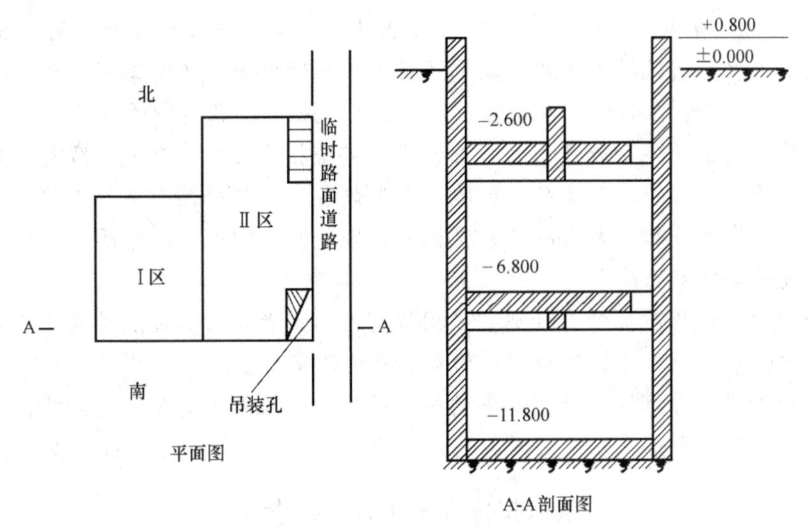

图 6-14　地下建筑物的平面图及剖面简图

设备布置和设计要求是：（1）-2.600层Ⅰ区安装冷却塔及其水池。（2）-6.800层Ⅰ区安装燃油供热锅炉、Ⅱ区北侧安装换热器，南侧安装各类水泵。（3）-11.800层Ⅰ区为变配电所、Ⅱ区北侧安装离心冷水机组，南侧安装柴油发电机组。（4）动力中心设有通风排气和照明系统，在-11.800层地面下有集水坑。各层吊装孔在设备吊装结束后加盖，达到楼面强度，并采取防渗漏措施。（5）每种设备均有多台，设备布置紧凑，周界通道有限。

安装开工时，工程设备均已到达现场仓库。所有工程设备均需用站位于吊装孔边临时道路的汽车起重机（40t），吊运至设备所在平面层，经水平拖运才能就位。

【问题】

1. 根据建筑物设备布置和要求应怎样合理安排设备就位的顺序？理由是什么？用任意一层（-2.600层除外）为例写出设备就位流程顺序。

2. 为充分利用资源、降低成本、改善作业环境，动力中心开工时，可先安排哪些工程施工？说明理由。

3. 动力中心安装前要做起重吊装作业的专项安全技术交底，哪些交底内容与土建工程有关？说明理由。

4. 动力中心的设备就位作业计划宜用什么形式表示？其有什么优点？

5. 简要说明动力中心设备单机试运行需具备的基本条件。

【参考答案】

1. 根据建筑物设备布置和要求，应这样合理安排设备就位的顺序：

（1）先安装-11.800层的设备，后安装-6.800层的设备；每层先安装远离吊装孔的设备，最后安装靠近吊装孔的设备；-2.600层冷却塔安装可作为作业平衡调剂用。

理由：使-6.800层吊装孔早日封闭，以利于该层设备方便水平拖运，先远后近可避免发生因通道狭窄而使后装设备无法逾越的现象。

（2）-6.800层的流程：换热器→供热锅炉→各类水泵；或-11.800层的流程：离心冷水机组→变配电设备→柴油发电机组。

2. 为充分利用资源、降低成本、改善作业环境，动力中心开工时，可先安装施工用电供电的照明工程、通风排气工程、集水坑排水工程。理由：照明工程可节约临时用电设施，通风排气工程有利于作业人员身体健康，集水坑排水工程有利于作业安全。

3. 动力中心安装前要做起重吊装作业的专项安全技术交底，交底内容与土建工程有关的是：汽车起重机站位的地面承载力试验、大型设备拖运路径楼面承载力核算、墙体上拖运用预埋锚点的强度计算。因为汽车起重机站在经过开挖回填后的路面上，楼面或锚点的使用必须经设计单位书面认定。

4. 动力中心的设备就位作业计划宜采用横道图形式表示，其优点是简单直观、编制方便，便于对比检查，便于计算劳动力、物资和资金的需要量。

5. 动力中心设备单机试运行需具备的基本条件：变配电室首先受电并能供电，接通外部给水管路、连接排水总管、用油设备的贮油罐进油及输油管路连通经检查均合格。

实务操作和案例分析题十二

【背景资料】

某施工单位承建一南方沿海城市的大型体育馆机电安装工程。合同工期为10个月，于2018年11月10日开工，2019年9月10日竣工。

该工程特点是各类动力设备包括冷冻机组、水泵、集中空调机组、变配电装置等，均布置在有通风设施和排水设施的地下室。

由于南方沿海空气湿度高、昼夜温差大，夏天地下室结露严重，给焊接、电气调试、油漆、保温等作业的施工质量控制带来困难。

通风与空调系统的风管设计工作压力为1000Pa。项目部决定风管及部件在场外加工。

项目部制订的施工进度计划中，施工高峰期在6—8月，正值高温季节。根据地下室的气候条件和比赛大厅高空作业多的特点，需制定针对性的施工技术措施，编制质检计划和重点部位的质量预控方案等，使工程施工顺利进行，确保工程质量。在施工过程中，由于个别班组抢工期，在管理上出现工序质量失控，致使在试车阶段发生施工质量问题，如通风与空调系统进行单机和联动试运行时，有两台风机出现振动大、噪声大、电动机端部发热等异常现象。经调查发现：风机的钢垫铁有移位和松动，电动机与风机的联轴器同轴度超差。

【问题】

1. 针对环境条件，制定主要的施工技术措施。

2. 为保证地下室管道焊接质量，针对环境条件编制质量预控方案。

3. 按风机安装质量问题调查结果，分别指出发生质量问题可能的主要原因。

4. 风管及部件进场做什么检验？风管系统安装完毕后做什么检验？

5. 变配电装置进入调试阶段，因环境湿度大，会造成调试时测试不准或不能做试验，在管理上应采取哪些措施？

【参考答案】

1. 针对环境条件，制定主要的施工技术措施有：

（1）在比赛大厅地面分段组装风管，经检测合格后保温，减少高空作业。

（2）先安装地下室排风机，进行强制排风，降低作业环境湿度。

（3）必要时，采取加热烘干措施。

2. 为保证地下室管道焊接质量，针对环境条件编制质量预控方案：

（1）工序名称：焊接工序。

（2）可能出现的质量问题：产生气孔、夹渣等质量缺陷。

（3）提出质量预控措施：焊工备带焊条保温筒，施焊前对焊口进行清理和烘干。

3. 按风机安装质量问题调查结果，钢垫铁移位和松动的原因可能有：

（1）操作违反规范要求。

（2）垫铁与基础间接触不好。

（3）垫铁间点焊不牢固。

（4）灌浆时固定垫铁的方法不对。

联轴器同轴度超差的原因可能有：

（1）操作违反规范要求。

（2）检测方法不对，检测仪表失准。

（3）被测数据计算错误。

4. 风管及部件进场时进行外观检查和风管漏光法检验。

风管系统安装完毕后做严密性检验。

5. 变配电装置进入调试阶段，因环境湿度大，会造成调试时测试不准或不能做试验，在管理上应采取的措施：应派值班人员监控受潮情况，试验作业时应加强监护，检查排风设施和排水设施工作是否正常。

实务操作和案例分析题十三

【背景资料】

某施工单位承包的机电安装单项工程办理了中间交接手续，进入联动试运行阶段。建设单位未按合同约定，要求施工单位组织并实施联动试运行，由设计单位编制联动试运行方案。施工单位按要求进行了准备，联动试运行前进行检查并确认：（1）已编制了联动试运行方案和操作规程；（2）建立了联动试运行须知，参加联动试运行人员已熟知运行工艺和安全操作规程。工程及资源环境的其余条件均满足要求。

联动试运行过程中，一条热油合金钢管道多处焊口泄漏，一台压缩机振动过大，试运行暂停。经检查和查阅施工资料，确认管道泄漏是施工质量问题。压缩机安装检验合格后，由于运行介质不符合压缩机的要求，为进行单机试运行，经业主和施工单位现场技术总负责人批准留待后期运行。

问题处理完毕后，重新开始试运行并达到规定的要求。经分析、评定确认联动试运行合格。施工单位准备了“联动试运行合格证书”，证书内容包括：工程名称；装置、车间、工段或生产系统名称；试运行结果评定。附件：建设单位盖章、现场代表签字；设计单位盖章、现场单位签字；施工单位盖章、现场单位签字。

【问题】

1. 按照联动试运行原则分工，设计单位编制联动试运行方案、施工单位组织实施联动试运行是否正确？并阐述正确的做法。

2. 指出联动试运行前检查并确认的两个条件中存在的不足。

3. 已办理中间交接的合金钢管道在联动试运行中发现的质量问题，应由谁承担质量责任？说明理由。

4. 压缩机由于介质原因未进行单机试运行，在联动试运行前，施工单位应采取哪些措施？

5. 指出施工单位准备的“联动试运行合格证书”的缺项。

【参考答案】

1. 按照联动试运行原则分工，设计单位编制联动试运行方案、施工单位组织实施联动试运行，不正确。

正确做法：由建设单位组织编制联动试运行方案并组织实施。

2. 联动试运行前检查并确认的两个条件中存在的不足：

第（1）条件中，联动试运行方案和操作规程还未经过批准。

第（2）条件中，联动试运行参加人员还未通过安全生产考试（或持证上岗）。

3. 已办理中间交接的合金钢管道在联动试运行中发现的质量问题，应由施工单位承担质量责任。

理由：中间交接只是装置保管、使用责任（管理权）的移交，交接范围内的工程全部由建设单位负责保管、使用、维护。但不解除施工单位对工程质量、交工验收应负的责任。

4. 施工单位应采取的措施：

（1）对此情况作出说明，报经建设单位批准后留待符合试运行，并应记录在案。

（2）将压缩机与试运行系统隔离（进行保护）。

（3）切断动力源（解除联锁）。

5. 施工单位准备的“联动试运行合格证书”的缺项：试运行时间与试运行情况两项。

实务操作和案例分析题十四

【背景资料】

某公司以EPC方式总承包一大型机电工程，总承包单位直接承担全厂机电设备采购及全厂关键设备的安装调试，将其他工程分包给具备相应资质的分包单位承担。施工过程中发生下列事件：

事件1：钢结构制作全部露天作业，任务还未完成时雨季来临，工期紧迫，不能停止施工。

事件2：储油罐露天组对焊接后，经X射线检测，发现多处焊缝存在气孔、夹渣等超标缺陷，需返工。

事件3：设备单机无负荷试运行时，发现一台大型排风机制造质量不合格。

事件4：单位工程完工后，由建设单位组织总承包单位、设计单位共同进行了质量验收评定并签字。

【问题】

1. 事件1中，雨期施工为什么易发生焊接质量问题？焊接前应采取哪些措施？

2. 参考样图绘制油罐焊缝出现气孔和夹渣的因果分析图（图6-15）。

3. 事件3中，排风机质量不合格的主要责任应由谁来承担？说明理由。

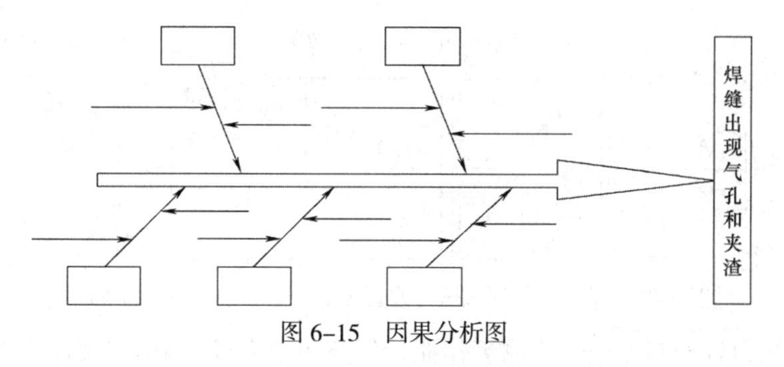

图 6–15　因果分析图

4. 指出事件4中，单位工程验收评定的成员构成存在哪些缺陷？

5. 工程质量验收评定后，分包单位应做哪些工作？

【参考答案】

1. 事件1中，雨期施工时由于空气湿度大、焊条易受潮、焊缝积水或锈蚀等易发生焊接质量问题。

焊接前应采取的措施：焊条烘干，焊条保温（如保温桶），焊件局部干燥，采取防雨措施（如防雨棚等），焊缝除锈或清理。

2. 绘制的油罐焊缝出现气孔和夹渣的因果分析图如图6-16所示。

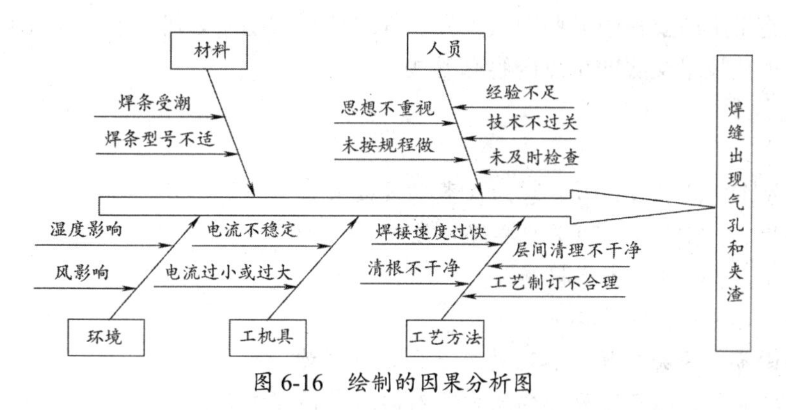

图 6-16　绘制的因果分析图

3. 事件3中，排风机质量不合格的主要责任应由总承包单位来承担。

理由：设备是总承包单位采购；设备是总承包单位监造；设备出厂进场由总承包单位验收。

4. 事件4中，单位工程验收评定的成员构成存在的缺陷：缺监理单位、质量监督部门、分包单位。

5. 工程质量验收评定后，分包单位应做下列工作：整理工程交工技术资料，并移交给总承包单位，待建设单位组织工程质量验收时，分包单位负责人应参加验收。

实务操作和案例分析题十五

【背景资料】

某机电安装公司承担了某钢厂新厂区压力容器（低合金高强度钢）组焊（图6–17），燃气、氧气管道安装施工，设计要求焊缝进行无损探伤检查，强度试验采用液压试验方法。

施工过程中，发生了以下事件：

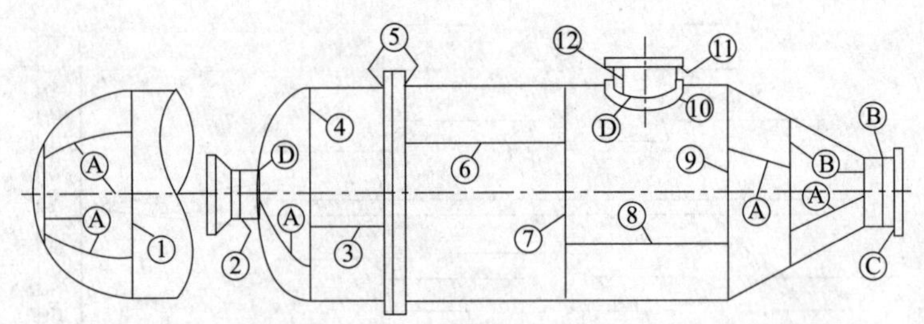

图 6-17　某钢厂新厂区压力容器（低合金高强度钢）组焊图

事件1：压力容器制作全部为露天作业，任务还未完成时雨季来临，工期紧迫，不能停止施工。

事件2：管道焊后经探伤发现，焊接合格率偏低，存在很多焊接缺陷。项目部组织人员按质量预控的施工因素进行了分析，经查验，工艺文件已按程序审批，并进行了技术交底，但经进一步检查发现焊条质量不合格。根据分析结果，找出了失控原因，经整改后焊接合格率得到了提高。

【问题】

1. 指出上图中序号①～⑫分别是哪类焊接接头。

2. 事件1中，编写雨期露天施焊压力容器的质量预控方案。

3. 指出施工生产要素中哪些因素失控。焊缝质量问题应如何处理？并说明理由。

4. 管道焊接技术交底的重点内容有哪些？

【参考答案】

1. 上图中：

（1）序号①、③、⑥、⑧、⑫为A类焊接接头。

（2）序号②、④、⑦、⑨为B类焊接接头。

（3）序号⑤、⑪为C类焊接接头。

（4）序号⑩为D类焊接接头。

2. 编写雨期露天施焊压力容器的质量预控方案为：

（1）工序名称：雨期露天施焊压力容器的质量预控方案。

（2）可能出现的质量问题：裂纹、气孔、夹渣等。

（3）提出的质量预控措施：

① 焊工经过针对性的培训，责任心强。

② 选择合适的焊机以及检定合格并在有效期内的测量器具。

③ 选择合适的焊材，并做烘干、保温措施。

④ 选择合格的工艺卡，合理的焊接顺序。

⑤ 搭设防雨棚，及时排潮、烘干。

3. 施工生产要素中，管道焊缝出现裂纹主要是焊条质量不合格造成的，属于材料失控。对此焊缝质量问题，必须全部返工，并重新检验合格后方可交工。

理由：因为焊材质量不合格造成的焊缝出现裂纹，是全局性的、致命的质量问题，问题焊缝的化学成分及物理性能都达不到设计要求，必须全部返工。

4. 管道焊接技术交底的重点内容有：

焊接工程特点、WPS内容、焊接质量检验计划、进度要求等。

实务操作和案例分析题十六

【背景资料】

某商场机电安装工程，由业主通过公开招标后，确定具有机电安装工程总承包一级资质的A单位进行总承包施工，工程内容包括：给水排水、电气、空调、消防等系统。同时业主将制冷站的空调系统所用的地源热泵机组及配套管道等分包给具有专业施工资质和压力管道安装许可证的B单位负责施工。业主与A单位签订的施工合同中明确规定A单位为总承包单位，B单位为分包单位。工程设备水泵、配电柜和空调机组等均由业主提供，其中地源热泵机组是新产品。工程于2016年7月开工，2018年4月竣工验收。施工过程发生如下事件：

事件1：2018年12月，低压配电柜出现问题，经检查排除了施工质量问题，业主要求A单位进行维修，A施工单位立即派人进行维修，但以设备为业主提供为由，要求业主支付维修费用。

事件2：2019年6月，业主发现制冷系统运行效果不佳，经检查是由于设计负荷偏小造成的，业主要求A单位进行整改，A单位派人维修，但要求业主承担整改费用。

事件3：2018年12月，B单位改制合并。2019年7月，业主发现制冷站内制冷管道多处漏水，影响制冷系统运行，要求A单位派人维修，A单位以B单位已改制合并，找不到人为由，拒绝安排。

【问题】

1. 事件1中，A单位做法是否正确？说明理由。

2. 事件2中，A单位做法是否正确？说明理由。

3. 事件3中，A单位做法是否正确？说明理由。

【参考答案】

1. 事件1中，A单位的做法正确。

理由：因为质量问题是由于建设单位提供的设备、材料等质量不良造成的，应由建设单位承担修理费用，施工单位协助修理。本工程质量问题是由于建设单位提供的低压配电柜质量不良造成的，应由建设单位承担修理费用，施工单位协助修理。

2. 事件2中，A单位做法正确。

理由：根据工程质量保修的规定，由于设计造成的质量缺陷，应由设计单位承担经济责任。当由A单位修理时，费用由业主承担，业主可按合同约定向设计单位索赔。

3. 事件3中，A单位的做法不正确。

理由：按照《建设工程质量管理条例》对建设工程质量保修制度的规定和发包方与承包方的合同约定，因为总承包单位是与业主签订的合同，总承包方应对分包方及分包方工程施工进行全过程的管理，分包方的安装质量问题，应该由总承包方负责。A单位不能以B单位改制找不到人为由拒绝维修。

实务操作和案例分析题十七

【背景资料】

某城市地铁工程于2019年1月进行了机电安装工程招标，将地铁1号线机电安装划分为3个施工标段。机电安装工程公司中标了其中第二个标段，工程范围包括5个车站和4个运行区间的全部机电安装工作。工程内容包括：设备及管理用房土建装修施工，环控系统、动力及照明系统、给水排水系统、消防及报警系统安装等。

工程质量目标定为国家级优质工程。设备由业主统一采购，材料由业主指定厂家，施工单位负责采购。中标后，施工单位成立了项目经理部，并按照争创国优的质量目标进行了质量控制的策划，并针对易发的质量问题制定了质量预控方案。

施工过程发生如下事件：

事件1：根据合同工期要求及劳动力总体安排的考虑，公司将通风空调制作工程分别分包给甲、乙、丙三个施工队进行，材料由公司集中采购。

事件2：第一批镀锌风管制作完成后，公司技术质量部门进行了验收，发现存在翻边不一致、平整度超差，以及法兰螺栓孔间距超差等质量问题，其中甲施工队检查30根管，翻边宽度不一致问题12点，法兰螺栓孔间距问题8点，四角咬口开裂5点；乙施工队检查25根管，翻边宽度不一致问题10点，法兰螺栓孔间距问题4点，镀锌板表面划伤6点；丙施工队检查32根管，翻边宽度不一致问题3点，法兰螺栓孔间距问题6点，表面划伤8点。

事件3：在进行设备单机无负荷试运行时，发现一台大型排风机制造质量不合格。

【问题】

1. 简述质量预控方案的内容。

2. 写出劳动力优化配置的依据。

3. 在事件1中，对施工分包单位的选择应如何进行？

4. 针对事件2的质量问题，建立质量问题统计表，画出质量问题的排列图。

5. 事件3中的风机制造质量不合格，应由谁来承担主要责任？

【参考答案】

1. 质量预控方案的内容包括：工序名称、可能出现的质量问题、提出质量预控措施三部分内容。

2. 劳动力优化配置的依据：项目所需劳动力的种类及数量；项目的进度计划；项目的劳动力资源供应环境。

3. 对施工分包单位的选择：首先与业主沟通，征得业主同意后再分包；考察分包单位的资质、业绩和施工能力；收集分包单位相关证明材料，进行评价；组织分包合同评审；签订分包合同。

4. 质量问题统计表见表6-4，质量问题的排列图如图6-18所示。

质量问题统计表 表6-4

代号	检查项目	不合格点数	频率（%）	累计频率（%）
1	翻边宽度不一致	25	40.32	40.32
2	法兰螺栓孔间距超差	18	29.03	69.35
3	表面划伤	14	22.58	91.93
4	咬口开裂	5	8.07	100
合计		62	100	

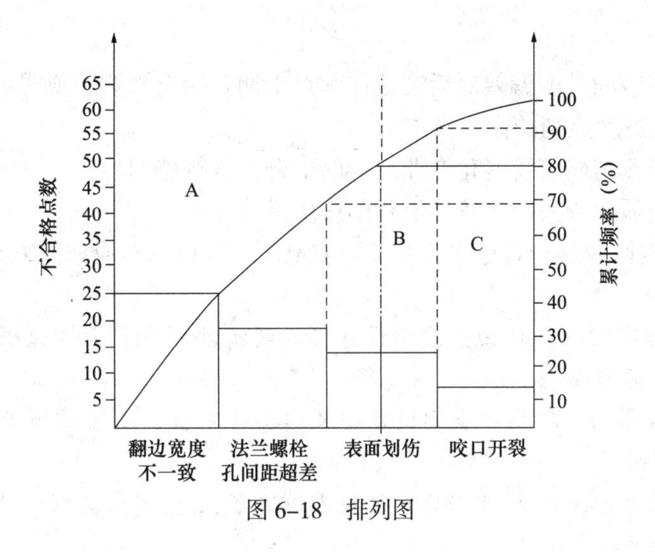

图 6-18　排列图

5. 风机制造质量不合格，应由业主负责。因为设备是业主采购的，虽然安装单位在设备安装前进行了检验，但不能免除业主的责任，当然业主可以向设备制造商提出索赔。

实务操作和案例分析题十八

【背景资料】

某安装公司承接一商务楼通风与空调安装工程，项目施工过程中，由于厂家供货不及时，空调设备安装超出计划6d，该项工作的自由时差和总时差分别为3d和8d，项目部通过采用CFD模拟技术缩减了3d空调系统调试时间，压缩了总工期。

项目部编制了质量预控方案表，对可能出现的质量问题采取了质量预控措施，例如针对矩形风管内弧形弯头设置了导流片。同时通过加强与装饰装修、给水排水、建筑电气及建筑智能化等专业之间的协调配合，有效保证了项目质量目标的实现。

在施工过程中，监理工程师巡视发现空调冷热水管道安装中存在质量问题（图6-19），要求限期整改，其中管道支架的位置和数量满足规范要求。

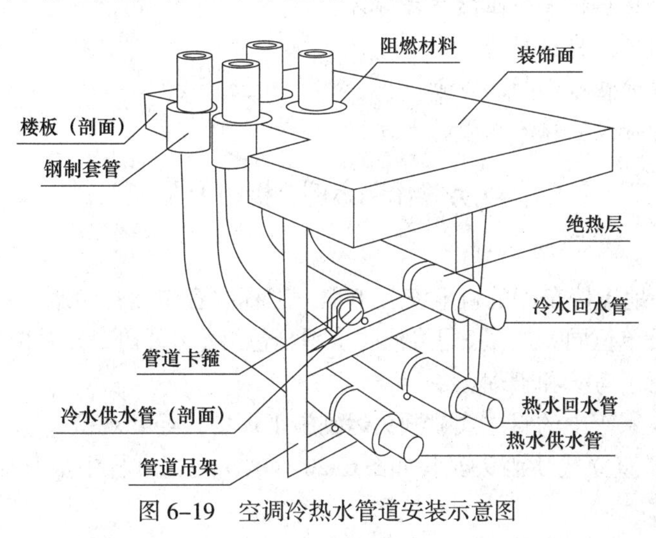

图 6-19　空调冷热水管道安装示意图

【问题】

1. 空调设备安装的进度偏差对后续工作和总工期是否有影响？说明理由。空调系统调试采用了哪种施工进度控制的主要措施？

2. 通风空调专业与建筑智能化专业之间的配合包含哪些内容？

3. 矩形风管内弧形弯头内设置导流片的作用是什么？

4. 图6–19中空调冷热水管道安装存在的质量问题有哪些？应如何整改？

【参考答案】

1. 对后续工作有影响，理由：空调设备安装超出计划6d，大于该项工作的自由时差3d，故对后续工作有影响。

对总工期没有影响，理由：空调设备安装超出计划6d，小于该项工作的总时差8d，故对总工期没有影响。

本案例中，项目部通过采用CFD模拟技术缩减了3d空调系统调试时间，属于施工进度控制主要措施中的技术措施。

2. 通风空调专业与建筑智能化专业之间的配合包含以下内容：

（1）空调风管、水管、给水排水专业、电气专业及建筑智能化专业等机电专业之间的管道、桥架、电缆等是否产生干涉。

（2）各系统设备接线的具体位置是否与电气动力配线出线位置一致。

（3）各机电专业为楼宇自控系统提供相关参数。其他机电设备订货前积极与建筑智能系统承包商协调，确认各个信号点及控制点接口条件，保证各接口点与系统的信号兼容，保障楼宇系统方案的实现。

（4）协助楼宇自控系统安装单位的电动阀门、风阀驱动器和传感器的安装。

3. 矩形风管内弧形弯头内设置导流片的作用：减少风管局部阻力和噪声。

4. 空调冷热水管道安装存在的质量问题及整改：

问题一：管道穿楼板的钢制套管顶部与装饰面齐平。

整改：管道穿楼板的钢制套管顶部应高出装饰面20～50mm，且不得将套管作为管道支撑。

问题二：管道穿楼板采用阻燃材料封堵。

整改：应采用不燃材料封堵。

问题三：热水管在冷水管的下方。

整改：热水管应设置在冷水管的上方。

实务操作和案例分析题十九

【背景资料】

A公司承接一地下停车库的机电安装工程，工程内容包括：给水排水、建筑电气、消防工程等。经建设单位同意，A公司将消防工程分包给了B公司，并对B公司在资质条件、人员配备方面进行了考核和管理。

自动喷水灭火系统中的直立式喷洒头运到施工现场，经外观检查后，立即与消防管道同时进行了安装，直立式喷洒头安装如图6–20所示，施工过程中被监理工程师叫停，要求整改。

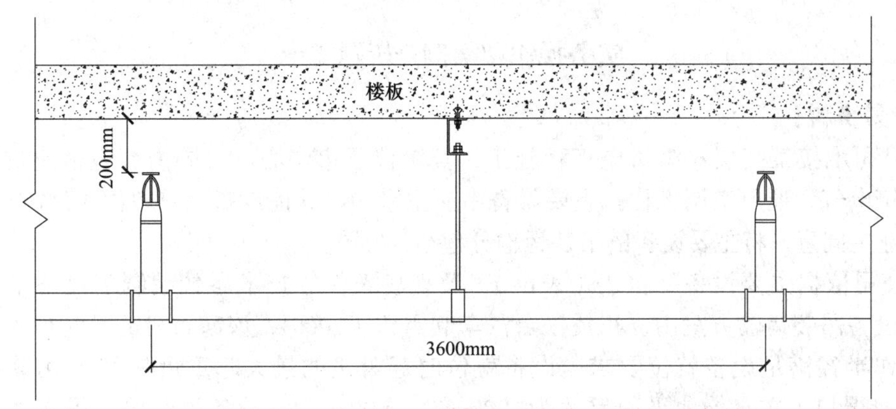

图 6-20　直立式喷洒头安装示意图

B公司整改后，对自动喷水灭火系统进行通水调试，通水调试项目包括水源测试、报警阀调试、联动试验，在验收时被监理工程师要求补充通水调试项目。

该停车库项目在竣工验收合格12个月后才投入使用，投入使用12个月后，消防管道漏水，建设单位要求A公司进行维修。

【问题】

1. A公司对B公司进行考核和管理的内容还有哪些？

2. 说明自动喷水灭火系统安装中被监理工程师要求整改的原因。

3. 自动喷水灭火系统的通水调试还应补充哪些项目？

4. 消防管道维修是否在保修期内？说明理由。维修费用应由谁承担？

5. 在该工程竣工验收的同时，由施工单位向建设单位发送机电安装工程保修证书，简述保修证书的内容。

【参考答案】

1. A公司对B公司进行考核和管理的内容还有：技术设备、履约能力、技术管理人员资格。

2. 自动喷水灭火系统安装中被监理工程师要求整改的原因：

（1）喷洒头运到现场经外观检查后立即与消防管道同时安装，未进行密封性能试验，管道未进行试压冲洗。

理由：自动喷水灭火系统闭式喷洒头应在安装前进行密封性能试验，并且在系统试压、冲洗合格后进行安装。

（2）喷洒头溅水盘距顶棚为200mm，不符合规范要求。

理由：喷洒头溅水盘距顶棚应为75～150mm。

3. 自动喷水灭火系统的通水调试还应包括：消防水泵调试，稳压泵调试，排水设施调试。

4. 消防管道维修不在保修期内。

理由：给水排水管道保修期为2年，背景资料中描述消防管道维修的保修期已超过2年，故不在保修期内。

维修费用由建设单位承担。

5. 保修证书主要包括：工程简况，设备使用管理要求，保修范围和内容，保修期限、保修情况记录（空白），保修说明，保修单位名称、地址、电话、联系人等。

实务操作和案例分析题二十

【背景资料】

A公司承接某高层宾馆机电工程施工，宾馆位于市中心。合同内容包括建筑给水排水、建筑电气、通风空调工程。主要设备由业主采购，其他设备及材料由A公司采购。A公司经业主同意，将主要设备的吊装运输分包给B公司。

B公司依据主要设备一览表（表6–5）及现场条件等技术参数编制了设备吊装运输方案。设备吊装运输方案中，租赁一台汽车起重机（200t），该起重机的站车位置、地耐力、工作半径满足设备就位要求。设备就位时起重机的最大起重量是25t，吊装口选择锅炉房泄爆口（在室外地平面尺寸为9000mm×4000mm），设备由泄爆口吊入地下一层（−7.500m），然后用卷扬机及滚杠运输系统牵引至各机房位置。

主要设备一览表 **表6–5**

设备名称	数量（台）	外形尺寸（mm）	重量（t/台）	安装位置	到货日期
干式变压器	4	1780×1150×2000	4.8	变配电室	5月5日
冷水机组	2	3490×1830×2920	11.5	冷冻机房	5月7日
双工况冷水机组	2	3490×1830×2920	12.4	冷冻机房	5月7日
蓄水槽	10	6250×3150×3750	17.5	冷冻机房	5月7日
锅炉	2	4200×2190×2500	7.3	锅炉房	5月9日

B公司编制的设备吊装运输作业进度计划见表6–6，汽车起重机在5月5日进场，到5月14日退场。该设备吊装运输作业进度计划被A公司否定，B公司调整后得到A公司批准。

设备吊装运输作业进度计划 **表6–6**

序号	工作顺序	5月份														
		1	2	3	4	5	6	7	8	9	10	11	12	13	14	15
1	施工准备	—	—	—	—	—										
2	干式变压器吊装运输						—	—								
3	冷水机组吊装								—	—						
4	锅炉吊装										—					
5	蓄水槽吊装											—	—	—		
6	收尾														—	—

主要设备到达现场后，A公司组织人员进行检查，检查内容符合有关规定，B公司按方案及进度计划将设备吊装运输到位，配合A公司将干式变压器和冷水机组等设备安装固定。A公司进行配管配线工作，完成设备安装，经检查质量合格。

A公司依据合同、设计要求完成工程施工，在质量验收时，监理指出室内单相三孔插座的接线存在质量问题（图6–21），要求A公司整改，整改后通过验收。

【问题】

1. 吊装施工方案中选择的吊装口和汽车起重机能否满足吊装要求？说明理由。

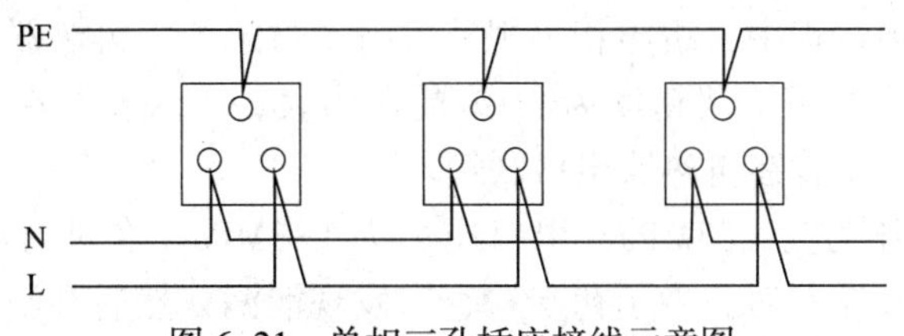

图6-21　单相三孔插座接线示意图

2. 表6-6设备吊装运输作业进度计划为什么被A公司否定？B公司是如何调整的？

3. 主要设备到达现场后的检查验收包括哪些内容？

4. 干式变压器和冷水机组在吊装运输后，送电前质量检查还有哪些施工工序？

5. 图6-21中的单相三孔插座的接线存在哪些问题？在使用中会有哪些不良后果？

【参考答案】

1.（1）吊装施工方案中选择的吊装口不满足吊装要求。

理由：泄爆口尺寸为9000mm×4000mm，作为吊装口，考虑到安全距离500mm，表6-5中蓄水槽无法吊入。

（2）吊装施工方案中选择的汽车起重机能满足吊装要求。

理由：设备就位时起重机的最大起重量是25t，表6-5中最重的设备蓄水槽重17.5t，吊装载荷为17.5×1.1＝19.25t＜25t，满足要求。

2.（1）设备吊装运输作业进度计划被A公司否定的原因：安装顺序不满足先大件后小件的顺序要求和不符合吊装顺序合理性。

（2）B公司是这样调整的：应当将蓄水槽吊装提前到5月8日—5月10日，冷水机组吊装顺延至5月11日—5月12日，锅炉吊装顺延至5月13日。

3. 主要设备到达现场后的检查验收包括：核对验证、外观检查、运转调试检验、技术资料验收。

4. 干式变压器在吊装运输后，送电前质量检查还应有的施工工序：变压器本体安装→附件安装→变压器交接试验。

冷水机组在吊装运输后，送电前质量检查还应有的施工工序：机组减振安装→机组就位安装→机组配管安装。

5. 单相三孔插座的接线存在的问题：保护接地线在插座之间串联连接；相线与中性线利用插座本体的接线端子转接供电。

在使用中会有的不良后果：如果保护接地线在插座端子虚接或者断开，会使故障点之后的插座失去保护接地功能；相线及中性线在插座端子虚接或者断开，会使故障点后的插座失去供电功能。

实务操作和案例分析题二十一

【背景资料】

某机电公司中标某大型机电安装工程，项目的主要内容包括：给水排水工程、通风与空调工程、锅炉安装工程等。

机电公司在锅炉安装前，向特种设备安全监督管理的部门进行了书面告知，并提交了相关材料。

项目部在锅炉安装过程中，按照相关规范进行了过热器、再热器等设备的水压试验。水压试验期间，锅炉上装了三块精度为1.0级的压力表，一块安装在水泵出口，一块安装在再热器进气口，一块安装在再热器出口联箱。

锅炉再热器进口压力为4.03MPa，出口压力为3.83MPa。在进行再热器水压试验时，当达到试验压力的10%左右时，做了初步检查未发现泄漏；然后升至工作压力检查有无漏水和异常现象；紧接着继续升至试验压力，保压期间记录的压力降为3.5MPa；最后降至工作压力进行全面检查，检查期间压力无变化，受压元件金属壁和焊缝无泄漏及湿润现象，受压元件没有明显残余变形。

锅炉钢立柱型钢表面检查有重合层和裂纹等缺陷。锅炉钢立柱采用Q345B材料制作。锅炉管道上的阀门安装示意图如图6–22所示。

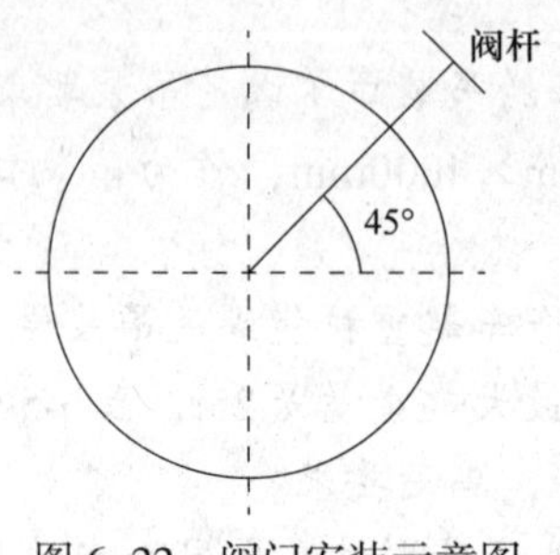

图6–22　阀门安装示意图

【问题】

1. 锅炉安装前应该提交哪些告知材料？特种设备的开工告知方式主要包括哪些？

2. 材料进场时应根据哪些依据进行数量和质量的验收？材料进场验收的规范规定是什么？

3. 阀门安装方式是否正确？

4. 请问锅炉钢立柱检查的缺陷应该如何处理？Q345B材料是否需要进行光谱分析？

5. 再热器的水压试验压力以哪个压力表的读数为准？压力表数量和精度是否符合要求？列式计算锅炉再热器水压试验压力。锅炉再热器水压试验是否合格？

【参考答案】

1. 锅炉安装前还应该提交的告知材料：特种设备安装改造维修告知单、特种设备许可证书复印件（加盖单位公章）。

特种设备的开工告知方式主要包括：送达、邮寄、传真、电子邮件或网上告知。

2. 材料进场时应根据下列依据进行数量和质量的验收：进料计划、送料凭证、质量保证书或产品合格证。

材料进场验收的规范规定：（1）按验收标准、规定验收；（2）验收内容应完整；（3）做好记录、办理验收；（4）不符合、不合格拒绝接收。

3. 阀门安装方式不正确。阀门的门杆应水平或向下布置，防止运行中蝶阀脱落切断油路。

本题考查内容在考试用书上无原文内容，答题依据是《电力建设施工技术规范 第3部分：汽轮发电机组》DL 5190.3—2019，油管道阀门的检查与安装应符合下列规定：

（1）阀门应为钢制明杆阀门，且开关方向有明确标识，不得采用反向阀门。
（2）阀门的门杆应水平或向下布置。
（3）事故放油管应设两道手动阀门。事故放油门与油箱外壁水平直线的距离应大于5m，并应有两个以上通道。事故放油门手轮应设玻璃保护罩且有明显标识和“禁止操作”标志，不得上锁。

4.（1）锅炉钢立柱检查的缺陷应做返工处理。
（2）Q345B材料不需要进行光谱分析。
5.（1）再热器的水压试验压力以安装在再热器出口联箱的压力表的读数为准。
（2）压力表数量和精度符合要求。
（3）锅炉再热器水压试验压力：1.5×4.03＝6.045MPa
（4）锅炉再热器水压试验合格。

本题答题依据：《电力建设施工技术规范 第2部分：锅炉机组》DL 5190.2—2019。
锅炉受热面系统安装完成后，应进行整体水压试验，超压试验压力按制造厂规定执行，若无规定，试验压力应符合下列要求：
（1）汽包锅炉一次系统试验压力应为汽包设计压力的1.25倍。
（2）直流锅炉一次系统试验压力应为过热器出口联箱设计压力的1.25倍，且不小于省煤器进口联箱设计压力的1.1倍。
（3）再热器试验压力应为进口联箱设计压力的1.5倍。
水压试验时，锅炉水压系统应安装不少于两块经过校验合格、精度不低于1.0级的弹簧管压力表，压力表的刻度极限值宜为试验压力的1.5～2.0倍。试验压力以汽包或过热器出口联箱处的压力表读数为准。再热器试验压力以再热器出口联箱处的压力表读数为准。
水压试验压力升降压速度不应大于0.3MPa/min；当达到试验压力的10%左右时，应做初步检查；如未发现渗漏，可升至工作压力检查有无漏水和异常现象；然后继续升至试验压力，超压阶段升降压速度应小于0.1MPa/min，保持20min后降至工作压力检查，检查期间压力应保持不变。水压试验合格标准应符合下列规定：
（1）受压元件金属壁和焊缝无泄漏及湿润现象。
（2）受压元件没有明显的残余变形。
此处重点说明锅炉再热器水压试验合格的判别：背景中提到“最后降至工作压力进行全面检查，检查期间压力无变化，受压元件金属壁和焊缝无泄漏及湿润现象，受压元件没有明显残余变形”，再结合《电力建设施工技术规范 第2部分：锅炉机组》DL 5190.2—2019第5.10.7条的规定，据此判别，锅炉再热器水压试验合格。

实务操作和案例分析题二十二

【背景资料】

A公司承接一机电工程项目，承包内容包括通风空调工程、建筑智能化工程、建筑给水排水及供暖工程和消防工程等。其中通风空调和供暖工程分包给B公司施工，工程设备（热泵、风机盘管）、管材（钢管、塑料管）、传感器、阀门等均由A公司采购，其中热泵、风机盘管设备由建设单位指定生产厂家。

施工中，A公司检查发现以下问题，并进行了整改。

（1）空气传感器安装不符合规范要求，如图6-23所示。

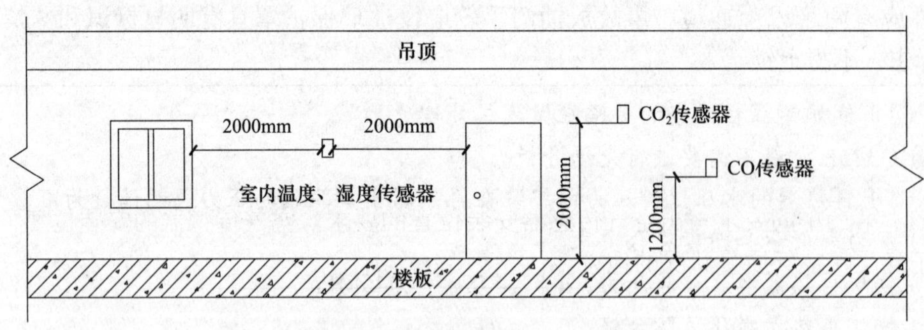

图6-23　室内传感器安装示意图

（2）空调水系统（钢管）、供暖系统（塑料管）的水压试验记录显示：钢管在试验压力下稳压5min，压力降不超过0.2MPa；塑料管在试验压力下稳压1h，压力降不超过0.05MPa。

竣工验收资料检查时，发现施工用计量检测设备登记表的内容不完整，登记的内容为：计量器具名称、规格、数量、编号、检定日期。

工程竣工投入使用2个月后，个别风机盘管噪声过大，经检查是产品质量问题所致。建设单位要求A公司对有质量问题的风机盘管进行更换，并承担费用，A公司拒绝建设单位的要求。

【问题】

1. 图6-23中的空气传感器安装应如何整改？写出空气传感器安装位置的要求。

2. 钢管和塑料管的水压试验检验方法是否正确？说明理由。

3. 施工用计量检测设备登记表还应补充哪些内容？

4. A公司拒绝建设单位的要求是否合理？风机盘管的更换及费用应由谁负责？

【参考答案】

1. 图6-23中空气传感器整改：

（1）CO传感器应安装在房间的上部（2000mm）。

（2）CO_2传感器应安装在房间的下部（1200mm）。

空气传感器安装位置的要求：应装在能正确反映空气质量状况的地方。

本题考核的是自动化仪表设备的安装要求及建筑智能化系统设备安装技术规定。本题包含两个小问：

（1）第一小问：属于识图改错类型的实操题目，尤其是要对室内传感器安装示意图中的数值、位置进行判断。记住空气传感器的一个施工要求：检测气体密度小的空气质量传感器应安装在风管或房间的上部，检测气体密度大的空气质量传感器应安装在风管或房间的下部。

CO的密度：气态密度是1.2504g/L（0℃，101.325kPa），液态密度是789g/L（−191.5℃，101.325kPa）。

CO_2的密度：气态密度是1.997g/L（0℃，101.325kPa），液态密度是929.5g/L（0℃，101.3485kPa）。

因此，CO传感器应安装在房间的上部，CO_2传感器应安装在房间的下部，安装距离在室内传感器安装示意图中已经标注。

图6-23中，对室内温度、湿度传感器至门窗的距离2000mm这个数值进行判断。室内温度、湿度传感器安装要求：不应安装在阳光直射的地方，应远离室内冷/热源，如暖气片、空调机出风口；远离窗、门直接通风的位置；如无法避开则与之距离不应小于2m。因此室内温度、湿度传感器至门窗的距离2000mm这个数值是正确的。

（2）第二小问要求写出空气传感器安装位置的要求。空气传感器的安装位置，应选择能正确反映空气质量状况的地方。

2. 钢管和塑料管的水压试验检验方法是否正确的判断及理由：

（1）空调水系统中的钢管水压试验不正确；理由：钢管在试验压力下应稳压10min，压力降不超过0.02MPa。

（2）供暖系统中的塑料管水压试验正确。

3. 施工用计量检测设备登记表还应补充的内容：领用（使用）人、下次检定日期、使用状态。

4. A公司拒绝建设单位的要求不合理。风机盘管应由A公司更换，费用应由厂家负责。

第七章　机电工程实务操作专项突破

大纲是考试的方向，教材是出题的载体。大纲明确标明实务科目出现“实操题”，也意味着出题方向将更重视实务操作。

实操题的出现，就是为了更好地规范和适应市场需要，所以未来的考试会越来越贴近施工现场。简单来说，实操题便是结合图纸与施工现场的应用题，在出题时会根据施工平面示意图、施工流程图、施工操作过程等，考核题型有以下几种：

（1）本工程合理的施工顺序。

（2）指出图中字母或数字所代表的名称。

（3）指出图中有何不妥之处。

（4）判断某示意图是否正确，并要求画出正确的示意图。

（5）所示的图中安装存在哪些错误。

（6）指出图中的安装不符合规范要求之处，并写出正确的规范要求。

解答实操题目，需要在脑海中构建施工现场作答，不能识图将会在实操题上全军覆没。为了便于学习，下面将施工平面示意图、施工流程图、施工操作过程等总结如下。

专项突破一　工业机械设备安装技术

1. 机械设备安装程序

机械设备安装程序如图7–1所示。

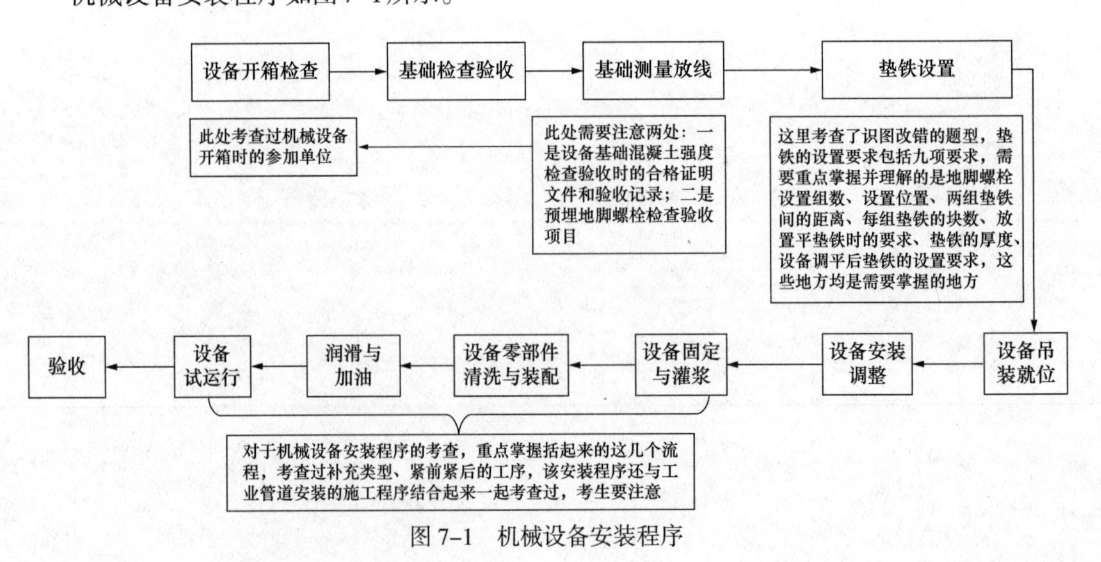

图7–1　机械设备安装程序

2. 垫铁安装示意图

垫铁安装示意图如图7–2所示。

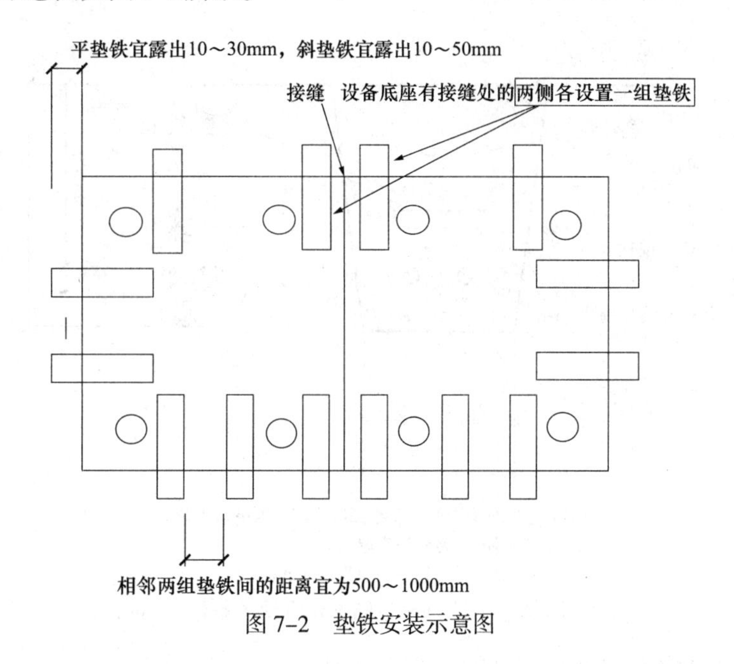

图7–2　垫铁安装示意图

专项突破二　工业电气工程安装技术

1. 三相交流电动机星形（Y）和三角形（△）接线示意图

三相交流电动机星形（Y）和三角形（△）接线示意图如图7–3所示。

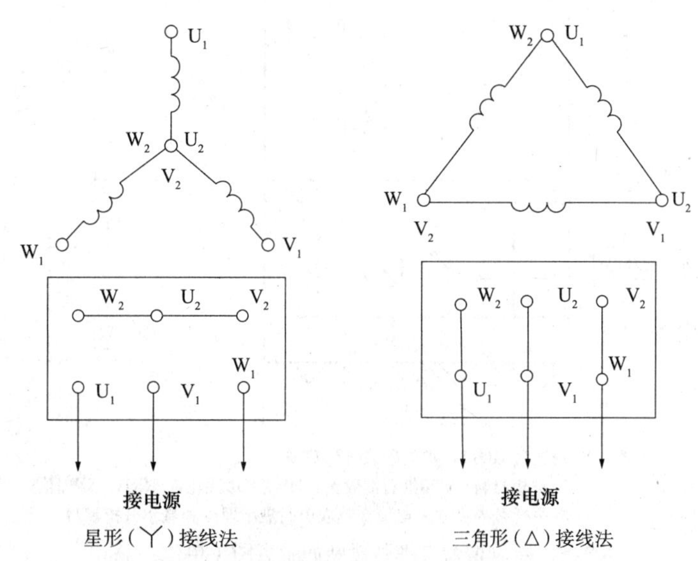

图7–3　三相交流电动机星形（Y）和三角形（△）接线示意图

2. 保护板直埋敷设断面示意图

保护板直埋敷设断面示意图如图 7–4 所示。

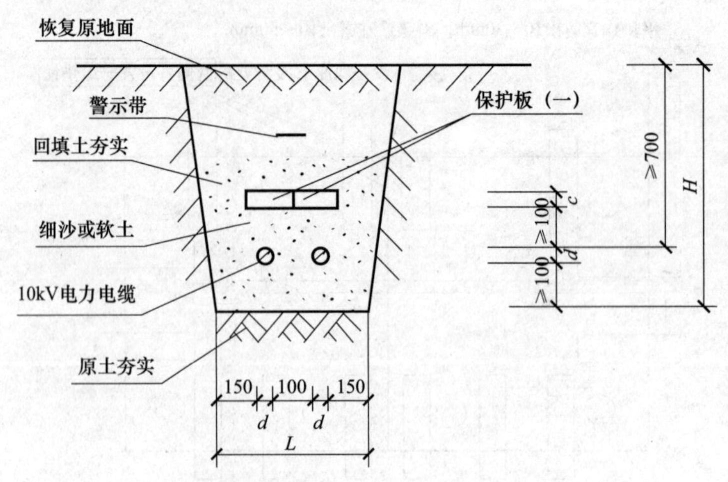

说明：1. L、H为电缆壕沟的宽度和深度，应根据电缆根数和外径确定。

2. d为电缆外径，c为保护板厚度。

3. 电缆穿越农田时的最小埋深为1000mm。

图 7–4　保护板直埋敷设断面示意图（单位：mm）

3. 砖砌槽盒直埋敷设断面示意图

砖砌槽盒直埋敷设断面示意图如图 7–5 所示。

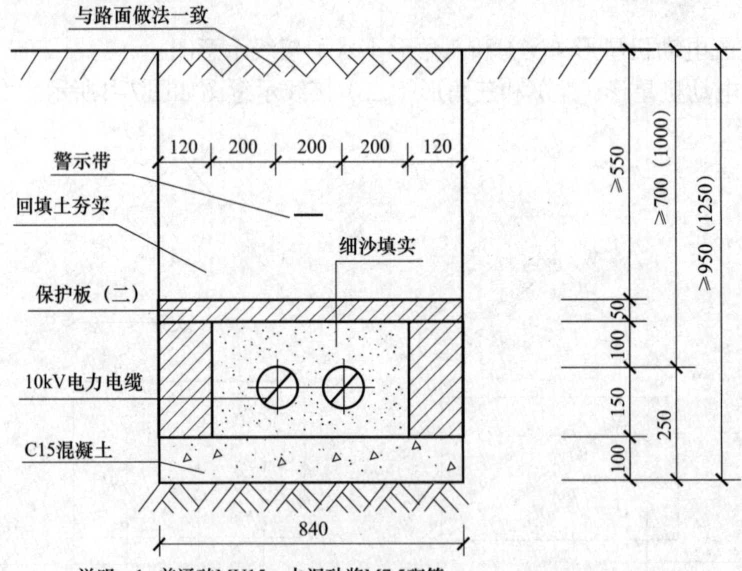

说明：1. 普通砖MU15、水泥砂浆M7.5砌筑。

2. 保护板材料：C20细石混凝土，HPB300级钢筋、HRB335级钢筋。

3. 图中括号内尺寸为电缆穿越农田时最小埋深和最小开挖深度。

图 7–5　砖砌槽盒直埋敷设断面示意图（单位：mm）

专项突破三　工业管道工程施工技术

1. 末端试水装置示意图

末端试水装置示意图如图7–6所示。

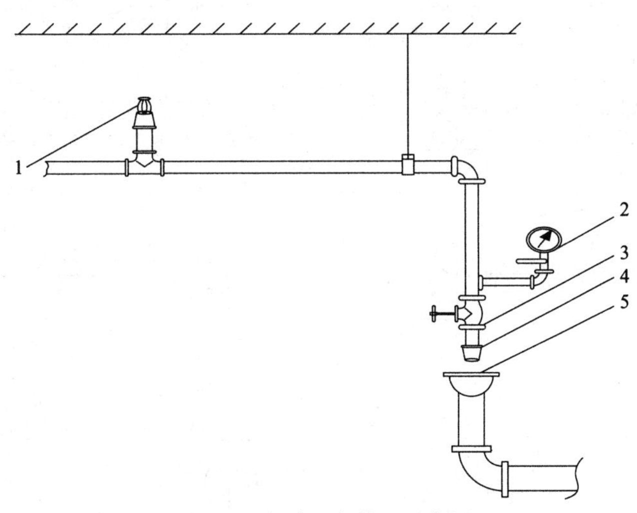

图7–6　末端试水装置示意图

1—最不利点处喷头；2—压力表；3—球阀；4—试水接头；5—排水漏斗

2. 水泵管路安装示意图

水泵管路安装示意图如图7–7所示。

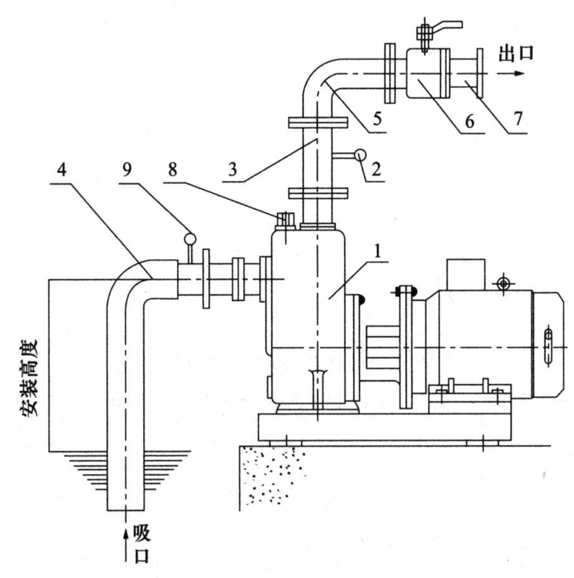

图7–7　水泵管路安装示意图

1—泵；2—压力表；3—出口垂管；4—吸入硬喉管；5—弯头；
6—流量控制阀；7—出口管路；8—加液螺塞；9—真空表

3. 泵的吸入管道的安装示意图

泵的吸入管道的安装示意图如图7-8所示。

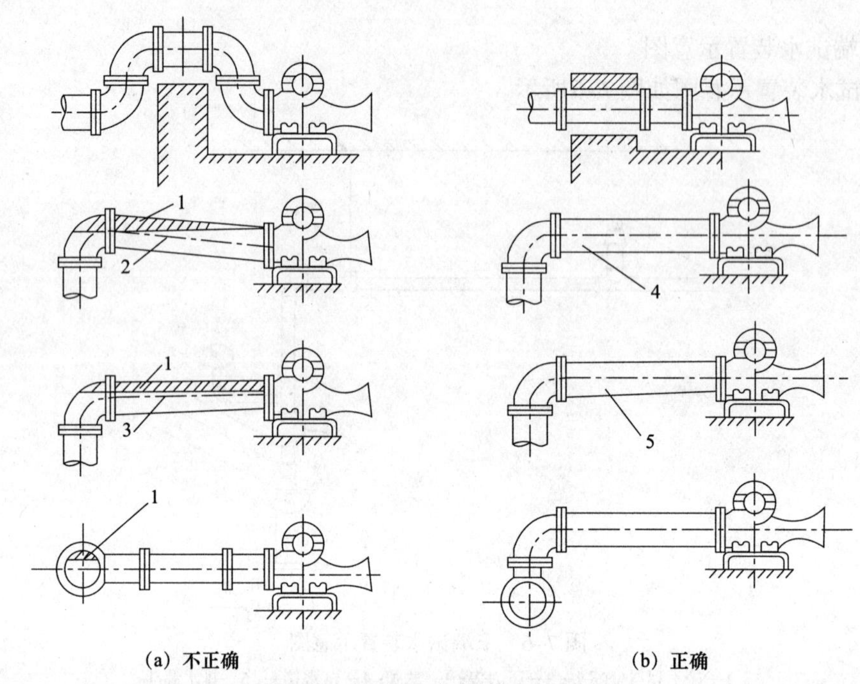

图 7-8　泵的吸入管道的安装示意图

1—空气团; 2—向水泵下降; 3—同心变径管; 4—向水泵上升; 5—偏心变径管

4. 管道系统水压试验示意图

管道系统水压试验示意图如图7-9所示。

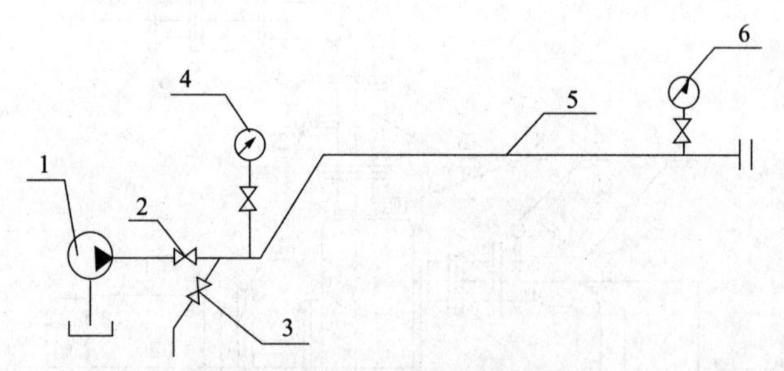

图 7-9　管道系统水压试验示意图

1—试压泵; 2—进水阀; 3—放水阀; 4、6—压力表; 5—试压管路系统

5. 补偿器安装示意图

补偿器安装示意图如图7–10所示。

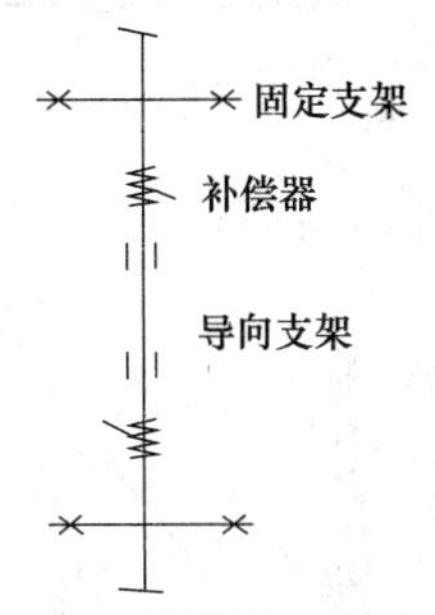

图7–10 补偿器安装示意图

6. 热力管道支架、托架安装示意图

热力管道支架、托架安装示意图如图7–11所示。

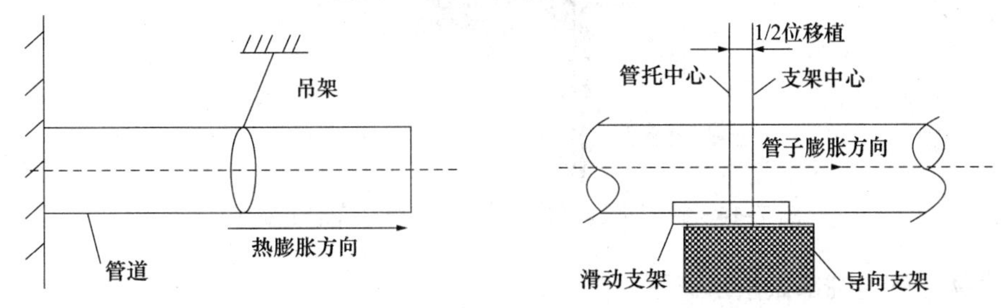

图7–11 热力管道支架、托架安装示意图

专项突破四 工业自动化仪表工程安装技术

1. 压力取源部件安装时取压点的方位示意图

压力取源部件安装时取压点的方位示意图如图7–12所示。

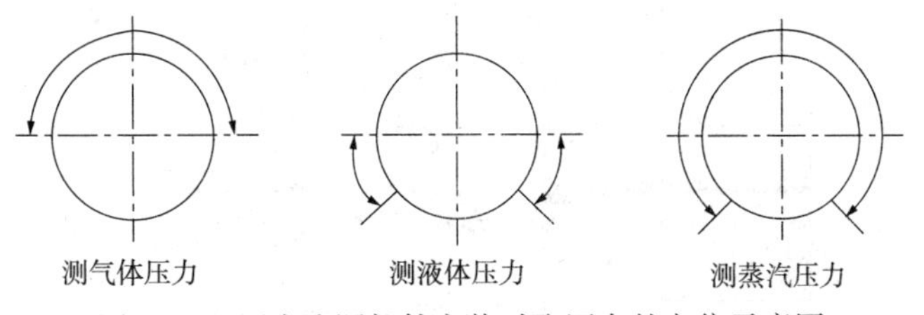

图7–12 压力取源部件安装时取压点的方位示意图

2. 流量取源部件安装时取压点的方位示意图

流量取源部件安装时取压点的方位示意图如图7–13所示。

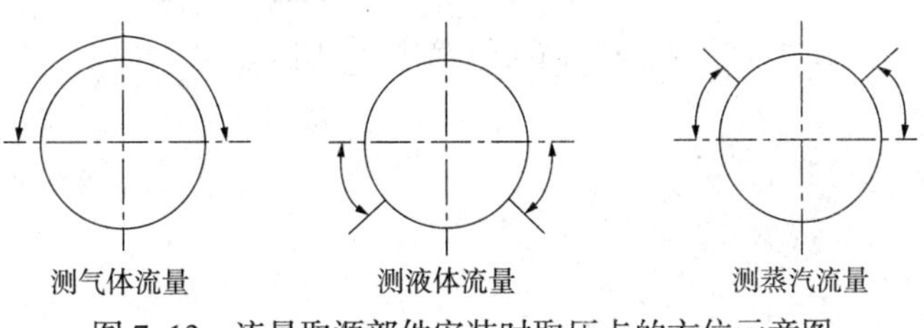

图7–13 流量取源部件安装时取压点的方位示意图

专项突破五　建筑管道工程施工技术

1. 管道穿过墙壁和楼板示意图

管道穿过墙壁和楼板示意图如图7–14所示。

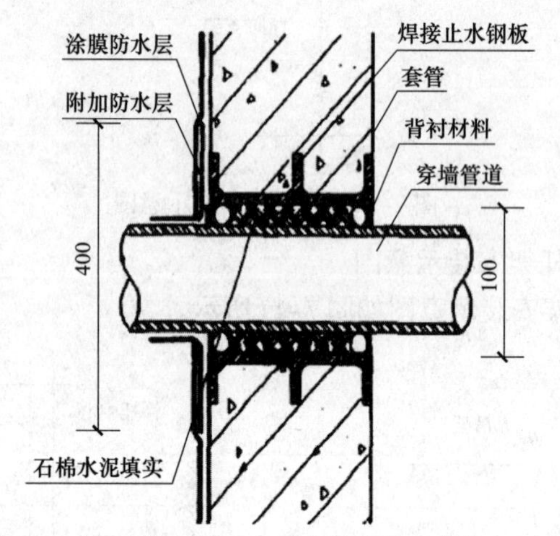

图7–14　管道穿过墙壁和楼板示意图（单位：mm）

2. 穿楼板管道细部做法示意图

穿楼板管道细部做法示意图如图7–15所示。

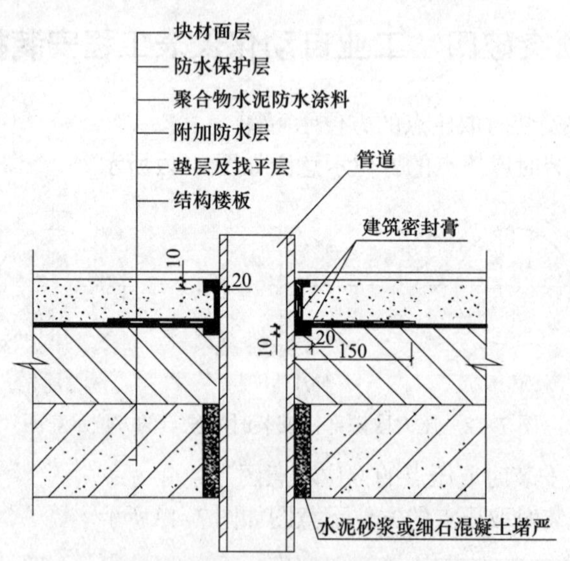

图7–15　穿楼板管道细部做法示意图（单位：mm）

专项突破六　建筑电气工程施工技术

1. 圆钢与角钢搭接示意图

圆钢与角钢搭接示意图如图7–16所示。

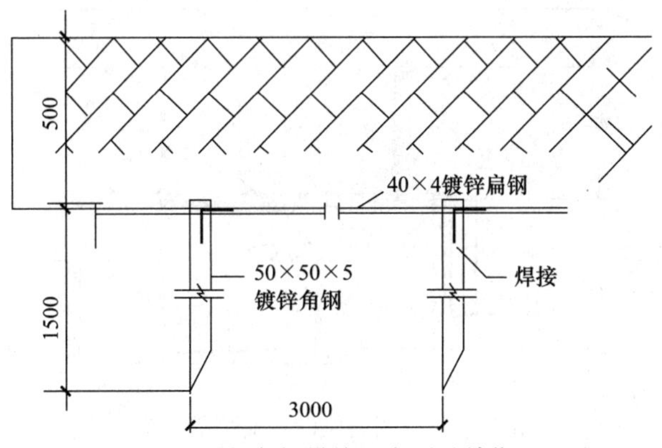

图 7–16　圆钢与角钢搭接示意图（单位：mm）

2. 管内导线相线示意图

管内导线相线示意图如图7–17所示。

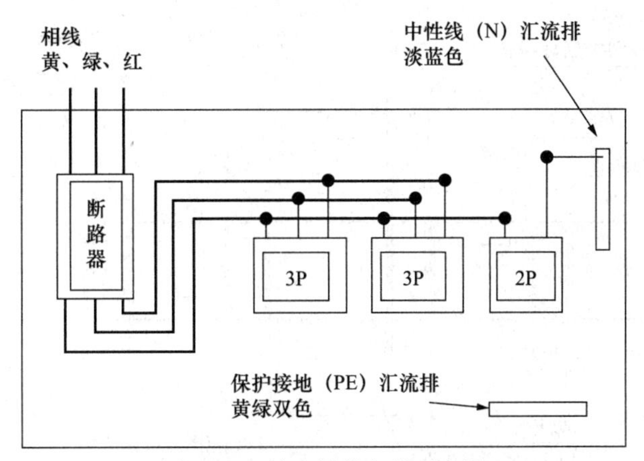

图 7–17　管内导线相线示意图

专项突破七　通风与空调工程施工技术

1. 空调通风设备安装示意图

空调通风设备安装示意图如图7-18所示。

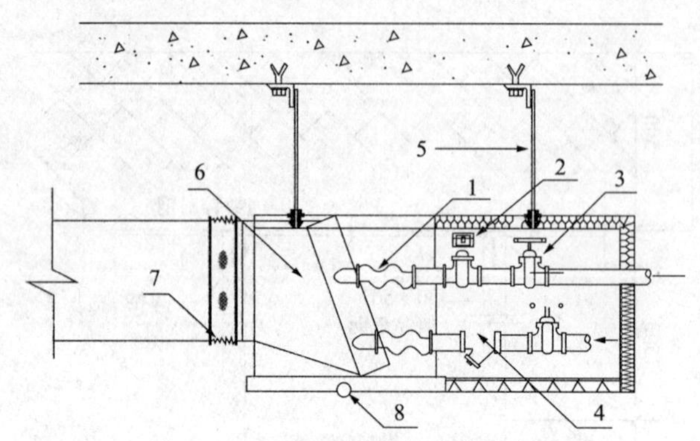

图 7-18　空调通风设备安装示意图

1—软连接；2—电动阀；3—闸阀；4—过滤器；5—吊杆；6—FCU；7—风管软接；8—凝结水排水口

2. 水平风管穿防火分隔处变形缝墙体做法示意图

水平风管穿防火分隔处变形缝墙体做法示意图如图7-19所示。

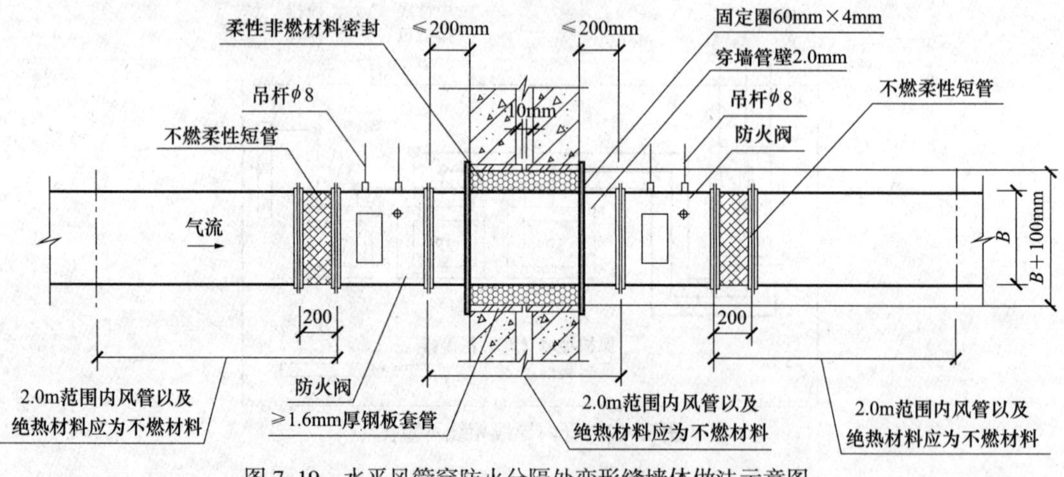

图 7-19　水平风管穿防火分隔处变形缝墙体做法示意图